教育部高等学校电工电子基础课程教学指导分委员会推荐教材

电路与模拟电子技术

叶朝辉　华成英　主编

中国教育出版传媒集团
高等教育出版社·北京

内容提要

本书顺应当前高等教育学科专业设置调整优化的趋势，针对少学时的电路与模拟电子技术课程需求精心编写而成。

本书内容结构系统全面，按模块章节合理划分，便于读者按需选取，灵活学习。

全书共分为三个部分：第一部分为电子技术与电子系统概述，引领读者初识电子技术；第二部分深入讲解电路基本知识，奠定坚实基础；第三部分则系统阐述模拟电子技术，引领读者掌握核心技术。

全书共分为14章，第1章概述电子技术的基本概念、发展历程、应用及电子系统；第2~5章详细讲解电路基本知识，涵盖电路基本概念、基本定律、基本分析方法及动态电路和正弦稳态电路分析；第6~14章则深入介绍模拟电子技术基础知识，包括半导体器件、放大电路、集成运算放大电路、反馈、模拟信号处理电路、模拟信号发生与转换电路、功率放大电路及直流电源等。

此外，本书第1章还提供了Multisim仿真软件使用手册的电子版，大部分章节配有仿真例题和习题，书末附有习题解答和知识图谱。为了便于使用，主体内容采用纸质版呈现，而少量辅助内容如仿真软件手册、部分仿真电路、习题解答及中英文对照等，则通过电子扫码阅读方式提供。重点内容均以彩色标示，一目了然。

本书既可以作为高等院校电气类、自动化类、电子信息类等专业和部分非电类专业有关课程的教材，也可供相关工程技术人员参考。

图书在版编目（CIP）数据

电路与模拟电子技术／叶朝辉，华成英主编．－－北京：高等教育出版社，2025.8. -- ISBN 978-7-04-065185-0

Ⅰ.TM13；TN710

中国国家版本馆CIP数据核字第2025A4F146号

Dianlu yu Moni Dianzi Jishu

策划编辑	欧阳舟	责任编辑	欧阳舟	封面设计	王　洋	版式设计	杨　树
责任绘图	邓　超	责任校对	张　薇	责任印制	赵义民		

出版发行	高等教育出版社	网　　址	http://www.hep.edu.cn
社　　址	北京市西城区德外大街4号		http://www.hep.com.cn
邮政编码	100120	网上订购	http://www.hepmall.com.cn
印　　刷	北京印刷集团有限责任公司		http://www.hepmall.com
开　　本	787mm×1092mm 1/16		http://www.hepmall.cn
印　　张	20.25		
字　　数	440千字	版　　次	2025年8月第1版
购书热线	010-58581118	印　　次	2025年8月第1次印刷
咨询电话	400-810-0598	定　　价	42.60元

本书如有缺页、倒页、脱页等质量问题，请到所购图书销售部门联系调换
版权所有　侵权必究
物　料　号　65185-00

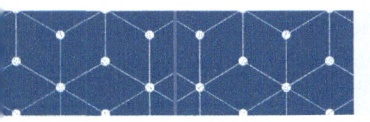

新形态教材网使用说明

电路与模拟电子技术

叶朝辉　华成英　主编

1. 计算机访问 https://abooks.hep.com.cn/65185 或手机微信扫描下方二维码进入新形态教材网。
2. 注册并登录后，计算机端进入"个人中心"，点击"绑定防伪码"，输入图书封底防伪码（20位密码，刮开涂层可见），完成课程绑定；或手机端点击"扫码"按钮，使用"扫码绑图书"功能，完成课程绑定。
3. 在"个人中心"→"我的学习"或"我的图书"中选择本书，开始学习。

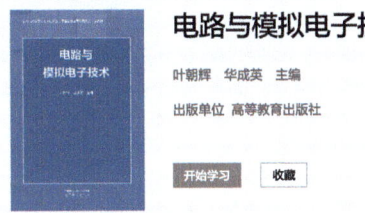

　　受硬件限制，部分内容可能无法在手机端显示，请按照提示通过计算机访问学习。如有使用问题，请直接在页面点击答疑图标进行咨询。

https://abooks.hep.com.cn/65185

前　言

2023 年，教育部颁布了《普通高等教育学科专业设置调整优化改革方案》，旨在进一步优化学科专业结构，推动高等教育迈向高质量发展新阶段，为中国式现代化建设提供有力支撑。根据该方案，至 2025 年，高校将优化调整约 20% 的学科专业布点，并增设一系列适应新技术、新产业、新业态、新模式的学科专业。在此改革浪潮下，众多高校迅速响应，纷纷进行专业调整，新增专业和学院，同时各院系的培养方案和课程体系也随之革新。针对部分专业的"电路"与"模拟电子技术"等核心课程，部分高校进行了改革尝试，将两门课程整合为一，总学时有所缩减。本教材正是基于作者数十年"模拟电子技术"课程的教学经验，以及近两年来融合"电路"与"模拟电子技术"为一门课程的实践探索编写而成的。

合并后的"电路与模拟电子技术"课程，在保留原有两门课程核心内容的基础上，进行了精简与优化，以适应学时减少的要求，同时确保课程难度适中，不增加学生的学习负担。课程内容既涵盖了电路的基本理论，也融入了模拟电子技术的基础知识，并注重两者之间的有机融合，构建起一个系统而完整的知识框架。

电气与电子工程学科作为该课程的学科归属，其鲜明的特点在于工程性、实践性、系统性和创新性。在学习过程中，学生将深刻体会到从选择电子元件和电路方案、估算性能、进行仿真和实验验证，到最终实现方案的全过程，这充分展现了学科的工程性、实践性和系统性。同时，无论是电气元件与电子元件的发明，还是电子电路的设计和电子系统的应用，每一个环节都蕴含着创新的精神，正是这种不断的创新推动了电子技术的飞速发展，彰显了学科的创新性。

基于上述分析，本书编写遵循以下原则：

（1）为使读者深刻理解电路与模拟电子技术的相互关系，本书从电与电子技术的发展历程入手，系统阐述其技术演进过程及两者的内在联系。在内容组织上，先讲授电路知识，再逐步引入模拟电子技术知识，以便学生能够更好地理解和掌握。

（2）为了减轻学习难度，本书对电路知识部分进行了甄选，例如，电路定理仅保留叠加定理、齐性定理、戴维南定理和诺顿定理等常用定理；动态电路分析则仅限于一阶 RC 动态电路。在模拟电子技术基础部分，半导体器件仅介绍晶体管和 MOS 管；集成运放内部电路仅阐述简单的集成运放原理；频率响应部分以 MOS 管为例进行讲解；反馈知识重点讲述深度负反馈条件下的电路分析和计算；滤波电路仅详细阐述低通和高通滤波电路；功率放大电路部分则重点介绍 OCL、OTL 和 BTL 电路。

(3) 本书采用了 Multisim 仿真软件,以增强实践能力培养。在注重知识与技能的同时,本书更加重视学科思维的培养和方法论的指导。通过引导来激发读者主动思考,进而增强其工程思维、系统思维以及创新思维能力。

本书在总体结构和内容编排上,力求体现系统性、科学性、启发性、实用性和适用性。内容设计遵循由浅入深、循序渐进的原则,使读者易于入门、便于自学和深入研究,同时有利于教师安排教学。

本书具有以下特点:

(1) 适用面广:本书适用于理、工、农、医等各专业的中专、大专、本科学生。考虑到部分读者可能缺乏微积分、复数等基础知识,本书特别从电容与电荷变化量的关系出发,引出微分的基本概念,并提供常用的微分和积分公式。同时,从向量和虚数入手,详细介绍复数和正弦量的相量表示方法,以及正弦稳态分析方法,确保读者能够全面掌握所需知识。

(2) 内容系统全面:本书内容既系统又全面,按照模块和章节进行合理安排,方便读者根据自身需求选取所需内容。每章末尾均设有讨论题、思考题、习题,帮助读者巩固所学知识。第 1 章还提供 Multisim 仿真软件使用手册的电子版,大部分章节都配有仿真例题和习题,书末附有习题解答和知识图谱,便于读者深入学习。

(3) 注重思维和能力培养:在建立电子元件的线性化模型并用其分析电路时,本书强调定性分析和合理估算,培养读者的工程思维方法。同时,在分析电路时注重整体性能和功能的考虑,训练读者的系统思维方法。在选择电路时,引导读者用辩证的思维方法去思考,理解没有最优只有最合适的电路选择原则。在讲述器件和电路时,追根溯源,再现其获得过程,并启发读者从现有电路的局限性中探索新电路的思路,培养读者的创新思维方法。

(4) 新形态教材,方便在线学习:本书主体内容采用纸质版呈现,而少量辅助内容如 Multisim 仿真软件使用手册、习题解答、部分仿真电路及中英文对照等,则通过电子扫码阅读方式提供,方便读者在线学习。

本书编写遵循以下指导思想:

(1) 为便于读者学习和查找内容,本书划分为三个部分:第一部分为概述,引领读者初步了解电子技术;第二部分深入讲解电路基本知识,奠定坚实基础;第三部分则系统阐述模拟电子技术,带领读者掌握核心技术。

(2) 全书共分为 14 章,章节安排紧凑有序。第 1 章作为概述,引领读者走进电子技术的世界;第 2~5 章详细讲解电路基本知识,为后续学习打下坚实基础;第 6~14 章则系统介绍模拟电子技术的基础知识,使读者全面掌握模拟电子技术的核心要点。

(3) 第 1 章内容涵盖电子技术基本概念、发展历程、广泛应用及电子系统构成,旨在引导读者从历史发展的角度理解电子技术相关知识和发展趋势,领略科技创新的魅力。同时,结合大量实用和新兴的电子系统案例,包括作者的科研实际案例,使读者能够学以致用,深刻体会电子技术在国家战略发展中的重要地位及创新应用。

（4）第2~5章系统讲解电路基本知识，包括电路基本概念、基本定律、基本分析方法以及动态电路和正弦稳态电路的分析，为后续学习模拟电子技术的基础提供有力支撑。

（5）第6~14章则深入阐述模拟电子技术的基础知识，从元件到电路再到系统，层层递进，使读者能够全面理解模拟电子技术在电子系统中的作用及其应用领域。

本书由叶朝辉、华成英主编，适合于48~64学时的教学安排。

由于我们的能力和水平所限，书中定有疏漏、欠妥和错误之处，恳请读者多加指正。

作者
2025年1月于清华园

目 录

第一部分 电子技术与电子系统概述

第1章 电子技术与电子系统概述 …… 3
- 1.1 电子技术基本概念 …… 3
  - 1.1.1 电子产品举例 …… 3
  - 1.1.2 电子技术 …… 4
- 1.2 电的发展史 …… 5
  - 1.2.1 古代电现象 …… 5
  - 1.2.2 电荷及其定理的发现 …… 5
  - 1.2.3 电池、电阻及电路的发明 …… 6
  - 1.2.4 电磁现象的发现 …… 7
  - 1.2.5 电路元件的发明 …… 8
  - 1.2.6 电的应用 …… 9
- 1.3 电子技术发展史 …… 11
  - 1.3.1 电子管的发明 …… 11
  - 1.3.2 晶体管的发明 …… 12
  - 1.3.3 集成电路的发明 …… 13
  - 1.3.4 电子技术的早期应用 …… 14
- 1.4 电子技术的现代应用 …… 15
  - 1.4.1 电子电路的功能 …… 15
  - 1.4.2 电子技术的应用领域 …… 15
- 1.5 电子系统 …… 18
  - 1.5.1 电子系统简介 …… 18
  - 1.5.2 现代电子系统的组成 …… 22
  - 1.5.3 现代电子系统设计方法 …… 24
  - 1.5.4 现代电子系统设计原则 …… 26
- 第1章讨论题、思考题、习题 …… 27

第二部分 电路基础

第2章 电路基本概念与基本定律 …… 31
- 2.1 电路基本概念 …… 31
  - 2.1.1 电路及其模型 …… 31
  - 2.1.2 电流和电压 …… 32
  - 2.1.3 电功率 …… 34
  - 2.1.4 电路元件 …… 34
- 2.2 电路基本定律 …… 39
  - 2.2.1 基本概念 …… 39
  - 2.2.2 基尔霍夫定律 …… 40
  - 2.2.3 简单电阻电路分析 …… 41
- 第2章讨论题、思考题、习题 …… 44

第3章 电路基本分析方法 …… 48
- 3.1 基本分析方法 …… 48
- 3.2 电路基本定理 …… 50
  - 3.2.1 叠加定理与齐性定理 …… 50
  - 3.2.2 戴维南定理与诺顿定理 …… 51
- 第3章讨论题、思考题、习题 …… 53

第4章 动态电路 ·········· 56
4.1 电容、电感和变压器 ·········· 56
4.1.1 电容 ·········· 56
4.1.2 电感 ·········· 58
4.1.3 变压器 ·········· 59
4.2 动态电路分析 ·········· 62
4.2.1 一阶 RC 动态电路 ·········· 62
4.2.2 动态电路的定性分析 ·········· 63
4.2.3 动态电路的定量计算 ·········· 64
第4章讨论题、思考题、习题 ·········· 68

第5章 正弦稳态电路分析 ·········· 72
5.1 正弦信号 ·········· 72
5.1.1 正弦信号的定义 ·········· 72
5.1.2 正弦信号的有效值 ·········· 72
5.2 正弦稳态电路分析 ·········· 73
5.2.1 一阶 RC 电路的定性分析 ·········· 73
5.2.2 正弦稳态电路分析 ·········· 75
第5章讨论题、思考题、习题 ·········· 80

第三部分 模拟电子技术

第6章 半导体器件基础 ·········· 85
6.1 半导体 ·········· 85
6.1.1 本征半导体 ·········· 85
6.1.2 杂质半导体 ·········· 87
6.2 PN 结 ·········· 88
6.2.1 PN 结的形成 ·········· 88
6.2.2 PN 结的单向导电性 ·········· 88
6.2.3 PN 结的电流方程及伏安特性 ·········· 89
6.2.4 PN 结的电容效应 ·········· 90
6.3 二极管 ·········· 91
6.3.1 普通二极管 ·········· 91
6.3.2 稳压二极管 ·········· 95
6.4 晶体管 ·········· 96
6.4.1 晶体管的结构和符号 ·········· 96
6.4.2 晶体管放大原理 ·········· 97
6.4.3 晶体管的特性曲线 ·········· 98
6.4.4 晶体管的直流等效电路（直流模型） ·········· 99
6.4.5 晶体管直流电路分析 ·········· 100
6.5 场效应晶体管 ·········· 103
6.5.1 场效应晶体管的特点与分类 ·········· 103
6.5.2 MOS 管的结构和符号 ·········· 103
6.5.3 MOS 管的放大原理 ·········· 104
6.5.4 MOS 管的特性曲线 ·········· 105
6.5.5 MOS 管的开关模型 ·········· 107
第6章讨论题、思考题、习题 ·········· 108

第7章 放大电路基础 ·········· 115
7.1 放大电路概述 ·········· 115
7.1.1 放大的概念 ·········· 115
7.1.2 放大电路的性能指标 ·········· 116
7.2 晶体管放大电路 ·········· 118
7.2.1 基本共射放大电路 ·········· 118
7.2.2 放大电路分析方法 ·········· 119
7.2.3 直接耦合与阻容耦合放大电路 ·········· 127
7.2.4 晶体管组成的其他放大电路 ·········· 131
7.3 MOS 管放大电路 ·········· 134
7.3.1 基本共源放大电路 ·········· 134
7.3.2 MOS 管放大电路分析 ·········· 135
7.3.3 单电源供电的共源放大电路 ·········· 137
7.3.4 基本共漏放大电路 ·········· 138
7.4 多级放大电路 ·········· 140

  7.4.1 多级放大电路的组成 ……… 140
  7.4.2 多级放大电路的耦合
     方式 ……………………… 140
  7.4.3 多级放大电路的静态
     分析 ……………………… 141
  7.4.4 多级放大电路的性能
     指标 ……………………… 141
第 7 章讨论题、思考题、习题 ………… 143

第 8 章 频率响应 ……………………… 151

8.1 频率响应概述 ……………………… 151
  8.1.1 频率响应的基本概念 ……… 151
  8.1.2 频率响应的本质 …………… 151
8.2 一阶 RC 电路的频率响应 ……… 152
  8.2.1 一阶 RC 电路的频率响应
     分析 ……………………… 152
  8.2.2 一阶 RC 电路的频率特性 … 153
  8.2.3 一阶 RC 电路的波特图 …… 153
8.3 MOS 管的高频等效模型 ………… 155
8.4 单管共源放大电路的频率
  响应 ………………………………… 156
8.5 多级放大电路的频率响应 ……… 161
  8.5.1 频率响应分析 ……………… 161
  8.5.2 截止频率和带宽 …………… 162
第 8 章讨论题、思考题、习题 ………… 163

第 9 章 集成运算放大电路 ………… 167

9.1 模拟集成电路的特点 …………… 167
9.2 集成运算放大电路 ……………… 168
  9.2.1 概述 ……………………… 168
  9.2.2 集成运放的组成 …………… 168
  9.2.3 差分放大电路 ……………… 169
  9.2.4 互补输出级电路 …………… 176
  9.2.5 电流源电路(current source) … 177
9.3 集成运放电路简介 ……………… 180

9.4 集成运放的符号和电压
  传输特性 …………………………… 181
  9.4.1 集成运放的符号 …………… 181
  9.4.2 集成运放的电压传输
     特性 ……………………… 182
9.5 集成运放的性能指标 …………… 182
9.6 集成运放的等效模型 …………… 183
第 9 章讨论题、思考题、习题 ………… 183

第 10 章 反馈基本知识 ……………… 188

10.1 反馈的作用 ……………………… 188
10.2 反馈的基本概念 ………………… 188
  10.2.1 反馈的定义 ……………… 188
  10.2.2 反馈的效果 ……………… 189
10.3 反馈的判断 ……………………… 189
  10.3.1 反馈有无的判断 ………… 189
  10.3.2 反馈极性的判断 ………… 190
  10.3.3 直流反馈与交流反馈的
      判断 …………………… 191
  10.3.4 交流负反馈四种组态的
      判断 …………………… 191
10.4 反馈放大电路的方框图
   分析 ……………………………… 192
10.5 深度负反馈放大电路电压
   放大倍数的分析 ………………… 193
  10.5.1 深度负反馈放大电路的
      特点 …………………… 193
  10.5.2 深度负反馈放大电路的
      分析方法 ……………… 193
  10.5.3 深度负反馈放大电路电压
      放大倍数的分析举例 …… 194
10.6 反馈对放大电路性能的
   影响 ……………………………… 196
  10.6.1 负反馈对放大电路性能的
      影响 …………………… 196

10.6.2 正反馈对放大电路性能的影响 …… 198
10.7 集成运放的两个工作区 …… 198
　　10.7.1 理想运放的线性工作区 … 198
　　10.7.2 理想运放的非线性工作区 …… 198
第 10 章讨论题、思考题、习题 …… 199

第 11 章　模拟信号处理电路 …… 205
11.1 概述 …… 205
　　11.1.1 模拟信号处理电路的应用 …… 205
　　11.1.2 模拟信号处理电路的组成及分析方法 …… 205
11.2 运算电路 …… 206
　　11.2.1 比例运算电路 …… 206
　　11.2.2 求和运算电路 …… 208
　　11.2.3 加减运算电路 …… 209
　　11.2.4 积分和微分运算电路 …… 210
　　11.2.5 对数和指数运算电路 …… 211
　　11.2.6 模拟乘法器应用电路 …… 213
11.3 滤波电路 …… 216
　　11.3.1 滤波电路的定义 …… 216
　　11.3.2 滤波电路的幅频特性 …… 216
　　11.3.3 有源滤波电路的组成 …… 217
　　11.3.4 有源低通滤波电路 …… 217
　　11.3.5 有源高通滤波电路 …… 222
　　11.3.6 有源带通和带阻滤波电路 …… 223
11.4 电压比较器 …… 224
　　11.4.1 概述 …… 224
　　11.4.2 单限比较器 …… 226
　　11.4.3 滞回比较器 …… 227
　　11.4.4 窗口比较器 …… 228
　　11.4.5 集成电压比较器 …… 230
第 11 章讨论题、思考题、习题 …… 230

第 12 章　模拟信号发生和转换电路 …… 239
12.1 概述 …… 239
12.2 正弦波振荡电路 …… 239
　　12.2.1 正弦波振荡的条件 …… 239
　　12.2.2 正弦波振荡电路的组成和分类 …… 240
　　12.2.3 RC 正弦波振荡电路 …… 241
12.3 非正弦波发生电路 …… 244
　　12.3.1 方波发生电路 …… 244
　　12.3.2 占空比可调的矩形波发生电路 …… 246
　　12.3.3 三角波发生电路 …… 247
　　12.3.4 锯齿波发生电路 …… 249
12.4 精密整流电路 …… 250
　　12.4.1 半波精密整流电路 …… 251
　　12.4.2 全波精密整流电路 …… 252
12.5 电压-频率转换电路 …… 253
　　12.5.1 电路组成及工作原理 …… 253
　　12.5.2 振荡频率分析 …… 255
第 12 章讨论题、思考题、习题 …… 256

第 13 章　功率放大电路 …… 263
13.1 功率放大电路概述 …… 263
　　13.1.1 性能指标 …… 263
　　13.1.2 对功率放大电路的要求 …… 263
　　13.1.3 功率放大电路中的晶体管或 MOS 管 …… 264
13.2 功率放大电路简介 …… 264
　　13.2.1 OCL 功率放大电路 …… 264
　　13.2.2 OTL 功率放大电路 …… 265
　　13.2.3 桥式推挽功率放大电路 …… 266

13.3　OCL 功率放大电路的输出
　　　功率和效率 ………………… 266
13.4　集成功率放大电路 ……………… 268
　　　13.4.1　LM386 ………………… 268
　　　13.4.2　PA04 ………………… 268
第 13 章讨论题、思考题、习题 ……… 270

第 14 章　直流电源 …………………… 275
14.1　交流电转换成直流电的原理 … 275
14.2　整流电路 ………………………… 275
　　　14.2.1　半波整流电路 ………… 276
　　　14.2.2　全波整流电路 ………… 277
14.3　滤波和稳压电路 ………………… 277
　　　14.3.1　电容滤波电路 ………… 278
　　　14.3.2　稳压管稳压电路 ……… 278

14.4　线性稳压电路 …………………… 279
　　　14.4.1　组成及原理 …………… 279
　　　14.4.2　性能指标 ……………… 280
　　　14.4.3　集成线性稳压电路 …… 281
14.5　开关型稳压电路 ………………… 283
　　　14.5.1　电路组成 ……………… 284
　　　14.5.2　串联型开关 DC/DC 转换
　　　　　　　电路 ………………… 284
　　　14.5.3　并联型开关 DC/DC 转换
　　　　　　　电路 ………………… 285
　　　14.5.4　极性反转型开关 DC/DC
　　　　　　　转换电路 …………… 285
　　　14.5.5　开关稳压电路性能指标 … 286
第 14 章讨论题、思考题、习题 ……… 287

参考文献 ……………………………………………………………………………………… 293
中英文对照表 ………………………………………………………………………………… 294
微分和积分基本知识 ………………………………………………………………………… 294
知识图谱 ……………………………………………………………………………………… 295

第一部分 电子技术与电子系统概述

第一部分　电子技术与自动控制基础

第 1 章　电子技术与电子系统概述

本章主要讲述电子技术基本概念、电的发展史、电子技术发展史、电子技术的现代应用和电子系统。

1.1　电子技术基本概念

1.1.1　电子产品举例

电子技术是近七十年来发展最快、对人类社会影响最深刻的科学技术之一,其应用深入人们的日常生活和社会的各行各业。

让我们从身边熟悉的电子产品(电子设备)开始来了解电子技术的奥秘。

首先来看一下手机,它能打电话、摄像、发信息、发图片和视频,还可以计步,这些都是它的功能;手机每天的耗电量、待机时间、摄像的清晰度、计步的准确度等,都是它的性能。

手机外面有外壳、按键、触摸显示屏、麦克风(话筒)、扬声器(听筒)、充电接口等,如图 1-1-1(a)所示。打开外壳,内部是电路板,上面有很多电子元件,如电阻、电容、集成电路芯片等,它们通过非常细小的金属线连接在一起,组成电子电路,如图 1-1-1(b)所示。手机的所有功能都是由其内部和外部的元件所组成的电路完成的。通常,集成电路芯片外形为方形或长方形,面积大的为 1 至 2 平方厘米,小的只有几个平方毫米;电阻、电容则可能比较小,面积小的约为 2 个平方毫米。集成电路芯片内部实际上是由极小的元件互联组成的电路,一个集成电路芯片就能够实现很强的功能,例如,一个手机的主芯片就能够实现 5G 通信以及语音和图像处理功能。

再来看一下红外测温仪,它能测人体温度、显示体温值,当体温超过一定值时还会报警。它外面有外壳、按键、液晶显示屏,内部有电路板,上面有很多电子元件组成电路;上部有一个红外测温传感器,可以感知体温,有一个蜂鸣器用于报警。

再来看一下机器人,例如扫地机,它有滚轮可以自动行走,当遇到障碍物时会自动躲避,这是因为它在扫地的同时通过超声波发射器向周围发射超声波,而超声波遇到障碍物时会

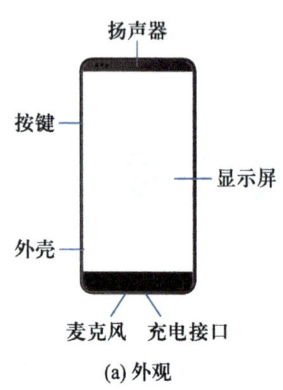
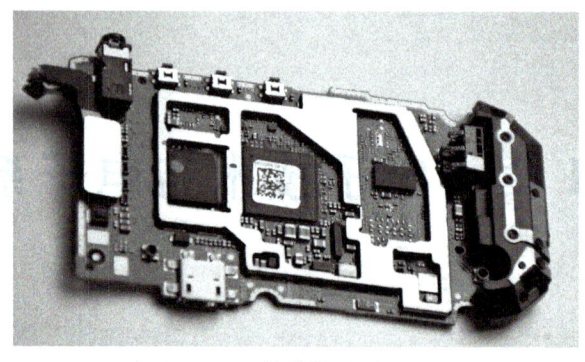

(a) 外观　　　　　　　　　　　(b) 内部

图 1-1-1　手机

反射回波,当扫地机接收到回波后即可判断周围有没有障碍物,并且根据超声波的传输速率以及发射和收到回波之间的时间差可以计算出障碍物的距离。

还有红外感应水龙头,当它感知到人手发出的红外信号时会自动打开水龙头的阀门。办公区或宿舍使用的指纹门禁系统是当有人将手指摁到指纹检测器上时,它能检测指纹并判断是否有效,若为有效的指纹,则控制门锁打开;人脸识别门禁系统则是通过检测人脸来控制门锁打开。

此外,电脑,家用电器如电视、冰箱、洗衣机、空调等,简易脉搏仪,烟雾报警器,自动咖啡搅拌机等,这些都是常见的电子产品或者电子设备,内部都有电子电路,都能完成一定的功能,具有一定的性能。

1.1.2　电子技术

上面介绍的电子产品都有一些共同的特点,即它们内部都有由电子元件组成的电子电路,都具有一定的功能,在社会生产或人们的日常生活中发挥一定的作用。这些电子产品也称为电子系统。

电子技术是研究如何用电子元件(电子器件)组成电子电路和电子系统,以解决实际问题的一门科学技术。因此,电子技术研究的内容主要包括电子元件(主要为半导体器件)的原理和特性,电子电路的组成、原理、分析和设计方法,电子系统的组成、原理、分析和设计方法。

电子技术的发展日新月异,相关理论、技术和应用不断创新,相关产业也成为全球最大的产业。电子技术是如何发明的,对人类社会产生了什么影响呢?接下来介绍电与电子技术的发展史。通过了解电子技术的发展史,不仅可以了解科技如何影响人类社会,更重要的是可以学习科学家的发明创新思想,了解科技发展的趋势。

1.2　电的发展史

电子技术与电密切相关,其发展史可以追溯到电的发现。

人们从无意间发现电,到认识电,再到有意识地利用电,实际上是一个认识自然、利用自然造福人类的创造过程。

1.2.1　古代电现象

人们在古代就发现了电现象。公元前 3000 年左右,在古埃及的壁画里有会放电的电鲶鱼。到公元前约 2750 年的时候,有记载一种叫"尼罗河的雷霆"的电鳐,可以给人治病。古代阿拉伯人将雷电称为"raad"。但那个时代还是一个混沌认知的时代,对电没有清晰的认识。

直到公元前 600 年左右,古希腊哲学家泰勒斯最早研究了静电现象,即发现摩擦琥珀时有一种类似磁的现象,人们对电才有了初步认识。

1.2.2　电荷及其定理的发现

到近代,人们开始对雷电感兴趣,做了一些实验,其中最有名且最成功的是 1752 年美国的本杰明·富兰克林做的风筝实验,该实验成功地证明了闪电是自然界的放电现象。富兰克林后来还发现了正电荷和负电荷,以及电荷守恒定律。

任何电中性(即不带电)的物体都带有等量的正电荷和负电荷,当物体互相摩擦的时候,一些电荷将从一个物体跑到另一个物体,从而使物体带电,这就是静电现象。例如,丝绸摩擦的玻璃带负电,因为玻璃得到了负电荷;毛皮摩擦的橡胶带正电,因为橡胶失去了负电荷。但是两个物体(例如丝绸和玻璃)的电荷总量是不变的,满足电荷守恒定律。

电荷之间有相互的作用力,同性电荷相斥,异性电荷相吸引。

电荷之间的作用力与什么有关呢?1785 年,查利·奥古斯丁·库仑通过扭秤实验,如图 1-2-1 所示,证明了电荷之间作用力(吸引力或者排斥力)正比于两个电荷量的乘积,而反比于它们之间的距离;并研究出了作用力的精确表达式,如式(1-2-1)所示,其中 F_1 和 F_2 表示作用力、q_1 和 q_2 代表电荷量、r 代表距离、k_e 为常数,这就是著名的库仑定律。库仑的研究表明,电学研究已经上升到了精确的科学研究。

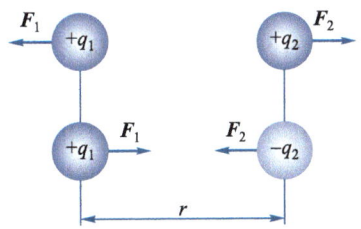

图 1-2-1　电荷之间的相互作用力

$$|\boldsymbol{F}_1| = |\boldsymbol{F}_2| = k_e \frac{|q_1 \times q_2|}{r^2} \tag{1-2-1}$$

1.2.3 电池、电阻及电路的发明

电荷具有电能,若能产生电荷并将其储存起来,则可以储存电能。1800年,亚历山大·伏打发明了伏打电池,其可以在两极分别产生正、负电荷,实物和结构如图1-2-2所示,多个电池单元可以串联起来应用。将锌和铜放在盐水或稀硫酸中,锌和铜与硫酸发生化学反应,如图1-2-3所示。由于锌(负极)比铜(正极)更易于与硫酸反应而释放出电子,因此电子通过导线流向铜(正极),使氧化的铜还原。现代的电池原理与此类似,不过用碳棒代替了铜。伏打电池的发明使得电的获取变得非常方便,为后续电气相关研究的蓬勃发展奠定了基础。

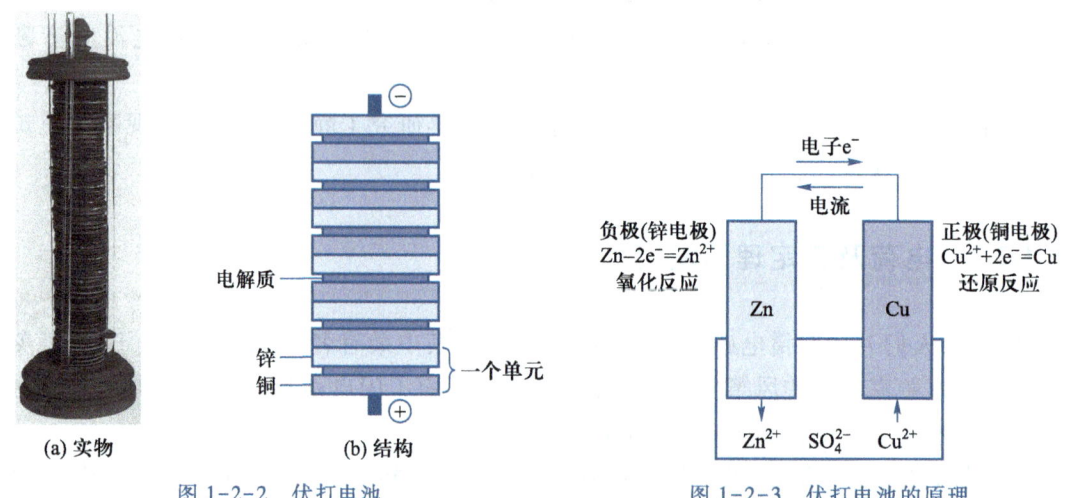

图1-2-2 伏打电池 　　　　　图1-2-3 伏打电池的原理

电荷之间有相互作用力,这种作用力可以使电荷移动,在导体中产生电流。克服电荷之间的作用力需要做功,从而产生电压。

电池发明以后,人们就可以组成电路,用电来服务人类。例如在电路中可以接用电设备,用电设备消耗电能,产生光或者热。之后人们研究用电设备的电流和电压之间的关系。1826年,乔治·西蒙·欧姆提出了著名的欧姆定律,该定律忽略用电设备内部的电磁物理过程,将其等效为电阻R,并确定了电阻R和它两端的电压U、流过它的电流I之间的关系,即$R=U/I$。欧姆定律开启了电路的精确数学模型分析。

常见的用电设备有电阻、电灯、手电筒、电磁炉等,常用的电阻如图1-2-4所示,简易手电筒如图1-2-5(a)所示。为了简化起见,人们在绘制电路时常用元件符号代替电池和电阻的图形。由发光二极管(light emitting diode,简称为LED)、电阻、开关、电池组成的简易手电筒的电路如图1-2-5(b)所示,除电阻外,发光二极管的等效电阻R_d与其两端的电压和流过

它的电流之间也满足欧姆定律。

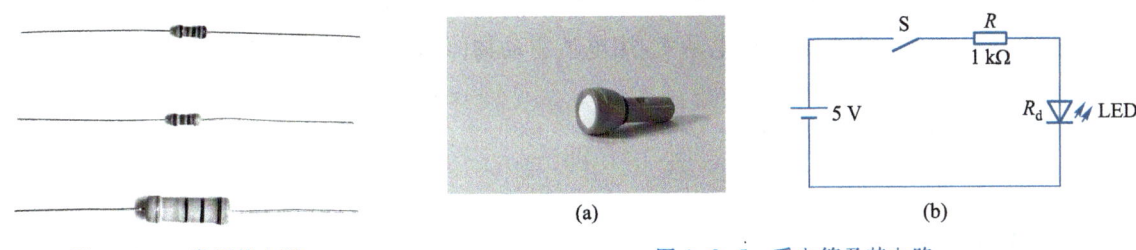

图 1-2-4 常用的电阻　　　　　图 1-2-5 手电筒及其电路

1.2.4　电磁现象的发现

在古代,人们就发现了摩擦琥珀时有磁现象。1820 年,丹麦的汉斯·奥斯特发现了电流的磁效应。他在做实验时,将指南针上面的导线通电,发现接通电流的导线会使中间的指南针偏转,如图 1-2-6 所示。该实验证明了电流会产生磁效应。电流磁效应的发现为后来电磁学的发展奠定了基础。

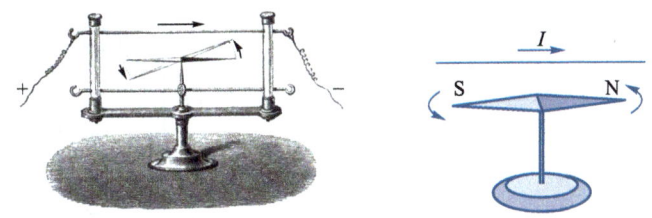

图 1-2-6 电流的磁效应

电流磁效应被发现后,人们又开始研究电流与磁场之间的关系。1826 年,法国科学家安德烈-马利·安培提出了著名的安培环路定理,精确地描述了导线中电流与磁场的关系,开创了经典电磁学理论的先河。

此后,1831 年,英国物理学家迈克尔·法拉第发现了电磁感应现象及其规律。如图 1-2-7 所示的实验中,当开关闭合给左边的螺线圈通电时,会产生磁场;该磁场通过磁铁传递到右边的螺线圈,此时右边的螺线圈和导线及检流计组成电路,检流计会偏转,证明电路

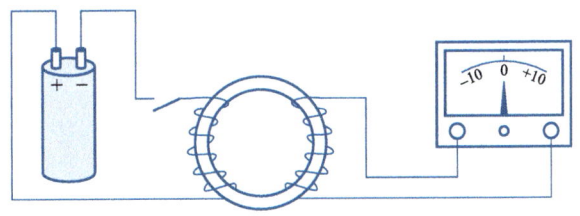

图 1-2-7 电磁感应现象

中产生了电流。该实验证明了电生磁、磁生电的现象及其规律。之后法拉第将电磁感应现象及其规律应用于发电,即利用磁铁和导线组成的电路产生电流来发电,发明了世界上第一台发电机;此外还发明了世界上第一台电动机,用电流驱动物体运动,从而可以驱动汽车、轮船等。

1.2.5 电路元件的发明

一、电容

若能将电荷储存起来,则可以持续应用。1746年,荷兰物理学家彼得·凡·穆森布罗克发明了第一个公认的电容器(常用电容代称)即莱顿瓶(Leyden jar),其可以储存电荷,如图1-2-8所示。莱顿瓶实际上是一个内、外覆盖着导电金属箔的玻璃容器;瓶口的木塞中央有一个金属棒,其上端连接金属球、下端连接的金属链深入到瓶底与内部金属箔相连;外部的金属棒与外部金属箔相连。内外的金属箔分别构成了电容器的两个极板,内外的金属棒分别作为导线,而玻璃瓶则作为绝缘介质。当某个极板上积累了一定量的电荷时,另一个极板上则会吸引出等量异种的电荷。

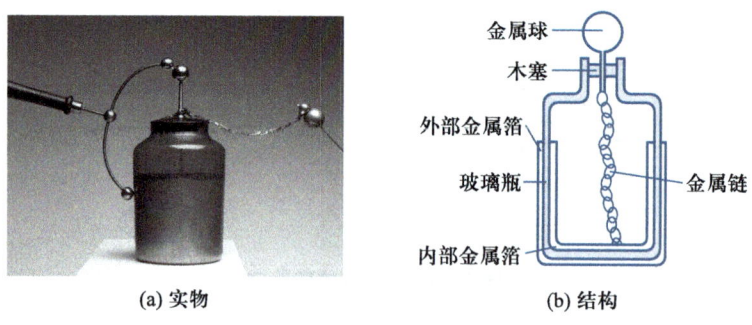

图1-2-8 莱顿瓶

电容结构如图1-2-9所示,两边为极板,中间为介质。当在电容两极加电压u时,两个极板上会产生等量异种的电荷,电荷量q与电容器的容量C有关,即$C=q/u$。电容器的容量C跟极板的面积以及绝缘介质的材料和厚度有关系。普通电容实物如图1-2-10所示。

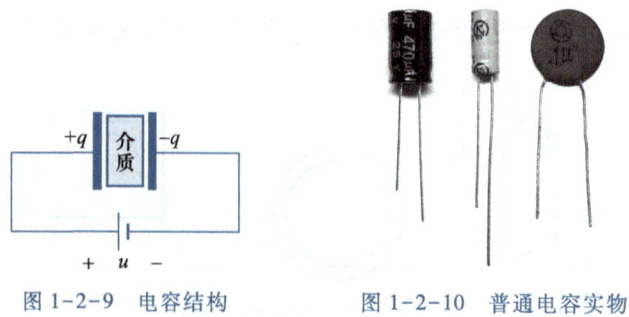

图1-2-9 电容结构　　　图1-2-10 普通电容实物

二、电感

另一种能够存储磁场能量的元件是电感。1832 年,约瑟夫·亨利发表了《在长螺旋线中的电自感》的论文,证明当在螺旋线两端加电压 u,产生电流 i 后,在线圈中形成感应磁场 Φ,而感应磁场又会产生反向的感应电流 $-i_\varphi$,来抵制(或阻止)线圈中电流 i 的变化。螺旋线简称为线圈,也称为电感,其电感值 $L=\varphi/u$,单位为亨利(H)。带铁心的电感结构示意图和实物如图 1-2-11 所示。亨利也是第一位将绝缘电线紧紧缠绕在铁心周围来制造电磁铁的人。

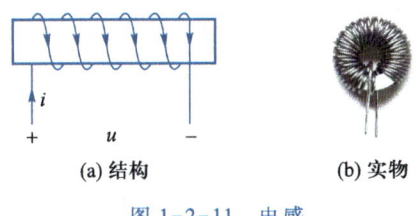

图 1-2-11 电感

三、电磁继电器

人们利用电磁感应原理制作出了电磁继电器。电磁继电器相当于一个开关,是一个用低电压去控制高电压的一种"自动开关"。它的主要组成部分包括一个绕有螺旋线的电磁铁、衔铁和弹簧,如图 1-2-12 所示。将电磁铁外表缠绕的电线接入低压控制电路,衔铁接入高压工作电路。当给电磁铁的电线通电时,将产生磁力,吸引上方的衔铁使触点闭合,从而接通高压电路,实现用低电压控制高电压电路。

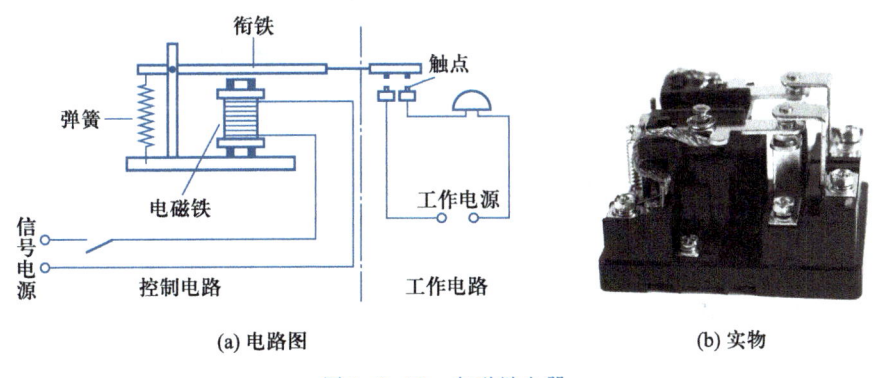

图 1-2-12 电磁继电器

1.2.6 电的应用

电学的发展促进了电的应用发展。继电池、发电机之后,爱迪生于 1879 年发明了白炽灯,使人们夜晚也可以生活在光明中。继电动机之后,有轨电车、火车、轮船逐渐出现,开启了电气化时代,也开启了人类社会的第二次工业革命。

一、电报

1830年,用电磁继电器实现的电报机应用起来。为了简化字符的编码,美国的塞缪尔·莫尔斯于1837年发明了莫尔斯码,如图1-2-13所示,用"点"和"划线"对字符进行编码,不同的字符对应不同的编码,例如用一个"点"加上一条"划线"表示字母"A"。电报机有一个按键和一个继电器,按键用于发送电报信息,继电器用于接收电报信息;在发送电报时,断续按下按键将电路连通或断开,按下按键时间短则表示"点",按下时间长则表示"划线";将电报信号通过电线传送给对方,对方电报机的继电器触点则相应动作,并绘制出编码,再根据编码规则解码,即可读取电报内容。

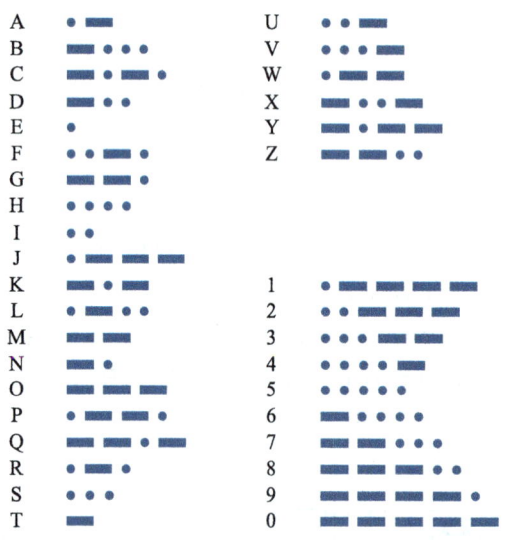

图1-2-13 莫尔斯码(点、划线)

若将莫尔斯码的"点"和"划线"的编码对应为数字"0"和"1",则电磁继电器的开关(按键)输入信号和触点输出信号也对应编码为数字信号"0"和"1"。数字信号是离散的信号,只在电报员或触点动作的时候出现,其他时间不出现,因此在时间上是分散(离散)的;并且只取离散的数值"0"和"1"。

二、电话

再后来,亚历山大·贝尔在"电流可以使线圈振动而发出声音来,那么能否利用电流来传输人说话的声音呢?"这一奇思遐想的引导下,于1876年发明了电话。人说话的声音是一种连续变化的信号,该信号可以使话筒中的电容或电感值发生变化,再通过电路转换为电信号,这种信号称为模拟信号,如图1-2-14所示。模拟信号是一种连续变化的信号,用于模拟自然界的各种物理、化学、生物等的信号,例如声音、温度、压力、颜色、亮度、脉搏等。

三、无线电报

1895年,意大利的马可尼发明了无线电报,原理图如图1-2-15所示,通过电感、电容和发射天线将莫尔斯按键的信号转换为电磁波信号发射出去。之后广播、电视也相继开始应用电磁波传输信号。

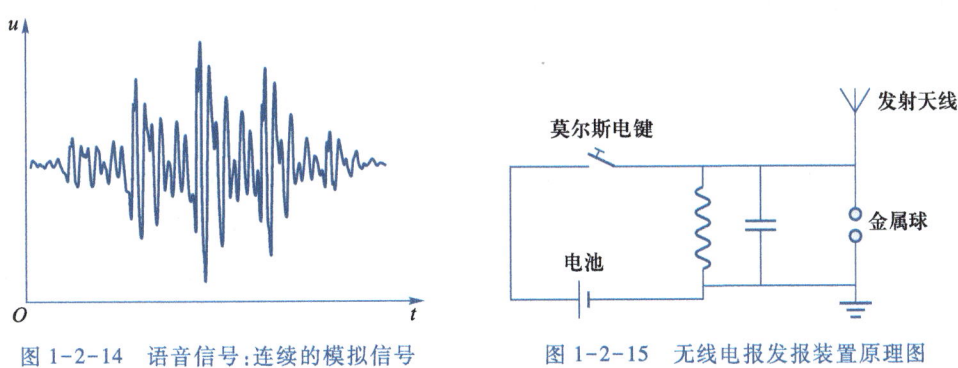

图1-2-14　语音信号:连续的模拟信号　　　　图1-2-15　无线电报发报装置原理图

四、计算机

1941年,德国的楚泽(Zuse)最先研制成了全自动的继电器计算机Z-3,即第一代电计算机,它已具备程序控制、数字存储等现代计算机的特征,标志着电的应用发展到了一个新的阶段。

1.3　电子技术发展史

1.3.1　电子管的发明

一、电子二极管

电磁继电器体积大,且消耗金属,因此人们希望对其改进。1904年,在无线电公司工作的英国电气工程师约翰·弗莱明受到"爱迪生效应"的启发,发明了世界上第一个电子管——真空二极管,其可以在无线电检波中用作开关。1883年,爱迪生在改进白炽灯时发现,若在白炽灯中再插入一根金属丝作为电极,则会有电流从原来炽热的灯丝流向这根金属丝,而反过来将金属丝加热,则几乎没有电流流向原来的灯丝,这就是"爱迪生效应",但是爱迪生没有继续研究。弗莱明受到"爱迪生效应"的启发后,将金属丝改为金属网,当给灯丝

(电子发射能力较好)接电源负极、金属网(导电性能较好)接正极时,灯丝会发射电子,电子到达金属网就会产生电流;但是反过来不行,即给金属网接电源负极、灯丝接正极时,却几乎没有电流到达灯丝;所以这样就形成了一个电子开关,称为真空二极管(也称为电子二极管),其原理图如图 1-3-1 所示。金属网称为阳极,灯丝称为阴极。

二极管可用于交流电整流和无线电检波,可以将交流电或无线电波中的正或负的一半电压去掉,保留另一半电压。也可以用于计算机,代替电磁继电器作为开关,从而减小了体积和成本。

二、电子三极管

1907 年,美国李·德·福雷斯特给电子二极管增加了第三个电极——控制栅,研究出了真空三极管(也称为电子三极管,简称为电子管),原理图如图 1-3-2 所示。控制栅可以控制到达阳极电子的数量,而其余的电子则到达控制栅,从而可以控制阳极的电流与控制栅的电流的比例。当比例大于 1 时,可以实现电流的放大,因此电子三极管具有信号放大作用。电子三极管可以用于电话,实现语音信号和无线电信号的放大。

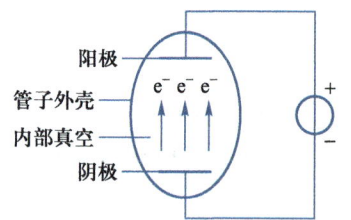

图 1-3-1　真空二极管(电子二极管)原理图

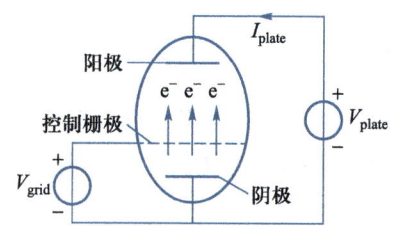

图 1-3-2　真空三极管原理图

三、电子管的应用

电子管广泛应用于收音机、电视机、计算机等设备。

1946 年,美国宾夕法尼亚大学莫尔学院制成了大型电子管数字积分计算机埃尼阿克(ENIAC),如图 1-3-3 所示,最初专门用于火炮弹道计算,后经多次改进而成为能进行各种科学计算的通用计算机。

然而电子管体积大、功耗大、寿命短,例如,计算机埃尼阿克占用几个房间放置,重达 30 吨,耗电量很大,这促使人们去探索更好的元件来代替电子管。

1.3.2　晶体管的发明

1947 年,贝尔实验室的三位科学家肖克利(William Shockley)、巴丁(John Bardeen)和布拉顿(Walter Brattain)发明了用半导体材料制作的晶体管(transistor),如图 1-3-4 所示,并于

图 1-3-3　第一台电子管通用计算机——埃尼阿克(ENIAC)

1956 年获得了诺贝尔物理学奖。晶体管的发明是电子学发展的一个重要里程碑。现代常用的晶体管如图 1-3-5 所示,外壳一般为金属或塑料等,有三个电极(引脚),也称为晶体三极管,简称为晶体管。与电子管相比,<u>晶体管体积小、功耗小、寿命长、可靠性高</u>,一经面世,就广泛地应用于广播、电视、计算机等设备。

图 1-3-4　发明晶体管的三位科学家

图 1-3-5　现代晶体管实物

<u>晶体管</u>与电子三极管相似,<u>既可以做开关,又可以做信号放大器</u>。此后,科学家于 1960 年在贝尔实验室又发明了场效应晶体管,其功能与晶体管相似。

1.3.3　集成电路的发明

晶体管通常与电阻、电容等元件一起组成电路,焊接在电路板上,如图 1-1-1(b)手机内部电路板所示。在应用中人们逐渐发现电路焊接容易出现不可靠现象,使电路出现故障或者不稳定。此外每个元件都有外壳,元件间距离较大,使得电路整体体积和面积较大。设想若能将这些元件外壳去掉,制作在一块半导体上面,加上连线组成电路,再加上外壳,就有可能减小体积和面积。基于这种思想,1958 年,美国德州仪器公司的工程师杰克·基尔比(Jack Kilby)发明了锗半导体材料制成的集成电路(integrated circuit,简称为 IC),将具有某一功能的电路全部制作在一块半导体上,加上封装和引脚,如图 1-3-6 所示。1959 年,美国仙童公司(Fairchild)的罗伯特·诺伊斯(Robert Noyce)发明了硅半导体材料制成的集成电路。

集成电路发明以后,就逐渐取代原来由电子元件组成的各种功能的电路,而且其集成度越来越高。集成度是指芯片上单位面积所放置的元件的数量,目前数量最多已达到上亿;或者指元件的最小连线宽度,目前最小的连线宽度已达到 2 nm($1\ nm = 10^{-9}\ m$)。图 1-3-7 所示为现代的一些集成电路芯片。

图 1-3-6 Jack Kilby 制作的锗半导体集成电路

图 1-3-7 现代集成电路芯片

1965 年,美国科学家摩尔(Moore)预测出了集成电路的发展趋势,他认为集成电路的集成度每隔十八个月要翻一番(即它上面的元件的数目要增加一倍),但是它的成本却要降低一半,这就是著名的摩尔定律。此后几十年,集成电路一直按照摩尔定律发展。

从 20 世纪 70 年代至 2000 年,集成电路的集成度几乎呈线性增长,之后增长速度有所放缓,随着电路中元件的连线宽度接近 1 nm(DNA 的大小即为 1 nm),集成度的增长变得越来越困难,人们正在想各种办法来提高集成度,包括发明新的材料(如石墨烯)、采用 3D 封装技术、将多种芯片的功能集成为一个芯片、采用光电计算和量子计算技术等。

1.3.4 电子技术的早期应用

半导体元件和集成电路早期应用于电话、电报、收音机、电视机、计算机等设备,开启了信息化时代即第三次工业革命。

1960 年,我国自行研制了第一套 1000 门自动电话交换机。1961 年,美国得克萨斯仪器公司与美国军方合作,研制出了第一台集成电路电子计算机。1964 年,美国 IBM 生产出了由混合集成电路制成的 IBM 360 计算机,成为第三代计算机的主要里程碑。

1.4　电子技术的现代应用

电子技术的现代应用非常广泛,从人们的日常生活到社会的各行各业都有其应用,并正在向集成度高、体积小、功耗小、互联、无线、移动等方向发展。

1.4.1　电子电路的功能

电子电路在不同应用中有不同的功能,主要包括以下几种。

1. 通信

电子电路可以实现通信的功能,例如早期的电报、电话、广播、电视通信等,现代的互联网通信、手机通信等。

2. 信号处理

电子电路可以实现信号处理的功能。例如手机通信中,人们通常要将语音、图像和视频等信息传送给对方。为此,首先需要将这些物理信息通过电子电路转换为电信息,之后通过一系列的处理,再通过网络传输给对方。再如,当需要测量一些物理或者生物的信号时,例如温度、亮度、脉搏、血压等信号时,需要将它们转换为电信号再进行分析和计算。

3. 计算

电子电路可以实现计算的功能。例如计算机,各种电子智能设备(例如手机、pad、智能手表等),通常需要进行计算,这是通过电子电路实现的。

4. 测量

电子电路可以实现测量的功能。现代的各种电子仪器仪表用于测量不同的信息,例如红外体温仪、心电图仪、智能血氧仪、出租车计价表、压力计、超声波测距仪等。

5. 控制

电子电路可以实现控制的功能。在自动化领域,通常需要对设备进行控制。例如控制机器人的动作和运动方向、无人机的飞行路线和速度、汽车自动驾驶等,都离不开内部的电子系统的作用。

6. 其他功能

此外,电子电路还可以实现一些其他功能,例如显示信息、存储信息等。

1.4.2　电子技术的应用领域

电子技术的应用领域主要包括消费、医疗、交通、农业、通信、工业、航空航天、军事、测量等领域。各领域的具体应用举例如下。

1. 消费领域

例如个人计算机、手机、家电、智能家居产品、健康监测仪等。

个人计算机除了可以计算,还可以通过 U 盘存储信息,通过显示器显示信息,通过麦克风和扬声器处理音频信息,以及通过摄像头处理图像和视频信息。此外,计算机还可以通过有线以太网或者无线 WiFi 实现通信。

手机可以处理文字、语音、图像和视频信息等,实现信号处理功能;通过无线 WiFi 或蓝牙实现通信功能。

空调遥控器采用了红外通信来设定制冷所需的温度;而空调同时还要测量周围环境的温度,并与设定温度对比,以确定是否要控制压缩机制冷。因此空调可以实现通信、测量和控制功能。

全球每年在美国拉斯维加斯举办的消费类电子展(consumer electronic show,简称 CES)经常有一些创意产品。例如 2016 年展示的智能腰带可以检测用户的步数、坐定时长和饮食习惯,帮助用户更好地控制腰围;2017 年展示的智能发刷可测量用户梳头的次数,在用力过大时提醒用户,从而避免头发损伤;2022 年展示的智能水龙头,可以通过手势开关或者用语音控制水流大小;2023 年,作为通往元宇宙的重要硬件入口之一的虚拟现实/增强现实[VR/AR(virtual reality/augmented reality)]硬件,中国企业展出了最新款产品。

2. 医疗领域

例如脉搏测量仪、超声波诊断仪、体征指标检测仪、智能手术机器人等。简易脉搏测量仪通过测量人体(如手指部分)在心脏跳动前后血管透射红外信号的变化情况,可以得到脉搏和心电信号。

3. 交通领域

例如汽车电子系统、交通流量监控系统等。现代汽车的电子系统可以测量和显示行驶速度、里程、油耗,可以控制门窗开关和座椅的移动,可以通过蓝牙播放手机中的歌曲,可以实现自动驾驶等。

4. 农业领域

例如农业自动化耕种系统、喷药系统、浇灌系统等。遥控喷药系统通过无线遥控实现自动行动和喷洒。

5. 通信领域

例如以太网、WiFi、5G、蓝牙等通信系统。蓝牙无线通信可以用于短距离通信,如手机之间传输照片、手机与音箱之间传输音乐歌曲(如图 1-4-1 所示)等。现代的一些互联网企业,在全球多个地域都部署了云数据中心,利用云计算服务器来存储和处理大量的信息,这些服务器之间通过激光通信来快速交换数据。

图 1-4-1　手机与音箱之间传输音乐歌曲

6. 工业领域

例如工业测量系统如油田声波测井仪系统,自动控制系统如数控机床系统、机器人,食品安全检测仪等。石油声波测井仪器用于测量地层的地质情况,如图1-4-2所示,测量时该仪器的发射探头首先向周围地层发射声波信号,之后接收探头测量地层反射回来的信号,最后通过计算确定地层是否可能有石油和天然气等资源。

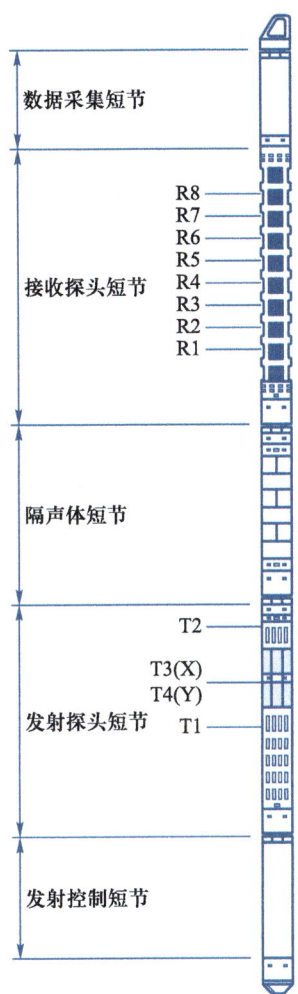

图1-4-2 石油声波测井仪器

7. 航空航天领域

例如无人侦察机监控系统、航天飞行器监控系统等。无人飞行器根据遥控器指令控制电机旋转带动旋翼运动,同时检测电机速度、机身的姿态、飞行的高度等,来决定飞行情况。嫦娥五号探测器可以控制机械手臂拍照、探测周围的信息等,此外其太阳能帆板实际上是一个太阳能电池,如图1-4-3所示。

图 1-4-3 嫦娥五号探测器

8. 军事领域

例如雷达系统、导弹自动控制系统等。导弹自动控制系统可以发射无线电信号,根据反射信号来控制导弹飞行,或到一定地段后,接收敌方目标发出的电磁波信号来控制导弹的飞行。

9. 测量领域

各类测量仪器如信号发生器、示波器、万用表等,可以用于测量和显示电信号和信息。

1.5 电子系统

本节主要介绍电子系统的组成和设计方法。

1.5.1 电子系统简介

一、电子系统定义

电子系统是指由若干相互连接、相互作用的电子电路和其他零部件组成,能够产生或处理电信号及信息的完整的装置。

例如,手机是一个电子系统,其内部有一些电子元件,它们组成若干电子电路,这些电子电路通常组装在一块或多块电路板上面,通过金属连线相互连接,外部还有外壳、按键、接口等零部件,能够处理电信号及信息,例如,通话时将从麦克风接收的物理语音信号转换为电信号,经过一定的处理后再转换为无线信号发送给对方,对方接收到语音信号经处理后作用到扬声器使其发声,此外手机还处理文字、图像、视频等信息,是一个完整的装置,如图1-1-1所示。

再例如,实验室常用的测量仪器如信号发生器,可以产生三角波(随时间周期性变化的三角形波形)等电信号,用于测量电子电路的功能和性能,是一个完整的装置。因此信号发生器也是一个电子系统。

二、电信号及信息

1. 信息、消息与信号

信息是指人类社会和自然界中需要传送、交换、存储和提取的抽象内容。例如人们通过手机或计算机网络交换信息。

为了交换信息,需要将其用一定的形式表示出来。人们把表示信息的语言、文字、图像、数据等称为消息。可见,消息是信息的表现形式,而信息则是消息的内容。

一般情况下,消息不便于传送和交换,需要借助某种便于传送和交换的物理量作为运载手段,例如声、光、电等。这些运载消息的物理量称为信号,它们是时间或空间的函数,所携带的消息则体现在它们的变化之中。由于电信号容易产生、传输和控制,也容易实现与其他物理量的相互转换,因此是应用最广泛的信号。

例如,人们通过手机通话交换信息,是通过语言进行消息传递的,而运载语言消息的是无线电信号。

2. 电信号

电子系统处理的是电信号,电信号是指随时间变化的电压或电流,可以用波形或函数表示。电信号又分为数字信号(digital signal)和模拟信号(analog signal)。

数字信号是在时间或数值上均离散的电信号,例如电路的开关信号、脉冲信号等。第 1 章讲述的电报机用按键发送电报时,按键的开关信号即为数字信号。如图 1-5-1 所示,图(a)表示开关信号,电压值仅为 5 V(伏,伏特)和 0 V,且在不同时间间隔出现,电压值为 5 V 表示开关闭合(按键按下),对应数字"1",而电压值为 0 V 表示开关打开(按键没有按下),对应数字"0";图(b)表示的数字信号的电压值有 0 V、1 V、2 V、3 V、4 V 等几个可数的值,也是在不同时间间隔出现。

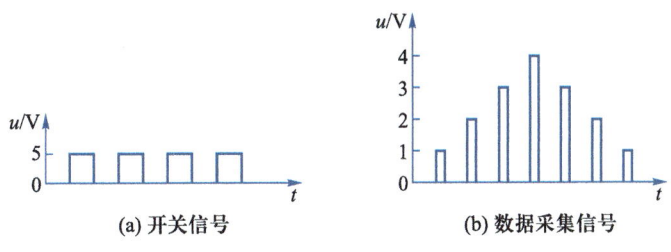

图 1-5-1　数字信号

模拟信号是在时间和数值上均连续的电信号,例如声音、亮度、颜色、温度、压力、流量、心电信号等。如图 1-5-2 所示,图(a)(b)(c)分别表示温度、声音、脉搏信号,与它们对应的电压值在某一范围内均连续变化,且在某一时间范围内均不间断。

温度、声音、亮度等本身都是物理信号,而电子系统处理的是电信号,因此在处理之前首先要将它们转换成电信号,通常采用传感器来转换。反之,电子系统输出的信号是电信号,

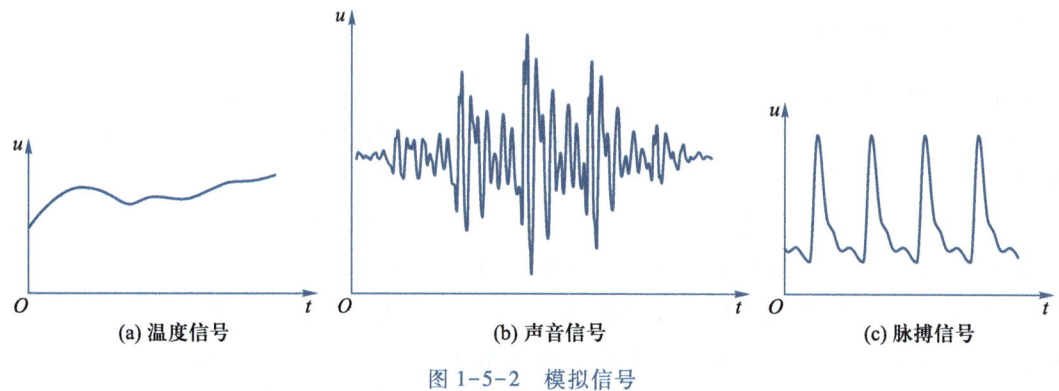

图 1-5-2　模拟信号

若要驱动扬声器发声,例如音响和手机的扬声器,或者驱动阀门开关,例如智能感应水龙头中的阀门,则需要将电信号转换为扬声器所需的物理声音信号,或者是阀门所需的机械信号,通常将电信号转换为其他形式信号的装置(例如扬声器和阀门)称为执行器。

三、电子电路

电子电路用于产生或处理电信号,分为模拟电路、数字电路、信号转换电路。

模拟电路(analog electronic circuit)用于产生或处理模拟信号,其最基本的处理为放大,此外还有滤波、运算、信号产生电路等。由于传感器转换得到的模拟信号的幅值通常很小,电压信号一般为毫伏(mV,10^{-3} V)或者微伏(μV,10^{-6} V)数量级,因此首先要将其放大。模拟信号通常还会混入其他干扰信号,例如环境中的电磁波干扰信号,因此可能还需要滤除这些干扰信号。有时还需要对模拟信号进行数学运算,例如,石油声波测井测的四个方向的声波回波信号可能需要进行相加运算;再如,采用一种称为光电二极管的元件可以将光的强度转换为电流信号,该电流信号随着光强的变化而变化,其幅值范围的数量级为纳安培(纳安,nA,10^{-9} A)至微安培(微安,μA,10^{-6} A)数量级,变化范围相对较宽,因此需要用对数运算的方法将其压缩至较小的范围。

数字电路(digital electronic circuit)用于产生或处理数字信号,其最基本的处理为逻辑运算,此外还有数学运算,以及计数、存储等。例如,数字电路可用于组成计算机,或用于需要进行计算的电子系统。

电子系统需要处理的信号通常来自自然界,这些信号绝大多数都是模拟信号,需要模拟电路来处理。执行器需要的信号通常是模拟信号,现代通信系统信道中传输的通常也是模拟信号,因此需要模拟电路来提供和处理。然而模拟信号的幅值通常较小,易受干扰,且不易存储和加密,不适合直接传输,也不适合进行复杂的计算和数字化显示。而数字信号的幅值通常较大,抗干扰能力强,容易存储和加密,适合于传输,且适合进行复杂的计算和数字化显示。因此,当需要存储、传输、加密以及进行复杂计算和数字化显示时,可以将模拟信号转换为数字信号;而当需要通信、驱动执行器时,可以将数字信号转换为模拟信号。

信号转换电路用于实现模拟信号与数字信号之间的相互转换。实现模拟信号到数字信号之间的转换电路称为模数转换电路或模数转换器(analog to digital converter,简称为 A/D 或者 ADC),实现数字信号到模拟信号之间的转换电路称为数模转换电路或数模转换器(digital to analog converter,简称为 D/A 或者 DAC)。

四、电子元件

电子电路由电子元件(器件)组成,常用的电子元件包括电阻、电容、电感、半导体器件,而半导体器件主要包括二极管、晶体管、场效应晶体管、集成电路等。不同的电子元件具有不同的功能和特性,它们的外部形状、内部材料和结构不同。电子元件都具有两个及以上的外部引脚,可以通过金属等导电的导线互相连接组成电路和系统。

集成电路(integrated circuit,简称 IC)是指采用一定的制造工艺,将电子元件、电阻、电容等组成的具有完整功能的电路制作在同一块半导体基片上(直径为 3~10 mm),然后加上外部封装和引脚所构成的器件。例如可以将多个模拟信号放大电路制作成一个集成电路。

集成电路种类包括模拟 IC、数字 IC、模数混合 IC 即信号转换 IC,以及微处理器(microprocessor,MPU)、片上系统(system-on-chip,简称 SoC)等。

微处理器主要由数字电路组成,通常具有信息处理、存储等功能,这些功能主要由微处理器内部的程序(软件)完成,例如电子手表中的微处理器芯片,计算机中的微处理器芯片(也称为中央处理单元)。

片上系统是指在一块半导体上集成了多种功能的电路,一个芯片即可以组成一个电子系统,也称为系统级芯片。例如,可编程片上系统 PSoC(programmable system-on-chip,简称 PSoC)系列芯片中包含 1 至 2 个微处理器、A/D、D/A、放大器、通信接口等多种功能的电路,以及可编程(可通过软件程序设计功能的)模拟电路模块和数字电路模块,一个芯片即可以组成一个电子系统,例如脉搏或温度信号测量系统。再例如,华为麒麟 990 芯片是一个 SoC,包含三个微处理器、一个图像处理器(graphics processing unit,简称 GPU)、5G 通信电路等,一个芯片即可组成手机的核心电路。

通常将非集成电路的电子元件称为分立元件。

电子元件及其组成的电子电路和系统常称为硬件,而微处理器或 SoC 中的微处理器中运行的程序通常称为软件。

五、电子零部件

除了电子元件外,其他零部件也是组成电子系统不可或缺的部分,包括传感器(例如麦克风、摄像头、温度传感器等)、执行器(例如扬声器、蜂鸣器、电机、阀门等)、显示器(例如液晶屏、数码管等)、键盘和按键、有线或无线通信信号的发射或接收装置、信号传输线、电子产品的外壳等。

1.5.2 现代电子系统的组成

一、现代电子器件的特点

现代集成电路的集成度越来越高,功能越来越强。目前最先进的集成电路芯片集成度已达到 10^9 个器件。制造集成电路的最先进的工艺目前已达到了 2 nm(即半导体器件的最小连线宽度)。因此单个集成电路芯片的功能越来越强,例如多核微处理器、片上系统等。

二、现代电子系统的组成

1. 组成

由于微处理器和 SoC 功能很强,现代电子系统通常以它们为核心组成。现代电子系统的组成如图 1-5-3 所示。

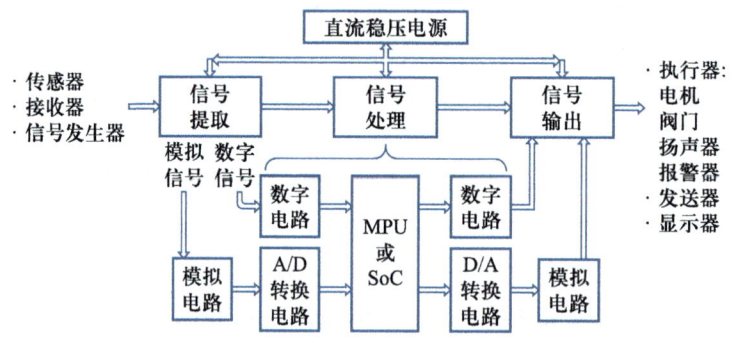

图 1-5-3 现代电子系统的组成

电子系统的功能是产生或者处理电信号,包括信号提取、信号处理、信号输出三部分。首先要获取(提取)电信号,然后再进行信号处理,最后输出电信号给显示器、执行器或发送器。此外所有电子系统都需要直流稳压电源。

(1) 信号提取:电信号可以通过信号发生器或者信号发生电路、传感器、接收器等获取。信号发生器或者信号发生电路可以产生电信号,例如三角波信号。传感器可以将自然界的物理、生物或者化学信号转换为电信号。接收器可以通过有线或无线传输设备接收其他电路或系统发送来的电信号。

(2) 信号处理:① 若获取的信号为模拟信号,则首先由模拟电路进行处理,之后若需要存储、传输、加密以及进行复杂计算或数字化显示,则还需要转换为数字信号,再交给微处理器或 SoC 进行处理。② 若获取的信号为数字信号,则可以由数字电路进行处理,再交给微处理器或 SoC 进行处理,或者直接由微处理器或 SoC 进行处理。

(3) 信号输出:微处理器或 SoC 处理完成的信号可以用存储器存储;或者用显示器显示数据、波形或图像;也可以通过无线或者有线发射器传输出去;若需要输出给一些执行器,例如扬声器、电磁阀等,则还需要将数字信号转换为模拟信号再输出。

(4) 直流稳压电源:给电子电路提供工作所需的稳定的直流电压。

电子系统可以是一个独立的设备,例如手机、摄像机,也可以是某一个物理系统的一部分,例如汽车智能驾驶电子系统是汽车的一部分。现代电子系统通常包含微处理器,其微处理器的计算能力通常不如计算机中的微处理器(也称为中央处理单元),为了与计算机区别,通常将包含微处理器的其他电子系统称为嵌入式系统。

2. 举例

(1) 石油声波测井信号采集和处理系统

石油声波测井信号采集和处理系统是石油声波测井仪器电路的一部分,其主要功能是对接收到的地层反射回来的 32 路声波信号进行采集和处理,处理结果通过通信线缆传送至地面的计算机,其功能图如图 1-5-4 所示。

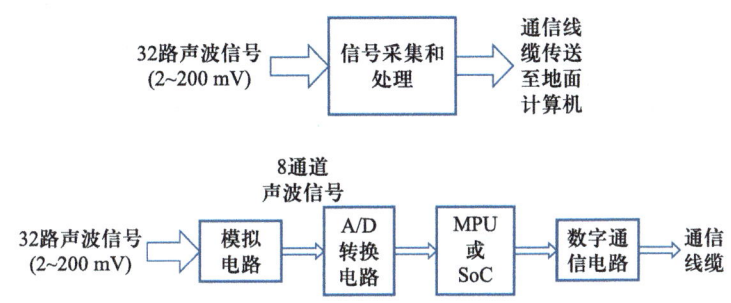

图 1-5-4 石油声波测井信号采集和处理系统的功能和组成

该系统由模拟电路、A/D 转换电路、SoC 和数字通信电路组成,如图 1-5-4 所示。32 路声波信号为模拟信号,幅值为 2 mV 至 200 mV,它们首先经过模拟电路进行放大和滤波,之后多路信号之间进行运算,将 32 路信号变成 8 路信号,再经过 A/D 转换成数字信号,进入 SoC 进一步处理,最后将结果通过通信电路发送给地面的计算机。

(2) 智能家居安防报警系统

智能家居安防报警系统用于家庭防盗和安全报警,其组成示意图如图 1-5-5 所示,包括门磁防盗、红外防盗、烟雾报警、无线网关等电路模块。当门磁或红外传感器检测到有人入侵,或者烟雾传感器检测到有火灾危险时,将这些信息发送给无线网关,无线网关再通过短信将信息发送给主人手机。门磁防盗、红外防盗、烟雾报警模块的组成如图 1-5-6 所示,包括传感器、设置信息的按键、显示信息的显示器、PSoC、WiFi 无线模块等。无线网关组成如图 1-5-7 所示,包括 PSoC、WiFi 无线收发模块、GSM/GPRS 模块(与主人手机通信)、设置信息的键盘、显示信息的显示器、报警蜂鸣器和发光二极管等。

图 1-5-5　智能家居安防报警系统组成

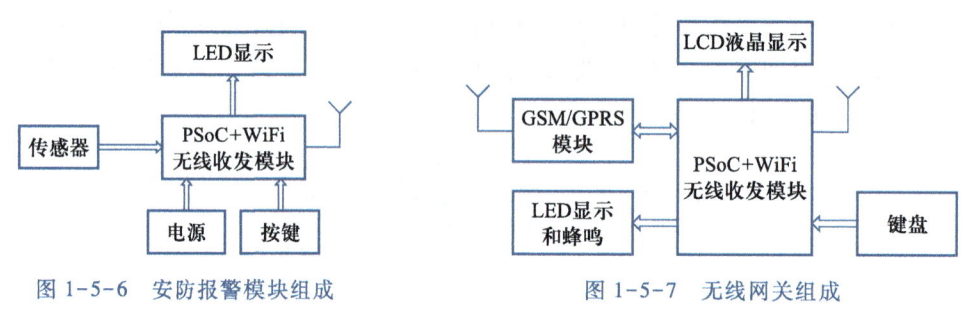

图 1-5-6　安防报警模块组成　　　　　图 1-5-7　无线网关组成

1.5.3　现代电子系统设计方法

一、电子系统设计概述

电子系统都有一定的功能和性能。例如脉搏测量仪能测量脉搏并显示数据,有的还能显示脉搏信号的波形,或者还能测量其他人体指标;测量脉搏的数据有的准确性很高,性能较好,有的则可能低一些;供电的电压值有的是+5 V,有的可能是+5 V 和-5 V。因此设计时首先要考虑其功能和性能是否能满足要求。其次,电子系统都有一定的成本,有不同的外观,在设计时也需要考虑。例如选用什么元件既能满足功能和性能要求,成本又相对较低;再如电路制作的尺寸要求多大才能满足外观的要求等。此外,完成电子系统设计可能有设计时间要求,即要求在一定时间内完成,在设计时也需要考虑。

二、现代电子系统设计方法与流程

电子系统设计可以遵循一些统一的方法和流程。下面分别说明。
（1）需求分析:分析系统的功能和性能需求,确定大致成本和完成时间,以及其他要求。
（2）功能划分:将需要完成的功能划分为便于实现的子功能,画出它们之间的关系图。
（3）软硬件功能划分:确定各功能是由硬件(电子电路)完成还是由软件(微处理器或

SoC 中的软件)完成。例如有些信号处理(例如图像处理)或者计算功能(例如人工智能算法)既可以用微处理器或 SoC 的软件实现,又可以直接购买市场上已有的硬件芯片(集成电路芯片)实现,因此设计人员需要根据系统的整体需求(例如性能、成本)来确定。

(4)方案设计:确定组成系统硬件所需的电路及相应的电子元件,以及设计微处理器软件所需的开发工具等。

(5)软硬件详细设计:详细设计硬件电路,画出原理图,计算性能参数;详细设计软件的步骤,画出流程图,编写程序。

(6)软硬件单独仿真和验证:硬件电路和软件程序一般都有相应的仿真工具(用于模拟硬件电路和软件程序的特定的软件),可以分别进行仿真,验证所设计的电路和程序满足功能和性能要求。之后搭建硬件电路(在面包板上搭建,如图 1-5-8 所示)或者制作电路板(如图 1-5-9 所示),测试硬件功能和性能,并进行调试,使其满足要求。软件程序则需要下载到微处理器或者 SoC 中进行测试和调试,使其满足要求。模拟电路常用的仿真软件为 Multisim,软件界面如图 1-5-10 所示,使用方法的手册请扫码查看。

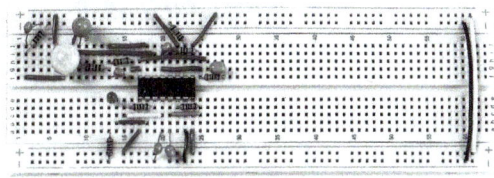

图 1-5-8 在面包板上搭建硬件电路

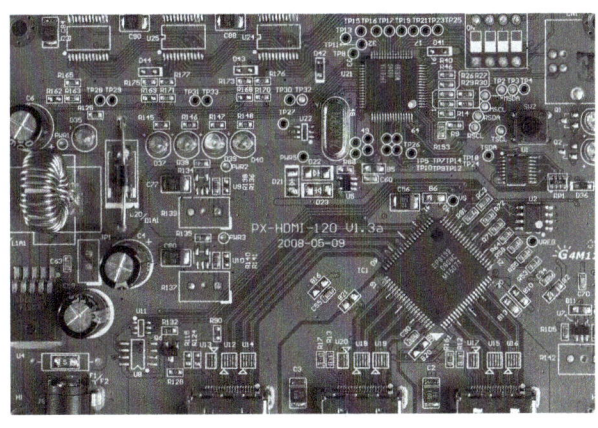

图 1-5-9 电路板

(7)软硬件联合验证:最后让软件和硬件同时工作,来验证硬件和软件的整体功能和性能,若满足要求则设计结束,否则需要修改设计,直至满足要求。

(8)系统制作:将验证好的硬件和软件按照产品外观尺寸和形状的要求制作出电路板,并将电路安装在上面,即将元件和连线放置在电路板上,图 1-1-1

Multisim 使用手册

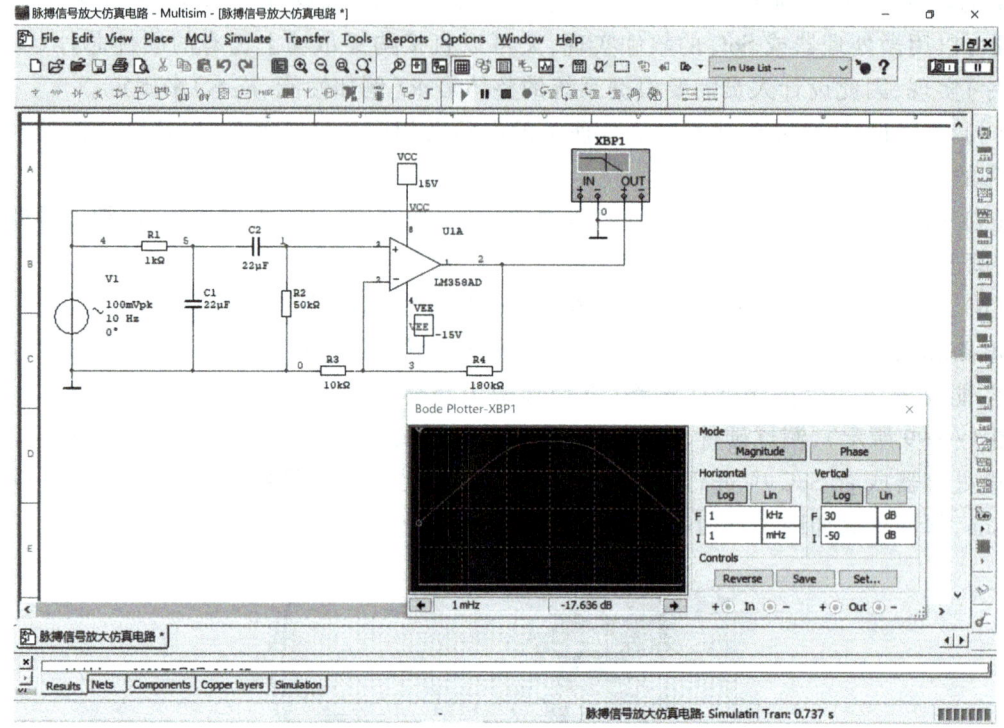

图 1-5-10　Multisim 仿真软件界面

所示为手机内部的电路板。

（9）系统测试：对制作出来的系统进行全面测试，再次验证系统功能和性能是否达到要求，若达到要求则测试结束，否则需要修改系统，或者重新设计和制作系统。

（10）产品制作：增加外壳或外封装，安装好电路，制作成产品。

1.5.4　现代电子系统设计原则

电子系统设计需要考虑的因素包括功能、性能、成本、外观、时间等。对用户而言，通常希望功能强、性能好、价廉、体积小、重量轻、美观等。例如手机，人们在购买时希望功能强、耗电少、待机时间长、摄像性能好、价格便宜、体积小、重量轻、美观。然而这些要求一般不能同时满足。当以上要求不能全部满足时，则需要采取折中的办法，将希望满足的条件按重要性排序，在满足重要性高的条件下，尽量满足其他次要的条件。

通常的设计原则是，在满足功能和性能要求的情况下，尽可能做到简单、成本低、体积小、重量轻、设计时间短等。

第 1 章讨论题、思考题、习题

讨论题

1. 电和电子技术的发展史对你有什么启示?你从中学习到了什么思想和方法?
2. 举例说明你认识的电子产品或电子设备,它们有何功能和用途?
3. 摩尔定律现在还适用吗?为什么?目前有哪些提高集成度的新技术?
4. 举例说明你认识的电子系统,它们处理哪些信息?包含什么电路?
5. 简述设计一个体温测量仪的流程。

思考题

1. 电子技术研究的内容是什么?
2. 晶体管和场效应晶体管有何功能?
3. 什么是集成电路?什么是集成度?
4. 电子电路的功能有哪些?有哪些应用领域?
5. 什么是信息、消息与信号?它们有何联系?
6. 数字信号和模拟信号分别有何特点?
7. 传感器和执行器分别有何作用?
8. 模拟电路、数字电路、信号转换电路分别有何作用?它们有何区别和联系?
9. 现代电子系统通常以什么为核心组成?包含哪些组成部分?
10. 电子系统设计需要考虑哪些因素?
11. 简述电子系统设计的流程。
12. 简述电子系统设计原则。

习题

1.1 判断下列说法的正误,在相应的括号内画"√"表示正确,画"×"表示错误。
(1)欧姆定律确定了电压、电阻、电流的基本关系。(   )
(2)在电容两端加电压时,两个极板上聚集起等量的正、负电荷。(   )
(3)在电容两端加相同大小的电压时,若两个极板上聚集的电荷量大,则电容值大。(   )

(4) 电磁继电器是用较大的电流、较低的电压控制较小电流、较高的电压的一种"自动开关"。（   ）

(5) 语音信号是数字信号。（   ）

(6) 电磁继电器传送电报的信号是模拟信号。（   ）

(7) 电子三极管可以用作开关整流器，还可以用作电信号的放大器。（   ）

1.2 判断下列说法的正、误，在相应的括号内画"√"表示正确，画"×"表示错误。

(1) 模拟电路对模拟信号最基本的处理为放大。（   ）

(2) 数字电路对数字信号最基本的处理为逻辑运算。（   ）

(3) 模拟信号容易存储。（   ）

(4) 数字信号容易加密。（   ）

第 1 章习题解答

第二部分 电路基础

第 2 章　电路基本概念与基本定律

2.1　电路基本概念

2.1.1　电路及其模型

一、电路

电路是指由电气和电子元件(器件)互相连接组成的电流通路。电路有两个主要功能。第一个功能是用于电能的传输、分配与转换。例如,用风力或者太阳能发电得到的电能需要通过电路进行传输、分配与转换,以便人们使用;电池、白炽灯和连接线(导线)组成的探照灯电路可以将电能转换为光能和热能。第二个功能是用于信息的传输、控制与处理,例如,计算机、手机中的电子电路用于信息的传输、控制与处理。

二、电路模型

电路模型是指用理想电路元件代替实际电路元件及其连接的电路。理想电路元件是指忽略元件内部的电磁物理过程,而仅关注其外在主要的电磁性能(电压和电流)的理想元件。

由电池、白炽灯、开关和导线组成的电灯电路的实物电路图、电路模型分别如图 2-1-1(a)(b)所示,用电阻 R_L 表示白炽灯的电路模型。

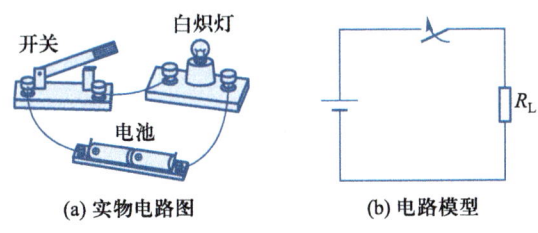

图 2-1-1　电灯电路

2.1.2 电流和电压

一、电流

带电粒子称为电荷,例如电子带负电,称为负电荷;而失去电子的原子带正电,称为正电荷。电荷可以运动,电荷有规则的定向运动产生电流 i。如图 2-1-2 所示的开关闭合的电路中,有电流流经电路。

每个电荷都带有一定的电荷量,一个电子所带电荷量为最小电荷量,将其绝对值记为元电荷 e。将 $6.241\ 46\times 10^{18}$ 个元电荷总量称为 1 C(库仑),则元电荷所带电荷量为 $e=[1/(6.241\ 46\times 10^{18})]\text{C}\approx 1.602\ 176\ 634\times 10^{-19}$ C。

单位时间内通过导体横截面的电荷量称为电流强度(大小),记为

$$i=\frac{\Delta q}{\Delta t} \tag{2-1-1}$$

其中 i 为电流,符号 Δ 表示增量(即变化量),Δq 为电荷量的增量,Δt 为时间的变化量。

电流的单位为库仑/秒(C/s),也称为安培,简称为安(A)。实际应用中电流的单位还有千安(kA)、毫安(mA)、微安(μA),其中 1 kA = 10^3 A,1 mA = 10^{-3} A,1 μA = 10^{-6} A。

规定正电荷的运动方向为电流的实际方向,则负电荷运动方向与电流实际方向相反。如图 2-1-3 所示,电流实际方向为从 A 到 B,如图中箭头方向所示。

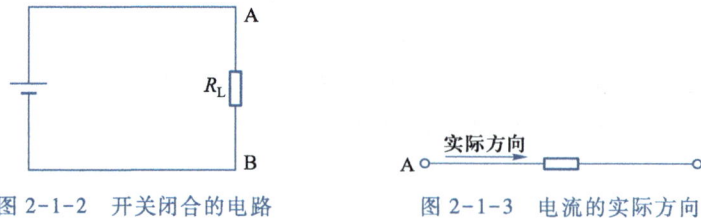

图 2-1-2 开关闭合的电路　　图 2-1-3 电流的实际方向

如图 2-1-4 所示的仿真电路中,电流的实际方向如箭头方向所示,电流的大小为 5 mA。

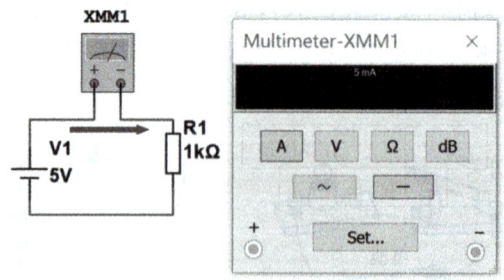

图 2-1-4 电路仿真测量

当电流的实际方向未知或不确定时,可以指定其参考方向。电流的参考方向为任意假

定的电流方向,如图 2-1-5 所示。参考方向可能与实际方向相同,也可能相反。

如图 2-1-6 所示,图(a)中电流的参考方向与实际方向相同,则 $i>0$;图(b)中电流的参考方向与实际方向相反,则 $i<0$。

图 2-1-5 电流的参考方向

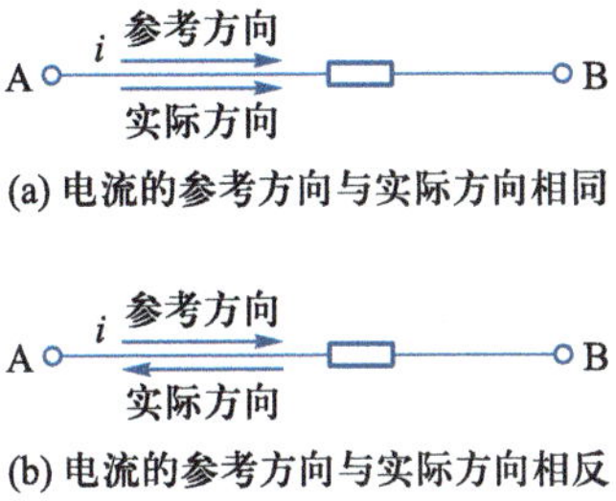

图 2-1-6 电流方向

二、电压

电荷之间具有相互作用力(电场力),是因为电荷的周围存在着由它产生的电场,该电场对放入其中的其他电荷有力的作用。在电路中驱使电荷移动需要克服电场力,因此需要一定的能量(或者说需要做功),该能量通常由外部电源(例如电池)提供。

将单位正电荷 q 从电路中一点移至另一点时所需要的能量(所做的功)称为电压 u,可以表示为

$$u = \frac{\Delta W}{q} \tag{2-1-2}$$

其中 ΔW 为电源所做的功的增量,单位为焦耳(J);q 为单位正电荷量,单位为库仑(C);电压 u 的单位为伏特,简称伏(V),1 V = 1 J/1 C。

实际应用中电压的单位还有千伏(kV)、毫伏(mV)、微伏(μV),其中 1 kV = 10^3 V,1 mV = 10^{-3} V,1 μV = 10^{-6} V。

如图 2-1-7 所示,在电源的作用下,将单位正电荷 q 从电阻 R_L 一端 A 移至另一端 B 的电压为 u,也可以表示为 u_{AB}。

电路中经常规定一个参考点,也称为接"地"点,如图中 B 点所示,最下端的横线表示接"地"。将单位正电荷 q 从电路中一点移至参考点时所需要的能量(所做的功)称为电位 φ,参考点的电位 $\varphi=0$。图中 B 点电位为 $\varphi_B=0$,A 点电位为 φ_A。电压实际上是电位差,图中电压 $u_{AB}=\varphi_A-\varphi_B=\varphi_A$。

电压的实际方向规定为电位真正降低的方向,例如图 2-1-7 中 A 端标为正极"+",B 端标为负极"-",表示 A 端电位高于 B 端电位,代表电压的实际方向,该方向也为正电荷运动的方向。

当电压的实际方向未知或不确定时,可以指定其参考方向。电压的参考方向是任意假设一个高电位指向低电位的方向,参考方向可能与实际方向相同,此时 $u>0$,如图 2-1-8(a)

所示;也可能与实际方向相反,此时 u<0,如图 2-1-8(b)所示。

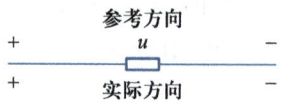

(a)电压的参考方向与实际方向相同

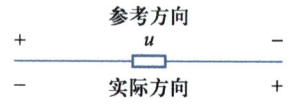

(b)电压的参考方向与实际方向相反

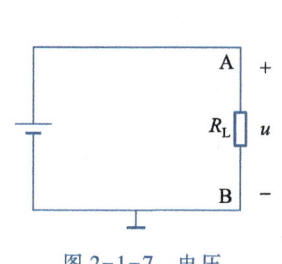

图 2-1-7　电压　　　　　　　图 2-1-8　电压方向

2.1.3　电功率

电功率 P 是指电流在单位时间内所做的功,表示单位时间内消耗或吸收的电能。

$$P = \frac{\Delta W}{\Delta t} \tag{2-1-3}$$

其中 ΔW 为时间间隔内消耗或吸收电能的增量,单位为焦耳(J);Δt 为时间间隔,单位为秒(s)。由于 $u = \frac{\Delta W}{\Delta q}, i = \frac{\Delta q}{\Delta t}$,因此

$$P = ui \tag{2-1-4}$$

P 的单位为瓦特,简称为瓦(W)。

例 2.1.1　已知电路中三个点的电位分别为 $\varphi_a = 5$ V,$\varphi_b = -3$ V,$\varphi_c = 1$ V,求 U_{ab} 和 U_{cb}。

解:$U_{ab} = \varphi_a - \varphi_b = (5+3)$ V = 8 V
$U_{cb} = \varphi_c - \varphi_b = (1+3)$ V = 4 V

例 2.1.2　电路如图 2-1-9 所示,已知 $u_S = 5$ V,$i = 1$ A,$u = 1$ V,求电源提供的功率 P_S 和 R_2 消耗的功率 P_2。

解:$P_S = u_S i = 5$ V×1 A = 5 W
$P_2 = ui = 1$ V×1 A = 1 W

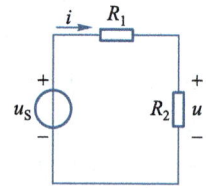

图 2-1-9　例 2.1.2 电路图

2.1.4　电路元件

一、常用电路元件

元件是组成电路的基本单元。最常用的电路元件包括电压源、电流源、电阻、电容、电感

和电子元件。

电压源和电流源是能够产生电能的元件,是电路的能量来源。

电阻是指消耗电能的元件,因此凡是消耗电能的元件可以用电阻来等效,例如电烤箱的电热管可以用电阻来等效。

电容是能够产生电场、储存电场能量的元件。

电感是能够将电场能量转换为磁场能量并储存起来的元件。

电子元件则是能够控制或转换能量的元件,常用的有二极管、晶体管、场效应晶体管。例如晶体管可以将输入信号放大为输出信号,且其放大倍数可以控制,因此可实现能量大小的控制。

能够产生、控制或转换能量的元件称为有源元件,例如电压源、电流源、晶体管、场效应晶体管;其他元件称为无源元件,例如电阻、电容、电感、变压器。

电路元件通常有两个及以上与其他电路连接的端子(端钮),根据端子数量的不同,可以将元件分为二端、三端、四端元件等。电阻、电容、电感、二极管等是二端元件,晶体管、场效应晶体管是三端元件。

本节主要介绍电阻、电压源和电流源,电容、电感和变压器将在第4章4.1节介绍。

二、电阻

电导(conductance)是用来描述物体导电能力的参数,记为 G。相反,电阻则用于描述物体阻碍导电的能力,记为 R。电阻与电导之间的关系为 $G=1/R$。电导的单位为西门子,简称为西(S)。电阻的单位为欧姆,简称为欧(Ω)。实际应用中电阻的单位还有千欧($k\Omega$, $10^3\ \Omega$)、兆欧($M\Omega$, $10^6\ \Omega$)。

一般电阻的符号有两种,一种是国际 IEC 符号,为矩形,两端各有引线,如图 2-1-10(a)所示;另一种是美国的 ANSI 标准符号,为 Z 字形线,两端各有引线,如图 2-1-10(b)所示,本教材主要采用图(a)符号。常见电阻的外形如图 2-1-11 所示。

图 2-1-10 电阻的符号 　　图 2-1-11 常见电阻的外形

在电阻两端加电压时将产生电流,如图 2-1-12 所示,图中电流 i 的方向为从电压 u 的正极"+"指向负极"-",称 u 和 i 为关联参考方向。当 u 和 i 取关联参考方向时,它们之间满足欧姆定律,即 $u=Ri$;若电流 i 的方向为从电压 u 的负极"-"指向正极"+",则 $u=-Ri$。

电阻又分为线性电阻和非线性电阻。线性电阻是指任何时刻端电压与电流成正比的电阻,非线性电阻则不满足此关系。

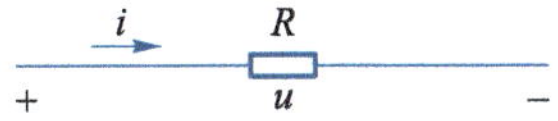

图 2-1-12 电阻中 u 和 i 的关联参考方向

电阻的阻值与其材料的电阻率、横截面积、长度有关,与电阻率和长度成正比,与横截面积成反比,电阻率越高电阻越大,长度

越长电阻越大,横截面积越大电阻越小。

例 2.1.3 电路如图 2-1-12 所示,已知 $R = 100\ \Omega$。(1) 若 $i = 0.1$ A,求 u;(2) 若 $i = -0.1$ A,求 u。

解:(1) $u = iR = 10$ V;(2) $u = iR = -10$ V。

三、理想电压源和电流源

1. 理想电压源

理想电压源两端的电压 u 总能保持一个固定值或一定的时间函数,其值与流过它的电流 i 无关。

理想电压源符号如图 2-1-13 所示,电压为 u_S。由理想电压源和电阻组成的电路如图 2-1-14(a)所示,电阻两端的电压等于电压源两端的电压,电流 $i = u/R$。当 $R = \infty$(即电阻开路)时 $i = 0$,此时理想电压源被开路;当 $R = 0$(即电阻短路)时 $i = \infty$,此时理想电压源被短路,如图 2-1-14(b)所示,将损坏理想电压源。因此实际应用中理想电压源不能被短路。

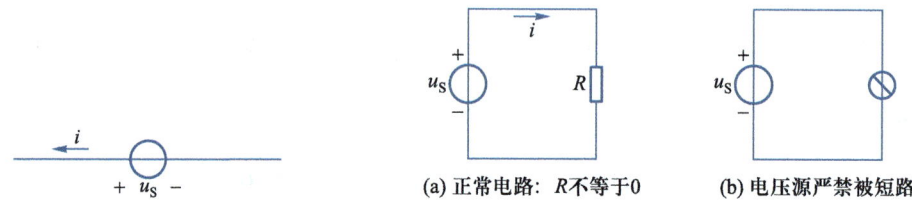

图 2-1-13 理想电压源符号　　图 2-1-14 理想电压源电路

两个或多个理想电压源可以串联,但一般不能并联,只有电压大小和极性都相同时电压源才能并联。

n 个理想电压源的串联电路及等效电路如图 2-1-15 所示,总电压等于各电压源电压之和,即 $u = u_{S1} + u_{S2} + \cdots + u_{Sn} = \sum\limits_{k=1}^{n} u_{Sk}$。

2. 理想电流源

理想电流源的电流 i 总能保持一个固定值或一定的时间函数,其值与它两端的电压 u 无关。

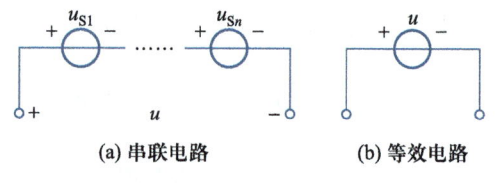

图 2-1-15 n 个理想电压源串联

理想电流源符号如图 2-1-16 所示,电流为 i_S。由理想电流源和电阻组成的电路如图 2-1-17 所示,流过电阻的电流等于 i_S,其两端的电压 $u = i_S R$。当 $R = \infty$(即电阻开路)时 $u = \infty$,此时理想电流源被开路,将损坏理想电流源;当 $R = 0$(即电阻短路)时 $u = 0$,此时理想电流源被短路。实际应用中理想电流源不能被开路。

两个或多个理想电流源可以并联,但一般不能串联,只有电流大小和方向都相同时电流源才能串联。

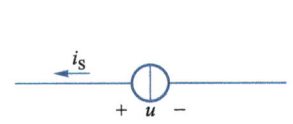
图 2-1-16 理想电流源符号

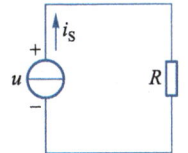
图 2-1-17 理想电流源电路

n 个理想电流源的并联电路及等效电路如图 2-1-18 所示,总电流等于各电流源电流之和,即 $i=i_{S1}+i_{S2}+\cdots+i_{Sn}=\sum_{k=1}^{n}i_{Sk}$。

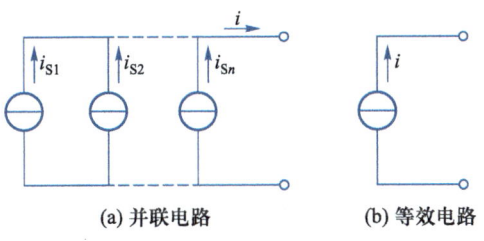

(a) 并联电路 (b) 等效电路

图 2-1-18 n 个理想电流源并联

四、直流电源与交流电源

电压源和电流源又分为直流和交流两种。理想直流电压源的电压值保持一个固定值,而理想直流电流源的电流值保持一个固定值。理想交流电压源的电压值保持一定的时间函数,常见的为正弦函数;理想交流电流源的电流值保持一定的时间函数。

电压源应用非常广泛,理想直流电压源和正弦交流电压源如图 2-1-19 所示。

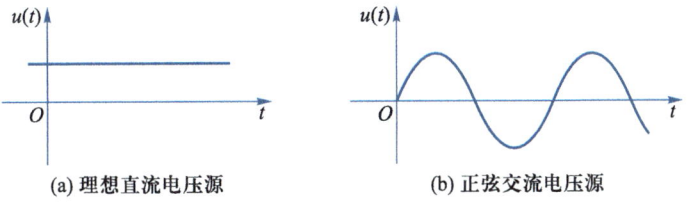

(a) 理想直流电压源 (b) 正弦交流电压源

图 2-1-19 直流电源与交流电源

直流电压源通常由电池、直流电源、直流发电机等提供,交流电压源则由交流信号源、交流发电机等提供。直流电压源的符号通常也可用图 2-1-1(b)的电池符号表示。

通常,直流电压和直流电流分别采用大写的斜体符号 U、I 表示,而交流电压和交流电流分别采用小写的斜体符号 u、i 表示。当直流和交流两种电量叠加在一起表示时,通常用小写的斜体符号加大写的下标表示,例如 u_{AB}、i_{AB}。

五、独立电源与受控电源

电源又分为独立电源与受控电源。独立电源的值仅由其内部决定，与外部其他电路无关，如前面介绍的电压源和电流源；而受控电源的值受外部电路的某部分电压或电流的控制。

按照受控量和控制量的不同，受控电源又分为四种：电压控制的电压源，电流控制的电压源，电压控制的电流源，电流控制的电流源，如图 2-1-20 所示。每个受控源有一个控制量 u_1 或 i_1，一个受控量 u_2 或 i_2；控制量和受控量各具有两个端或一个端口，因此受控源是四端或二端口元件。

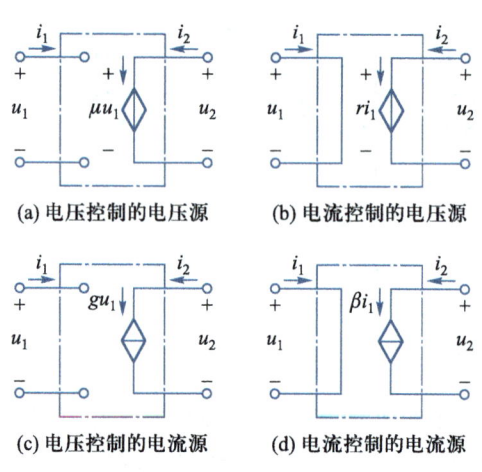

图 2-1-20　四种受控电源

电压控制的电压源的控制系数为 μ，量纲为一，称为转移电压比（电压系数）；电流控制的电压源的控制系数为 r，量纲为电阻，称为转移电阻（互阻）；电压控制的电流源的控制系数为 g，量纲为电导，称为转移电导（跨导）；电流控制的电流源的控制系数为 β，量纲为一，称为转移电流比（电流系数）。

例 2.1.4　晶体管的等效模型如图 2-1-21 所示，已知 $i_b = 50\ \mu A$，$\beta = 100$，求电流 i_c。

解：$i_c = \beta i_b = 100 \times 50\ \mu A = 5\ mA$

例 2.1.5　MOS 管的等效模型如图 2-1-22 所示，已知 $u_{gs} = 100\ mV$，$g_m = 2\ mS$，求电流 i_d。

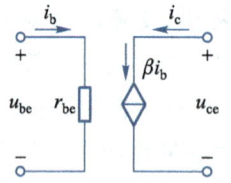 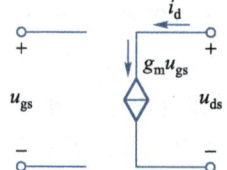

图 2-1-21　晶体管的等效模型　　　　图 2-1-22　MOS 管的等效模型

解：$i_d = g_m u_{gs} = 2 \text{ mS} \times 100 \text{ mV} = 0.2 \text{ mA}$

2.2 电路基本定律

2.2.1 基本概念

一、支路

电路中通过同一电流的分支称为支路。如图 2-2-1 所示，u_{S1} 与 R_1 通过同一电流 i_1，称为支路 1；u_{S2} 与 R_2 通过同一电流 i_2，称为支路 2；R_3 通过电流 i_3，称为支路 3；因此该电路的支路数目 $b=3$。有的书则将每个元件称为一个支路，本书不采用这种定义。

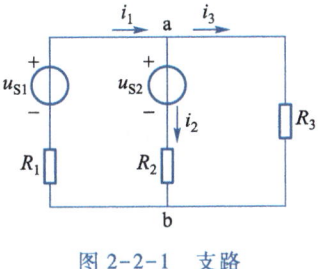

图 2-2-1 支路

二、节点

三条以上支路的连接点称为节点。如图 2-2-1 所示，支路 1、支路 2 和支路 3 有两个连接点，分别为节点 a 和节点 b，因此该电路的节点数 $n=2$。

三、回路

由支路组成的闭合路径称为回路。如图 2-2-2 所示，支路 1 和支路 2 组成回路 1；支路 2 和支路 3 组成回路 2；此外，支路 1 和支路 3 组成回路 3，因此该电路的回路数 $l=3$。

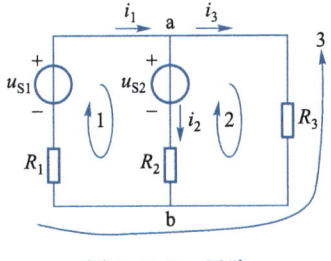

图 2-2-2 回路

2.2.2 基尔霍夫定律

基尔霍夫定律(Kirchhoff's law)由德国物理学家基尔霍夫提出,包括基尔霍夫电流定律(Kirchhoff's current law,KCL)和基尔霍夫电压定律(Kirchhoff's voltage law,KVL)。它反映了电路中所有支路电压和电流所遵循的基本规律,是分析电路的两个重要方法。基尔霍夫定律与元件特性构成了电路分析的基础。

一、基尔霍夫电流定律

基尔霍夫电流定律指出,任意时刻,对任意节点,流出(或流入)该节点电流的代数和等于零。用数学公式表示为

$$\sum_{b=1}^{m} i_b(t) = 0 \tag{2-2-1}$$

其中 m 表示连接到该节点的支路总数。

电路如图 2-2-3 所示,首先标定各支路电流的实际方向或者参考方向,如图所示为参考方向。

令流出节点的电流为"+",流入节点的电流为"-",则根据基尔霍夫电流定律有

$$-i_1 - i_2 + i_3 = 0,\ 即\ i_1 + i_2 = i_3$$

上述结果表明,流入节点的总电流等于流出节点的总电流。

电路如图 2-2-4 所示,共有三个节点,令流出节点的电流为"+",流入节点的电流为"-",根据基尔霍夫电流定律分析三个节点。

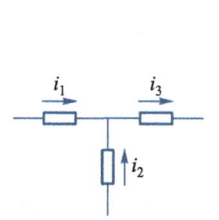

图 2-2-3 节点电流　　图 2-2-4 将闭合面视为一个大的节点

对于节点①： $i_1 + i_4 + i_6 = 0$ (2-2-2)

对于节点②： $-i_2 - i_4 + i_5 = 0$ (2-2-3)

对于节点③： $i_3 - i_5 - i_6 = 0$ (2-2-4)

将上述三式左右两边分别相加得：

$$i_1 - i_2 + i_3 = 0 \tag{2-2-5}$$

公式(2-2-5)结果表明,若用一个闭合面将该电路包围起来,如图 2-2-4 所示的点画

线,且将该闭合面视为一个大的节点,则流出(或流入)该节点的电流 i_1、i_2、i_3 的代数和等于零。因此 KCL 可推广应用于电路中包围多个节点的任一闭合面。

二、基尔霍夫电压定律

基尔霍夫电压定律指出,任一时刻,沿任一回路,所有支路电压的代数和恒等于零。
用数学公式表示为

$$\sum_{b=1}^{m} u_b(t) = 0 \tag{2-2-6}$$

其中 m 表示回路中支路的总数。

电路如图 2-2-5 所示,共有一个回路。首先标定各元件电压的实际方向或者参考方向,如图所示为参考方向;之后选定回路绕行方向,顺时针或逆时针方向,如图所示为顺时针方向;若回路绕行方向是从元件或者支路电压的正极指向负极,则电压为"+",否则为"-"。

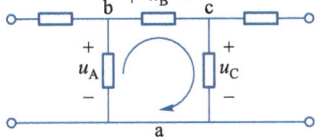

根据 KVL 列出回路方程

$$-u_A + u_B + u_C = 0 \tag{2-2-7}$$

即 $u_B + u_C = u_A$。

图 2-2-5 支路电压

KVL 也可以推广至回路的部分电路,如图 2-2-5 中所示,节点 b 和 a 之间的电压可表示为 $u_{ba} = u_A = u_B + u_C$。

例 2.2.1 用 KCL 定律列写图 2-2-2 中节点 b 的电流方程;用 KVL 定律列写回路 2 的电压方程。

解:节点 b 的电流方程为

$$i_1 = i_2 + i_3$$

回路 2 的电压方程为

$$-u_{S2} + i_3 R_3 - i_2 R_2 = 0, 即 u_{S2} = i_3 R_3 - i_2 R_2$$

2.2.3 简单电阻电路分析

简单电阻电路包括电阻串联和电阻并联电路。

一、电阻串联

两个或多个电阻位于同一支路中且流过同一电流,则为电阻串联连接方式。如图 2-2-6 所示,n 个电阻串联,此时各电阻流过同一电流 i,根据 KVL 定律,则总电压 u 等于各电阻的电压之和,即

$$u = u_1 + \cdots + u_k + \cdots + u_n = i(R_1 + \cdots + R_k + \cdots + R_n) = i \sum_{k=1}^{n} R_k \tag{2-2-8}$$

于是得到 n 个电阻串联之和

$$R_{eq} = R_1 + \cdots + R_k + \cdots + R_n = \sum_{k=1}^{n} R_k = \frac{u}{i} \qquad (2\text{-}2\text{-}9)$$

将 R_{eq} 称为串联电阻的等效电阻，该电阻等于各串联电阻之和，因此大于任意一个串联电阻。可将图 2-2-6 所示电阻串联电路等效为图 2-2-7 所示电路。

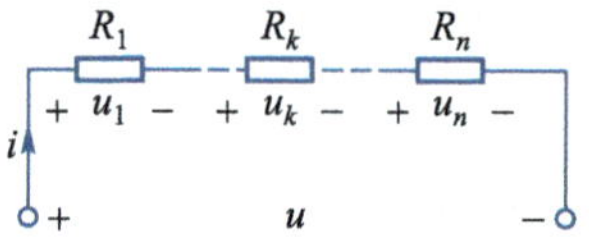

图 2-2-6　电阻串联 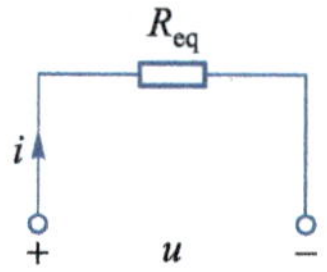　　　图 2-2-7　等效电阻

例 2.2.2　两个电阻串联电路如图 2-2-8 所示，分别计算两个电阻上面的电压与总的电压 u 之间的关系。

解： 根据 KVL，得到

$$u = u_1 + u_2 = i(R_1 + R_2)$$

因此

$$i = \frac{u}{R_1 + R_2}$$

电阻 R_1 的电压为

$$u_1 = R_1 \cdot i = \frac{R_1}{R_1 + R_2} u$$

电阻 R_2 的电压为

$$u_2 = R_2 \cdot i = \frac{R_2}{R_1 + R_2} u$$

由以上分析可知，串联电阻上面的电压分别与其电阻值有关，它们具有分压作用，电阻值越大，分压越大。

电位器是一种电阻值可以通过调节来改变的电阻。电位器通常有三个端：两个固定端和一个滑动端。两个固定端之间的电阻值为一个固定值，通过调节滑动端可以在固定端和滑动端之间得到变化的电阻值。

如图 2-2-9 所示的电位器，上下两端为固定端，中间箭头所示为滑动端。通过调节滑动端可以在上面的固定端与滑动端之间得到变化的电阻值 R_1，在下面的固定端与滑动端之间得到变化的电阻值 R_2。任何时候，无论滑动端在何位置，总的电阻值等于 $R_1 + R_2$。

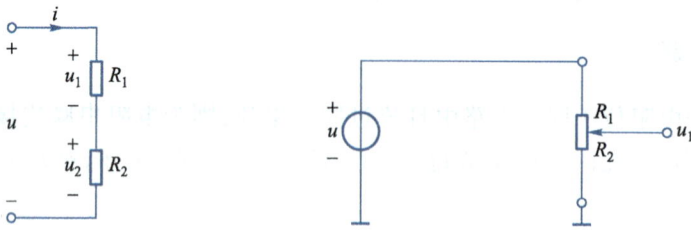

图 2-2-8　串联电阻的分压作用　　　图 2-2-9　电位器

电位器可以实现分压，图 2-2-9 中

$$u_1 = \frac{R_2}{R_1+R_2}u \qquad (2-2-10)$$

二、电阻并联

两个或多个电阻两端分别连接在一起，位于不同支路中，则为电阻并联连接方式。如图 2-2-10 所示，n 个电阻并联，此时各电阻两端电压均相等，但分别流过不同的电流。根据 KCL 定律，则总电流 i 等于各电阻的电流之和，即

$$i = i_1 + \cdots + i_k + \cdots + i_n = u\left(\frac{1}{R_1} + \cdots + \frac{1}{R_k} + \cdots + \frac{1}{R_n}\right) = u\sum_{k=1}^{n}\frac{1}{R_k} \qquad (2-2-11)$$

于是得到并联后的等效电阻为

$$R_{eq} = 1\bigg/\left(\frac{1}{R_1} + \cdots + \frac{1}{R_k} + \cdots + \frac{1}{R_n}\right) = 1\bigg/\left(\sum_{k=1}^{n}\frac{1}{R_k}\right) = R_1 /\!/ \cdots /\!/ R_k /\!/ \cdots /\!/ R_n$$

$$(2-2-12)$$

上式中符号"$/\!/$"表示并联。

例 2.2.3 两个电阻并联电路如图 2-2-11 所示，分别计算两个电阻上面的电流与总的电流 i 之间的关系。

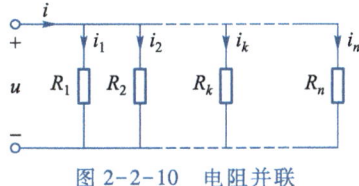

图 2-2-10 电阻并联

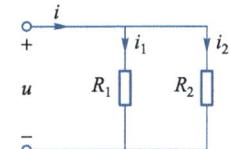

图 2-2-11 并联电阻的分流作用

解：根据 KCL，得到

$$i = i_1 + i_2 = u\left(\frac{1}{R_1} + \frac{1}{R_2}\right) = u\frac{R_1+R_2}{R_1 R_2}$$

因此 $u = i\dfrac{R_1 R_2}{R_1+R_2}$，$R_{eq} = \dfrac{R_1 R_2}{R_1+R_2}$

电阻 R_1 的分流为

$$i_1 = \frac{u}{R_1} = \frac{i\dfrac{R_1 R_2}{R_1+R_2}}{R_1} = i\frac{R_2}{R_1+R_2}$$

电阻 R_2 的分流为

$$i_2 = \frac{u}{R_2} = \frac{i\dfrac{R_1 R_2}{R_1+R_2}}{R_2} = i\frac{R_1}{R_1+R_2}$$

由以上分析可知，并联电阻上面的电流分别与其电阻值有关，它们具有分流作用，电阻值越大，分流越小。

此外,并联电阻的等效电阻比每一个电阻都小,且并联电阻越多,等效电阻越小。并联电阻的等效电导等于每个电导之和。

第2章讨论题、思考题、习题

讨论题

1. 如何用KVL求解任意两点之间的电压?
2. 如何用KCL分析闭合面的电流?

思考题

1. 为什么要定义参考方向?参考方向与实际方向有何关系?
2. 电压与电位有何联系和区别?
3. 什么是电阻的关联参考方向?
4. 串联电阻各电阻的电压与总电压之间是什么关系?并联电阻各电阻的电流与总电流之间是什么关系?
5. 并联电阻各电阻的电导与总电导之间是什么关系?

习题

2.1 判断下列说法的正误,在相应的括号内画"√"表示正确,画"×"表示错误。
(1) 电压源不能短路。(   )
(2) 电流源不能开路。(   )
(3) "地"是电路的参考点和公共端,其电位 $\varphi=0$。(   )
(4) 电路中元件两端的电压等于其两端的电位差。(   )
(5) 交流信号的频率是指其每秒重复变化的次数。(   )

2.2 判断下列说法的正误,在相应的括号内画"√"表示正确,画"×"表示错误。
(1) 图P2-2(1)所示电路有2个回路。(   )
(2) 图P2-2(2)所示电路中 $u_1 = u R_1/(R_1+R_2)$。(   )
(3) 图P2-2(3)所示电路中 $i_1 = 0.5 i_2$。(   )
(4) n 个串联电阻各电阻上的电压大小与各自的电阻值成正比。(   )
(5) n 个并联电阻的等效电导 G_{eq} 为各个并联电导之和。(   )

(6) n 个并联电阻各电阻上的电流大小与各自的电阻值成正比。（　　）

(7) 并联的电阻越多，等效电阻越大。（　　）

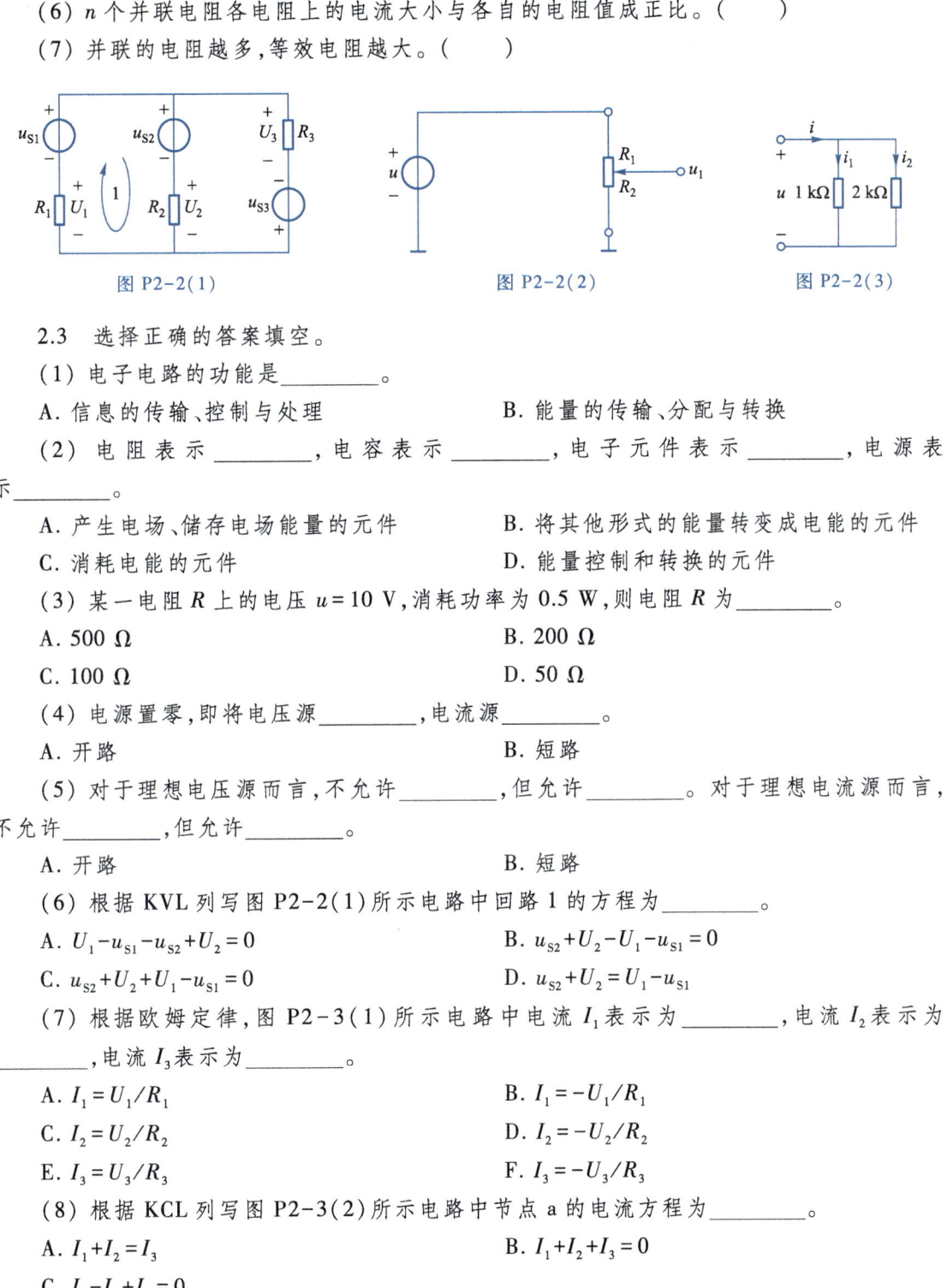

图 P2-2(1)　　　　　图 P2-2(2)　　　　　图 P2-2(3)

2.3　选择正确的答案填空。

(1) 电子电路的功能是_____。

A. 信息的传输、控制与处理　　　　B. 能量的传输、分配与转换

(2) 电阻表示_____，电容表示_____，电子元件表示_____，电源表示_____。

A. 产生电场、储存电场能量的元件　　B. 将其他形式的能量转变成电能的元件

C. 消耗电能的元件　　　　　　　　D. 能量控制和转换的元件

(3) 某一电阻 R 上的电压 $u=10\text{ V}$，消耗功率为 0.5 W，则电阻 R 为_____。

A. 500 Ω　　　　　　　　　　　　B. 200 Ω

C. 100 Ω　　　　　　　　　　　　D. 50 Ω

(4) 电源置零，即将电压源_____，电流源_____。

A. 开路　　　　　　　　　　　　　B. 短路

(5) 对于理想电压源而言，不允许_____，但允许_____。对于理想电流源而言，不允许_____，但允许_____。

A. 开路　　　　　　　　　　　　　B. 短路

(6) 根据 KVL 列写图 P2-2(1) 所示电路中回路 1 的方程为_____。

A. $U_1-u_{S1}-u_{S2}+U_2=0$　　　　B. $u_{S2}+U_2-U_1-u_{S1}=0$

C. $u_{S2}+U_2+U_1-u_{S1}=0$　　　　D. $u_{S2}+U_2=U_1-u_{S1}$

(7) 根据欧姆定律，图 P2-3(1) 所示电路中电流 I_1 表示为_____，电流 I_2 表示为_____，电流 I_3 表示为_____。

A. $I_1=U_1/R_1$　　　　　　　　　B. $I_1=-U_1/R_1$

C. $I_2=U_2/R_2$　　　　　　　　　D. $I_2=-U_2/R_2$

E. $I_3=U_3/R_3$　　　　　　　　　F. $I_3=-U_3/R_3$

(8) 根据 KCL 列写图 P2-3(2) 所示电路中节点 a 的电流方程为_____。

A. $I_1+I_2=I_3$　　　　　　　　　B. $I_1+I_2+I_3=0$

C. $I_1-I_2+I_3=0$

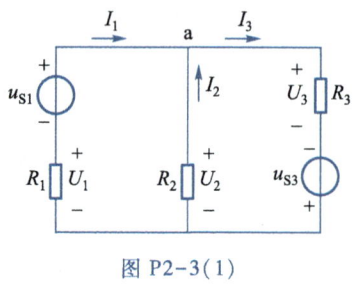
图 P2-3(1)

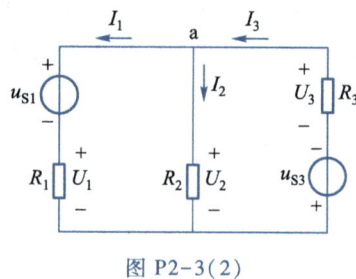
图 P2-3(2)

2.4 电路如图 P2-4 所示,已知 $U_{ab} = 5$ V, $R = 200$ Ω, $I = -10$ mA,试求 U_S。

图 P2-4

2.5 电路如图 P2-5 所示。
（1）图(a)中,已知 $U_a = 5$ V, $U_b = -5$ V,求 U_{ab}。
（2）图(b)中,已知 $U_{ab} = 5$ V, $U_{bc} = -4$ V,求 U_{ac}。

图 P2-5

2.6 电路如图 P2-6 所示,估算 I。

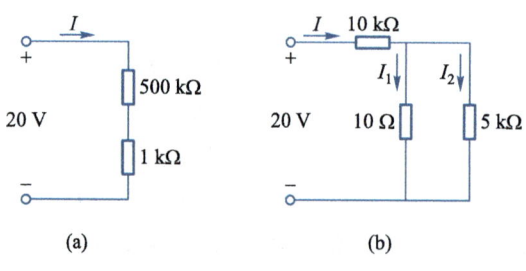

图 P2-6

2.7 电路如图 P2-7 所示,求 B 点的电位 U_B。

```
A    75 kΩ   B   50 kΩ   C
○────▭────●────▭────○
-5 V                   +5 V
```

图 P2-7

2.8　已知3个串联电阻分别为 $R_1=2\ \Omega, R_2=5\ \Omega, R_3=3\ \Omega$。在3个串联的电阻的端口上外加电压 $U=5\ \text{V}$，分别计算对应各电阻上的电压。

2.9　已知3个并联电阻分别为 $R_1=3\ \Omega, R_2=6\ \Omega, R_3=6\ \Omega$。在3个并联的电阻的端口上外加电流为 $I_s=5\ \text{A}$ 的电流源，分别计算对应各电阻上的电流。

2.10　已知3个串联电阻的功率分别为 $P_{R1}=10\ \text{W}, P_{R2}=15\ \text{W}, P_{R3}=20\ \text{W}$。串联电阻中的电流 $I=1\ \text{A}$，分别计算3个电阻的阻值。

2.11　已知3个串联电阻的功率分别为 $P_{R1}=8\ \text{W}, P_{R2}=16\ \text{W}, P_{R3}=20\ \text{W}$。串联电路的端口总电压 $U=22\ \text{V}$，分别计算3个电阻的阻值。

2.12　电路如图 P2-12 所示，求电压 U_{ab}。

2.13　电路如图 P2-13 所示，已知 $U_{ab}=16\ \text{V}$，求等效电阻 R_{ab} 和 I。

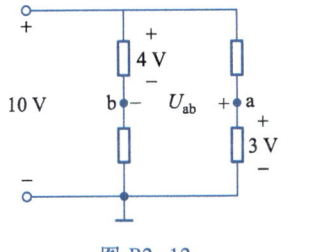
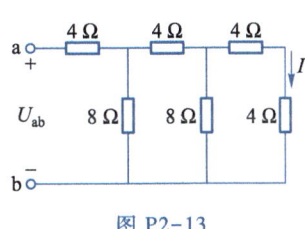

图 P2-12　　　　　　　图 P2-13

2.14　电路如图 P2-14 所示，已知 $U_S=6\ \text{V}, R=150\ \Omega$。

（1）求解电源右边 a、b 两端电路的等效电阻 R_{ab}；

（2）求解 $I_1、I_2、I_3$。

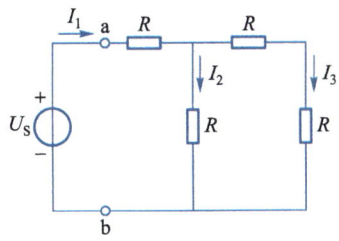

图 P2-14

第 2 章习题解答

第 3 章 电路基本分析方法

3.1 基本分析方法

电路分析的目的是求解出指定的电压和电流值。首先需要指定一些(n 个)未知的变量,然后利用 KCL 或 KVL 列写(n 个)方程组,最后联立求解。变量可以是节点电压、支路电流、回路电流、元件电压或者端口电压,也可以是这些量中的多种。根据变量的类型不同,通常将分析方法分为支路电流法、节点电压法、回路电流法等。

1. 支路电流法以一组(b 条)支路电流作为变量,例如图 2-2-1 中的支路电流 i_1、i_2、i_3,利用 KCL 定理列出节点电流方程,并且将支路电压用支路电流表示,然后利用 KVL 定理列出回路电压方程,最后联立求解。支路电流法是最常用的方法,适用于支路不太多的电路。

支路电流法求解过程描述如下,设电路有 n 个节点、b 条支路:

(1) 标定各支路电流(电压)的参考方向;

(2) 选定 $n-1$ 个节点,列写其 KCL 方程;

(3) 再选定 $b-(n-1)$ 个独立回路,指定回路绕行方向,结合 KVL 和支路方程列写回路方程;

(4) 求解上述方程,得到 b 条支路电流;

(5) 进一步进行其他分析。

2. 节点电压是指电路中任一节点与参考节点之间的电压。节点电压法以一组($n-1$ 个)节点电压作为变量,例如图 2-2-1 中的节点 a 和 b,将支路电流用该组节点电压表示,然后利用 KCL 定理列出($n-1$)个独立的节点电流方程,最后联立求解出节点电压。节点电压法是较常用的方法,适用于节点不太多的电路。

节点电压法求解过程描述如下,设电路有 n 个节点、b 条支路:

(1) 选定参考节点,标明其余 $n-1$ 个独立节点的电压;

(2) 标定各支路电流(电压)的参考方向,将支路电流用该组节点电压表示;

(3) 列写 $n-1$ 个独立的 KCL 方程;

(4) 求解上述方程,得到 $n-1$ 个节点电压;

(5) 进一步进行其他分析。

3. 回路电流法以一组(l个)独立回路电流作为变量,例如图 2-2-2 中回路 1 和回路 2 的电流,将支路电压用回路电流表示,然后根据 KVL 列出 l 个独立回路的电压方程,最后联立求解。回路电流法适用于回路不太多的电路。

回路电流法求解过程描述如下,设电路有 l 个独立回路:

(1) 选定 l 个独立回路,标明回路电流的参考方向;

(2) 将支路电压用回路电流表示;

(3) 列写 l 个独立回路的 KVL 方程;

(4) 求解上述方程,得到 l 个回路电流;

(5) 进一步进行其他分析。

若将 l 个 KVL 回路方程左右两边分别相加,结果不为 0,或者说任意一个方程均不能由其余方程左右两边分别相加或相减得到,则称这 l 个回路方程为独立回路方程,l 个回路为独立回路。

实际分析电路时,需要根据电路特点和求解对象灵活运用各分析方法,有时还可以结合几种方法来分析,可以以节点电压、支路电流、独立回路电流、元件电压或者端口电压的一种或者多种作为变量,列出足够数量的方程来求解。

例 3.1.1 图 3-1-1 所示电路中,已知 $R_1=R_2=R_3=1\text{ k}\Omega$,$U_{S1}=5\text{ V}$,$U_{S2}=1\text{ V}$。试用支路电流法求解支路电流 I_1、I_2、I_3 的数值。

解: 利用 KCL 对节点 a 列写方程

$$-I_1+I_2+I_3=0 \tag{3-1-1}$$

利用 KVL 分别对回路 1 和回路 2 列写方程,电阻两端的电压根据欧姆定律可以用支路电流与电阻的乘积表示

$$U_{S2}+I_2R_2+I_1R_1-U_{S1}=0 \tag{3-1-2}$$

$$I_3R_3-I_2R_2-U_{S2}=0 \tag{3-1-3}$$

联立上述三个方程求解,得到 I_1、I_2、I_3 的数值为:$I_1=3\text{ mA}$,$I_2=1\text{ mA}$,$I_3=2\text{ mA}$。

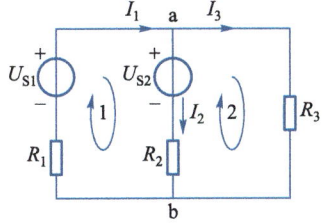

图 3-1-1 例 3.1.1 和例 3.1.2 电路

例 3.1.2 图 3-1-1 所示电路中,已知 $R_1=R_2=R_3=1\text{ k}\Omega$,$U_{S1}=5\text{ V}$,$U_{S2}=1\text{ V}$。试用节点

电压法求解支路电流 I_1、I_2、I_3 的数值。

解：设节点 b 的电位为 0，节点 a 的电位为 U_a。利用 KVL 和欧姆定律列写方程

$$U_a = U_{S1} - I_1 R_1，则 I_1 = \frac{U_{S1} - U_a}{R_1} \tag{3-1-4}$$

$$U_a = U_{S2} + I_2 R_2，则 I_2 = \frac{U_a - U_{S2}}{R_2} \tag{3-1-5}$$

$$U_a = I_3 R_3，则 I_3 = \frac{U_a}{R_3} \tag{3-1-6}$$

利用 KCL 对节点 a 列写方程

$$-I_1 + I_2 + I_3 = 0 \tag{3-1-7}$$

例 3.1.1 和 例 3.1.2 的 仿真结果

联立上述四个方程求解，得到 I_1、I_2、I_3 的数值为：$I_1 = 3$ mA，$I_2 = 1$ mA，$I_3 = 2$ mA。

3.2 电路基本定理

在电学研究历史中，有多位科学家发明了不同的电路定理，从而使电路的分析得到了简化。本节主要介绍常用的叠加定理、齐性定理、戴维南定理和诺顿定理。

3.2.1 叠加定理与齐性定理

在多个独立电源作用的线性电路中，任一支路的电流（或任意两个端之间的电压），都等于所有独立电源单独作用时，在该支路产生的电流（或该两个端之间的电压）的代数和，称为**叠加定理**。独立电源单独作用是指其他独立电源设为零，例如独立电压源设为零即将其设为短路，而独立电流源设为零即将其设为开路。

叠加定理适用于线性元件组成的线性电路，不适用于非线性电路。

根据叠加定理可以推导出另一个重要定理——**齐性定理**，它表述为：在多个独立电源作用的线性电路中，当所有独立源都增大 k 倍或缩小为 $1/k$（k 为大于 1 的实常数）时，所有支路电流或电压也将同样增大 k 倍或缩小为 $1/k$。

叠加定理和齐性定理适用于由独立源、受控源、无源器件（电阻、电感、电容）和变压器组成的线性电路。

例 3.2.1 电路如图 3-2-1(a)所示，已知 u_1、u_2 为输入电压源，求解输出电压 u_3。

解：利用叠加定理，首先令 $u_2 = 0$，则电路如图 3-2-1(b)所示，此时

$$u_{31} = \frac{R_2 /\!/ R_3}{R_1 + R_2 /\!/ R_3} u_1 = \frac{\frac{R_2 R_3}{R_2 + R_3}}{R_1 + \frac{R_2 R_3}{R_2 + R_3}} u_1 = \frac{R_2 R_3}{R_1 R_2 + R_1 R_3 + R_2 R_3} u_1$$

再令 $u_1 = 0$,则电路如图 3-2-1(c)所示,此时

$$u_{32} = \frac{R_1 /\!/ R_3}{R_2 + R_1 /\!/ R_3} u_2 = \frac{\frac{R_1 R_3}{R_1 + R_3}}{R_2 + \frac{R_1 R_3}{R_1 + R_3}} u_2 = \frac{R_1 R_3}{R_1 R_2 + R_2 R_3 + R_1 R_3} u_2$$

因此

$$u_3 = u_{31} + u_{32} = \frac{R_2 R_3 u_1 + R_1 R_3 u_2}{R_1 R_2 + R_1 R_3 + R_2 R_3}$$

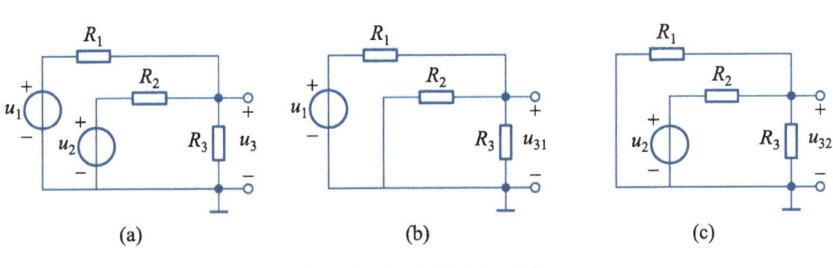

图 3-2-1 例 3.2.1 电路

3.2.2 戴维南定理与诺顿定理

在分析复杂电路时,有时仅对电路的一部分电压或电流感兴趣,此时可以将其余部分电路进行等效变换,以简化电路分析。戴维南定理和诺顿定理可以实现复杂电路的等效。

戴维南定理(Thevenin's theorem)是由法国科学家 L.C.戴维南于 1883 年提出的一个电学定理,其内容是:一个含有独立电源、线性受控源及电阻的一端口(二端)电路,其对外部的作用都可以用一个理想电压源 u_S 和一个电阻 R 的串联电路来等效,理想电压源 u_S 的数值等于一端口电路在端口处的开路电压,电阻 R 等于该端口内部所有独立电源均为零时电路在端口处开路的等效电阻。如图 3-2-2 所示,图(a)中电路 A 等效为图(b)中 u_S 与 R 串联的支路。

戴维南定理的证明可以参阅参考文献。

诺顿定理(Norton's theorem)描述如下:一个含有独立电源、线性受控源及电阻的一端口(二端)电路,其对外部的作用都可以用一个理想电流源 i_S 与一个电阻 R 的并联电路来等

效,电流源 i_S 的数值等于一端口电路在端口处的短路电流,电阻 R 等于该端口内部所有独立电源均为零时电路在端口处开路的等效电阻。如图 3-2-2 所示,图(a)中电路 A 等效为图(c)中 i_S 与 R 并联的支路。

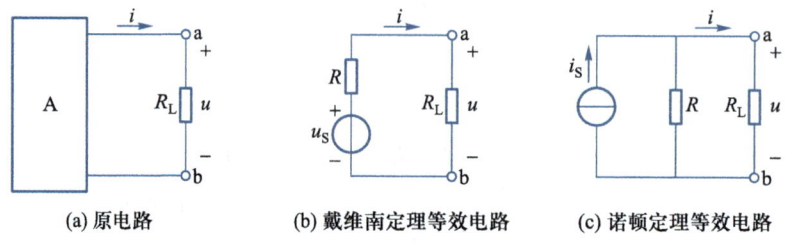

(a) 原电路　　　　(b) 戴维南定理等效电路　　　　(c) 诺顿定理等效电路

图 3-2-2　戴维南定理和诺顿定理等效电路

由于戴维南定理和诺顿定理都是将含源二端电路等效为电源支路,所以统称为等效电源定理。

图 3-2-2(b) 和(c)所示电路之间可以用两个定理互相转换。用戴维南定理可以将图(c)电路中 i_S 和 R 并联的支路转换为图(b)电路中 u_S 和 R 串联的支路,其中 $u_S = i_S R$;用诺顿定理可以将图(b)电路中 u_S 和 R 串联的支路转换为图(c)电路中 i_S 和 R 并联的支路,其中 $i_S = u_S/R$。

戴维南定理和诺顿定理是最常用的电路简化方法。当研究复杂电路中的某一条支路时,利用 KCL 和 KVL 等方法很不方便,此时用戴维南定理来将其余电路等效成一条支路,则求解将变得非常简单。

例 3.2.2　电路如图 3-2-3(a)所示,已知 U_S 为输入电压源,求解输出电压 U_O。

解:由于只求解一条支路电压的一部分,因此可以用戴维南定理将其余电路即除了 R_5 和 R_6 以外的电路等效成一条支路。如图 3-2-3(a)所示,从节点 c 和 a 所在的端口将右边电路断开,左边的电路如图 3-2-3(b)所示,求解其端口电压 U_{ca-eq} 为

$$U_{ca-eq} = \frac{R_2 /\!/ (R_3 + R_4)}{R_1 + R_2 /\!/ (R_3 + R_4)} \times \frac{R_4}{R_3 + R_4} U_S$$

再求解 $U_S = 0$ 时的端口等效电阻

$$R_{ca-eq} = (R_1 /\!/ R_2 + R_3) /\!/ R_4$$

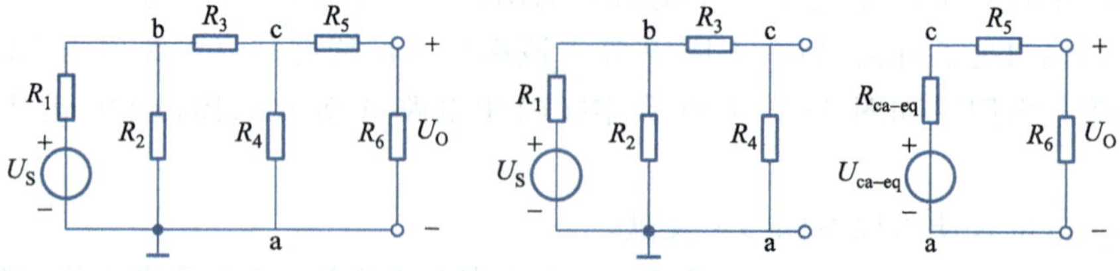

图 3-2-3　例 3.2.2 电路

将 $U_{\text{ca-eq}}$ 和 $R_{\text{ca-eq}}$ 串联的电路来等效图中节点 c 和 a 所在端口左边的电路,得到如图 3-2-3(c) 所示电路,即可求解出 $U_0 = \dfrac{R_6}{R_{\text{ca-eq}} + R_5 + R_6} U_{\text{ca-eq}}$。

第 3 章讨论题、思考题、习题

讨论题

1. 支路电流法、节点电压法、回路电流法之间有何区别和联系?
2. 叠加定理和齐性定理适合于什么情况的电路求解?
3. 戴维南定理和诺顿定理适合于什么情况的电路求解?

思考题

1. 支路电流法、节点电压法、回路电流法的步骤是什么?
2. 叠加定理中不作用的电源如何处理?
3. 应用戴维南定理和诺顿定理求解一端口等效电阻时,独立源如何处理?受控源如何处理?
4. 应用戴维南定理和诺顿定理求解一端口等效电阻时,若有受控源,则应该如何求解?
5. 如何应用戴维南定理求解一端口开路电压?
6. 如何应用诺顿定理求解一端口短路电流?

习题

3.1 判断下列说法的正误,在括号内画"√"表示正确,画"×"表示错误。

(1) 叠加定理应用时,各独立源处理方法为不作用的电压源用开路替代,不作用的电流源用短路替代。( )

(2) 应用叠加定理时,任一支路的电流(或电压)可按照各个独立电源单独作用时所产生的电流(或电压)的叠加进行计算,而受控源不能看成激励,应保留在各个独立电源单独作用下的各个分电路中。( )

(3) 在应用齐次定理时,电路的某个激励增大 K 倍,则电路的总响应将同样增大 K 倍。( )

(4) 当含源二端电路内含有受控源时,求戴维南等效电阻时可将受控源置为零。( )

(5) 求戴维南等效电阻是将含源线性二端电路内部所有的独立源置零后,从端口看进

去的输入电阻。(   )

(6) 求诺顿定理等效电阻是将含源线性二端电路内部所有的独立源置零后,从端口看进去的输入电阻。(   )

(7) 已知某一支路由一个 $U_s = 5$ V 的理想电压源与一个 $R = 2$ Ω 的电阻相串联,则这个串联电路对外电路而言,可用 $I_s = 5$ A 的理想电流源与 $R = 2$ Ω 的电阻相并联的电路来进行等效。(   )

(8) 已知一个 $I_s = 2$ A 的理想电流源与一个 $R = 3$ Ω 的电阻相并联,则这个并联电路的等效电路可用 $U_s = 6$ V 的理想电压源与 $R = 3$ Ω 的电阻相串联的电路表示。(   )

(9) 某一个线性电路包含有两个独立电源,利用叠加定理分别求出这两个独立电源单独作用下的响应为:$U^{(1)} = 8$ V,$U^{(2)} = -3$ V,则原电路的响应为 $U = 5$ V。(   )

3.2 电路如图 P3-2 所示,求 A 点的电位 U_A。

3.3 图 P3-3 为测量可变电阻 R_x(例如电阻应变片)阻值的电桥。已知 $R_1 = R_2 = R_3 = 100$ Ω,$U = 5$ V。(1) 为使 $U_0 = 0$,试求解 R_x 的阻值。(2) 若 $R_x = 200$ Ω,求解 U_0 的值。

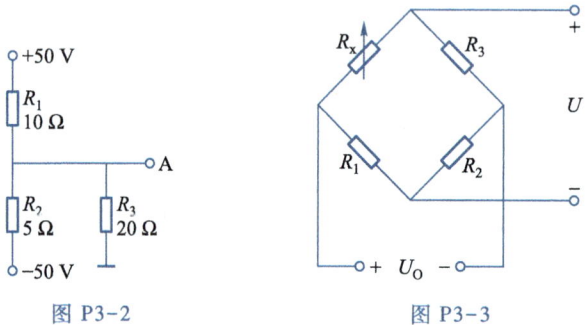

图 P3-2   图 P3-3

3.4 图 P3-4 所示电路中,已知 $R_1 = R_2 = R_3 = 2$ kΩ,$U_{S1} = 9$ V,$U_{S2} = 1$ V,$U_{S3} = 2$ V。求解支路电流 I_1、I_2、I_3。

3.5 图 P3-5 所示电路中,已知 $R_1 = 5$ Ω,$R_2 = 6$ Ω,$R_3 = 5$ Ω,$U_{S1} = 5$ V,$U_{S2} = 4$ V,$I_S = -4$ A。求解支路电流 I_1、I_2、I_3。

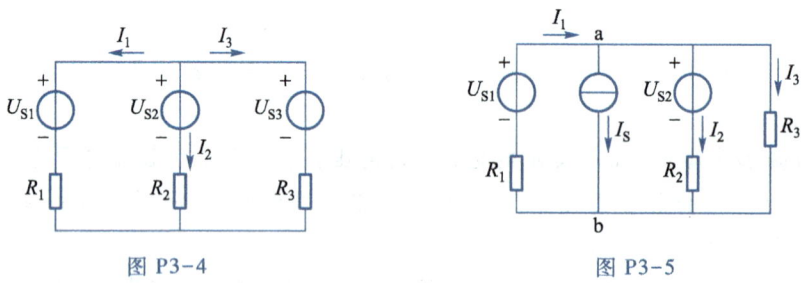

图 P3-4   图 P3-5

3.6 电路如图 P3-6 所示,求解输入端的等效电阻 $R_i = u_i / i_i$ 的表达式,以及 u_o 与 u_i 的关系表达式。

3.7 试用叠加定理求图 P3-7 示电路的电流 i。

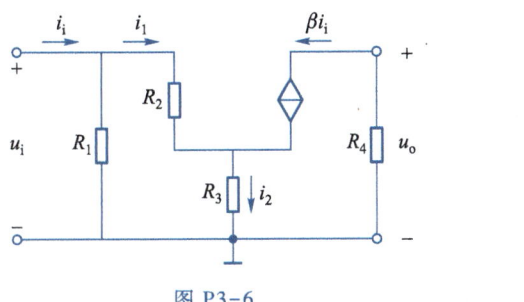

图 P3-6

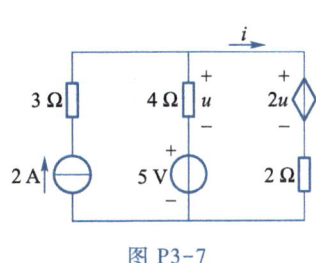

图 P3-7

3.8 电路如图 P3-8 所示,用戴维南定理和诺顿定理将电路分别变换为电压源串联电阻支路和电流源并联电阻支路。

3.9 电路如图 P3-9 所示,已知 $U_S = 6\text{ V}$, $R = 150\text{ }\Omega$。用戴维南定理求解 I 的表达式。

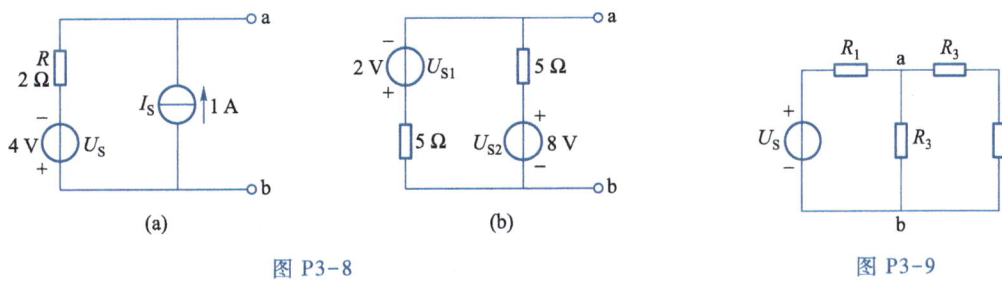

图 P3-8   图 P3-9

3.10 电路如图 P3-10 所示,试求支路电流 I。

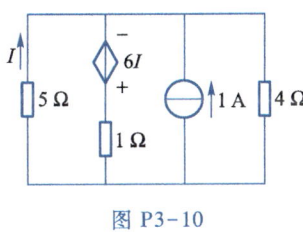

图 P3-10

3.11 电路如图 P3-3 所示,试用 Multisim 参数扫描方法(Parameter Sweep)仿真 U_O 随 R_x 的变化,已知 R_x 的变化范围为 $50\sim 500\text{ }\Omega$。

第 3 章习题解答

第 4 章 动态电路

4.1 电容、电感和变压器

4.1.1 电容

一、电容器

电容器是由绝缘材料分开的两个导体组成的,两边为导体组成的极板,中间为绝缘材料(也称为介质)。实际电容器有不同形状,如图 4-1-1(a)所示,原因是它们的介质材料不同。

在电容器两端加电压,两个极板上分别带上等量异号的电荷,若撤去电源,电极上的电荷仍可长久地聚集下去,因此电容器是一种储存电能的元件。

电容是电容器的理想化电路模型,其符号如图 4-1-1(b)所示。

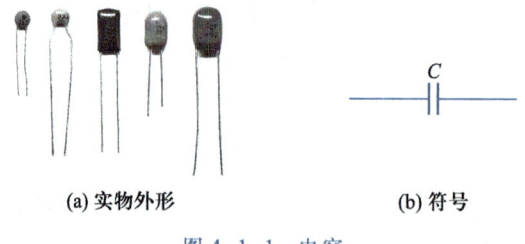

(a) 实物外形　　　　　(b) 符号

图 4-1-1　电容

二、电容的特点

任何时刻,电容极板上的电荷 q 与其电压 u 成正比,即 $q=Cu$,因此 $C=\dfrac{q}{u}$。

当电荷和电压的单位分别为 C(库仑)和 V(伏特)时,电容的单位为法拉(F)。由于单位

F 太大,因此常用的有 μF 和 pF 等,1 F = 10^6 μF,1 μF = 10^6 pF。

三、电容的电压-电流关系

当在电容两端加变化的电压 u 时,两个极板上的电荷 q 将随之发生变化,从而产生电流 i,如图 4-1-2 所示。当 u 和 i 取关联参考方向时,由于 $i = \Delta q/\Delta t$,因此 i 与 u 的关系为

$$i = \frac{\Delta q}{\Delta t} = \frac{\Delta(Cu)}{\Delta t} = C\frac{\Delta u}{\Delta t} \tag{4-1-1}$$

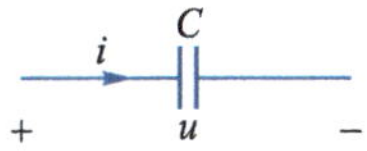

式(4-1-1)表明,电容的电流 i 与电压 u 随时间的变化率成正比。当 u 为常数(直流)时,$i = 0$,电容相当于开路,因此电容有隔断直流的作用;某一时刻电容的电流 i 的大小取决于电容电压 u 的变化率,而与该时刻电压 u 的大小无关。因此电容是动态元件。

图 4-1-2 电容的电压-电流关系

符号 Δ 表示增量(即变化量),当 Δt 趋于无限小时,Δ 可以用微分符号 d 代替,则电容的 u 和 i 的关系可以用微分(符号为 d)和积分(符号为 $\int$)的关系描述为

$$i = C\frac{du}{dt} \tag{4-1-2}$$

$$u = \frac{1}{C}\int i dt \tag{4-1-3}$$

微分和积分的基本知识及常用公式请参见附录,也可以参阅参考文献。

四、电容串联和并联

1. 电容串联

两个电容串联电路如图 4-1-3 所示,由于 C_1 和 C_2 的中间极板相连,因此两者的电荷相等,即 $q_1 = q_2 = q$。已知,$C_1 = \frac{q}{u_1}$、$C_2 = \frac{q}{u_2}$,则等效的电容为

$$C = \frac{q}{u} = \frac{q}{u_1 + u_2} = \frac{1}{\frac{u_1}{q} + \frac{u_2}{q}} = \frac{1}{\frac{1}{C_1} + \frac{1}{C_2}} = \frac{C_1 C_2}{C_1 + C_2}$$

此外,两个电容两端的电压与总电压 u 之间的关系分别为

$$u_1 = \frac{q}{C_1} = \frac{Cu}{C_1} = \frac{C_2}{C_1 + C_2} u$$

$$u_2 = \frac{q}{C_2} = \frac{Cu}{C_2} = \frac{C_1}{C_1 + C_2} u$$

由以上分析可知,两个串联电容有分压的作用,所分得的电压与电容值成反比。

2. 电容并联

两个电容并联电路如图 4-1-4 所示,由于 C_1 和 C_2 的极板相连,因此总电荷等于两个电容电荷之和,即 $q=q_1+q_2$。

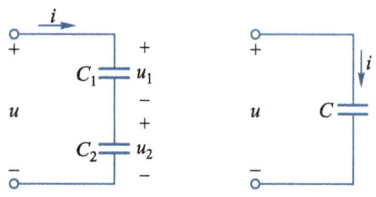

图 4-1-3　电容串联电路及等效电路

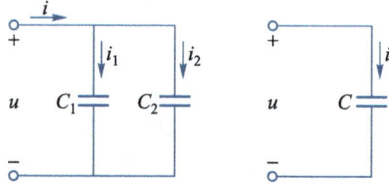

图 4-1-4　电容并联电路及等效电路

已知,$C_1=\dfrac{q_1}{u}$、$C_2=\dfrac{q_2}{u}$,则等效的电容为

$$C=\frac{q}{u}=\frac{q_1+q_2}{u}=C_1+C_2$$

即两个电容并联的等效电容值为两个电容值之和。因此总电流 $i=C\dfrac{\mathrm{d}u}{\mathrm{d}t}=(C_1+C_2)\dfrac{\mathrm{d}u}{\mathrm{d}t}$。此外,两个电容的电流与总电流 i 之间的关系分别为

$$i_1=C_1\frac{\mathrm{d}u}{\mathrm{d}t}=\frac{C_1}{C_1+C_2}i$$

$$i_2=C_2\frac{\mathrm{d}u}{\mathrm{d}t}=\frac{C_2}{C_1+C_2}i$$

由以上分析可知,两个并联电容有分流的作用,所分得的电流与电容值成正比。

4.1.2　电感

电荷周围存在电场和磁场,电荷之间的作用力是通过电场和磁场来传递的。电场可以用电场线来描绘,磁场可以用磁感应线来描绘。

1832 年,约瑟夫·亨利发表了《在长螺旋线中的电自感》的论文,证明当在螺旋线两端加电压 u,产生电流 i 后,将在线圈中形成感应磁场,感应磁场又会产生反向的感应电流 $-i_\Phi$,来抵制(或阻止)线圈中电流 i 的变化。

磁通 Φ 与 N 匝线圈铰链,则磁通链 $\Psi=N\Phi$,如图 4-1-5 所示。磁通 Φ 和磁通链 Ψ 称为自感磁通和磁通链,其方向均与 i 的方向满足右手螺旋定则,即用右手握住螺线管,除大拇指外的四个手指指向电流 i 的方向,将大拇指沿着螺线管的中心轴伸直,则磁通和磁通链的方向即为大拇指所指的方向,如图 4-1-6 所示。

当 Ψ 随时间变化时,将在线圈两端产生感应电压 u,u 与 i 的方向为关联参考方向,如图 4-1-5 所示,则

$$u=\frac{\mathrm{d}\Psi}{\mathrm{d}t} \tag{4-1-4}$$

螺旋线简称为线圈,其理想模型称为电感,电感符号如图 4-1-7 所示,理想电感通常忽略其线圈电阻以及铁心的损耗。电感值或自感系数为

$$L=\frac{\Psi}{i} \tag{4-1-5}$$

L 单位为亨利,简称亨(H)。磁通和磁通链的单位为韦伯,简称韦(Wb)。

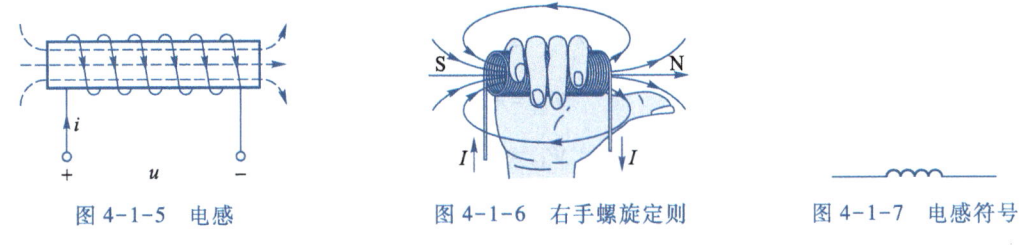

图 4-1-5 电感   图 4-1-6 右手螺旋定则   图 4-1-7 电感符号

由公式可知

$$u=\frac{\mathrm{d}\Psi}{\mathrm{d}t}=L\frac{\mathrm{d}i}{\mathrm{d}t}$$

则

$$i=\frac{1}{L}\int u\mathrm{d}t \tag{4-1-6}$$

以上分析表明,电感为动态元件,当电流发生变化时产生电压,当电流不变时电压约为 0,说明电感对交流电呈现阻力,具有电阻,而对直流电的等效电阻近似为 0。当电流值增大时电感储存能量,当电流值减小时电感释放能量。

4.1.3 变压器

一、互感

载流线圈通过磁场互相联系的现象称为磁耦合。如图 4-1-8(a)所示,当线圈 L_1 的磁通铰链到 L_2 时将产生互感现象。设线圈 L_1 和 L_2 的匝数分别为 N_1 和 N_2。L_1 的电流 i_1 产生的磁通为 Φ_{11},在铰链 L_1 时产生的磁通链为 Ψ_{11},方向如图所示。L_2 的电流 i_2 产生的磁通为 Φ_{22},在铰链 L_2 时产生的磁通链为 Ψ_{22}。则

$$\Psi_{11}=L_1 i_1 \tag{4-1-7}$$

$$\Psi_{22} = L_2 i_2 \tag{4-1-8}$$

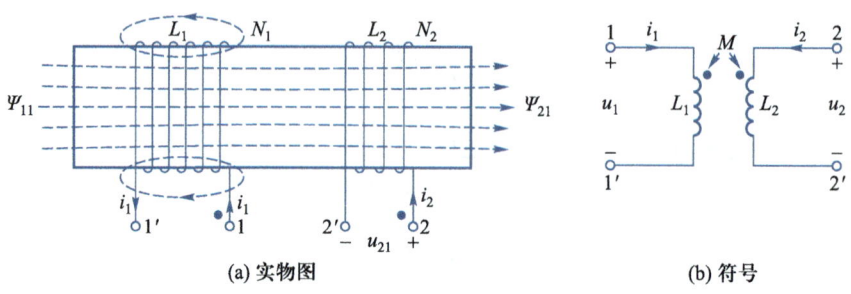

(a) 实物图　　　　　　　　　(b) 符号

图 4-1-8　耦合线圈

由图 4-1-8(a)可知，L_1 的磁通 Φ_{11} 将铰链 L_2，因此将产生互感磁通链 Ψ_{21}；而 L_2 的磁通 Φ_{22} 将铰链 L_1，因此将产生互感磁通链 Ψ_{12}。Ψ_{21} 与 i_1 成正比，Ψ_{12} 与 i_2 成正比，即

$$\Psi_{21} = M_{21} i_1 \tag{4-1-9}$$

$$\Psi_{12} = M_{12} i_2 \tag{4-1-10}$$

实验和理论均证明，上面两个式子中 $M_{21} = M_{12}$，可统一用 M 表示，称为互感系数，简称互感。

每个线圈的磁通链等于其自感磁通链和互感磁通链的代数和，因此

$$\Psi_1 = \Psi_{11} +/- \Psi_{12} \tag{4-1-11}$$

$$\Psi_2 = \Psi_{22} +/- \Psi_{21} \tag{4-1-12}$$

当互感磁通链的方向与自感磁通链的方向相同时，上式中间为"+"，否则为"-"。

将式(4-1-7)至式(4-1-10)分别代入式(4-1-11)和式(4-1-12)，得到

$$\Psi_1 = L_1 i_1 +/- M i_2 \tag{4-1-13}$$

$$\Psi_2 = L_2 i_2 +/- M i_1 \tag{4-1-14}$$

耦合线圈符号如图 4-1-8(b)所示。当 i_1 和 i_2 为交流电时，线圈中将产生感应电压，如图所示，感应电压参考方向分别与 i_1 和 i_2 成关联参考方向。

$$u_1 = \frac{d\Psi_1}{dt} = L_1 \frac{di_1}{dt} +/- M \frac{di_2}{dt} \tag{4-1-15}$$

$$u_2 = \frac{d\Psi_2}{dt} = L_2 \frac{di_2}{dt} +/- M \frac{di_1}{dt} \tag{4-1-16}$$

为了判断互感电压前面的符号，引入同名端的概念。同名端是指有互感的两个线圈的一对端钮，当两个电流分别从两个线圈的这一对端钮流入时，它们产生的互感磁通的方向相同，相互加强。同名端经常用"·"或"*"表示，如图 4-1-8(a)、(b)所示。

如图 4-1-8(b) 所示，当两个线圈上端为同名端时，由于互感磁通相互加强，因此互感电压前面的符号为正，即

$$u_1 = \frac{d\Psi_1}{dt} = L_1 \frac{di_1}{dt} + M \frac{di_2}{dt}$$

$$u_2 = \frac{d\Psi_2}{dt} = L_2 \frac{di_2}{dt} + M \frac{di_1}{dt}$$

而对于图 4-1-9 所示的耦合电感，由于电流 i_2 与 u_2 不是关联参考方向，则互感磁通相互削弱，因此互感电压前面的符号为负，即

$$u_1 = \frac{d\Psi_1}{dt} = L_1 \frac{di_1}{dt} - M \frac{di_2}{dt}$$

$$u_2 = \frac{d\Psi_2}{dt} = L_2 \frac{di_2}{dt} - M \frac{di_1}{dt}$$

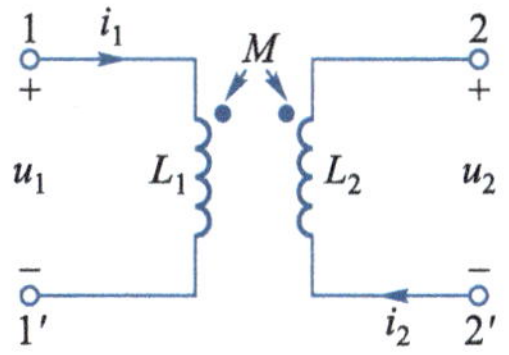

图 4-1-9 耦合电感

为了描述互感线圈之间的耦合强度（紧密度），可以用耦合系数。设两个线圈的电感分别为 L_1 和 L_2，它们之间互感系数为 M，则耦合系数 $k = \dfrac{M}{\sqrt{L_1 L_2}}$，当 $k=1$ 时称两个互感线圈全耦合。

二、理想变压器

变压器是一种通过互感线圈耦合来传递能量的设备，可以实现电压、电流和电阻的变换。如图 4-1-10(a) 所示为变压器示意图，由一个方形铁心和绕在其上的两个匝数不等的线圈组成。左边线圈与电源连接，称为一次线圈，简称为一次侧或原边；右边线圈与负载连接，称为二次线圈，简称为二次侧或副边。

理想变压器通常忽略其线圈电阻以及铁心的损耗；并忽略漏磁通，认为磁通全部集中在铁心中；一次侧和二次侧为全耦合，即耦合系数 $k=1$，$M = \sqrt{L_1 L_2}$，一次线圈和二次线圈产生的磁通全部通过彼此的线圈，没有漏磁通。理想变压器符号如图 4-1-10(b) 所示，中间的竖线代表铁心。

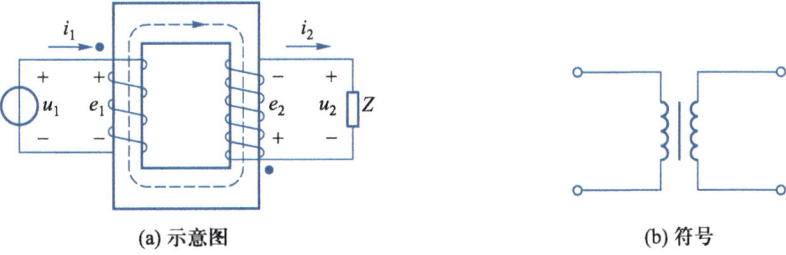

图 4-1-10 理想变压器

设一次侧 L_1 和二次侧 L_2 的线圈匝数分别为 N_1 和 N_2。同名端如图 4-1-10(a)所示。电流 i_1 流过 L_1 线圈产生磁通 Φ，则通过 L_2 线圈磁通也为 Φ。Φ 与 L_1 的 N_1 匝线圈铰链产生的磁通链为 $\Psi_1 = N_1 \Phi$，则 L_1 的感应电压为

$$u_1 = \frac{\mathrm{d}\Psi_1}{\mathrm{d}t} = N_1 \frac{\mathrm{d}\Phi}{\mathrm{d}t} \tag{4-1-17}$$

Φ 与 L_2 的 N_2 匝线圈铰链产生的磁通链为 $\Psi_2 = N_2 \Phi$，则 L_2 的感应电压为

$$u_2 = \frac{\mathrm{d}\Psi_2}{\mathrm{d}t} = N_2 \frac{\mathrm{d}\Phi}{\mathrm{d}t} \tag{4-1-18}$$

于是得到

$$\frac{u_1}{u_2} = \frac{N_1}{N_2} \tag{4-1-19}$$

一次侧将电能转换为磁场能量耦合给二次侧，二次侧则将磁场能量转换为电能，并消耗在负载 Z 上。若忽略传递中的能量损耗，可以证明一次侧能量和二次侧能量相等，因此 $P_1 = P_2$，即 $u_1 i_1 = u_2 i_2$，于是得到

$$\frac{i_1}{i_2} = \frac{u_2}{u_1} = \frac{N_2}{N_1} \tag{4-1-20}$$

4.2 动态电路分析

4.2.1 一阶 RC 动态电路

对于含有电容、电感等储能元件的电路，当电路结构或元件参数发生变化(即换路)时，例如某条支路的突然断路或者接入等，储能元件的能量将发生变化，电路的工作状态将发生改变，从原来的工作状态变为一个新的工作状态，这种电路称为动态电路。由于储能元件能量的变化需要时间，因此从原来的状态变为新的状态需要一定的时间，这个转变过程称为瞬态过程(工程上也称为过渡过程)，也称为瞬态。

只含有一个储能元件的电路称为一阶电路，最简单的一阶 RC 电路由一个电阻和一个电容串联组成。

一阶 RC 电路的动态电路通常分为两种：

(1) 零状态响应电路，即电路从没有电源输入的状态突然变为接通电源的状态，此时电容将从无能量的状态转换到储存能量的状态，也称为充电状态；

(2) 零输入响应电路，即电路从接通电源的状态突然变为断开电源的状态，此时电容将从储能状态转换到释放能量的状态，也称为放电状态。

设 $t=0$ 为换路瞬间,通常将换路前的终了瞬间表示为 $t=0_-$,而以换路后的初始瞬间表示为 $t=0_+$。由于换路瞬间储能元件的能量不会发生变化,因此电容电压 $u_C(t=0_-)=u_C(t=0_+)$。

下面从定性分析和定量计算两个方面来研究一阶 RC 电路。

4.2.2 动态电路的定性分析

一、一阶 RC 电路的零状态响应

电路如图 4-2-1(a)所示,由信号源 U_S、开关 S、一个电阻和一个电容串联组成,初始时刻($t=0$)开关 S 位于下端。假设信号源 U_S 为直流电压源,初始时刻电容两个极板上没有电荷。

当开关 S 拨到上端时,如图 4-2-1(b)所示,此时 U_S 负极的电荷很快传输到电容下端极板,而正极的电荷须通过电阻 R 逐渐传输到电容上端极板,电路中产生电流,该过程称为电容充电。

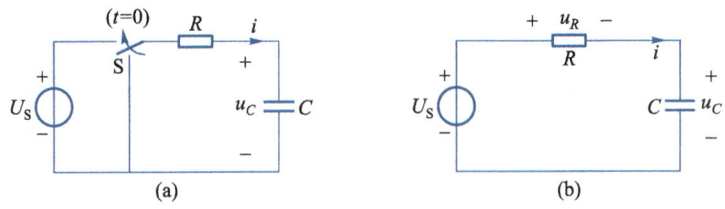

图 4-2-1 一阶 RC 电路的零状态响应

初始时刻开关 S 接到下端(未动作前),电路中没有电源作用,电流为零,电路处于稳定状态;当 S 拨到上端后,接通电源,电路中产生电流,电路进入过渡状态;当 S 接通电源后很长时间,电荷传输完毕,电路中电流为零,即电容充电完毕,电容上电压为 U_S,电路达到新的稳定状态。电容上电压 u_C 随时间变化的波形如图 4-2-2 所示。

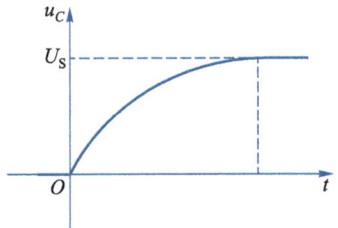

图 4-2-2 一阶 RC 电路零状态响应波形图

电容充电完毕的时间与 R 和 C 的乘积 $\tau=RC$ 有关,其量纲为秒(s),τ 称为时间常数。

通常,当充电时间 $t=3\tau$ 时,电容上的电压 $u_C \approx 0.95U_S$;当 $t=4\tau$ 时,电容上的电压 $u_C \approx 0.98U_S$。

二、一阶 RC 电路的零输入响应

在图 4-2-1(b)所示电路中,假设初始时刻电容充电完毕。将开关 S 拨到下端,如图 4-2-3 所示,此时电容上端极板的正电荷将通过电阻 R 逐渐传输到电容下端极板,电路中产生电流,该过程称为电容放电。经过很长时间,电荷传输完毕,电路中电流为零,电容上电压为零,即电容放电完毕,电路达到新的稳定状态。电容上电压 u_C 随时间变化的波形如图 4-2-4 所示。

一阶 RC 电路零状态响应和零输入响应的仿真结果

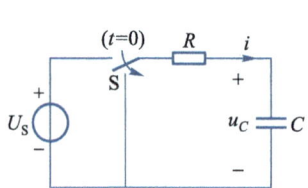

图 4-2-3 一阶 RC 电路的零输入响应

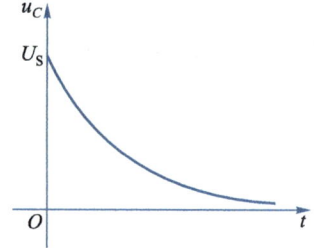

图 4-2-4 一阶 RC 电路零输入响应波形图

电容放电完毕的时间与 R 和 C 的乘积即时间常数 τ 有关。通常,当放电时间 $t=3\tau$ 时,电容上的电压 $u_C \approx 0.05U_S$;当 $t=4\tau$ 时,电容上的电压 $u_C \approx 0.02U_S$。

4.2.3 动态电路的定量计算

一、利用微分方程求解

1. 一阶 RC 电路的零状态响应

图 4-2-1(a)电路中,设电容两端电压为 u_C,换路起始时刻 $u_C(0)=0$,利用 KVL 列出回路方程为

$$U_S = Ri + u_C = RC\frac{du_C}{dt} + u_C$$

上述方程为一阶非齐次微分方程,该类方程的解 u_C 包括通解 u_C'' 和特解 u_C' 两部分。求解过程可参阅参考文献。

通解为齐次方程 $RCdu_C/dt + u_C = 0$ 的通解,即 $u_C'' = Ae^{pt}$,将其代入齐次方程,得到特征方程

$$RCApe^{pt} + Ae^{pt} = (RCp+1)Ae^{pt} = 0$$

则 $RCp+1=0$,求得

$$p = -\frac{1}{RC} = -\frac{1}{\tau}$$

因此通解 $u_C'' = A\mathrm{e}^{-t/\tau}$。

特解 u_C' 取电路的稳态值,即 $u_C' = U_S$。

因此一阶非齐次微分方程的解为

$$u_C = A\mathrm{e}^{-t/\tau} + U_S \tag{4-2-1}$$

由于初始时刻 $u_C(t=0_+) = 0$,将其代入上式,解得 $A = -U_S$,因此

$$u_C = -U_S \mathrm{e}^{-t/\tau} + U_S = U_S(1 - \mathrm{e}^{-t/\tau}) \tag{4-2-2}$$

画出 u_C 波形,如图 4-2-2 所示。

由公式(4-2-2)可以分析出,$t=0$ 时刻 $u_C=0$;随着时间增加,u_C 增加,直至为 U_S 后稳定下来,变化结果与之前的定性分析结果一致。

若初始时刻 $u_C(0_+) = U_0$,将其代入公式(4-2-1),则解得 $A = U_0 - U_S$,因此 $u_C = U_S + (U_0 - U_S)\mathrm{e}^{-t/RC}$。

2. 一阶 RC 电路的零输入响应

图 4-2-3 所示电路中,设电容两端电压为 u_C,换路起始时刻电容充电完毕即 $u_C(0) = U_S$,利用 KVL 列写出换路(即开关拨下)后回路方程为

$$Ri + u_C = RC\frac{\mathrm{d}u_C}{\mathrm{d}t} + u_C = 0$$

上述方程为一阶齐次微分方程,方程的解为 $u_C = A\mathrm{e}^{pt}$,将其带入齐次方程,得到特征方程:

$$RCA p\mathrm{e}^{pt} + A\mathrm{e}^{pt} = (RCp + 1)A\mathrm{e}^{pt} = 0$$

则 $RCp + 1 = 0$,求得

$$p = -\frac{1}{RC} = -\frac{1}{\tau}$$

因此解 $u_C = A\mathrm{e}^{-t/\tau}$。

由于初始时刻 $u_C(t=0_+) = U_S$,将其带入上式,解得 $A = U_S$,因此

$$u_C = U_S \mathrm{e}^{-t/\tau} = U_S \mathrm{e}^{-t/RC} \tag{4-2-3}$$

画出 u_C 波形,如图 4-2-4 所示。

由公式(4-2-3)可以分析出,$t=0$ 时刻 $u_C = U_S$;随着时间增加,u_C 减小,直至为 0 后稳定下来,变化结果与之前的定性分析结果一致。

3. 一阶 RC 电路的全响应

图 4-2-1(a)所示一阶 RC 电路中,若初始时刻 u_C 不为 0,即 $u_C(0_+) = U_0$,则输出结果是零状态响应和零输入响应的叠加,称为一阶 RC 电路的全响应。

由以上分析可知,若初始时刻 $u_C(0_+) = U_0$,由公式(4-2-1)解得 $A = U_0 - U_S$,因此

$$u_C = U_S + (U_0 - U_S)\mathrm{e}^{-t/RC}$$

二、三要素法

由一阶 RC 电路的零状态响应的结果可以看出,$u_C = U_S(1-e^{-t/\tau})$ 包含两部分,一部分是稳态分量(特解)U_S,另一部分是瞬态分量(通解)$-U_S e^{-t/\tau}$。若初始时刻 $u_C(0) = U_0$,则瞬态分量为 $(U_0 - U_S)e^{-t/RC}$。

上述结果可以推广到一般情况,当分析一阶 RC 电路时,其电容 C 的电压表达式为

$$u_C = U + (U_0 - U)e^{-t/RC} \qquad (4\text{-}2\text{-}4)$$

上式包含三个要素:
(1) U_0 为电容 C 的初始电压值即 $u_C(0_+)$;
(2) U 为电路达到稳态时电容 C 的电压值 $u_C(\infty)$;
(3) RC 为时间常数。

因此只要分析出一阶 RC 电路的三个要素,即可用公式求解出响应。

例 4.2.1 图 4-2-1(a) 所示一阶 RC 电路中,$U_S = 5$ V,$RC = 10$ s。
(1) 已知 $u_C(0_+) = 0$ V,分别求解 $t = 10$ s、30 s、50 s 时的 u_C,并画出近似波形;
(2) 已知 $u_C(0_+) = 1$ V,分别求解 $t = 10$ s、30 s、50 s 时的 u_C,并画出 u_C 的近似波形。

解:(1) $u_C = U_S(1-e^{-t/\tau}) = 5(1-e^{-t/10})$

$t = 10$ s 时 $u_C \approx 3.16$ V; $t = 30$ s 时 $u_C \approx 4.75$ V; $t = 50$ s 时 $u_C \approx 4.97$ V

u_C 波形如图 4-2-5 所示。

(2) $u_C = U_S + (U_0 - U_S)e^{-t/RC} = 5 + (1-5)e^{-t/10} = 5 - 4e^{-t/10}$

$t = 10$ s 时 $u_C \approx 3.53$ V; $t = 30$ s 时 $u_C \approx 4.8$ V; $t = 50$ s 时 $u_C \approx 4.97$ V

u_C 波形如图 4-2-6 所示。

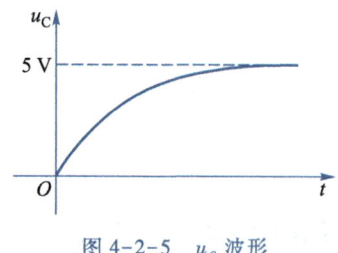

图 4-2-5 u_C 波形

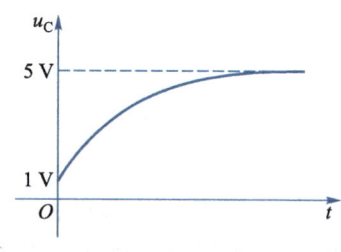

图 4-2-6 u_C 波形

例 4.2.2 图 4-2-3 所示一阶 RC 电路中,$U_S = 5$ V,$RC = 10$ s,起始时刻电容充电完毕即 $u_C(0) = U_S$。分别求解 $t = 10$ s、30 s、50 s 时的 u_C,并画出近似波形。

解:$u_C = U_S e^{-t/RC} = 5e^{-t/10}$ V

$t = 10$ s 时 $u_C \approx 1.84$ V; $t = 30$ s 时 $u_C \approx 0.25$ V; $t = 50$ s 时 $u_C \approx 0.03$ V

u_C 波形如图 4-2-7 所示。

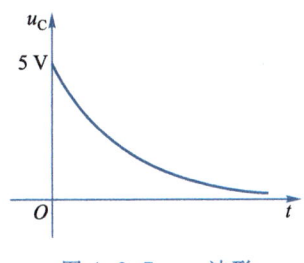

图 4-2-7　u_C 波形

例 4.2.3　电路如图 4-2-8 所示,已知 $U_S = 10$ V,$R = 10$ Ω,$C = 1$ μF,$u_C(0_-) = 0$ V。$t = 0$ 时刻开关闭合。

(1) 求 $t \geq 0$ 时的 u_C;
(2) u_C 达到 5 V 所需的时间 t_1;
(3) 若此时 U_S 跳变为 -10 V,求 u_C。

解:(1)
$$u_C(0_+) = u_C(0_-) = 0 \text{ V}$$
$$u_C(\infty) = U_S = 10 \text{ V}$$

时间常数 $\tau = RC = 10 \text{ Ω} \times 1 \text{ μF} = 10^{-5}$ s

用三要素法求 u_C 表达式
$$u_C = u_C(\infty) + [u_C(0_+) - u_C(\infty)]e^{-t/\tau} = (10 - 10e^{-10^5 t}) \text{ V}$$

(2) 达到 5 V 所需的时间 $t_1 \approx 6.93$ μs

(3)
$$u_C(t_{1+}) = u_C(t_{1-}) = 5 \text{ V}$$
$$u_C(\infty) = -10 \text{ V}$$

用三要素法求 u_C 表达式
$$u_C = [-10 + 15e^{-10^5(t-t_1)}] \text{ V}$$

U_S 和 u_C 波形如图 4-2-9 所示。

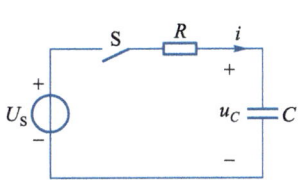

图 4-2-8　例 4.2.3 电路图

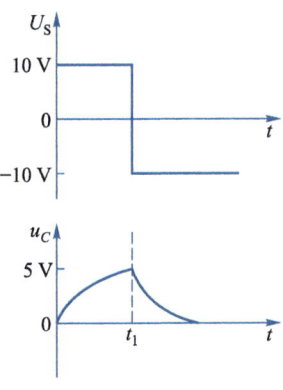

图 4-2-9　U_S 和 u_C 波形

第4章 讨论题、思考题、习题

讨论题

1. 三要素法适合于求解什么样的电路？
2. 如何判断变压器的同名端？

思考题

1. 零输入响应和零状态响应有何区别？
2. 全响应与零输入响应和零状态响应有何联系？
3. 如何求解两个电容串联的等效电容？如何求解两个电容并联的等效电容？

习题

4.1 判断下列说法的正误。

（1）正弦交流电压信号如图 P4-1(1)所示，其幅值固定。当周期 T 增加时，在相同时间变化量 Δt 内电压的变化量减小。（　　）

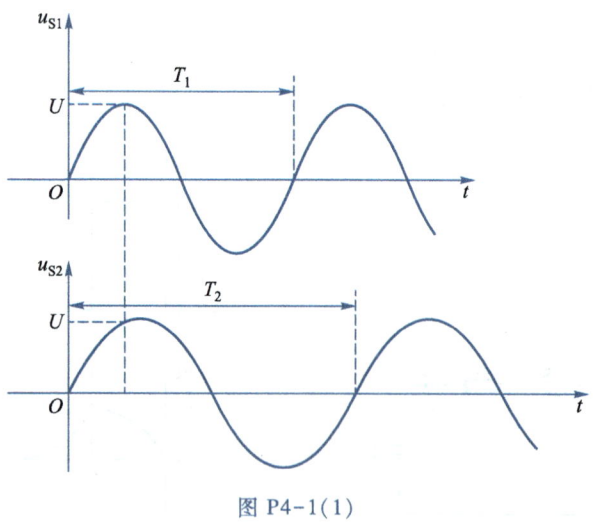

图 P4-1(1)

（2）图 P4-1(2)所示电路中 U_S 幅值固定，则其频率 f 越低，电容上的电压幅值 u_C 越大，

因此称为低通电路。(　　)

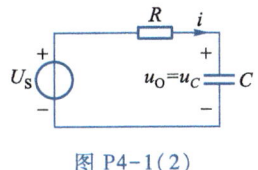

图 P4-1(2)

4.2　选择正确的答案填空。

(1) 电容具有(　　)特性,电感具有(　　)特性。

A. 通低频　阻高频　　　　　　　　B. 隔直流　阻交流

C. 通直流　阻交流　　　　　　　　D. 隔直流　通交流

(2) 一阶 RC 电路的零状态响应是指(　　),一阶 RC 电路的零输入响应是指(　　),一阶 RC 电路的全响应是指(　　)。

A. 电容电压 $u_C(0_-) = 0$ V,且 $t = 0_+$ 时刻电路有外加激励作用

B. 电容电压 $u_C(0_-) \neq 0$ V,且 $t = 0_+$ 时刻电路无外加激励作用

C. 电容电压 $u_C(0_-) \neq 0$ V,且 $t = 0_+$ 时刻电路有外加激励作用

D. 电容电压 $u_C(0_-) = 0$ V,且 $t = 0_+$ 时刻电路无外加激励作用

4.3　电容电路如图 P4-3 所示,已知 $C_1 = C_2 = C_3 = 1$ μF,求解等效电容 C。

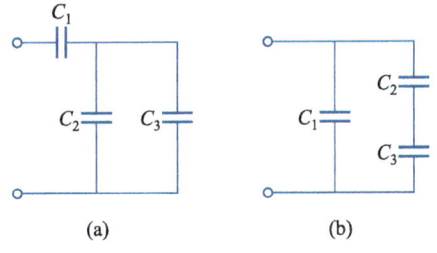

图 P4-3

4.4　变压器电路如图 P4-4 所示,请标出同名端。

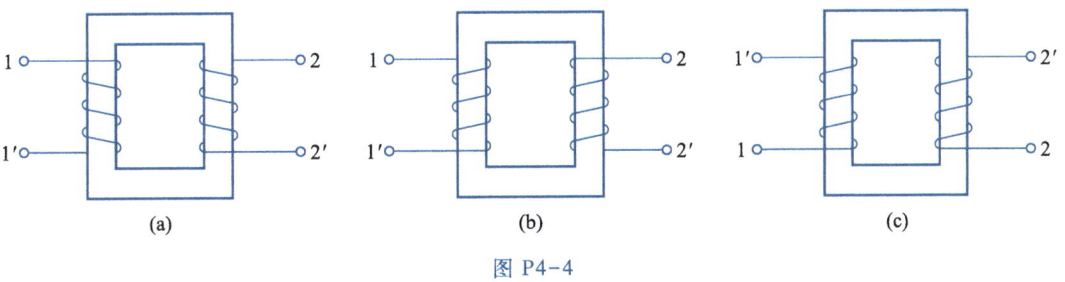

图 P4-4

4.5　电路如图 P4-5 所示,已知 $u_C(0_-) = 40$ V,分析开关闭合后多长时间 u_C 增长到

80 V。

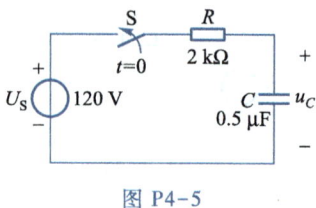

图 P4-5

4.6 电路如图 P4-6 所示,已知 u 为图(b)所示的阶跃信号,$u_C(0_-)=1$ V,试求 u_C。

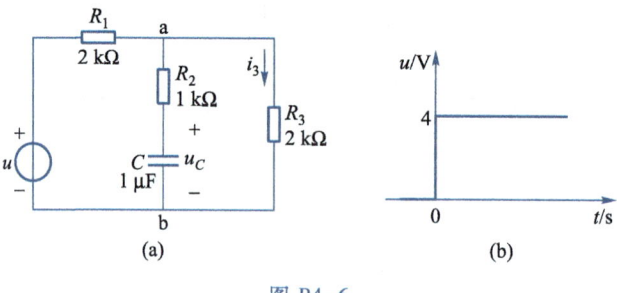

图 P4-6

4.7 电路如图 P4-7 所示,$t=0_-$ 时刻开关在位置 1,电路达到稳态;$t=0$ 时刻开关从位置 1 拨到位置 2。试求解 $t=0_+$ 时刻的 u_C 和 i_C。

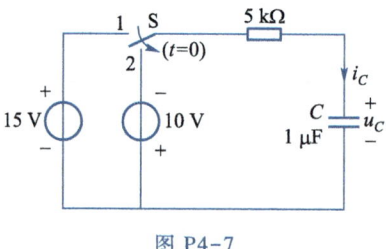

图 P4-7

4.8 电路如图 P4-8 所示,开关闭合前电路已达到稳态,$t=0$ 时刻开关闭合。试求解 $t=0_+$ 时刻电容两端电压 u_C。

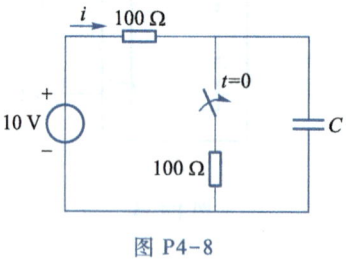

图 P4-8

4.9 一阶 RC 电路如图 P4-9 所示，$t=0_-$ 时刻电容上的电压 $u_C(0_-)=0$，$t=0$ 时刻加入图所示的电压波形，试分段写出 u_C 的表达式，并画出其波形。

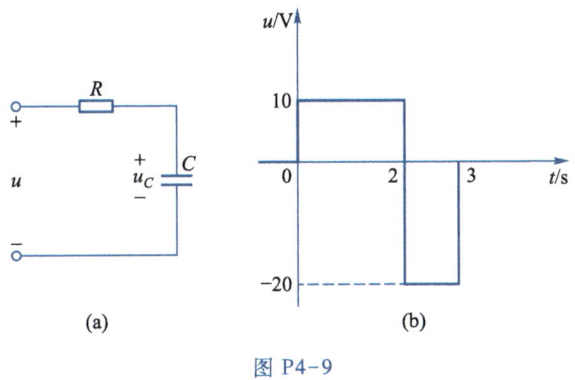

图 P4-9

第 4 章习题解答

第 5 章　正弦稳态电路分析

5.1　正弦信号

5.1.1　正弦信号的定义

正弦信号是按照正弦函数规律随时间周期性变化的电压或者电流,也称为正弦量。

正弦电压信号如图 5-1-1 所示,其中周期 T 是波形重复变化一次所需的时间,单位为秒(s);频率 f 则是波形每秒重复变化的次数,单位为赫兹(Hz)。频率 f 与周期 T 的关系为 $f=1/T$。

正弦电压信号的幅值(振幅或最大值)U_m 反映了正弦信号变化幅度的大小。

正弦电压信号的瞬时值表达式为 $u(t)=U_m\sin(\omega t+\phi)$,其中 ω 称为角频率,$\omega=2\pi f$,单位为弧度/秒(rad/s),反映正弦信号变化的快慢;ϕ 称为初相位,反映正弦量的计时起点,常用角度表示。

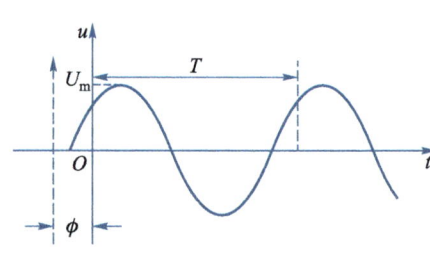

图 5-1-1　正弦电压信号

5.1.2　正弦信号的有效值

周期性电流、电压的瞬时值随时间而变,为了衡量其平均效果,工程上采用有效值来表示。如图 5-1-2 所示电路中,图(a)中电阻两端所加电压为直流电压 U,而图(b)中电阻两端所加电压为正弦交流电压 $u=U_m\sin(2\pi ft)=U_m\sin\left(\dfrac{2\pi}{T}t\right)$。设在一个周期 T 内,图(a)和图(b)中电阻消耗的能量(或产生的热量)相等,则图(a)中 $W=UIT=\dfrac{U^2}{R}T$,而图(b)中 $W=$

$$\int_0^T u(t)i(t)\mathrm{d}t = \int_0^T \frac{u^2(t)}{R}\mathrm{d}t = \int_0^T \frac{\left[U_\mathrm{m}\sin\left(\frac{2\pi}{T}t\right)\right]^2}{R}\mathrm{d}t = \frac{U_\mathrm{m}^2}{2R}T\text{,因此}\frac{U^2}{R}T = \frac{U_\mathrm{m}^2}{2R}T\text{,得出}\ U = \frac{U_\mathrm{m}}{\sqrt{2}}\text{。将}\ U = \frac{U_\mathrm{m}}{\sqrt{2}}\text{称为正弦交流电压}\ u = U_\mathrm{m}\sin(2\pi ft)\text{的有效值。}$$

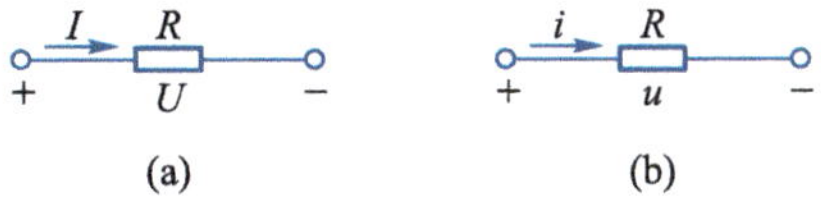

图 5-1-2

我国民用供电系统电压为幅值为 220 V 的正弦交流电。

例 5.1.1 已知正弦电压信号 $u = 14.14\sin(628t - 30°)$ V,求其角频率、频率、周期、幅值、有效值、初相位。

解:角频率 $\omega = 628(\mathrm{rad/s})$、频率 $f = \frac{\omega}{2\pi} \approx 100$ Hz、周期 $T = \frac{1}{f} = 10$ ms、幅值 $U_\mathrm{m} = 14.14$ V、有效值 $U = \frac{U_\mathrm{m}}{\sqrt{2}} \approx 10$ V、初相位 $\varphi = -30°$。

5.2 正弦稳态电路分析

5.2.1 一阶 RC 电路的定性分析

一、一阶 RC 低通电路

如图 5-2-1 所示电路,假设信号源 u_S 为正弦电压源,初始时刻电容两个极板上没有电荷。当 u_S 增大时电容充电,减小时电容放电。

下面定性分析输出电压 u_O(电容电压 u_C)幅值随 u_S 频率 f 变化的趋势。

如图 5-2-2 所示,u_S1 和 u_S2 的幅值相同,但频率不同,$f_2 < f_1$,即 $T_2 > T_1$。则当 u_S1 和 u_S2 变化量相同(均为 Δu)时,u_S2 所需的时间较大。例如,设 u_S1 从 0 变为 Δu 所需时间为 Δt_1,则 u_S2 从 0 变为 Δu 所需时间 $\Delta t_2 > \Delta t_1$。

设 Δt 足够小,且在 Δt 内电路中的平均电流为 i,电阻 R 上的电压变化量为 Δu_R,电容上的电压变化量为 Δu_C,则 u_S 变化量为

$$\Delta u = \Delta u_R + \Delta u_C = iR + \Delta u_C \tag{5-2-1}$$

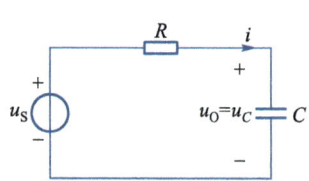

图 5-2-1 一阶 RC 低通电路

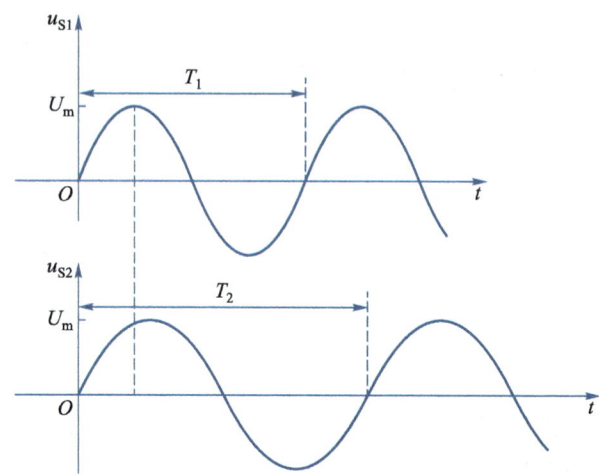

图 5-2-2 保持 u_S 幅值不变、频率减小

由于 $i = C\dfrac{\Delta u_C}{\Delta t}$,所以

$$\Delta u_C = i\dfrac{\Delta t}{C}$$

于是

$$\Delta u = iR + i\dfrac{\Delta t}{C} = i\left(R + \dfrac{\Delta t}{C}\right)$$

由此得到

$$i = \dfrac{\Delta u}{R + \Delta t/C} \tag{5-2-2}$$

设 Δu 相同,当频率 f 减小时,Δt 将增大,所以 $i = \dfrac{\Delta u}{R + \Delta t/C}$ 将减小,从而使电容上的电压变化量 $\Delta u_C = \Delta u - iR$ 增大,即使得输出电压变化量 Δu_O 增大。

以上分析表明,当保持 u_S 幅值 U_m 不变、频率 f 减小(周期 T 增大)时,图 5-2-1 所示电路中电容上的电压幅值将增大,即信号频率较低时所得到的输出电压 u_O(u_C) 幅值较大,说明此时信号容易通过该电路,因此该电路称为一阶低通电路。

二、一阶 RC 高通电路

电路如图 5-2-3 所示,下面定性分析输出电压 u_O(电阻电压 u_R) 幅值随 u_S 频率 f 变化的趋势。

如图 5-2-4 所示,当保持 u_S 幅值 U_m 不变、频率 f 增大时,周期 T 将减小,则当 u_S 变化量 Δu 相同时所需的时间 Δt 减小。

设 Δt 足够小,且在 Δt 内电路中的平均电流为 i,电阻 R 上的电压变化量为 Δu_R,电容上的电压变化量为 Δu_C,则 u_S 变化量为

$$\Delta u = \Delta u_C + \Delta u_R = \Delta u_C + iR$$

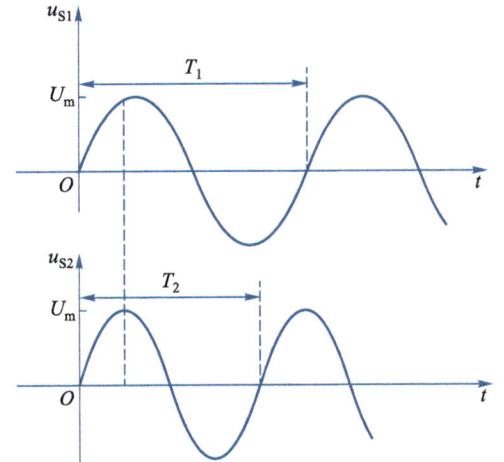

一阶 RC 低通和高通电路的仿真结果

图 5-2-3　一阶 RC 高通电路　　　　图 5-2-4　保持 u_S 幅值不变、频率增大

由于 $i = C \dfrac{\Delta u_C}{\Delta t}$，所以　　　　　$\Delta u_C = i \dfrac{\Delta t}{C}$

于是　　　　　　　　　　　　　　$\Delta u = i\left(\dfrac{\Delta t}{C} + R\right)$

由此得到　　　　　　　　　　　　$i = \dfrac{\Delta u}{R + \Delta t/C}$

设 Δu 相同，当 f 增大时，Δt 将减小，所以 $i = \dfrac{\Delta u}{R + \Delta t/C}$ 将增大，从而使电阻上的电压变化量 $\Delta u_R = iR$ 增大，即使得输出电压变化量 Δu_O 增大。

以上分析表明，当保持 u_S 的幅值 U_m 不变、频率 f 增大（周期 T 减小）时，图 5-2-3 所示电路中电阻上的电压幅值将增大，即信号频率较高时所得到的输出电压 $u_O(u_R)$ 幅值较大，说明此时信号容易通过该电路，因此该电路称为一阶高通电路。

5.2.2　正弦稳态电路分析

一、相量法

1. 正弦稳态电路及其特点

线性时不变动态电路在角频率为 ω 的正弦电压源或电流源激励下，随着时间的增长，当瞬态响应消失，只剩下正弦稳态响应，电路中全部电压和电流都是角频率为 ω 的正弦波时，称电路处于正弦稳态。满足这类条件的动态电路通常称为正弦电流电路或正弦稳态电路。

正弦电流电路是指激励和响应都随时间按正弦规律变化的线性电路。在正弦电流电路中,如果用正弦函数式或正弦波进行加、减、乘、除运算将会使求解过程复杂,另外如果涉及电容、电感,还会出现相位移问题,使求解过程更加复杂。为了简化分析,可以采用相量(复数)来表示正弦量以及电容、电感的正弦激励下的模型,称为相量法。

2. 复数及其运算

在数学中,向量(几何向量)是指具有大小和方向的量,可以用带箭头的线段表示。箭头所指代表向量的方向,线段长度代表向量的大小。如图 5-2-5 所示,在直角坐标系中,由原点指向点 (a,b) 的线段表示向量 (a,b)。

数学方程求解时,为了表示负数开偶数次方,意大利数学家卡尔达诺在 16 世纪首次引入了虚数。负数 $(-b^2)$ 开方结果用虚数 $\pm \mathrm{j} b$ 表示,其中 $\mathrm{j}=\sqrt{-1}$,是虚数单位,$\mathrm{j}^2=-1$。复数 $F=a+\mathrm{j}b$ 由实部 a(记为 $\mathrm{Re}F$)和虚部 b(记为 $\mathrm{Im}F$)组成。

复数 $F=a+\mathrm{j}b$ 可以用直角坐标平面上的点 (a,b) 来表示,即用向量表示,如图 5-2-6 所示。横轴代表实部,纵轴代表虚部。向量的大小即线段长度表示复数的幅值(模)$|F|$,代表向量的线段与横轴的夹角表示复数的辐角(相角)θ。由三角公式可知 $|F|=\sqrt{a^2+b^2}$,$\theta=\arctan(b/a)$,$a=|F|\cos\theta$,$b=|F|\sin\theta$。

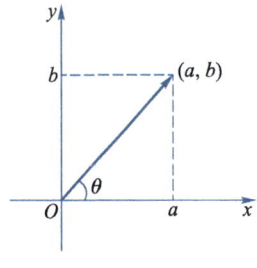
图 5-2-5　向量坐标

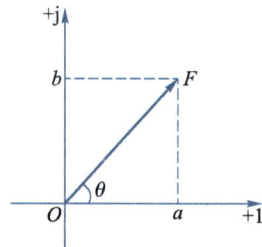
图 5-2-6　复数坐标

复数 $F=a+\mathrm{j}b$ 也可以用极坐标来表示,即
$$F=|F|\mathrm{e}^{\mathrm{j}\theta}=|F|\underline{/\theta}$$

其中 $\mathrm{e}^{\mathrm{j}\theta}=\cos\theta+\mathrm{j}\sin\theta$,$|F|=\sqrt{a^2+b^2}$。

复数运算规则如下。

复数 $F=a+\mathrm{j}b$ 的共轭复数记为 F^*,
$$F^*=a-\mathrm{j}b=|F|\mathrm{e}^{\mathrm{j}(-\theta)} \tag{5-2-3}$$

复数 $F_1=a_1+\mathrm{j}b_1=|F_1|\mathrm{e}^{\mathrm{j}\theta_1}$,$F_2=a_2+\mathrm{j}b_2=|F_2|\mathrm{e}^{\mathrm{j}\theta_2}$。

复数加/减
$$F_1+F_2=(a_1+\mathrm{j}b_1)+(a_2+\mathrm{j}b_2)=(a_1+a_2)+\mathrm{j}(b_1+b_2) \tag{5-2-4}$$
$$F_1-F_2=(a_1+\mathrm{j}b_1)-(a_2+\mathrm{j}b_2)=(a_1-a_2)+\mathrm{j}(b_1-b_2) \tag{5-2-5}$$

复数乘/除
$$F_1\times F_2=(a_1+\mathrm{j}b_1)\times(a_2+\mathrm{j}b_2)=(a_1a_2-b_1b_2)+\mathrm{j}(a_1b_2+a_2b_1) \tag{5-2-6}$$

$$F_1 \times F_2 = |F_1|e^{j\theta_1} |F_2|e^{j\theta_2} = |F_1 F_2|e^{j(\theta_1+\theta_2)} \tag{5-2-7}$$

$$\frac{F_1}{F_2} = \frac{a_1+jb_1}{a_2+jb_2} = \frac{(a_1+jb_1)(a_2-jb_2)}{(a_2+jb_2)(a_2-jb_2)} = \frac{(a_1a_2+b_1b_2)+j(a_2b_1-a_1b_2)}{a_2^2+b_2^2} \tag{5-2-8}$$

$$\frac{F_1}{F_2} = \frac{|F_1|e^{j\theta_1}}{|F_2|e^{j\theta_2}} = \left|\frac{F_1}{F_2}\right|e^{j(\theta_1-\theta_2)} \tag{5-2-9}$$

复数求导

$$\frac{dUe^{j\theta}}{d\theta} = j\,Ue^{j\theta} \tag{5-2-10}$$

常用的简单复数

$$j = e^{j90°} \tag{5-2-11}$$

$$-j = e^{j(-90°)} \tag{5-2-12}$$

3. 正弦相量

正弦电流电路中,在角频率为 ω 的正弦电压源或电流源激励下,电路中各电量均为角频率为 ω 的正弦量,不同正弦量仅仅是幅值和相位不同。

例如,正弦电压 $u(t) = U_m\sin(\omega t+\varphi)$ 是复数 $U_m e^{j(\omega t+\varphi)} = U_m[\cos(\omega t+\varphi)+j\sin(\omega t+\varphi)]$ 的虚部,也是 $U_m e^{j(\omega t+\varphi)} = \sqrt{2}Ue^{j\varphi}e^{j\omega t}$ 的虚部,即 $u(t) = \text{Im}(\sqrt{2}Ue^{j\varphi}e^{j\omega t})$,将其中的复数 $Ue^{j\varphi}$ 用相量表示为 $\dot{U} = U\underline{/\varphi}$,其中 $\dot{U}$ 代表正弦相量,U 代表正弦电压量的有效值,φ 代表其相位。为了区别正弦相量与复数,在 U 上加一点,即为 $\dot{U}$。由此可知,正弦相量 $U\underline{/\varphi}$ 表示了相同频率、不同相位的正弦量,从而可以不考虑角频率 ω 的影响,使运算变得简单。

常用的简单复数及相量运算如下。

$\dot{U} = Ue^{j\varphi}$,则

$$j\dot{U} = e^{j90°}Ue^{j\varphi} = Ue^{j(\varphi+90°)} \tag{5-2-13}$$

$$-j\dot{U} = e^{j(-90°)}Ue^{j\varphi} = Ue^{j(\varphi-90°)} \tag{5-2-14}$$

用相量法分析正弦稳态响应的优点有:

(1) 不需要列出并求解电路的 n 阶微分方程;

(2) 可以用分析电阻电路的方法来分析正弦稳态电路;

(3) 采用所熟悉的求解线性代数方程的方法,就能求得正弦电压和电流的相量以及它们的瞬时值表达式;

(4) 便于使用计算器和计算机等计算工具来辅助电路分析。

例 5.2.1 用相量表示 i 或 u。

(1) $i = 28.28\sin(628t+30°)$ A;　(2) $u = 141.4\sin(314t-60°)$ V。

解:(1) $\dot{I} = 20\underline{/30°}$ A　(2) $\dot{U} = 100\underline{/-60°}$ V

例 5.2.2 已知电压的相量为 $\dot{U} = 50\underline{/25°}$ V,频率 $f = 50$ Hz。试写出电压的瞬时值表达

式 u。

解：角频率 $\omega = 2\pi f \approx 314$ rad/s，$u = 50\sqrt{2}\sin(314t+25°)$ V

二、基尔霍夫定律的相量形式

电阻电路的 KCL：$\sum i_k = 0$。

电流幅值相量的 KCL：$\sum \dot{I}_{km} = 0$。

电流有效值相量的 KCL：$\sum \dot{I}_k = 0$。

电阻电路的 KVL：$\sum u_k = 0$。

电压幅值相量的 KVL：$\sum \dot{U}_{km} = 0$。

电压有效值相量的 KVL：$\sum \dot{U}_k = 0$。

三、元件电压与电流关系的相量形式

1. 电阻

电阻的电压与电流关系的相量形式为 $\dot{U} = R\dot{I}$，其电压与电流之比仍为电阻 R，与直流电路相同。

2. 电容

电容的电压与电流关系为 $i = C\dfrac{du}{dt}$，由于 $u = \text{Im}(\sqrt{2}Ue^{j\varphi}e^{j\omega t})$，因此

$$i = C\frac{d\text{Im}(\sqrt{2}Ue^{j\varphi}e^{j\omega t})}{dt} = j\omega C\,\text{Im}(\sqrt{2}Ue^{j\varphi}e^{j\omega t}) \tag{5-2-15}$$

于是得到电压与电流关系的相量形式为

$$\dot{I} = j\omega C\,\dot{U} \tag{5-2-16}$$

$$\dot{U} = \dot{I}/(j\omega C) \tag{5-2-17}$$

电容电压与电流的相量之比为 $1/(j\omega C)$，称其为电容的复阻抗 $Z_C = \dfrac{1}{j\omega C} = \dfrac{-j}{\omega C}$，如图 5-2-7 所示。另外将 Z_C 去掉虚数单位，得到容抗 $X_C = -\dfrac{1}{\omega C}$，单位为欧姆。

由电容电压与电流关系可知，电容的复阻抗为负的虚数，其相位为 $-90°$，因此电压的相位比电流落后 $90°$。

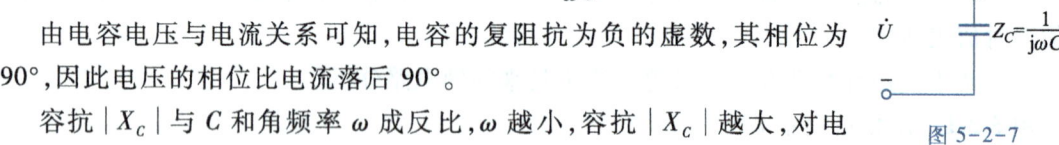

图 5-2-7

容抗 $|X_C|$ 与 C 和角频率 ω 成反比，ω 越小，容抗 $|X_C|$ 越大，对电流的阻碍越大。直流时容抗为无穷大，电容相当于开路。

3. 电感

电感的电压与电流关系为 $u = Ldi/dt$，由于 $i = \text{Im}(\sqrt{2}Ie^{j\varphi}e^{j\omega t})$，因此

$$u = L\frac{\mathrm{dIm}(\sqrt{2}\,I\mathrm{e}^{\mathrm{j}\varphi}\mathrm{e}^{\mathrm{j}\omega t})}{\mathrm{d}t} = \mathrm{j}\omega L\mathrm{Im}(\sqrt{2}\,I\mathrm{e}^{\mathrm{j}\varphi}\mathrm{e}^{\mathrm{j}\omega t}) \qquad (5-2-18)$$

于是得到电压与电流关系的相量形式为 $\dot{U} = \mathrm{j}\omega L\dot{I}$，$\dot{I} = \dot{U}/(\mathrm{j}\omega L)$。电感电压与电流的相量之比为 $\mathrm{j}\omega L$，因此电感的复阻抗 $Z_L = \mathrm{j}\omega L$，如图 5-2-8 所示，感抗 $X_L = \omega L$，单位为欧姆。

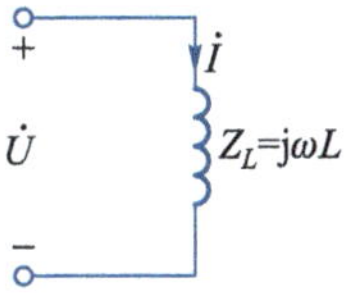

由电感电压与电流关系可知，电感的复阻抗为正的虚数，其相位为 $+90°$，因此电压的相位比电流超前 $90°$。

图 5-2-8

感抗 X_L 与 L 和角频率 ω 成正比，ω 越大，感抗 X_L 越大，对电流的阻碍越大。直流时感抗为零，电感相当于短路。

4. 一阶 RC 电路的正弦稳态分析

（1）一阶 RC 低通电路

一阶 RC 低通电路如图 5-2-9 所示，$\dot{U}_\mathrm{s}$ 为正弦信号，电容电压 $\dot{U}_C$ 作为输出电压，用 KVL 定律列出回路方程

$$\dot{U}_\mathrm{s} = R\dot{I} + Z_C\dot{I}, \qquad \dot{I} = \frac{\dot{U}_\mathrm{s}}{R + 1/(\mathrm{j}\omega C)}$$

输出电压 $\dot{U}_\mathrm{o}$ 与 $\dot{U}_\mathrm{s}$ 之比为

$$\dot{A}_u = \frac{\dot{U}_\mathrm{o}}{\dot{U}_\mathrm{s}} = \frac{Z_C\dot{I}}{\dot{U}_\mathrm{s}} = \frac{1/(\mathrm{j}\omega C)}{R + 1/(\mathrm{j}\omega C)} = \frac{1}{1 + \mathrm{j}\omega RC} \qquad (5-2-19)$$

由上式可知，ω 越小，$|1+\mathrm{j}\omega RC|$ 越小，$|\dot{A}_u|$ 越大，说明信号越容易通过，因此该电路称为低通电路。该结果与 5.2.1 小节定性分析的结果一致。

（2）一阶 RC 高通电路

一阶 RC 高通电路如图 5-2-10 所示，$\dot{U}_\mathrm{s}$ 为正弦信号，电阻电压作为输出电压 $\dot{U}_\mathrm{o}$，用 KVL 定律列出回路方程

$$\dot{U}_\mathrm{s} = Z_C\dot{I} + R\dot{I}, \qquad \dot{I} = \frac{\dot{U}_\mathrm{s}}{R + 1/(\mathrm{j}\omega C)}$$

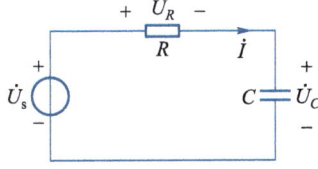

图 5-2-9　一阶 RC 低通电路

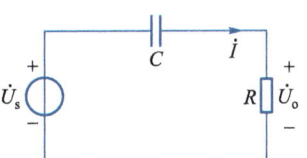

图 5-2-10　一阶 RC 高通电路

输出电压 $\dot{U}_\mathrm{o}$ 与 $\dot{U}_\mathrm{s}$ 之比为

$$\dot{A}_u = \frac{\dot{U}_o}{\dot{U}_s} = \frac{R\dot{I}}{\dot{U}_s} = \frac{R}{R+1/(j\omega C)} = \frac{j\omega RC}{1+j\omega RC} \qquad (5-2-20)$$

由上式可知，ω 越大，容抗 $|1/(j\omega C)|$ 越小，$|\dot{A}_u|$ 越大，说明信号越容易通过，因此该电路称为高通电路。该结果与 5.2.1 小节定性分析的结果一致。

第 5 章讨论题、思考题、习题

讨论题

为什么要用相量法？

思考题

1. 电容和电感的复阻抗表达式是什么？
2. 正弦信号的角频率、频率、周期之间是何关系？
3. 正弦信号的幅值和有效值之间是何关系？

习题

5.1 已知正弦电压信号 u 的周期 $T=1$ ms、幅值 $U_m=5$ V、初相位 $\varphi=60°$，试求其角频率、频率、有效值，并写出 u 的表达式。

5.2 用相量表示 i 或 u。
（1） $i=5\sin(314t-60°)$ A；（2） $u=10\sin(100\pi t+120°)$ V。

5.3 已知电压的相量为 $\dot{U}=5\sqrt{2}\underline{/45°}$ V，频率 $f=100$ Hz。试写出电压的瞬时值表达式 $u(t)$。

5.4 写出正弦量的相量式。
（1） $u=2\sqrt{2}\sin(\omega t+90°)$ V
（2） $u=5\sqrt{2}\sin(\omega t-30°)$ V

5.5 已知电容 C 上的正弦电压 $u=\sqrt{2}U\sin\omega t$，分析电容上的电流正弦相量 $\dot{I}$ 的表达式。

5.6 已知电感 L 上的正弦电压 $u=\sqrt{2}U\sin\omega t$，分析电感上的电流正弦相量 $\dot{I}$ 的表达式。

5.7 电路如图 P5-7 所示，写出各电路的复阻抗 $Z=\dot{U}/\dot{I}$。

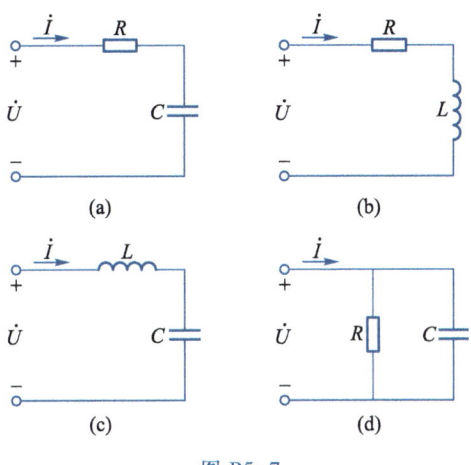

图 P5-7

5.8 电路如图 P5-8 所示,写出等效阻抗 $Z=\dot{U}/\dot{I}$ 的表达式。

5.9 写出图 P5-9 所示电路的复阻抗 Z 的表达式。

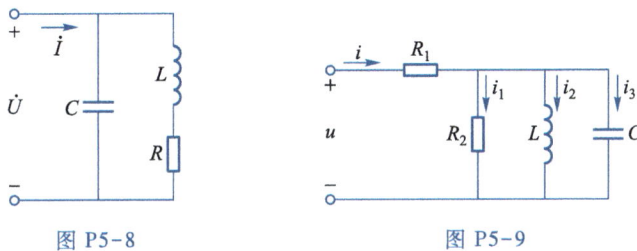

图 P5-8　　　　　　图 P5-9

5.10 电路如图 P5-10 所示,写出左边输入端的等效阻抗 Z 的表达式,以及 $\dot{U}_o$ 与 $\dot{U}_i$ 的关系表达式。

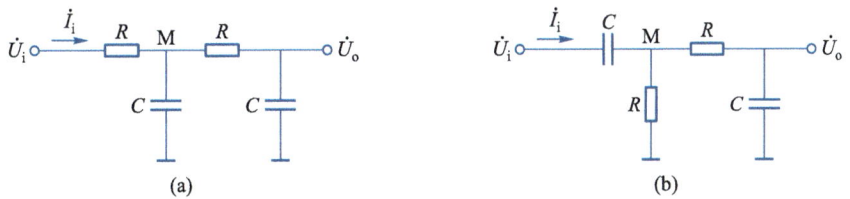

图 P5-10

第 5 章习题解答

第三部分　模拟电子技术

第 6 章 半导体器件基础

电子元件如二极管、晶体管、场效应晶体管均由半导体制成,本章介绍它们的组成、工作原理、特性和直流等效电路。首先介绍半导体以及由半导体制成的 PN 结,之后再介绍 PN 结组成的二极管、晶体管、场效应晶体管(主要讲 MOS 管)。

6.1 半 导 体

半导体(semiconductor)的导电能力介于导体和绝缘体之间,常用的半导体有硅(Si)和锗(Ge),它们位于元素周期表的第 14 列,其最外层有四个价电子,称为四价元素。硅(Si)和锗(Ge)又称为元素半导体,是第一代半导体材料,实际应用中硅最常用。

此外,有些三价和五价元素,例如三价的镓(Ga)、铟(In),五价的氮(N)、磷(P)、砷(As)、锑(Sb)等,也可以组成化合物半导体,例如砷化镓(GaAs)、磷化镓(GaP)、锑化铟(InSb),它们主要用于制作高速、高频、大功率以及发光电子器件,是第二代半导体材料。

21 世纪以来,以碳化硅 SiC、氮化镓 GaN 为主的第三代半导体材料可用于制作耐高压、大功率、高频电子器件,例如,SiC 用于制作耐高压、大功率的电力电子器件,适用于智能电网、新能源汽车等行业;氮化镓是超高频器件的极佳选择,适用于 5G 通信、微波射频等领域。

6.1.1 本征半导体

纯净的半导体经过一定的工艺制作成单晶体就称为本征半导体。自然界中含硅元素最多的为石英砂,将石英砂在高温下提纯,再通过炼晶炉制成晶体,拉制成单晶硅棒,最后切割成一片一片的晶圆(wafer),就制成了可以制作半导体器件的本征半导体。硅本征半导体空间结构示意图如图 6-1-1 所示,其平面结构示意图如图 6-1-2 所示。

硅的最外层有四个价电子,它们会与邻近的硅原子的价电子组成共价键,如图 6-1-2 所示。图中圆圈表示除最外层价电子以外的硅原子核。价电子带负电,因而硅原子核可以视为带正电的正离子。

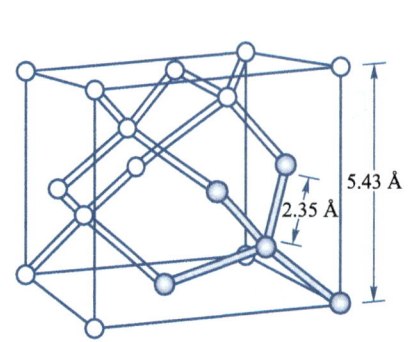 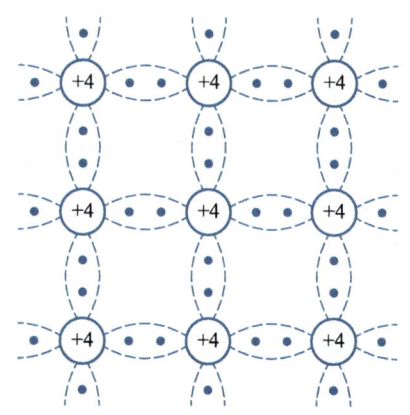

图 6-1-1　硅本征半导体空间结构示意图　　图 6-1-2　硅本征半导体平面结构示意图

在热力学温度零度(-273 ℃)时,这些价电子都被共价键牢牢地束缚。但是当温度升高后,价电子会获得能量,当能量足以使它挣脱共价键时,它就会跑出来变成自由电子,而在原来的位置留下一个空位,称为空穴,如图 6-1-3 所示,这种现象称为本征激发。自由电子是带负电的,因此空穴相对地就带正电,它们是两种载流子,可以导电。

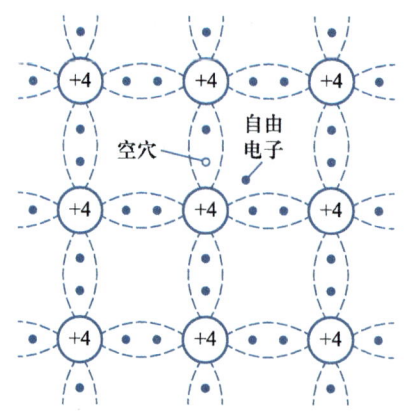

图 6-1-3　本征半导体中的自由电子和空穴

自由电子在运动过程中若与空穴相遇则会填补空穴,二者复合从而同时消失。

当给本征半导体两端加电压时,内部将产生电场,自由电子将逆着电场方向运动而导电;由于价电子绕着硅原子核运动,当价电子填补空穴时,空穴则运动到该价电子的位置,因此空穴是通过价电子的运动而相对运动参与导电的。空穴运动的方向即为电流的方向。

温度越高,挣脱共价键的自由电子越多,载流子浓度越大,本征半导体的导电能力就越强。但是本征半导体载流子的浓度相对于导体仍然很低,因此导电性能很差,并会受温度影响。

6.1.2 杂质半导体

为了改善和控制本征半导体的导电性能,可以在其中掺入微量其他元素(杂质),变成杂质半导体(extrinsic semiconductor)。

当在硅本征半导体中掺入五价元素磷时,磷原子就会代替一些硅原子,如图6-1-4所示。但是磷原子有五个价电子,它们在与邻近的硅原子组成共价键时,会多出一个价电子没有组成共价键,于是这个多出来的价电子就很容易获得能量跑出来成为自由电子。这时候在半导体中自由电子就会比空穴多,将此时的自由电子称为多子,而将空穴称为少子。本征半导体中掺入磷元素后称为N型半导体,它主要靠多子即自由电子导电。

相反,若在硅本征半导体中掺入三价元素硼时,硼原子也会代替一些硅原子,如图6-1-5所示。但是硼原子在与邻近的硅原子组成共价键时,会缺少一个价电子,出现一个空位。当其他原子的价电子跑出来并填补到这个空位时,该原子外层就出现了一个空穴。因此这时候在半导体中空穴会比自由电子多,将此时的空穴称为多子,而将自由电子称为少子。本征半导体中掺入硼元素后称为P型半导体,它主要靠多子即空穴导电。

杂质半导体中,当掺入的杂质浓度较大且远远大于本征半导体的载流子浓度时,多子的浓度基本上就由杂质浓度决定。因此控制掺入的杂质浓度就可以控制N型和P型半导体的导电性能。

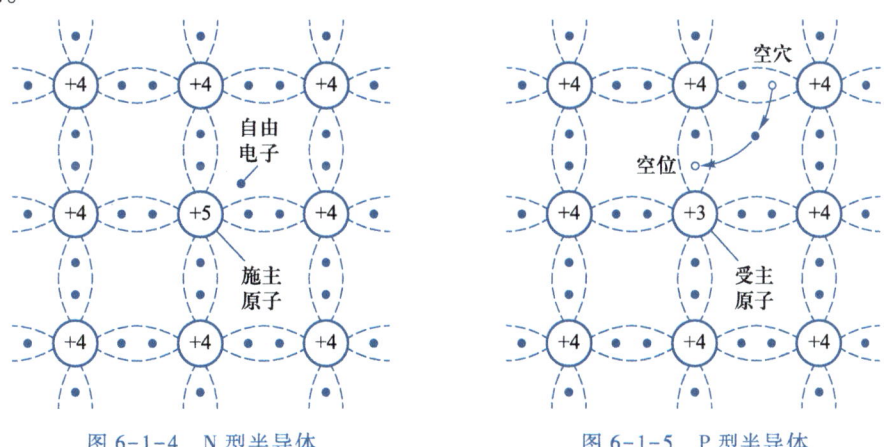

图6-1-4　N型半导体　　　　图6-1-5　P型半导体

当温度变化时,多子和少子因本征激发而成对产生或因复合而成对消失,因此两者变化的数量相同;但由于少子浓度低,因此相对变化量大,受温度影响大,从而会影响半导体器件的性能。

6.2 PN 结

6.2.1 PN 结的形成

采用不同的掺杂工艺,将 P 型半导体与 N 型半导体制作在同一块硅片上,如图 6-2-1 所示,左边为 P 型半导体,称为 P 区,其多子为空穴,图中未画少子;右边为 N 型半导体,称为 N 区,其多子为自由电子,图中未画少子。在两种半导体的交界面附近,就形成了 PN 结。

图 6-2-1 中,由于浓度差,P 区和 N 区的多子将向对方扩散,并与对方的少子复合,因此在交界面附近载流子几乎都被复合掉了,只留下不能移动的离子,形成了一个空间电荷区,也称为耗尽层,空间电荷区内的电场由 N 区指向 P 区,如图 6-2-2 所示。

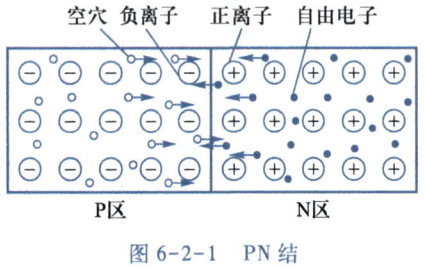

图 6-2-1 PN 结

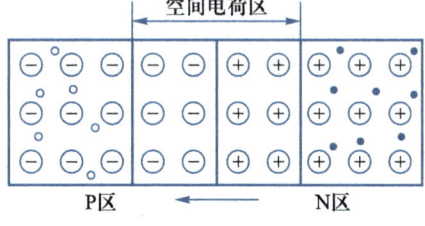

图 6-2-2 PN 结的形成

随着多子扩散运动的进行,空间电荷区增宽,内电场增强,将反过来阻止 P 区的多子(空穴)和 N 区的多子(自由电子)向对方扩散,而有利于 P 区的少子(自由电子)和 N 区的少子(空穴)向对方漂移。当多子的扩散运动与少子的漂移运动达到平衡时,即参与扩散运动的多子与参与漂移运动的少子数量基本相同时,PN 结中电流为零,空间电荷区宽度不再变化,形成了 PN 结。

6.2.2 PN 结的单向导电性

当在 PN 结两端加电压使 P 端电位高于 N 端时,称 PN 结为正向偏置(简称为正偏)或正向接法。此时外加电压产生的电场与内电场方向相反,从而使耗尽层变窄,将有利于 P 区的多子(空穴)向 N 区扩散,而 N 区的多子(自由电子)向 P 区扩散,从而产生电流,电流实际方向与电场方向一致,并且与空穴运动方向一致,如图 6-2-3 所示。此时电路中的电流主要由多子扩散运动产生,从而使 PN 结正向偏置时电流较大。因此 PN 结呈现出较小的电阻,像开关闭合一样,PN 结的这种工作状态称为导通状态。

反之,当在 PN 结两端加电压使 N 端电位高于 P 端时,称 PN 结为反向偏置(简称为反偏)或反向接法。此时外加电压产生的电场与内电场方向一致,将有利于 P 区的少子(自由电子)和 N 区的少子(空穴)向对方区域运动而不利于多子的扩散运动,从而使耗尽层变宽,如图 6-2-4 所示,产生电流 I_S,电流实际方向与外电场方向一致,也与空穴运动方向一致,如图 6-2-4 所示。电路中的电流主要由少子运动产生,从而使 PN 结反向偏置电流 I_S 很小。此时 PN 结呈现出很大的电阻,像开关打开一样,PN 结的这种工作状态称为截止状态。

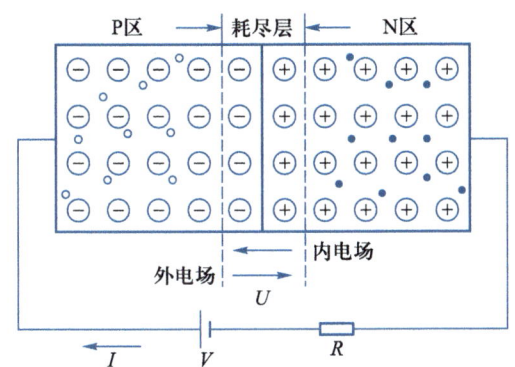

图 6-2-3　PN 结加正向电压时导通

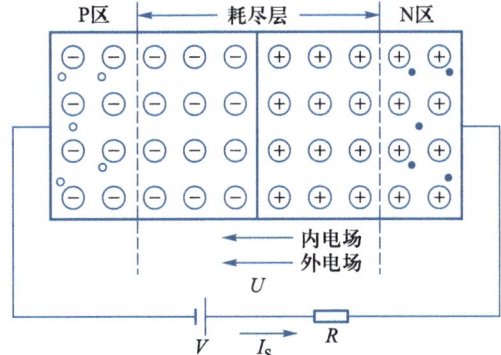

图 6-2-4　PN 结加反向电压时截止

综上所述,PN 结具有开关特性,即具有单向导电性,正向偏置时导通,反向偏置时截止。

6.2.3　PN 结的电流方程及伏安特性

一、电流方程

半导体物理研究表明,流过 PN 结的电流与其两端电压的关系可以用电流方程描述,即

$$i = I_S (e^{u/U_T} - 1) \quad (6-2-1)$$

其中,i 为流过 PN 结的电流,u 为 PN 结两端的电压;I_S 为 PN 结反向偏置电流,其值很小,通常为微安(10^{-6} A)或者纳安(10^{-9} A)级别;U_T 为与温度相关的参数,称为温度电压当量,常温 27 ℃ 时 $U_T \approx 26$ mV。

由电流方程可知:

(1) 当 PN 结反向偏置且 $u \ll -U_T$ 时,$e^{u/U_T} \approx 0$,$i \approx I_S$,电流非常小,其中符号"≪"表示远远小于;

(2) 当 PN 结正向偏置且 $u \gg U_T$ 时,$e^{u/U_T} \gg 1$,$i \approx I_S e^{u/U_T}$,i 与 u 为近似指数关系,i 将随 u 增大而快速增大,其中符号"≫"表示远远大于。

电流方程的上述特点与 PN 结的单向导电性相符合。

为了防止 PN 结正向偏置时因电流过大而损坏,通常在回路中加入限流电阻,如图 6-2-3 中 R 所示。

二、伏安特性

将 PN 结的端电压与电流之间的关系用图描述,称为伏安特性,如图 6-2-5 所示。

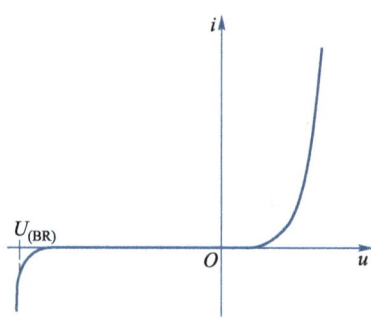

图 6-2-5 PN 结的伏安特性

当 $u>0$ 即 PN 结正向偏置时,一开始电流 i 非常小,之后电流 i 随 u 增加而快速增长,与电流方程的分析结果相同;当 $u<0$ 即 PN 结反向偏置时,电流 i 几乎为零,与电流方程的分析结果相同;但是当反向偏置电压超过 $U_{(BR)}$ 之后,电流突然增大,若不加以限制,将损坏 PN 结,该现象称为反向击穿。将 $U_{(BR)}$ 称为反向击穿电压。

6.2.4 PN 结的电容效应

PN 结的 P 区和 N 区与电容的两个极板相似,当外加电压时,载流子将产生运动,使得 P 区和 N 区的电荷发生变化,从而产生电容效应,即使得 PN 结有等效的电容。PN 结的等效电容通常很小,为几十至几百皮法(pF,$1\ pF = 10^{-12}\ F$),当直流信号或者较低频的信号作用时,不影响其单向导电性;但当信号频率较高时,将使其反向偏置的等效阻抗减小,从而影响其单向导电性。

例如,PN 结空间电荷区的宽度随外加电压而变化,正向偏置时宽度减小从而使电荷减少,反向偏置时增宽从而使电荷增多,如图 6-2-3 和图 6-2-4 所示,该效果与电容两个极板上电荷量随电压变化而产生变化的效果相同,因此 PN 结等效出电容效应,称为势垒电容 C_b。此外,当 PN 结正向偏置时,多子将扩散到对方成为对方的少子(称为非平衡少子),使对方少子的数量增加;且正向偏置的电压越大,参与扩散的多子越多,P 区和 N 区增加的非平衡少子就越多,因此也等效出电容效应,称为扩散电容 C_d。此外,PN 结总的等效电容等于 C_b 和 C_d 之和,一般很小,为 pF 级别。

6.3 二极管

6.3.1 普通二极管

一、二极管的结构和符号

将 PN 结用外壳封装起来,加上电极引线就构成了二极管(diode),其符号如图 6-3-1 所示,其中 P 端引出的为阳极,N 端引出的为阴极,三角中间无横线的为理想二极管符号。

常用的小功率二极管外形如图 6-3-2 所示,有黑色环线的一端为阴极,红色一端为阳极。此外还有一些特殊的二极管,例如发光二极管,导通时可以发光;还有能产生激光的激光二极管,在光照时可以产生电流的光电二极管等。

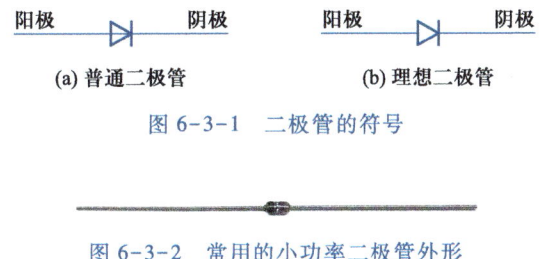

图 6-3-1 二极管的符号

图 6-3-2 常用的小功率二极管外形

二、二极管的伏安特性

与 PN 结相似,二极管具有开关特性,正向偏置时导通,反向偏置时截止。二极管的伏安特性如图 6-3-3 所示。正向偏置且当电压 u 小于开启电压 U_{on} 时,由于二极管外壳有一定电阻,因此电流 i 约为 0,该区域称为死区;当电压 u 大于 U_{on} 以后,电流 i 随电压 u 近似按照指数关系快速变化;而反向偏置时电流 I_S 很小,不过由于二极管外壳有漏电流,因此 I_S 比 PN 结的大;当反向电压超过击穿电压 $U_{(BR)}$ 时,电流突然增大,若不加以限制,将会损坏二极管。

正向偏置时,为了使电流不至于太大而烧坏二极管,通常让其导通电压 U_D 在一定范围内。对于硅管,通常 $U_{on} \approx 0.5$ V,U_D 为 0.5~0.8 V,近似计算时可认为 $U_D \approx 0.7$ V。

简化的二极管伏安特性曲线如图 6-3-4 所示,正向偏置且导通时,$U_D \approx 0.7$ V。二极管的近似等效电路如图 6-3-4 下方所示,用一个理想二极管串联一个 U_{on} 的直流电压源表示。

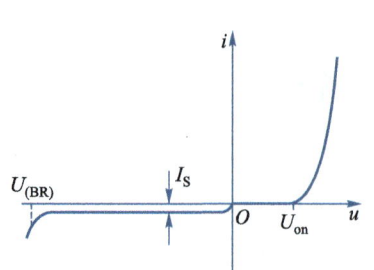
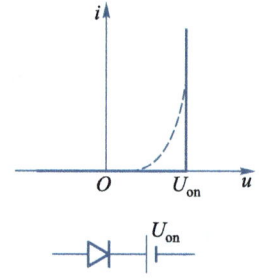

图 6-3-3 二极管的伏安特性　　　图 6-3-4 简化的二极管伏安特性曲线和等效电路

简化的二极管伏安特性和等效电路(等效模型)是对二极管电特性的一种合理近似,是在解决实际工程问题时的一种简化方法,即工程化方法,便于分析和计算,体现了工程思维方法。

三、二极管特性及电路分析

1. 伏安特性仿真

二极管电路如图 6-3-5 所示,用 Multisim 仿真软件的 IV 分析仪(IV analyzer)测量二极管 1N3064 的伏安特性,如图 6-3-6 所示。

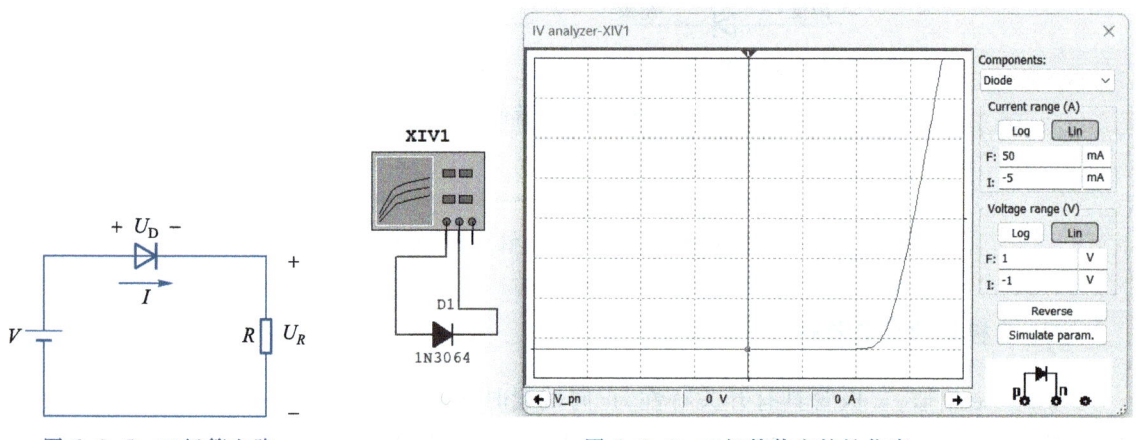

图 6-3-5 二极管电路　　　　　　　图 6-3-6 二极管伏安特性仿真

2. 二极管开关特性仿真

(1) 正向偏置

二极管电路如图 6-3-7 左图所示,直流电源电压为 +5 V,二极管正向偏置,用 Multisim 仿真软件的万用表(Multimeter)测量电阻上的电压约为 4.35 V,则二极管导通电压约为 5 V-4.35 V=0.65 V。

(2) 反向偏置

二极管电路如图 6-3-8 左图所示,二极管反向偏置,用万用表测量电阻上的电压约为 5.1 nV,即约为 0 V,则二极管截止。

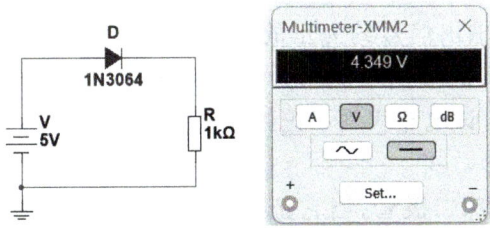

图 6-3-7　二极管正向偏置

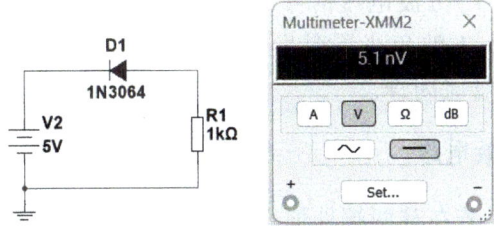

图 6-3-8　二极管反向偏置

（3）二极管整流

二极管电路如图 6-3-9 左图所示，输入信号为低频大幅值的正弦电压信号（频率为 10 Hz，峰值为 5 V）。

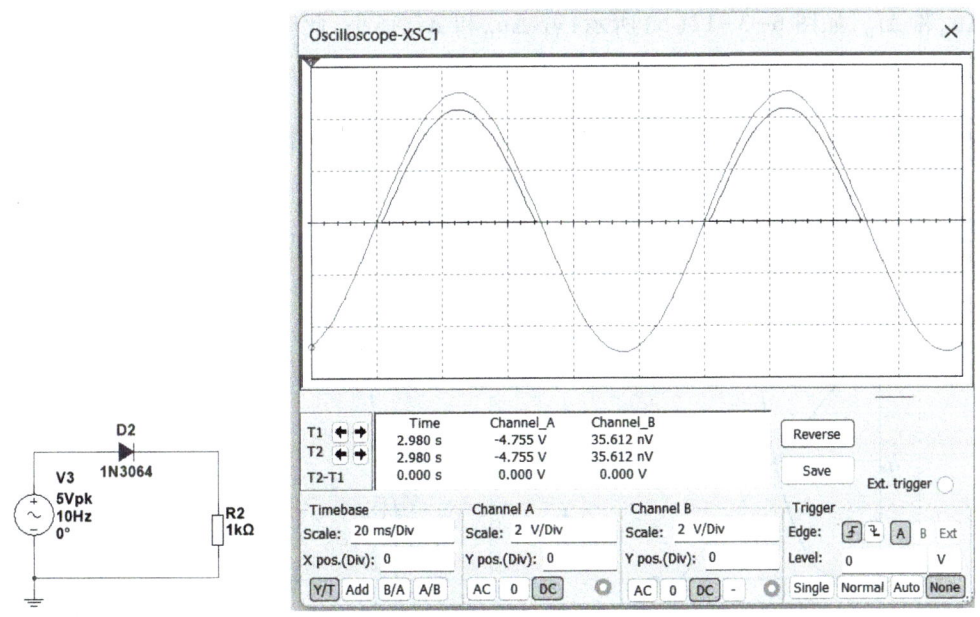

图 6-3-9　二极管回路加入低频大幅值的正弦波电压信号

用 Multisim 仿真软件的示波器(oscilloscope)测量电阻上的电压波形,如图 6-3-9 右图所示,输入信号为正弦波,输出信号约为正的半波。正弦波正半周时二极管导通,若忽略二极管的导通电压,则电阻上的输出电压约为正弦波正半周信号;正弦波负半周时二极管截止,电阻上输出电压为零。该电路实现了正弦波半波整流。

(4) 发光二极管电路

发光二极管是一种特殊二极管,当它正向偏置时会发光,可用于指示信号。发光二极管电路如图 6-3-10 所示,发光二极管采用实物符号,输入信号为低频大幅值(频率为 100 Hz,幅值为 5 V)方波电压信号,方波正半周时发光二极管导通而发光;方波负半周时发光二极管截止而熄灭。因此发光二极管将闪烁。

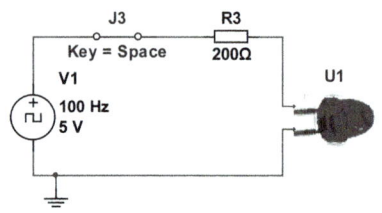

图 6-3-10　发光二极管回路加入低频大幅值方波信号

四、二极管的微变等效电路

当二极管正向偏置时,若在其两端外加微小的交流信号 u_i,如图 6-3-11 所示,则二极管将等效为一个电阻,称为二极管的微变等效电路,或称为微变等效电阻 r_d。

图 6-3-11 中,正电源 V 使二极管正向偏置,u_i 为交流小信号。当仅考虑 V 的作用($u_i = 0$)时,设二极管端电压为 U_D,电流为 I_D,则回路方程为 $V = U_D + I_D R$,利用伏安特性作图,回路方程对应的直线与伏安特性相交于 Q 点,得到 U_D 与 I_D,如图 6-3-12(a) 所示。在此基础上,考虑 u_i 作用,设 u_i 变化引起二极管端电压变化量和电流变化量分别为 Δu_D 和 Δi_D,如图 6-3-12(b) 所示;若 Δu_D 和 Δi_D 很小,此时伏安特性在 Q 点附近可以近似视为直线,则 Δu_D 和 Δi_D 之间的关系为线性的,即 $\dfrac{\Delta u_D}{\Delta i_D}$ 在 Q 点附近可以近似视为常量,因此可以将二极管视为一个等效电阻 r_d,$r_d = \dfrac{\Delta u_D}{\Delta i_D}$,如图 6-3-12(c) 所示。

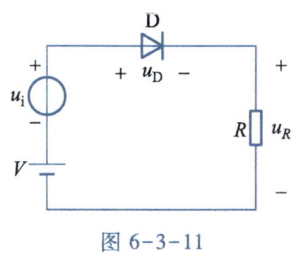

图 6-3-11

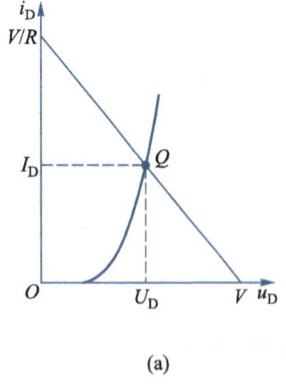
(a)

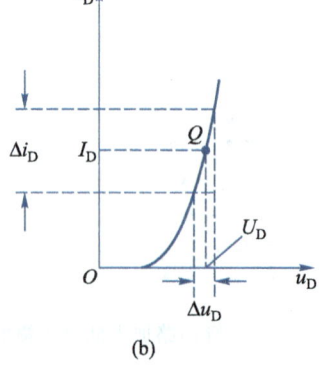
(b)

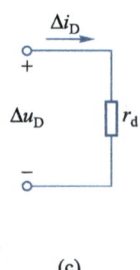
(c)

图 6-3-12　分析 r_d

由二极管 PN 结的电流方程 $i_D = I_S(e^{\frac{u_D}{U_T}} - 1) \approx I_S e^{\frac{u_D}{U_T}}$,可近似求得

$$r_d = \frac{\Delta u_D}{\Delta i_D} \approx \frac{1}{\mathrm{d}i_D/\mathrm{d}u_D} \approx \frac{U_T}{I_S e^{\frac{u_D}{U_T}}} \approx \frac{U_T}{i_D}$$

将 i_D 用 I_D 近似,则

$$r_d \approx \frac{U_T}{I_D} \qquad (6-3-1)$$

因此,当二极管正向偏置且仅考虑交流信号 u_i 作用时,图 6-3-11 所示电路可以等效为图 6-3-13 所示电路。二极管两端总电压为 $u_D = U_D + \Delta u_D = U_D + u_d$,总电流为 $i_D = I_D + \Delta i_D = I_D + i_d$。

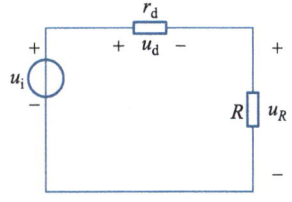

图 6-3-13 仅考虑交流信号 u_i 作用时的等效电路

6.3.2 稳压二极管

稳压二极管又称为齐纳二极管(Zener diode),简称为稳压管。稳压管是一种特殊的二极管,其在反向击穿状态下,当电流在一定范围内变化时,具有稳压的作用。

稳压管的符号如图 6-3-14 所示。稳压管的伏安特性与普通二极管相似,如图 6-3-15 所示。稳压管的反向击穿电压即其稳定电压 U_Z。使稳压管工作在稳压状态的最小反向工作电流称为 I_Z,使其安全工作在稳压状态的最大反向工作电流称为 I_{ZM}。稳压管正常稳压时,其工作电流 I_{DZ} 应满足 $I_Z < I_{DZ} < I_{ZM}$。

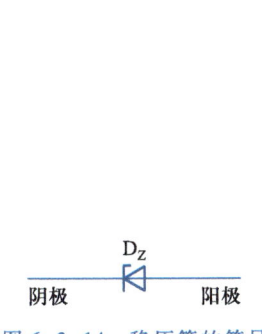

图 6-3-14 稳压管的符号

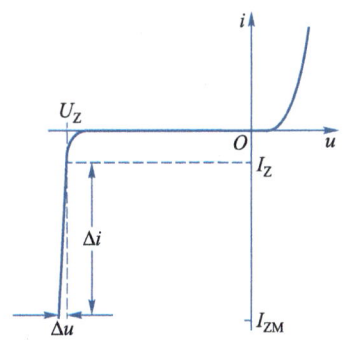

图 6-3-15 稳压管的伏安特性

常用的小功率(能承受的最大功率较小,一般为毫瓦级别)稳压管外形如图 6-3-16 所示,与二极管相似。由于制造工艺的差别,同一型号稳压管的稳压值也不完全一致。例如,2CW51 型稳压管的 U_Z 最小值为 3.0 V,最大值则为 3.6 V。

稳压管电路如图 6-3-17 所示,为了避免稳压管因电流过大而损坏,通常在回路中加入限流电阻 R。当电源电压 U_I 大于稳压管的稳定电压 U_Z 且稳压管的电流在 I_Z 和 I_{ZM} 之间时,稳压管将起到稳压作用,$U_O = U_Z$。

图 6-3-16　常用的小功率稳压管外形　　图 6-3-17　稳压管电路

稳压管可以串联起来使用,获得更高的稳定电压。

6.4　晶　体　管

晶体管具有电流放大作用,也可以作为开关。

6.4.1　晶体管的结构和符号

用不同的掺杂方式在同一硅片上制造出三个区,形成两个 PN 结,引出三个电极,就构成了晶体管。如图 6-4-1 所示的晶体管由两个 N 区和中间的 P 区组成,从上到下依次称为发射区、基区、集电区,引出的三个电极分别称为发射极 e(emitter)、基极 b(base)、集电极 c(collector)。基区和发射区之间形成的 PN 结称为发射结,基区和集电区之间形成的 PN 结称为集电结。

晶体管三个区的特点如下:发射区的掺杂浓度很高,基区很薄且掺杂浓度较低,集电结的面积大。这些特点将有利于晶体管实现电流放大作用。

上述晶体管由两个 N 区和一个 P 区组成,称为 NPN 型晶体管。另一种晶体管由两个 P 区和一个 N 区组成,称为 PNP 型晶体管。两种晶体管符号如图 6-4-2 所示。

实际的晶体管如图 6-4-3 所示,左边两个体积较小的是常用的小功率晶体管,封装外形分别为半圆柱形和圆帽形;右边体积较大的为中或大功率晶体管,其上的小圆孔通常用于安装散热片,以避免管子在功率过大时因发热而烧坏。

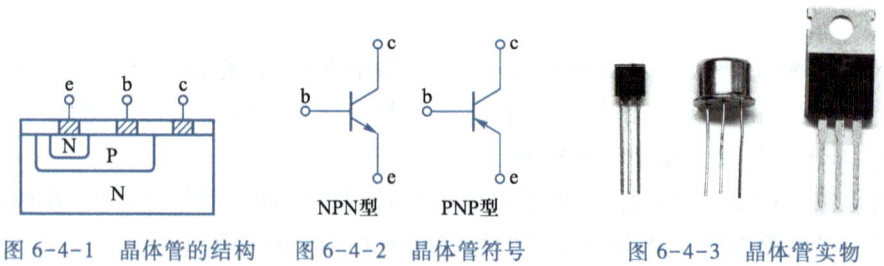

图 6-4-1　晶体管的结构　　图 6-4-2　晶体管符号　　图 6-4-3　晶体管实物

6.4.2 晶体管放大原理

当发射结正偏、集电结反偏时，晶体管处于放大状态，能将基极电流 I_B 成比例地放大为集电极电流 I_C。

以 NPN 型晶体管为例，如图 6-4-4 所示，直流电源 $V_{BB}>0$，使发射结正偏；而直流电源 $V_{CC}>V_{BB}$，当电阻 R_b、R_c 阻值合适时，可以使 $U_C>U_B$，从而使集电结反偏，其中 U_C 为集电极电位，U_B 为基极电位。该电路以发射极为公共端，也称为共发射极放大电路，简称为共射放大电路。

晶体管放大原理如图 6-4-5 所示，具体如下。

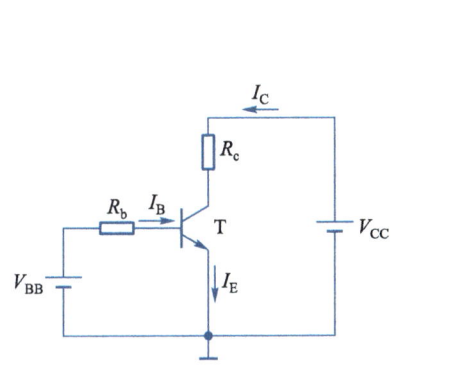
图 6-4-4　晶体管放大电路

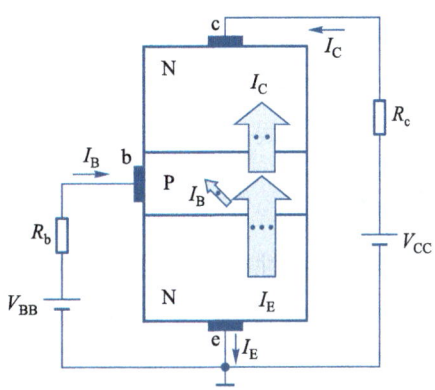
图 6-4-5　晶体管放大原理

（1）由于发射结正偏，因此有利于多子的运动。因发射区掺杂浓度很高，此时发射区（N区）的大量多子（自由电子）将向基区扩散，基区的多子（空穴）将向发射区扩散，多子扩散运动产生较大的发射极电流 I_E。图中只画出了自由电子的运动方向。

（2）从发射区扩散到基区的自由电子就变成了基区的少子，这些少子称为非平衡少子，而基区原来的少子称为平衡少子。由于基区很薄，大量的非平衡少子很快到达集电结边沿，只有很少部分形成基极电流 I_B 的一部分（另一部分主要为基区的多子向发射区扩散形成的）。

（3）由于集电结反偏，有利于少子的漂移运动，因此基区的非平衡少子大部分很快又漂移到集电区，形成较大的集电极电流 I_C。此外，基区和集电区的平衡少子也会通过集电结漂移到对方形成电流，这部分电流非常小，可以忽略不计。

半导体物理研究发现，晶体管处于放大状态时，I_C 与 I_B 成一定的比例，即 $I_C \approx \beta I_B$，比例系数 β 称为共射电流放大倍数，简称为电流放大倍数，其数值通常为一百至几百。因此晶体管具有电流放大作用。若将晶体管视为一个节点（闭合面），则三个极的电流之间满足 KCL 节点电流关系，即 $I_E = I_B + I_C \approx (1+\beta) I_B$。

晶体管处于放大状态时的特点如下：

① 由于发射结正偏，且通常发射结导通，因此 $U_{BE} \approx 0.7\ V$；

② 由于集电结反偏，因此 $U_C > U_B$，由于发射极电位 $U_E = 0$，可得 $U_{CE} > U_{BE}$，即 $U_{CE} > 0.7\ V$；

③ $I_C \approx \beta I_B$，$I_E = I_B + I_C \approx (1+\beta) I_B$；

④ 当在左边输入回路添加交流输入信号 u_i 时，如图 6-4-6 所示，基极电流 i_B 将发生变化，从而使集电极电流 i_C 发生变化，当晶体管处于放大状态时，同样能将 i_B 成比例地放大为 i_C，比例系数仍为 β。

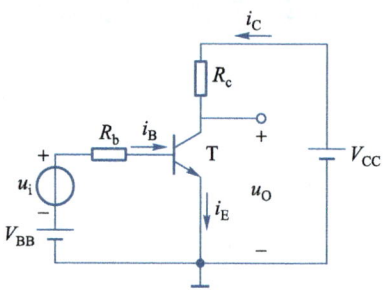

图 6-4-6　晶体管放大交流输入信号

6.4.3　晶体管的特性曲线

晶体管的特性曲线描述了输入端电压和电流以及输出端电压和电流之间的关系。

一、输入特性

晶体管的输入特性描述的是当管压降 U_{CE} 一定时，基极电流 i_B 和发射结电压 u_{BE} 之间的关系，即 $i_B = f(u_{BE})\big|_{U_{CE}=常数}$。

由于发射结是一个 PN 结，因此输入特性与二极管的伏安特性相似，其正向偏置时的输入特性如图 6-4-7 所示。

需要注意的是，当 U_{CE} 不同时，输入特性会移动。当 $U_{CE} = 0$ 时，发射结和集电结并联，输入特性与二极管的伏安特性相似，此时 $u_B > 0$、$U_C = 0$，因此 $U_C < u_B$ 时，集电结正偏，不利于基区的少子漂移到集电区；

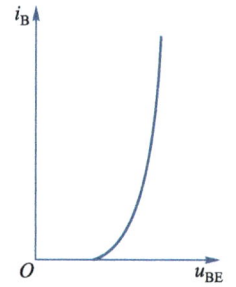

图 6-4-7　晶体管正向偏置时的输入特性

当 U_{CE} 逐渐增大时，集电结将逐渐由正偏转为反偏，有利于基区的少子漂移到集电区，因而集电极电流 i_C 增大，相应的基极电流 i_B 减小，因此在相同的 u_{BE} 时，i_B 将减小，使得输入特性右移；当 U_{CE} 增大到使基区的绝大多数少子都漂移到集电区之后，i_B 将不再减小，输入特性不再右移，此时 $U_{CE} \approx 1\ V$。因此，当晶体管工作在放大区时，可用 $U_{CE} \approx 1\ V$ 时的输入特性代替 $U_{CE} \geqslant 1\ V$ 时的所有输入特性。

二、输出特性

晶体管的输出特性描述的是当基极电流 I_B 一定时，集电极电流 i_C 和管压降 u_{CE} 之间的关系，即 $i_C = f(u_{CE})\big|_{I_B=常数}$。

1. 当发射结正偏使 i_B 为确定值 I_B 时：

（1）若集电结反偏，即 $u_C > u_B$，或 $u_{CE} > u_{BE}$，则晶体管处于放大状态，$i_C \approx \beta i_B$。

（2）若 $u_{CE} < u_{BE}$，即 $u_C < u_B$，则集电结正偏，此时不利于基区和集电区的少子的漂移运动，

从而使集电极电流减小,$i_C<\beta i_B$,晶体管处于饱和状态。

将 $u_{CE}=u_{BE}$ 的状态称为临界饱和(或临界放大)状态。

2. 当发射结反偏使 $i_B\approx 0$ 时,晶体管工作在截止状态,此时 $i_C\approx 0$。

根据以上分析,可以画出输出特性,如图6-4-8所示,晶体管的输出特性是一组相似的曲线,随 I_B 的不同而有所不同,分为三个区:左边的饱和区、中间的放大区、靠近横轴的截止区。

图6-4-8中虚线表示 $u_{CE}=u_{BE}$ 的临界饱和(或临界放大)状态。当 $u_{CE}<u_{BE}$ 时,晶体管处于饱和状态,i_C 将随 i_B 增大而增大,但 $i_C<\beta i_B$;$u_{CE}>u_{BE}$ 时,晶体管处于放大状态,$i_C\approx\beta i_B$,曲线近似平行于横轴;当发射结反偏使 $I_B\approx 0$ 时,晶体管工作在截止状态,此时 $i_C\approx 0$,曲线靠近横轴。

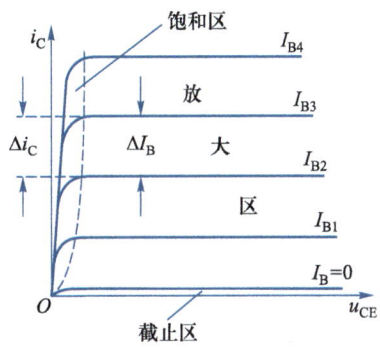

图6-4-8 晶体管的输出特性

6.4.4 晶体管的直流等效电路(直流模型)

一、直流放大模型

在直流电源作用下,晶体管工作在放大状态的直流等效电路(直流模型)如图6-4-9所示,可以将其视为一个电流(I_B)控制电流(I_C)的二端口元件。输入端口等效为一个二极管的模型,输出端口等效为一个受控电流源。

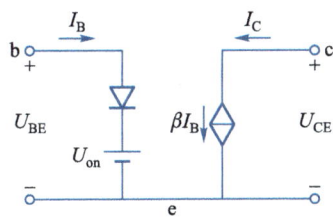

图6-4-9 晶体管工作在放大状态的直流模型

二、直流开关模型

晶体管除了可以作为放大器放大电流外,还可以作为开关,分别工作在截止和饱和状态。

在图6-4-4所示电路中,当直流电源 V_{BB} 使发射结反偏或使 $U_{BE}<U_{on}$ 时,$I_B\approx 0$,此时若电源 $V_{CC}>0$ 且使集电结也反偏,则 $I_C\approx 0$,晶体管工作在截止状态,此时集电极和发射极之间像开关打开一样,如图6-4-10所示。

当 $V_{BB}>0$ 使发射结正偏且 $U_{BE}>U_{on}$ 时,若电流 I_C 或者电阻 R_c 太大而使 R_c 上电压 I_CR_c 太大,导致 $U_{CE}=V_{CC}-I_CR_c\approx 0$ 时,则晶体管工作在饱和状态,此时集电极和发射极之间像开关闭合(导通)一样,如图 6-4-11 所示。

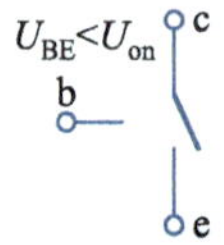

图 6-4-10　晶体管处于截止状态(像开关打开) 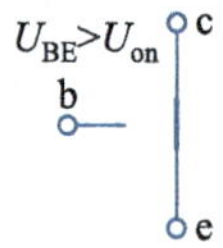　　　图 6-4-11　晶体管处于饱和状态(像开关闭合)

晶体管处于截止状态的特点:$U_{BE}<U_{on}$,且集电结反偏,$I_B=I_C=I_E\approx 0$。

晶体管处于饱和状态的特点:$U_{BE}>U_{on}$,发射结正偏;$U_{CE}\approx 0$,$U_{BC}>0$,集电结正偏。

6.4.5　晶体管直流电路分析

一、直流电源对电路参数的影响

晶体管电路如图 6-4-12 所示,直流电源电压值和电阻阻值如图中标注,晶体管 $\beta\approx 220$。

下面分析直流电源 V_{BB} 对晶体管基极电流 I_B、集电极与发射极之间的电压即管压降 U_{CE} 的影响。

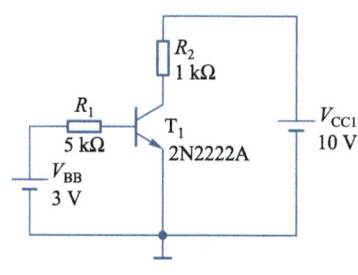

图 6-4-12　晶体管电路

1. 设 V_{BB} 电压值从 0 开始逐渐增大,则基极电流 I_B 如何变化?

当 V_{BB} 电压值从 0 开始逐渐增大到约为 0.5 V 时,$I_B\approx 0$,此时发射结没有导通,晶体管截止,采用 Multisim 软件的直流扫描分析方法(DC Sweep)的仿真结果如图 6-4-13 所示。

当 $V_{BB}>0.5$ V 以后,I_B 随 V_{BB} 增大而逐渐增大,仿真结果如图 6-4-13 所示,其中横轴为 V_{BB},单位为 V;纵轴为 I_B,单位为 mA。

2. 设 V_{BB} 电压值从 0 开始逐渐增大,则管压降 U_{CE} 如何变化?

当 V_{BB} 电压值从 0 开始逐渐增大到约为 0.5 V 时,$U_{CE}\approx V_{CC}=10$ V,此时发射结没有导通,

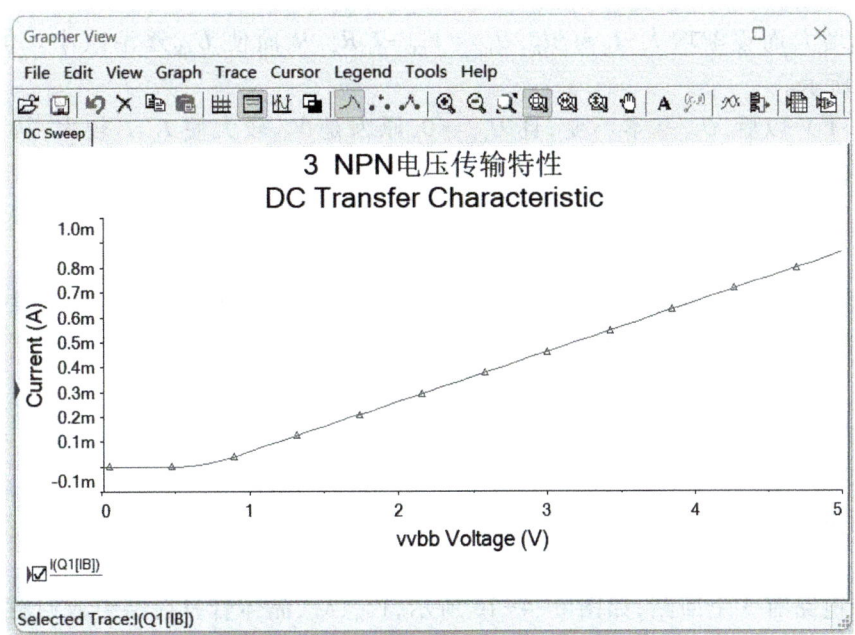

图 6-4-13　基极电流 I_B 随 V_{BB} 变化的关系图

晶体管截止，$I_B \approx I_C \approx 0$，电阻 R_c 上没有电压，从而使 $U_{CE} \approx V_{CC}$，仿真结果如图 6-4-14 所示，其中横轴为 V_{BB}，纵轴为 U_{CE}，单位均为 V。

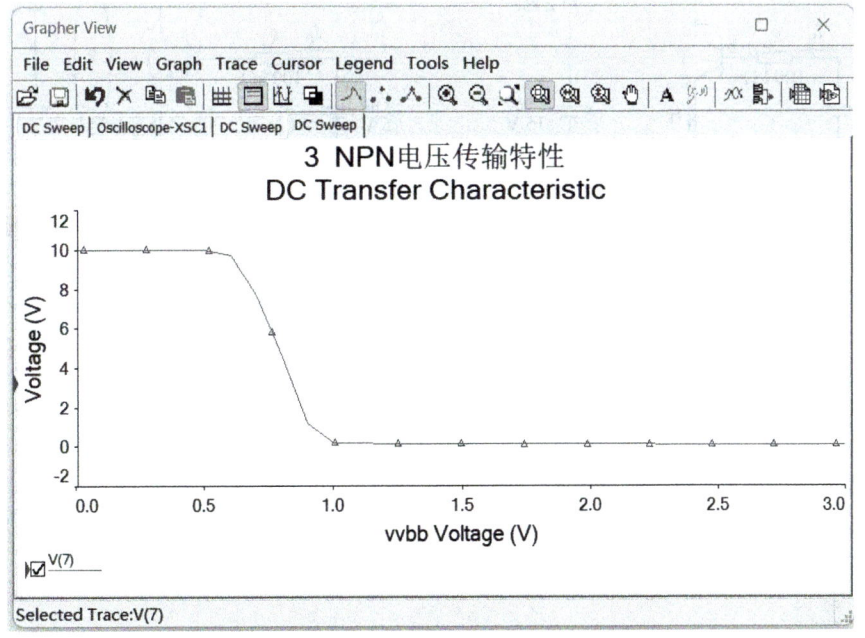

图 6-4-14　管压降 U_{CE} 随 V_{BB} 变化的关系图

当 0.5 V<V_{BB}<1 V 时,U_{CE} 随 V_{BB} 增大而逐渐减小,此时发射结导通,晶体管逐渐进入放大区,I_B 随 V_{BB} 增大而逐渐增大,$I_C \approx \beta I_B$,$U_{CE} = V_{CC} - I_C R_c$,从而使 U_{CE} 逐渐减小。仿真结果如图 6-4-14 所示。

当 V_{BB}>1 V 以后,U_{CE} 基本不变,且 $U_{CE} \approx 0$,原因是 V_{BB} 较大使 I_B、I_C 较大,从而使 U_{CE} 很小,晶体管处于饱和状态,仿真结果如图 6-4-14 所示。

二、直流放大电路分析

晶体管组成的放大电路如图 6-4-15 所示,直流电源电压值和电阻值如图中标注,已知晶体管 $\beta = 100$。分析以下问题:

(1) 该电路有几个回路?
(2) 电流 I_B、I_C、I_E 的方向是实际方向吗?
(3) 求解 I_B、I_C、I_E、U_{CE}。
(4) 若电阻 R_c 增大,则晶体管将可能进入什么工作状态? 若 R_b 增大呢?

分析:

(1) 该电路有 3 个回路,如图 6-4-16 所示,V_{BB}、R_b、晶体管发射结组成回路 1,V_{CC}、R_c、晶体管集电极和发射极组成回路 2,V_{BB}、R_b、晶体管集电极和基极、R_c、V_{CC} 组成回路 3。各元件电压极性标示如图所示。

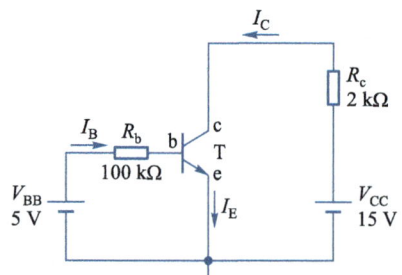 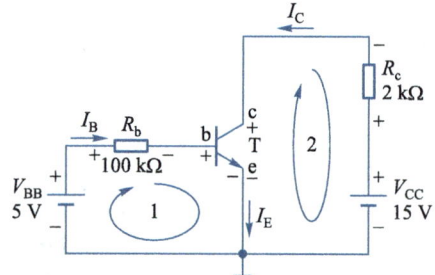

图 6-4-15 晶体管组成的放大电路　　图 6-4-16 回路及各元件电压极性标示

(2) 电流 I_B、I_C、I_E 的方向是实际方向。
(3) 求解方法为:
① 假设晶体管处于放大状态,则 $U_{BE} \approx 0.7$ V;
② 从输入回路(回路 1)用 KVL 定律求解 I_B;
③ 利用 $I_C \approx \beta I_B$ 求得 I_C;
④ 从输出回路(回路 2)用 KVL 定律求解 U_{CE},若 $U_{CE} > U_{BE}$,则假设成立,否则晶体管处于饱和状态。

求解过程为:
① 假设晶体管处于放大状态,则 $U_{BE} \approx 0.7$ V;

② 用 KVL 定律列写输入回路方程,求解 I_B:

$$-V_{BB}+I_B R_b+U_{BE}=0$$

$$I_B=(V_{BB}-U_{BE})/R_b\approx(5\text{ V}-0.7\text{ V})/100\text{ k}\Omega=0.043\text{ mA}=43\text{ μA}$$

③ 利用 $I_C\approx\beta I_B$ 求得 $I_C\approx4.3$ mA;

④ 用 KVL 定律列写输出回路方程,求解 U_{CE}:

$$V_{CC}-U_{CE}-I_C R_c=0$$

$$U_{CE}=V_{CC}-I_C R_c\approx15\text{ V}-4.3\text{ mA}\times2\text{ k}\Omega=6.4\text{ V}>0.7\text{ V}$$

因此假设成立,晶体管处于放大状态。

(4) 若电阻 R_c 增大,则 U_{CE} 减小,晶体管将可能进入饱和工作状态。若电阻 R_b 增大,则 I_B、I_C 减小,晶体管将可能进入截止工作状态。

6.5 场效应晶体管

6.5.1 场效应晶体管的特点与分类

由于晶体管是电流放大器件,基极需要获取电流才能实现放大,因此晶体管的输入端等效电阻小,且要求输入信号源能提供一定的电流。

为了弥补晶体管的上述不足,科学家于1960年研制出了场效应晶体管(简称场效应管)。

场效应管是由输入端电压产生的电场来控制输出端电流的一种半导体器件,其输入端等效电阻(输入电阻 R_i)非常大(10^9 Ω 以上),因此输入端几乎不取电流(电流几乎为零),功耗小。

此外,场效应管还具有工作电压范围宽、集成度高、工艺简单等特点,因此广泛地应用在数字集成电路和模拟集成电路中。

场效应管又分为结型和绝缘栅型两种,其中应用最广泛的是绝缘栅型场效应管。

绝缘栅型场效应管又称为 MOSFET(metal-oxide-semiconductor field effect transistor,金属-氧化物-半导体场效应管),简称为 MOS 管。本书主要介绍 MOS 管。

6.5.2 MOS 管的结构和符号

MOS 管主要由一个低掺杂的 P 型半导体衬底和两个高掺杂的 N 区(N^+)构成,在其上覆盖一层薄的二氧化硅(SiO_2)绝缘层,然后引出三个电极,分别为源极(source)、栅极(gate)、漏极(drain),如图 6-5-1 所示。由于栅极与衬底之间是二氧化硅绝缘层,因此该场效应管又称为绝缘栅型场效应管。栅极一般由导电的铝或者多晶硅组成。由于栅极和衬底之间有绝缘层,因此栅极几乎不取电流,MOS 管的输入电阻 R_i 非常大,高达 $10^{12}\,\Omega$。

上述 MOS 管称为 N 沟道 MOS 管,还有一种 P 沟道 MOS 管,其结构由 N 型半导体衬底和两个高掺杂的 P 区(P^+)构成,两种 MOS 管的性能具有对偶的特点。

两种 MOS 管的符号如图 6-5-2 所示。实际应用时通常将源极和衬底连接在一起,如图 6-5-3 所示。

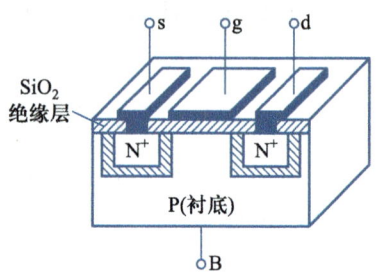

图 6-5-1　N 沟道 MOS 管的结构

图 6-5-2　MOS 管的符号　　　　图 6-5-3　MOS 管的符号(将源极和衬底连接在一起)

6.5.3　MOS 管的放大原理

如图 6-5-1 所示,MOS 管源极 s 和漏极 d 分别与衬底之间形成一个 PN 结,这两个 PN 结的阳极连接在一起。当在源极和漏极之间加电压时,两个 PN 结总有一个反偏,没有导电沟道,因此无法产生电流。这种 MOS 管也称为增强型 MOS 管。

一、栅-源电压对沟道的控制作用

栅极与衬底均可以导电,它们之间有绝缘层,因此相当于一个电容。若在栅极和源极(与衬底连接在一起)之间加正电压,即 $U_{GS}>0$,则栅极将积累正电荷,该正电荷会排斥衬底中带正电的空穴,而吸引带负电的自由电子。当栅极所加正电压达到一定数值(开启电压 $U_{GS(th)}$)时,衬底上方靠近绝缘层的部分会形成一个薄的自由电子层,它们将两个 N 区连接起来,使漏极和源极之间产生导电沟道,如图 6-5-4 所示。此时若在漏极和源极之间加电压,就可以产生漏极电流 i_D。

当 $u_{GS}>U_{GS(th)}$ 时,u_{GS} 越大,导电沟道越宽,漏极电流 i_D 也越大,实现输入端电压 u_{GS} 控制输出端电流 i_D 放大的功能。因此 MOS 管是一种由输入端电压控制输出端电流的元件。

图 6-5-4 所示的 MOS 管的导电沟道由自由电子组成,称为 N 沟道 MOS 管,而 P 沟道 MOS 管的导电沟道则由空穴组成。

二、漏-源电压对沟道的控制作用

当 $u_{GS}>U_{GS(th)}$ 时,将产生导电沟道。若 u_{GS} 一定,此时在漏极和源极之间加正向电压

u_{DS}（漏-源电压），将产生电流 i_D，且 i_D 随着 u_{DS} 的增大而增大。然而靠近漏极附近的电压为 $u_{GD}=u_{GS}-u_{DS}$，因此 $u_{GD}<u_{GS}$，使得漏极附近的导电沟道比源极附近的窄，如图 6-5-5 所示。随着 u_{DS} 增加，漏极附近的导电沟道变窄，若使得 $u_{GD}<U_{GS(th)}$，则漏极附近的导电沟道将不再变窄，此时电流 i_D 也不再增加，而是保持为恒定电流，MOS 管工作在恒流状态（放大状态）。

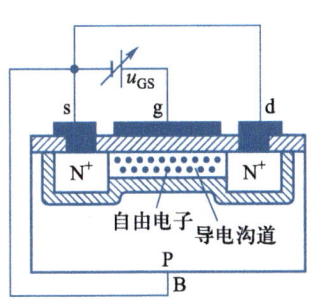 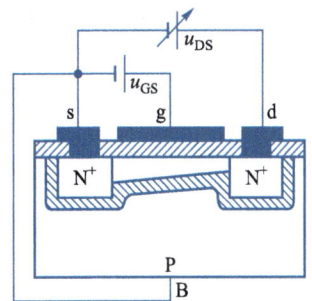

图 6-5-4　当 $u_{GS}>U_{GS(th)}$ 时，MOS 管产生导电沟道　　　图 6-5-5　漏-源电压对沟道的控制作用

三、MOS 管放大电路

N 沟道增强型 MOS 管组成的放大电路如图 6-5-6 所示，正电源 V_{GG} 保证 U_{GS} 大于 $U_{GS(th)}$，使漏极和源极之间产生导电沟道；正电源 V_{DD} 使输出回路产生电流 I_D。

当 $U_{GS}>U_{GS(th)}$，且 $U_{GD}=U_{GS}-u_{DS}<U_{GS(th)}$，即 $U_{DS}>U_{GS}-U_{GS(th)}>0$ 时，MOS 管工作在放大状态。改变 U_{GS} 可以控制 I_D 的大小，研究表明，它们的控制关系为

$$I_D = k_n (U_{GS}-U_{GS(th)})^2 \qquad (6-5-1)$$

其中 k_n 为导电参数，与 MOS 管的制造结构和材料有关，单位为 A/V^2。

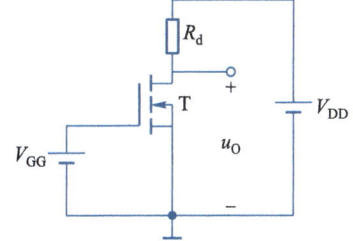

图 6-5-6　N 沟道增强型 MOS 管组成的放大电路

6.5.4　MOS 管的特性曲线

MOS 管的特性曲线描述了 u_{GS} 和 i_D 以及 u_{DS} 和 i_D 的关系。

一、转移特性

MOS 管的转移特性描述的是当管压降 U_{DS} 一定时，漏极电流 i_D 和栅-源电压 u_{GS} 之间的关系，即 $i_D=f(u_{GS})\big|_{U_{DS}=常数}$。

当 $u_{GS}<U_{GS(th)}$ 时,没有导电沟道,漏极电流 $i_D \approx 0$。

当 $u_{GS}>U_{GS(th)}$ 时,u_{GS} 越大,导电沟道越宽,漏极电流 i_D 也越大。

MOS 管的转移特性如图 6-5-7 所示。当 MOS 管工作在放大状态时,i_D 和 u_{GS} 之间的关系为 $i_D = k_n (u_{GS}-U_{GS(th)})^2$。另一种描述 i_D 和 u_{GS} 之间的关系为 $i_D = I_{DO}\left(\dfrac{u_{GS}}{U_{GS(th)}}-1\right)^2$,其中 I_{DO} 是 $u_{GS}=2U_{GS(th)}$ 时的 i_D,如图 6-5-7 所示。因此 $k_n = I_{DO}/(U_{GS(th)})^2$。

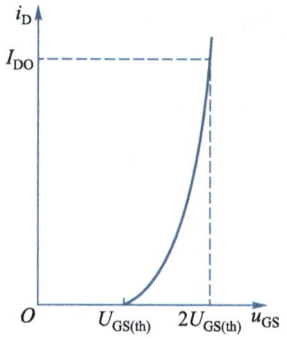

图 6-5-7 MOS 管的转移特性

二、输出特性

MOS 管的输出特性描述的是当栅-源电压 U_{GS} 一定时,漏极电流 i_D 和管压降 u_{DS} 之间的关系,即 $i_D = f(u_{DS})|_{U_{GS}=常数}$。

(1) $u_{GS}<U_{GS(th)}$ 时,没有导电沟道,漏极电流 $i_D \approx 0$,MOS 管工作在夹断区(截止区)。

(2) 当 $u_{GS}>U_{GS(th)}$ 且 u_{GS} 一定时,将产生导电沟道。此时若在漏极和源极之间加正电压 u_{DS},将产生电流 i_D。

① 若 $u_{GD}>U_{GS(th)}$ 即 $u_{DS}<u_{GS}-U_{GS(th)}$,则漏极附近的导电沟道有一定的宽度,导电沟道等效为一个阻值受 u_{GS} 控制的电阻,因此 i_D 随着 u_{DS} 的增大而增大,此时 MOS 管工作在可变电阻区(饱和区)。

② 若 $u_{GD}=U_{GS(th)}$ 即 $u_{DS}=u_{GS}-U_{GS(th)}$,此时导电沟道在漏极一侧出现近似夹断的现象,称为预夹断。

③ 若 $u_{GD}<U_{GS(th)}$ 即 $u_{DS}>u_{GS}-U_{GS(th)}$,则漏极附近的导电沟道将变得非常狭窄,等效电阻将随 u_{DS} 增大而增加,此时电流 i_D 保持为恒定电流,MOS 管工作在恒流区(放大区)。

将 $u_{GD}=U_{GS(th)}$ 的状态称为预夹断状态。

根据以上分析,可以画出输出特性,如图 6-5-8 所示,MOS 管的输出特性是一组相似的曲线,随 U_{GS} 的不同而有所不同,分为三个区:左边的可变电阻区(饱和区)、中间的恒流区(放大区)、靠近横轴的夹断区(截止区)。将预夹断点连接起来称为预夹断轨迹。

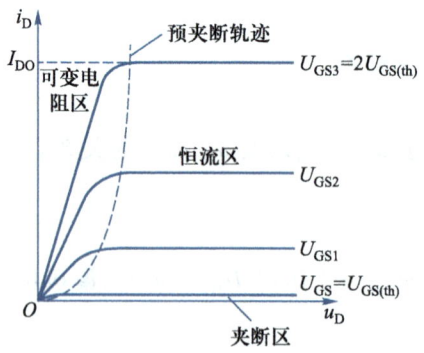

图 6-5-8 MOS 管的输出特性

6.5.5 MOS 管的开关模型

MOS 管除了可以作为放大器放大电流外,还可以作为开关,分别工作在截止和饱和状态。

在图 6-5-6 所示电路中,当电源 V_{GG} 使 $U_{GS}<U_{GS(th)}$ 时,$i_D \approx 0$,则 MOS 管处于截止状态,此时漏极和源极之间像开关断开一样,如图 6-5-9 所示。

当电源 V_{GG} 使 $U_{GS}>U_{GS(th)}$ 时,若 R_D 上电压太大使 $U_{DS} \approx 0$,则 MOS 管处于饱和状态,此时漏极和源极之间像开关闭合(导通)一样,如图 6-5-10 所示。

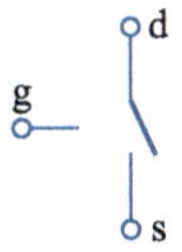

图 6-5-9 MOS 管处于截止状态,
等效为开关断开

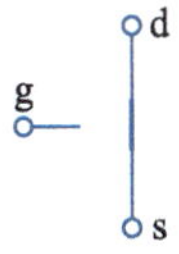

图 6-5-10 MOS 管处于导通状态,
等效为开关闭合

例 6.5.1 已知图 6-5-6 中 MOS 管型号为 2N7000,$U_{GS(th)}$ = 2 V,$I_{DO} \approx$ 15 mA,R_d = 1 kΩ,V_{DD} = 15 V。试分析 u_I = −1 V、2.5 V、5 V 时 T 的工作状态,并计算 u_O。

解:

(1) $u_I = -1$ V 时,$u_{GS}<U_{GS(th)}$,MOS 管工作在夹断区(截止区),$i_D = 0$,$u_O = 15$ V。

(2) $u_I = 2.5$ V 时,$u_{GS}>U_{GS(th)}$,假设 MOS 管工作在恒流区(放大区),

$$i_D = I_{DO}\left(\frac{u_{GS}}{U_{GS(th)}}-1\right)^2 = 15 \times \left(\frac{2.5}{2}-1\right)^2 \text{ mA} \approx 0.94 \text{ mA}$$

$u_O = 15 \text{ V} - i_D R_d = 14.06 \text{ V} > u_{GS} - U_{GS(th)}$,假设成立,因此 MOS 管工作在恒流区(放大区)。

(3) $u_I = 5$ V 时,$u_{GS}>U_{GS(th)}$,假设 MOS 管工作在恒流区(放大区),

$$i_D = I_{DO}\left(\frac{u_{GS}}{U_{GS(th)}}-1\right)^2 = 15 \times \left(\frac{5}{2}-1\right)^2 \text{ mA} \approx 33.75 \text{ mA}$$

$u_O = 15 \text{ V} - i_D R_D = -18.75 \text{ V} < u_{GS} - U_{GS(th)}$,假设不成立,因此 MOS 管工作在可变电阻区(饱和区)。

用 Multisim 仿真电路的结果如图 6-5-11 所示,其中横轴表示 u_I,纵轴表示 u_O,上述三种分析结果与图中转移特性相符。

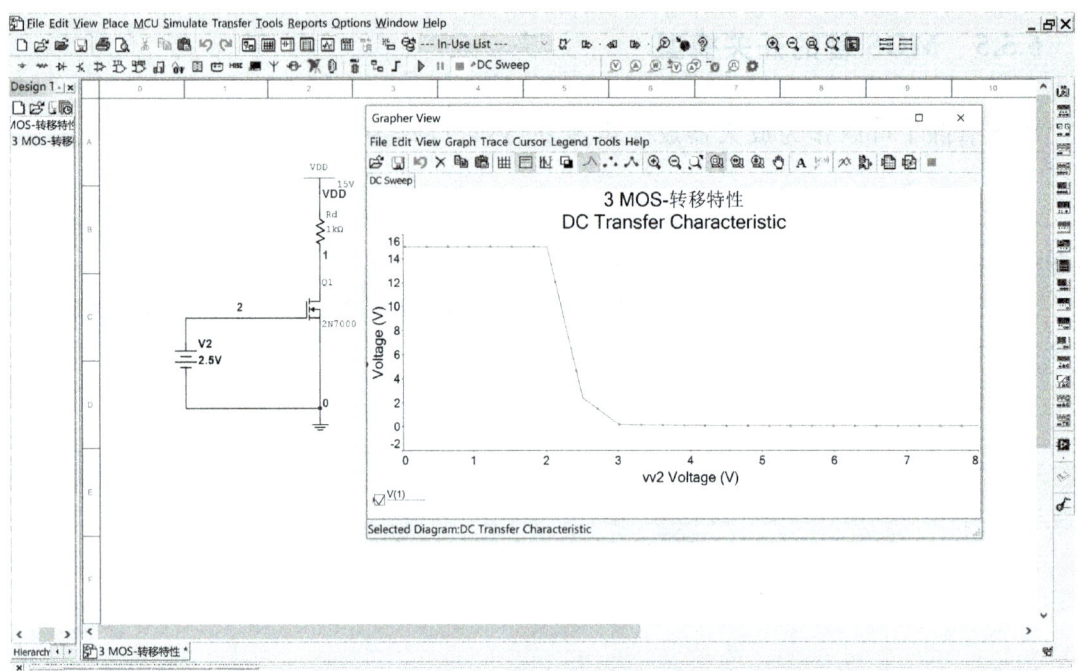

图 6-5-11 Multisim 仿真 MOS 管电路结果

第 6 章讨论题、思考题、习题

讨论题

1. 为什么要建立二极管和晶体管的等效电路？如何用等效电路来分析电路？
2. 二极管和稳压管有何异同？
3. 晶体管和 MOS 管的功能和性能有何异同？

思考题

1. 二极管什么情况下导通、什么情况下截止？开启电压 U_{on} 与导通电压 U_D 有什么区别？
2. 稳压管稳压的条件是什么？为何要加限流电阻？
3. 晶体管什么情况下处于放大、截止或者饱和状态？处于放大、截止或者饱和状态时分别有何特点？

4. 在放大区时,晶体管的 i_C 与 i_B 是什么关系?

5. MOS 管什么情况下处于放大(恒流)、截止(夹断)或者饱和(可变电阻)状态?处于放大、截止或者饱和状态时分别有何特点?

6. 在放大区时,MOS 管的 i_D 与 u_{GS} 是什么关系?

习题

6.1 判断下列说法的正误,在相应的括号内画"√"表示正确,画"×"表示错误。
(1) 纯净的半导体经过一定的工艺制作成单晶体就称为本征半导体。(   )
(2) 自由电子带负电,空穴带正电,它们是两种载流子,可以导电。(   )
(3) 在杂质半导体中,当掺入的杂质浓度较大时,少子的浓度主要取决于杂质浓度。(   )
(4) 少数载流子的浓度受温度影响大。(   )
(5) PN 结具有单向导电性。(   )
(6) 稳压管是一种特殊的二极管,它通常工作在反向击穿状态。(   )
(7) 只要在稳压管两端加反向电压就能起稳压作用。(   )
(8) 晶体管工作在放大状态时,发射结正偏。(   )
(9) 晶体管工作在饱和状态时,发射结反偏。(   )
(10) 场效应管是由电压即电场来控制电流的器件。(   )
(11) 与晶体管相比,场效应管的优点是有很高的输入电阻。(   )

6.2 设二极管导通电压 $U_D = 0.7\text{ V}$,图 P6-2 所示电路的输出电压值分别为 $U_{O1} = \underline{\qquad}$, $U_{O2} = \underline{\qquad}$, $U_{O3} = \underline{\qquad}$。

A. 0 V   B. 2 V   C. 1.3 V   D. -1.3 V

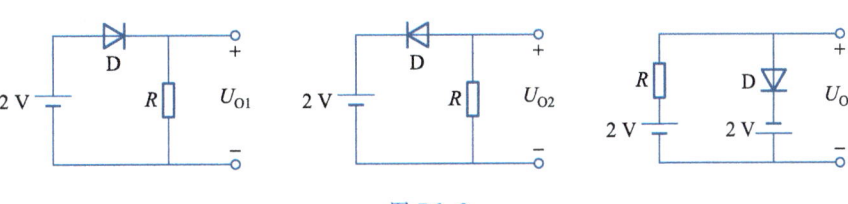

图 P6-2

6.3 电路如图 P6-3 所示,已知稳压管的稳定电压 $U_Z = 5.6\text{ V}$,稳定电流 $I_Z = 5\text{ mA}$,最大稳定电流 $I_{Zmax} = 65\text{ mA}$。为使输出电压稳定,试求图中电阻 R 的取值范围。

6.4 电路如图 P6-4 所示,回答下列问题。

1. 判断下列说法的正误,在相应的括号内画√表示正确,画×表示错误。
(1) $V_B = U_{BE} - I_B R_b$ (   )
(2) $V_C = U_{CE} + I_C R_c$ (   )

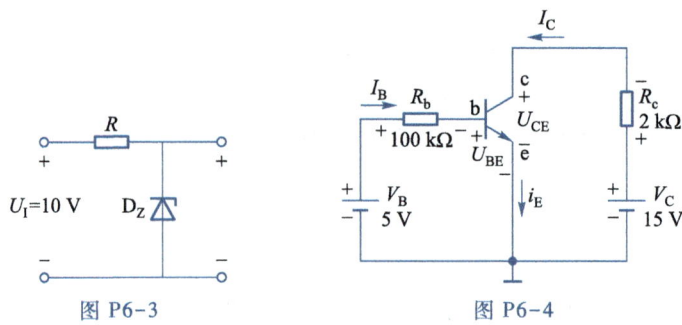

图 P6-3　　　　　图 P6-4

2. 已知 $V_B = 5.7$ V, $R_b = 100$ kΩ, 发射结导通时的电压 $u_{BE} \approx 0.7$ V, $\beta = 100$。

(1) i_B 约为 _____ μA。
A. 500　　B. 50　　C. 570　　D. 57

(2) u_{CE} 约为 _____ V。
A. 15　　B. 12　　C. 19　　D. 5

6.5　分析图 P6-5 所示各电路中二极管的工作状态(导通或者截止), 并求输出电压值, 设二极管导通电压 $U_D = 0.7$ V。

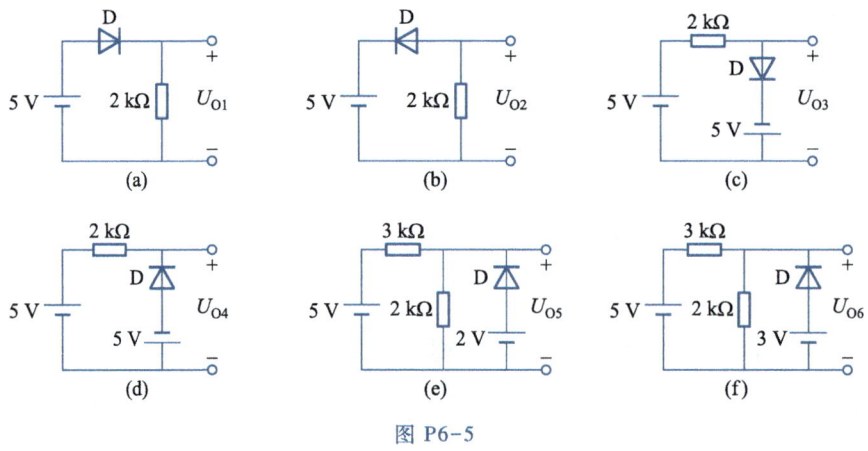

图 P6-5

6.6　在图 P6-6 所示稳压管稳压电路中, 已知输入电压 $U_I = 14$ V, 稳压管的稳定电压 $U_Z = 8$ V, 最小稳定电流 $I_{Zmin} = 5$ mA, 最大稳定电流 $I_{Zmax} = 30$ mA; 负载电流 $I_L = 20$ mA。求解限流电阻 R 的取值范围。

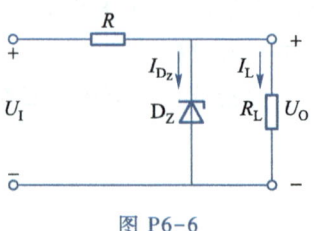

图 P6-6

6.7 电路如图 P6-7 所示,输入电压 u_i 为峰值 = 10 V、周期 = 50 Hz 的正弦波,二极管导通电压为 $U_D = 0.7$ V。试对应画出各图中 u_i 和 u_O 的波形,并标出幅值。

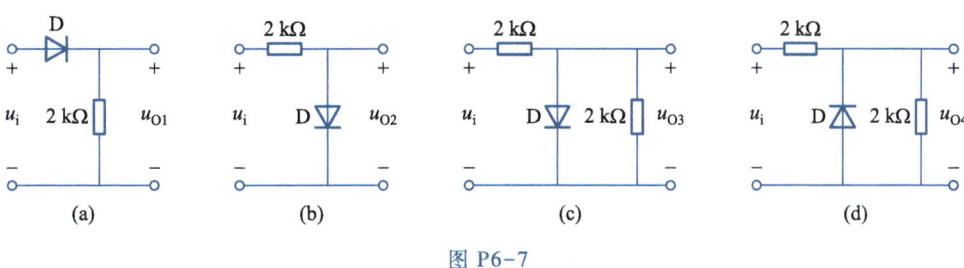

图 P6-7

6.8 电路如图 P6-8 所示,已知稳压管的稳定电压 $U_Z = 6$ V,稳定电流 $I_Z = 5$ mA,最大稳定电流 $I_{ZM} = 30$ mA。

(1) 分别计算 $R_L = 200\ \Omega$、$5\ k\Omega$ 时输出电压 U_O 的值或者范围。

(2) 当 $R_L = 5\ k\Omega$,为使输出电压稳定,试求输入电压 U_I 的范围。

(3) 分析 R_L 开路时稳压管能否正常工作,若能正常工作,则计算 U_O 的值。

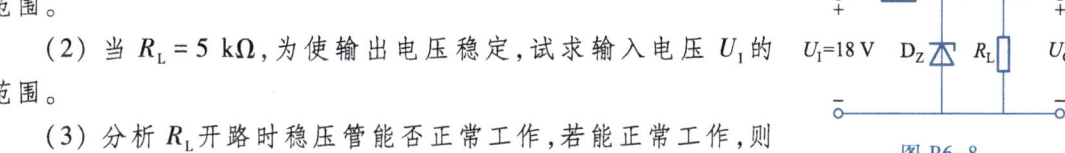

图 P6-8

6.9 已知两个晶体管三个极的电流大小和方向如图 P6-9 所示,分别判断两个晶体管的类型(NPN 或 PNP),并在图中标出每个晶体管的三个电极,分别求出两个晶体管的电流放大系数 β。

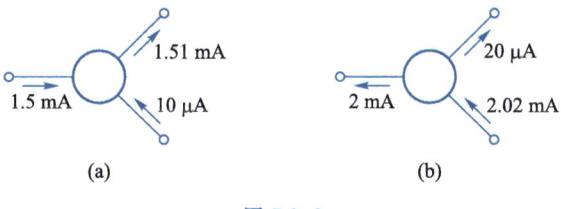

图 P6-9

6.10 测得放大电路中处于放大状态的晶体管直流电位如图 P6-10 所示。请判断晶体管的类型(NPN 或 PNP)及三个电极。

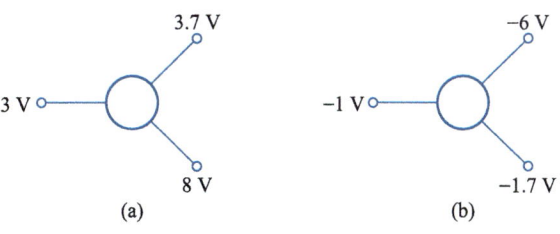

图 P6-10

6.11 在图 P6-11 所示各电路中,已知晶体管发射结正向导通电压为 $U_{BE} = 0.7$ V,$\beta = 100$,$u_{BC} = 0$ 时为临界放大(饱和)状态。分别判断各电路中晶体管的工作状态(放大、饱和或截止),并求解各电路中的电流 I_B 和 I_C。

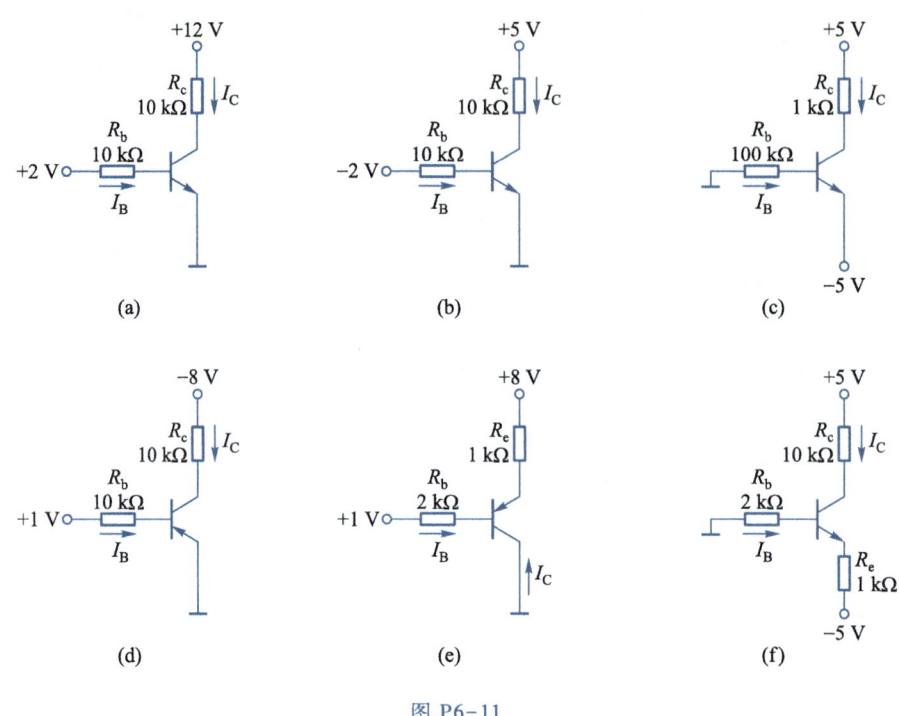

图 P6-11

6.12 电路如图 P6-12 所示,已知晶体管发射结正向导通电压为 $U_{BE} = 0.7$ V,$\beta = 200$。

(1) 判断晶体管的工作状态(放大、饱和或截止);

(2) 若晶体管不工作在放大区,能否通过调节电阻 R_b、R_c 和 R_e(增大或者减小)使之处于放大状态?若能,则说明如何调节。设在调节某一电阻时其他两个电阻不变。

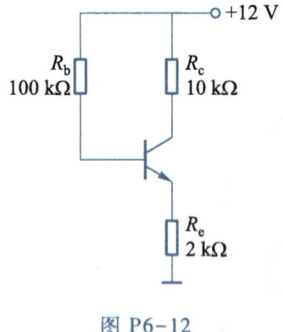

图 P6-12

6.13 图 P6-13 所示电路中，MOS 管的开启电压 $U_{GS(th)}$ = 2.5 V，I_{DO} = 5 mA，V_{DD} = 12 V，V_{GG} = 3 V，R_d = 10 kΩ。

（1）求解 U_{DS}，并判断 MOS 管的工作状态；
（2）若 V_{GG} = 2 V，判断 MOS 管的工作状态；
（3）若 R_d = 60 kΩ，判断 MOS 管的工作状态。

6.14 已知放大电路中一只 N 沟道增强型 MOS 管三个极①、②、③的电位分别为 4 V、8 V、12 V，管子工作在恒流区。试说明 ①、②、③与 D、S、G 极的对应关系。

6.15 MOS 管电路及其输出特性如图 P6-15 所示，已知 V_{DD} = 15 V。

（1）写出该管 $U_{GS(th)}$ 和 I_{DO} 的值；
（2）已知 u_{GS} = 7 V，求使 MOS 管工作在恒流区的 R_d 的范围。

图 P6-13

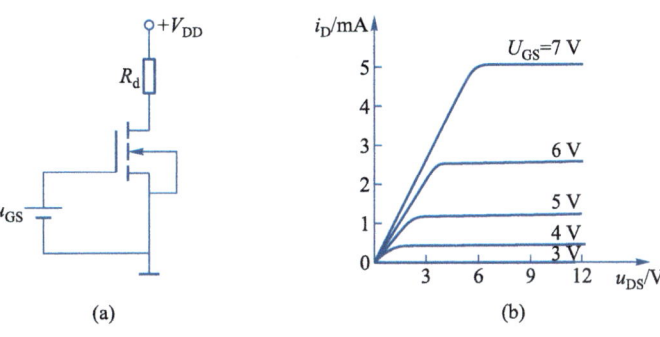

图 P6-15

6.16 分别判断图 P6-16 所示各电路中的场效应管是否有可能工作在恒流区。

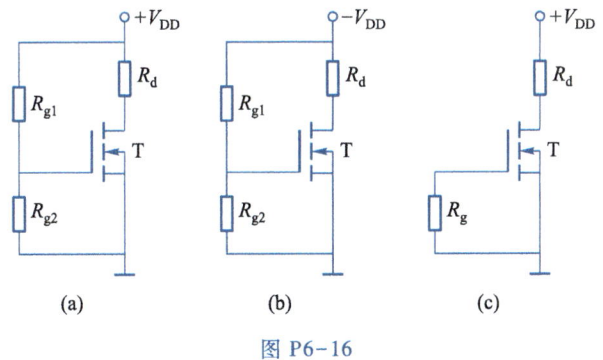

图 P6-16

6.17 已知某发光二极管电路的电源电压为 +5 V，发光二极管的正向导通电压 U_D 为 1.5 V，正向电流为 5~20 mA。为了保证发光二极管既发光又不至于因电流过大而损坏，试求解该电路中应串联的限流电阻的阻值范围。

6.18 电路如图 P6-18 所示,已知直流电源 $V = 2$ V,输入正弦波 u_i 的频率为 1 kHz、幅值为 100 mV,$R_1 = R_2 = 500$ Ω,二极管正向导通电压 $U_D = 0.7$ V。求二极管的交流等效电阻 r_d,以及二极管两端交流电压 u_d 的幅值。

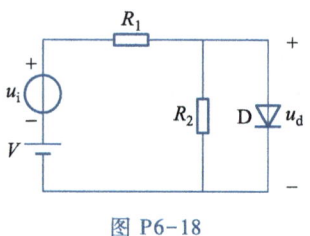

图 P6-18

6.19 电路如图 P6-18 所示,请利用 Multisim 仿真软件研究分别为 2 V、3 V、5 V 时二极管交流电压 u_d 的幅值,并说明 r_d、u_d 的幅值随 V 变化的趋势。二极管可选用型号为 1N3064 的小功率二极管。

第 6 章习题解答

第 7 章 放大电路基础

由传感器采集的模拟信号通常很微弱,需要用放大电路将其放大,因此放大电路是最基本的模拟电路。本章首先介绍放大电路的基本概念和性能指标,然后介绍由晶体管和 MOS 管组成的基本放大电路,它们是组成集成运算放大电路和其他模拟电路的基本电路。本章介绍这些电路的组成和分析方法。最后还介绍了多级放大电路的组成、耦合方式和分析方法。

7.1 放大电路概述

7.1.1 放大的概念

由传感器转换的模拟信号通常很微弱,例如,电压信号的幅值通常为毫伏($mV, 10^{-3}$ V)或微伏($\mu V, 10^{-6}$ V)级别,电流信号的幅值通常为微安($\mu A, 10^{-6}$ A)或纳安($nA, 10^{-9}$ A)级别,需要将它们放大才能进一步处理。

放大模拟信号的电路称为放大电路。例如,音响能够扩大声音,使扬声器发出比进入麦克风大的声音,它内部就包含放大电路,如图 7-1-1 所示。

图 7-1-2 所示为放大电路示意图,其内部由电子元件组成,直流电源给放大电路提供能源。需要被放大的信号 u_i 来自信号源(例如麦克风);已被放大的信号 u_o 输出给负载(例如扬声器)。

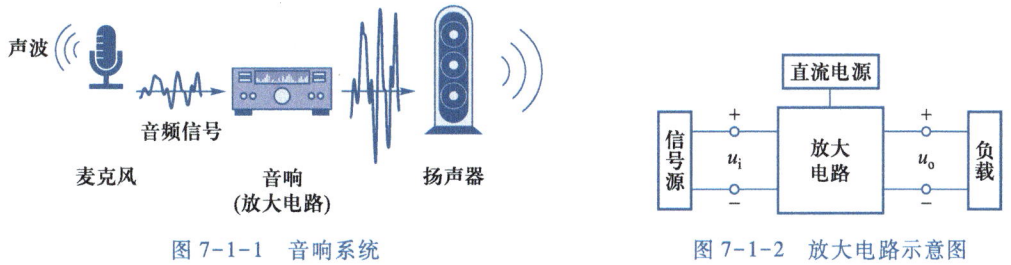

图 7-1-1 音响系统　　　　　　图 7-1-2 放大电路示意图

输入信号 u_i（放大的对象）是连续变化的模拟量，其幅值和频率都可能会发生变化，因此放大的对象是变化量（交流量）。放大电路将能量较小的输入信号（例如麦克风提供的语音信号）放大为能量较大的输出信号 u_o（例如使扬声器发出声音的信号），因此 u_o 也是变化的交流量。能量较大的输出信号是无法由能量较小的输入信号提供的，实际上是由放大电路将直流电源的直流能量转换而来的，由此可知放大电路实现了能量的控制和转换。由于输出信号的能量即功率比输入信号大，因此放大的特征是实现了功率放大。另外，已放大的输出信号应该与原始输入信号保持线性关系，即保留与原始信号相同的信息，因而要求放大电路能不失真地放大输入信号，因此放大的前提条件是不失真。

7.1.2 放大电路的性能指标

放大电路可视为一个二端口：输入信号所在的端口和输出信号所在的端口。放大电路的模型如图 7-1-3 所示，信号源（设为正弦信号 $\dot{U}_s$，用相量表示）作用于输入端口，得到输入电压 $\dot{U}_i$ 和输入电流 $\dot{I}_i$，输出端口则产生输出电压 $\dot{U}_o$ 和输出电流 $\dot{I}_o$，并作用于负载 R_L。通常，信号源有一定的内阻 R_s。

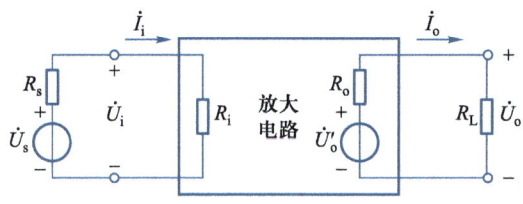

图 7-1-3 放大电路的模型

为了衡量放大电路的性能，定义了一些性能指标，常用的有放大倍数 $\dot{A}$、输入电阻 R_i、输出电阻 R_o、通频带（带宽）f_{bw} 等。

一、放大倍数 $\dot{A}$

放大电路的放大能力称为放大倍数，用输出信号与输入信号的相量之比表示。由于输出信号和输入信号可能为电压或电流，因此放大倍数共有四种表示方式，分别为：电压放大倍数 $\dot{A}_{uu}=\dot{A}_u=\dot{U}_o/\dot{U}_i$；电流放大倍数 $\dot{A}_{ii}=\dot{A}_i=\dot{I}_o/\dot{I}_i$；互阻放大倍数 $\dot{A}_{ui}=\dot{U}_o/\dot{I}_i$，其量纲为电阻；互导放大倍数 $\dot{A}_{iu}=\dot{I}_o/\dot{U}_i$，其量纲为电导。其中最常用的为电压放大倍数 $\dot{A}_u$，本书主要研究 $\dot{A}_u$。上述放大倍数表达式均采用了正弦相量形式。

二、输入电阻 R_i

放大电路输入端的等效电阻称为输入电阻 R_i，如图 7-1-3 所示，可用输入端的交流电压与交流电流的有效值或者幅值(在信号不失真的情况下)之比表示,用有效值表示为 $R_i = U_i/I_i$。

放大电路可视为信号源的负载,其输入回路的电流由信号源 u_s 提供,电流大小反映了放大电路对信号源的影响程度,而输入电阻 R_i 则反映了放大电路输入端电流的大小,$\dot{I}_i = \dot{U}_s/(R_s+R_i)$,$R_i$ 越大,i_i 幅值越小。当信号源是内阻 R_s 不为零的电压源 u_s 时,R_i 也反映了放大电路输入电压 u_i 幅值的大小,$\dot{U}_i = \dot{U}_s R_i/(R_s+R_i)$,$R_i$ 越大,u_i 幅值越大,当 $\dot{A}_u$ 一定时,输出信号 u_o 幅值将越大。因此,当信号源为内阻 R_s 不为零的电压源时,通常希望 R_i 越大越好。然而,当信号源为内阻 R_s 不为零的电流源时,为了使输入端获得较大的电流,则通常希望 R_i 越小越好。

三、输出电阻 R_o

放大电路内部在一定条件下可以近似为线性电路,从输出端口向输入端口看,放大电路是包含信号源 $\dot{U}_s$ 的线性电路,因此可以用戴维南定理将输出端口等效为一个电压源与一个电阻串联的支路,如图 7-1-3 所示,该串联电阻称为放大电路的输出电阻 R_o。

输出电阻 R_o 反映了放大电路输出端接入负载 R_L 时输出电压变化的程度。当放大电路输出端接入负载 R_L 时,若 R_o 一定且不为零,则输出端电压 u_o 的幅值大小将随 R_L 变化而变化,$\dot{U}_o = \dot{U}'_o R_L/(R_o+R_L)$,$R_L$ 越大,u_o 幅值越大;反过来,当 R_L 一定时,R_o 越小,u_o 幅值越大。因此,当希望 u_o 稳定(即 u_o 随 R_L 变化较小)且幅值较大时,通常希望 R_o 越小越好。

四、通频带 f_{bw}

通频带 f_{bw},也称为带宽(band width),描述了放大电路对不同频率信号的放大能力,即描述了放大倍数随信号频率变化的趋势。由于放大电路中存在电容或电感,或者存在等效的电容或电感,例如 PN 结电容、晶体管的结电容或者 MOS 管的电极之间存在的等效电容、平行放置的导线之间等效的电容、弯曲螺旋导线等效的电感等,因而会使放大倍数的表达式与信号频率有关。放大倍数的幅值 $|\dot{A}|$ 随频率变化的特性如图 7-1-4 所示,在中间频段(中频段)$|\dot{A}|$ 最大且基本不变,当信号频率较高或较低时,$|\dot{A}|$ 会下降;在低频段,当 $|\dot{A}|$ 下降到其最大幅值的 $1/\sqrt{2}$(约等于0.707)倍时,该频率称为下限截止频率 f_L;在高频段,当 $|\dot{A}|$ 下降到其最大幅值的 $1/\sqrt{2}$(约等于0.707)倍时,该频率称为上限截止频率 f_H。通频带 $f_{bw} = f_H - f_L$,f_{bw} 越大,说明放大电路能够让更多频率的信号正常放大。图 7-1-4 描述了 $|\dot{A}|$ 与信号频率的关系,称为

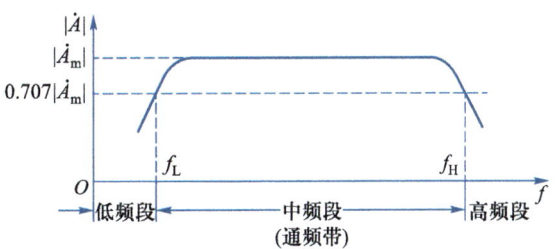

图 7-1-4 放大电路的幅频特性及通频带 f_{bw}

幅频特性。

五、最大不失真输出电压 U_{om}

放大电路通常能够将幅值较小的信号线性放大,然而当信号幅值较大时,因实际的放大电路具有非线性特性,会使输出信号产生失真,故无法正常放大输入信号。输出电压不失真时的最大幅值称为最大不失真输出电压,通常用有效值表示,记为 U_{om}。U_{om} 的大小除了受放大电路非线性特性的影响,同时也受电源电压大小的限制。

六、最大输出功率 P_{om} 和效率 η

在输出信号基本不失真的情况下,放大电路能够给负载提供的最大交流功率称为最大输出功率 P_{om},$P_{om} = U_o I_o$,其中 U_o 和 I_o 分别为输出电压和电流的有效值。效率 η 是指最大输出功率 P_{om} 与此时电源消耗的功率 P_V 之比,即 $\eta = P_{om}/P_V$。

7.2 晶体管放大电路

7.2.1 基本共射放大电路

一、电路组成

晶体管放大电路如图 7-2-1 所示,输入信号 u_i、直流电源 V_{BB}、电阻 R_b 和晶体管发射结组成输入回路,直流电源 V_{CC}、电阻 R_c、晶体管的集电极和发射极组成输出回路,输出信号 u_O(即 u_{CE})从集电极输出。由于发射极是输入回路和输出回路的公共端,因此该电路称为共发射极放大电路,简称为基本共射放大电路。

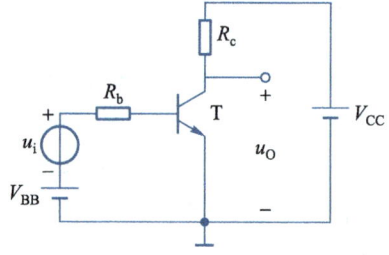

图 7-2-1 基本共射放大电路

二、放大交流小信号的原理

当晶体管处于放大状态时,可以放大模拟信号,例如语音、温度、脉搏信号等,这些信号都是变化的交流信号。语音信号波形如图 7-2-2 所示,从图中可以看到其幅值和频率(反映信号变化的快慢)都会随时间而变化。由传感器输出的模拟信号通常都比较微弱,例如麦克风输出的语音信号通常为几毫伏到几十毫伏,因此首先需要进行放大。此时可以将该信号接入放大电路的输入回路进行放大,如图 7-2-1 所示,图中 u_i 表示需要被放大的输入信号。

当 u_i 发生变化时,晶体管发射结电压 u_{BE} 会随之发生变化,从而使基极电流 i_B 发生变化;i_B 经晶体管放大后得到集电极电流 i_C,i_C 流过电阻 R_c 使其上的电压发生较大的变化;由于直流电源 V_{CC} 电压不变,故会使输出信号 u_o 向相反方向发生较大的变化,最终得到放大的输出信号。

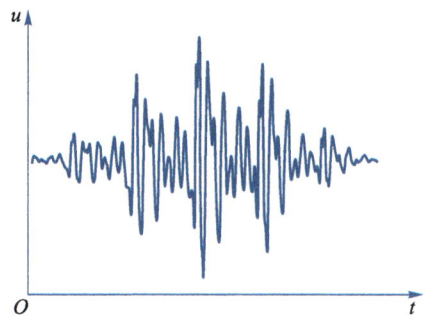

图 7-2-2　连续的语音信号

晶体管放大电路仿真结果如图 7-2-3 所示,输入信号采用正弦信号,幅值为 1 mV、频率为 1 kHz。图中幅值小的正弦波为输入信号,幅值大的为输出信号,输出信号幅值约为输入信号的 3.1 倍,但是两者的相位(瞬时变化方向)相反,说明信号被放大了-3.1 倍,该倍数即为电压放大倍数 $\dot{A}_u$。

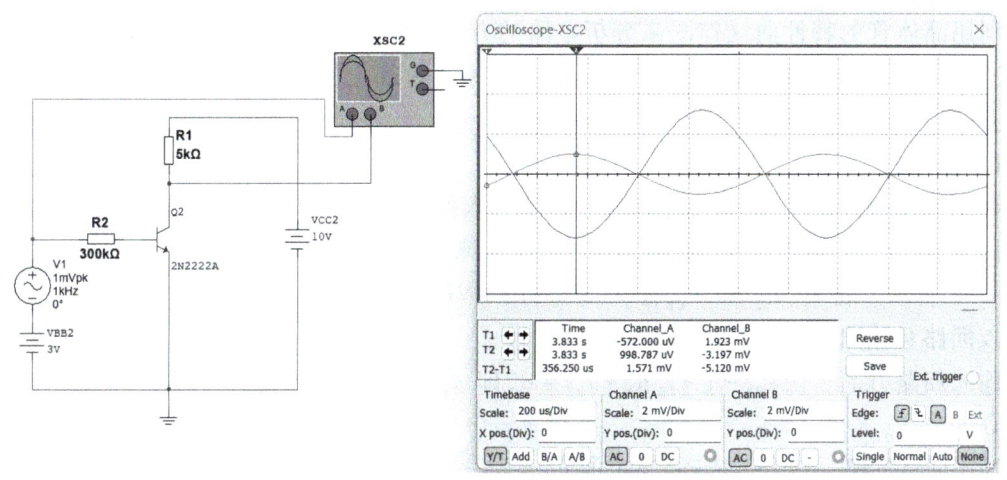

图 7-2-3　晶体管放大电路仿真结果

7.2.2　放大电路分析方法

一、静态与动态

1. 放大电路的特点

放大电路的目的是放大交流输入信号,那为什么需要直流电源呢?

这是因为交流输入信号通常很小,电压信号通常为毫伏(mV,10^{-3} V)或微伏(μV,10^{-6} V)级别,电流信号通常为微安(μA,10^{-6} A)或纳安(nA,10^{-9} A)级别,因此若没有直流电源 V_{BB},则电压或电流信号通常无法直接让发射结导通;或者即使可以使发射结导通,但却会使 u_{BE}、i_B 产生非线性失真,如图 7-2-4 所示,即当输入为正弦波时,u_{BE}、i_B 不再为正弦波,从

而使 i_C 和输出电压产生非线性失真,因而无法正常放大输入信号。

综上所述,放大电路中既有直流电源作用,又有交流输入信号作用,因此电路的各电量中既有交流量又有直流量,两者共存,且交流量叠加在直流量之上。

2. 静态与动态

放大电路在直流电源单独作用($u_i=0$)时的工作状态称为直流工作状态,也称为静态;此时晶体管各极的直流电流 I_{BQ}、I_{CQ}、I_{EQ} 和直流电压 U_{BEQ}、U_{CEQ} 称为静态工作点。

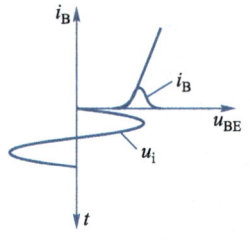

图 7-2-4 没有直流电源 V_{BB} 时 i_B 产生非线性失真

放大电路在直流电源和输入信号 u_i 共同作用下的工作状态称为动态,此时电路中各处的电压和电流均为直流与交流的混合量,且交流量叠加在直流量之上。

二、图解法

利用晶体管的特性曲线作图来分析电路的方法称为图解法。通常将晶体管各极的电压和电流作为变量,列写电路的回路方程,然后在特性曲线上做出回路方程所对应的直线,再进行分析。

1. 回路方程

将图 7-2-1 所示的基本共射放大电路的输入回路和输出回路方向、各电量的参考方向标示出来,如图 7-2-5 所示。将 i_B、u_{BE}、i_C、u_{CE} 作为变量,用 KVL 列写输入回路和输出回路方程,分别为:

输入回路方程 $-V_{BB}-u_i+i_B R_b+u_{BE}=0$,即 $u_{BE}=V_{BB}+u_i-i_B R_b$。

输出回路方程 $-V_{CC}+i_C R_c+u_{CE}=0$,即 $u_{CE}=V_{CC}-i_C R_c$。

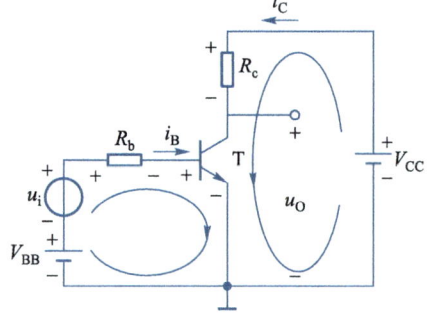

图 7-2-5 基本共射放大电路回路分析

2. 静态分析

首先分析静态。静态时 $u_i=0$,输入回路方程为 $u_{BE}=V_{BB}-i_B R_b$。由于 u_{BE} 和 i_B 既要满足输入回路方程,又要满足输入特性,因此可以将它们的关系作图,如图 7-2-6(a)所示。图中输入回路方程对应的直线(输入回路负载线)与输入特性相交于 Q 点,即可得到静态的基极电流 I_{BQ} 和发射结电压 U_{BEQ}。

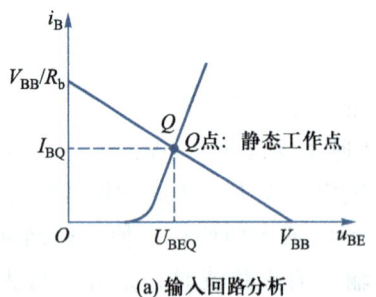

(a) 输入回路分析

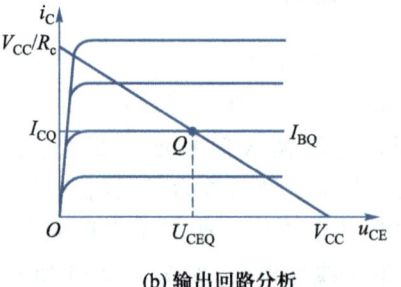

(b) 输出回路分析

图 7-2-6 图解法分析静态工作点

静态时输出回路方程为 $u_{CE}=V_{CC}-i_C R_c$。由于 u_{CE} 和 i_C 既要满足输出回路方程,又要满足输出特性,因此可以将它们的关系作图,如图 7-2-6(b)所示。图中输出回路方程对应的直线(输出回路负载线)与输出特性相交于 Q 点,即可得到静态的集电极电流 I_{CQ} 和管压降 U_{CEQ}。

3. 动态分析

接下来分析动态。此时 u_i 不等于 0,输入回路方程为 $u_{BE}=V_{BB}+u_i-i_B R_b$。

(1) 波形分析

设 u_i 为正弦波,当 u_i 叠加在 V_{BB} 上共同作用在输入回路时,输入回路负载线会随着 u_i 而变化,如图 7-2-7(a)中虚线所示,从而使 u_{BE} 和 i_B 也变化。若将 Q 点附近的输入特性近似看作直线,则当 u_i 变化很小时,在 Q 点附近 u_{BE} 和 i_B 将随着 u_i 而近似发生线性变化,即它们也是正弦波,如图 7-2-7(a)所示。由图可知,当 u_i 为正半周时,i_B、u_{BE} 也为正半周,即它们的相位都相同。

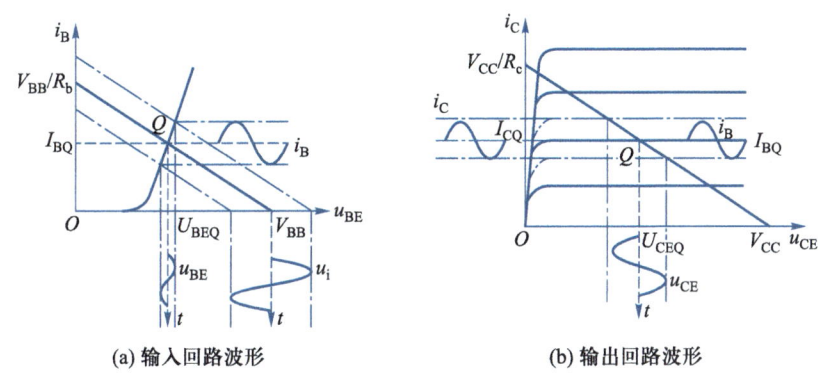

(a) 输入回路波形   (b) 输出回路波形

图 7-2-7 图解法分析

在输出特性上,当 i_B 变化时,输出特性将发生变化,如图 7-2-7(b)中虚线所示,使 i_C 发生变化,而输出回路负载线不变,从而使 $u_{CE}(u_o)$ 变化。若 Q 点位于输出特性的放大区,则 i_C、$u_{CE}(u_o)$ 在 Q 点附近发生线性变化,即它们也是正弦波,如图 7-2-7(b)所示。由图可知,当 u_i 为正半周时,i_B、u_{BE}、i_C 也为正半周,即它们相位都相同;但是 $u_{CE}(u_o)$ 为负半周,即 u_o 与 u_i 相位相反,这是因为当 i_C 增大时,R_c 上电压增大,因而 u_o 减小。

综上所述,当 u_i 为正弦波时,u_{BE}、i_B、i_C、u_{CE} 将分别是以 Q 点处的静态值 U_{BEQ}、I_{BQ}、I_{CQ}、U_{CEQ} 为中心的正弦波。

(2) 电压放大倍数估算

① 读图估算

读取图 7-2-7 所示 u_i 和 u_o 正弦波的幅值,即可得到电压放大倍数 $\dot{A}_u=\dot{U}_o/\dot{U}_i$,其中电压相量可以用有效值或者幅值形式表示。由于 u_o 与 u_i 相位相反,因此 $\dot{A}_u<0$。

② 分析估算

由图 7-2-7(a)可知,u_i 叠加在 V_{BB} 上共同作用在输入回路,从而使 u_{BE} 和 i_B 发生变化。

当 u_i 为交流小信号时,设 u_{BE} 和 i_B 的变化量分别为 Δu_{BE} 和 Δi_B,如图 7-2-8 所示,由于 u_{BE} 和 i_B 在 Q 点附近可以近似看作发生线性变化,因此 $\Delta u_{BE}/\Delta i_B$ 近似等效为一个电阻,该电阻即为发射结的交流等效电阻 r_{be},通常为几百至几千欧姆。若在图 7-2-8 中 Q 点处作切线,则切线斜率的倒数可以近似等于 r_{be} 的阻值。

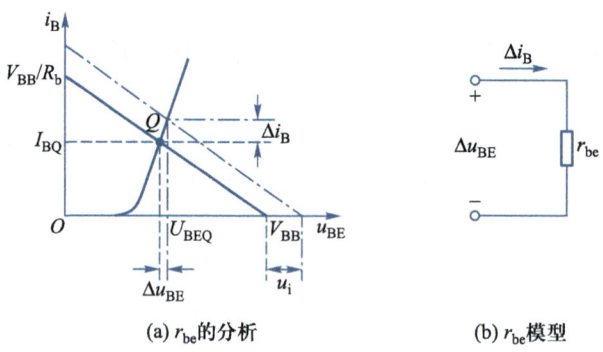

(a) r_{be} 的分析　　　　(b) r_{be} 模型

图 7-2-8　等效电阻 r_{be} 的分析及模型

当仅考虑输入信号 u_i 作用时,输入回路电流变化量为 Δi_B,则仅考虑交流量的回路方程为

$$u_i = \Delta i_B (R_b + r_{be}) \tag{7-2-1}$$

于是

$$\Delta i_B = \frac{u_i}{R_b + r_{be}} \tag{7-2-2}$$

晶体管将 Δi_B 放大为 Δi_C,即 $\Delta i_C \approx \beta \Delta i_B$。

由于直流电源 V_{CC} 电压不变,R_c 上电压的变化量与 u_O 的变化量大小相等、方向相反,于是得到交流输出电压

$$\Delta u_O = -\Delta i_C R_c \tag{7-2-3}$$

将 $\Delta i_C \approx \beta \Delta i_B$ 和式(7-2-2)依次代入式(7-2-3),得到

$$\Delta u_O \approx -\beta \Delta i_B R_c = -\beta R_c \times \frac{u_i}{R_b + r_{be}} = -\frac{\beta R_c}{R_b + r_{be}} \times u_i \tag{7-2-4}$$

设

$$A_u = -\frac{\beta R_c}{R_b + r_{be}} \tag{7-2-5}$$

则 $\Delta u_O = A_u u_i$。

目前晶体管的 β 通常为一百至几百,r_{be} 通常为几百至几千欧姆。当设置合适的 R_c 和 R_b 时,可以使 $\beta R_c/(R_b + r_{be})$ 大于 1,实现放大输入信号的目的,A_u 即为电压放大倍数。

图 7-2-3 中,型号为 2N2222A 的晶体管的 $\beta \approx 200$,$R_b = 300\ \text{k}\Omega$,远远大于 r_{be}。当忽略 r_{be} 时,$A_u = -\beta R_c/(R_b + r_{be}) \approx -\beta R_c/R_b \approx -3.3$,估算(近似计算)结果与仿真结果相近。

当放大电路设计合理时,可以将输入信号放大几十倍至一百多倍。

(3) 失真分析

需要注意的是,若输入信号不是小信号,而是幅值较大的信号,由于晶体管输入特性和输出特性均具有非线性,晶体管各极的交流电压和电流以及输出电压将可能不再是正弦波,而是失真的波形。此外,若 Q 点不是位于输出特性的放大区,而是位于饱和区或截止区,则输出波形也会失真;若 Q 点靠近饱和区或截止区,当输出信号较大时,也可能会产生失真。

例如,在图 7-2-1 所示的电路中,若 V_{BB} 较小,则 U_{BEQ} 和 I_{BQ} 将较小,Q 点在输入特性上将靠近死区,如图 7-2-9(a) 所示。当 u_i 负半周作用时,将可能使晶体管发射结截止,u_{BE} 和 i_B 负半周将可能失真,如图 7-2-9(a) 所示。由于 i_B 负半周失真,则 i_C 负半周也将失真,从而使 $u_{CE}(u_o)$ 正半周失真,如图 7-2-9(b) 所示。这种失真是由于晶体管在 u_i 负半周进入截止区造成的,因此称为截止失真。又由于 u_o 正半周失真,因此也称为顶部失真。

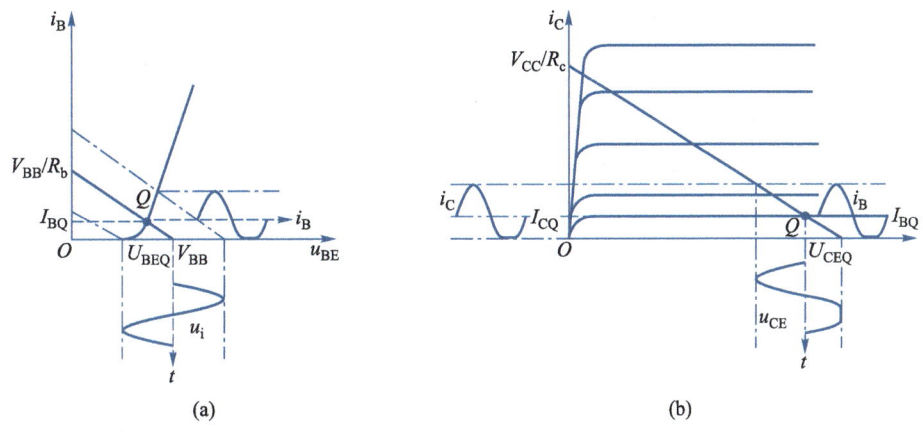

图 7-2-9 截止失真波形分析

再如,在图 7-2-1 所示的电路中,若 V_{BB} 较大,则 U_{BEQ} 和 I_{BQ} 将较大,Q 点在输入特性上将靠近上部,u_{BE} 和 i_B 将不会失真,如图 7-2-10(a) 所示。由于 I_{BQ} 较大,I_{CQ} 也将较大,从而使 U_{CEQ} 较小,Q 点在输出特性上将靠近左上部的饱和区,如图 7-2-10(b) 所示。因此,当 u_i 正半周作用时,i_C 正半周将可能失真,从而使 $u_{CE}(u_o)$ 负半周失真。这种失真是由于晶体管在 u_i 正半周进入饱和区造成的,因此称为饱和失真。又由于 u_o 负半周失真,因此也称为底部失真。

综上所述,为了使输出信号不失真,要求 Q 点合适,位于输出特性的放大区,同时要求输入信号幅值较小,即为小信号。

(4) 最大不失真输出电压分析

最大不失真输出电压是指放大电路输出波形基本不失真时的最大电压,通常用有效值表示,记为 U_{om}。

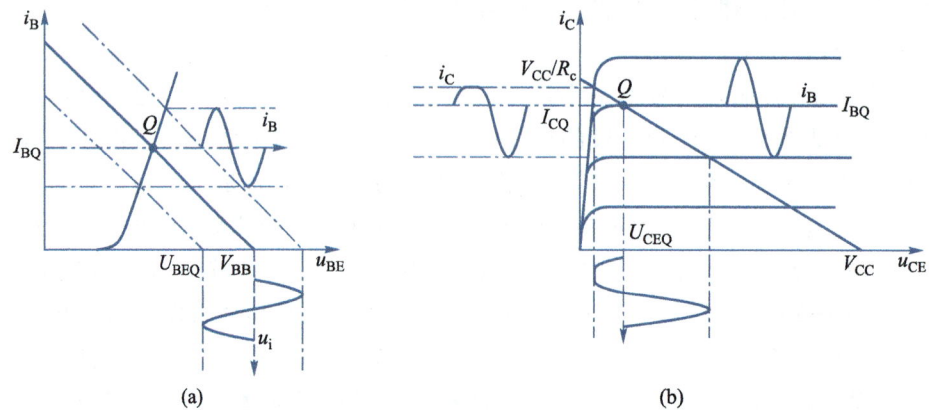

图 7-2-10 饱和失真波形分析

电路如图 7-2-1 所示,其静态工作点和波形分析如图 7-2-7 所示。当 Q 点位于放大区时,u_o 幅值将随 u_i 增大而增大。当 u_o 不失真时,正半周波形的幅值最大允许为 $V_{CC}-U_{CEQ}$,负半周波形的幅值最大允许为 $U_{CEQ}-U_{CES}$,其中 U_{CES} 为晶体管饱和时的管压降,当处于临界饱和时 U_{CES} 可用 $U_{BEQ} \approx 0.7V$ 代替。因此最大不失真输出电压幅值取 $(V_{CC}-U_{CEQ})$ 和 $(U_{CEQ}-U_{CES})$ 两者中较小的,则

$$U_{om} = \min \frac{[(V_{CC}-U_{CEQ}),(U_{CEQ}-U_{CES})]}{\sqrt{2}}$$

其中"min"表示取两者中较小值。

4. 图解法的优缺点

图解法虽然直观,但需要在特性上作图,使用不方便。此外,对于幅值较小的信号以及频率较高的信号,作图将不准确。因此图解法只适合于有确定的特性,且适合于大幅值和低频信号的分析。

三、等效电路法

1. 直流通路与交流通路

放大电路中的元件对于直流电和交流电作用时的特性可能不同,例如电容具有隔离直流通过交流的作用,晶体管发射结对于直流电流相当于一个 PN 结,而对于交流电流则相当于一个电阻 r_{be}。因此常常将直流电源和交流信号源的作用分开来分析,分为直流通路和交流通路。

静态时($u_i=0$),由于电路中仅有直流电流流通,称此时的电路为直流通路,图 7-2-1 所示电路的直流通路如图 7-2-11 所示。

当仅考虑 u_i 作用时(直流电源 $V_{BB}=0$、$V_{CC}=0$),电路中仅有交流电流流通,称此时的电路为交流通路,图 7-2-1 所示电路的交流通路如图 7-2-12 所示。

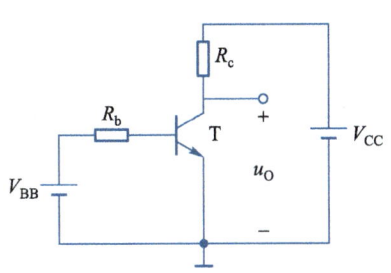

图 7-2-11　图 7-2-1 所示电路的直流通路

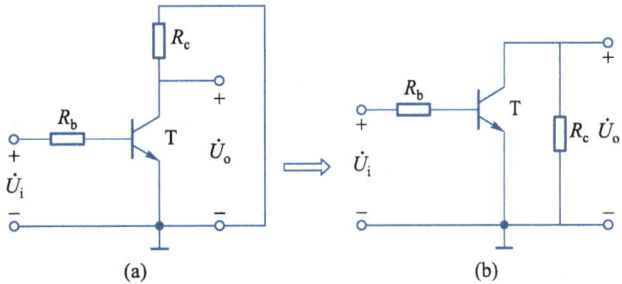

图 7-2-12　图 7-2-1 所示电路的交流通路

2. 静态分析

静态时可以利用直流通路和晶体管的直流等效模型(参见图 6-4-9)分析,求解静态工作点。

基本共射放大电路的直流通路如图 7-2-11 所示,分析如下:

(1) 若 $V_{BB} < U_{on}$,则发射结截止,晶体管处于截止状态,$U_{BE} \approx V_{BB}$,$I_{BQ} \approx I_{CQ} \approx 0$,$U_{CEQ} \approx V_{CC}$。

(2) 若 V_{BB} 足够大,使 $U_{BE} > U_{on}$,则可通过临界放大条件来判断放大或饱和工作状态:

① 假设晶体管处于放大状态,即 $U_{BE} \approx 0.7 \text{ V}$,$I_{CQ} \approx \beta I_{BQ}$;

② 由输入回路计算 I_{BQ},得到 I_{CQ},由输出回路计算 U_{CEQ};

$$I_{BQ} \approx (V_{BB} - 0.7 \text{ V})/R_b, \quad I_{CQ} \approx \beta I_{BQ}, \quad U_{CEQ} = V_{CC} - I_{CQ} R_c$$

③ 若 $U_{CEQ} > U_{BE}$,则为放大状态,否则为饱和状态。

3. 动态分析

(1) 发射结的交流等效电阻 r_{be}

由图 7-2-8 可知,当 u_i 为交流小信号时,由于 u_{BE} 和 i_B 在 Q 点附近可以近似看作发生线性变化,因此 $\Delta u_{BE}/\Delta i_B$ 近似等效为发射结的交流等效电阻 r_{be}。

实际应用时,r_{be} 可以用 u_{BE} 和 i_B 的微分表示,即 $r_{be} = du_{BE}/di_B$。当发射结导通时 $u_{BE} \gg U_T$(常温下约为 26 mV),利用晶体管发射结的电流方程

$$i_B = I_S(e^{\frac{u_{BE}}{U_T}} - 1) \approx I_S e^{\frac{u_{BE}}{U_T}} \tag{7-2-6}$$

可近似求得

$$r_{be} = \frac{1}{di_B/du_{BE}} \approx \frac{U_T}{I_S e^{\frac{u_{BE}}{U_T}}} \approx \frac{U_T}{i_B} \tag{7-2-7}$$

将 i_B 用 I_{BQ} 近似,则

$$r_{be} \approx \frac{U_T}{I_{BQ}} \approx \beta \frac{U_T}{I_{CQ}} \tag{7-2-8}$$

需要说明的是,发射结电阻 r_{be} 实际还应该包括晶体管基区和发射区本身的电阻 $r_b(r_{bb'})$ 和 r_e,这两个电阻通常都比较小,特别是 r_e 非常小,可以忽略不计,计算时可以近似认为

$$r_{be} \approx r_{bb'} + \beta \frac{U_T}{I_{CQ}}, \text{或者} \; r_{be} \approx \beta \frac{U_T}{I_{CQ}}$$

（2）晶体管的交流等效模型

晶体管不仅能放大直流电流，也能放大交流电流，可以将其近似等效为一个电流控制电流的二端口元件，其输入端口为发射结，输出端口为集电极-发射极端口。

由上面的分析可知，当输入信号为交流小信号时，发射结对交流信号可近似等效为电阻 r_{be}，于是得到晶体管的交流等效模型，图7-2-13所示为相量模型，输入信号为正弦信号。

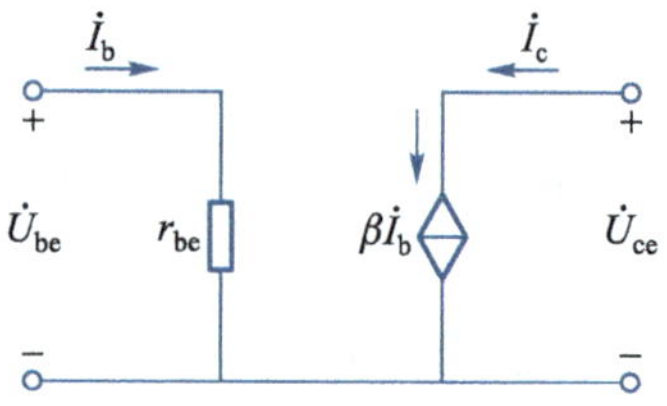

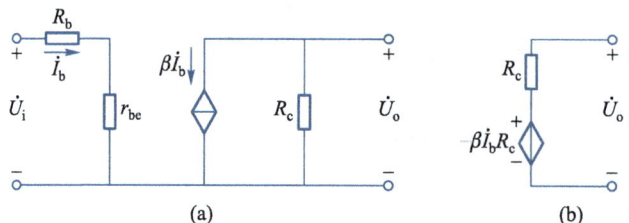

图 7-2-13　晶体管的交流等效模型（相量模型）

（3）交流等效电路

为了分析电路的动态性能，可以假设静态时晶体管工作在放大状态，此时可以仅考虑 u_i 作用时电路的分析，因此可以通过交流通路和晶体管的交流等效模型分析。

将交流通路的晶体管用其交流等效模型代替，可以画出图7-2-12所示电路的交流等效电路，如图7-2-14(a)所示。设输入信号为正弦信号，电路中的电量用正弦向量表示。

图 7-2-14　基本共射放大电路的交流等效电路

（4）性能指标分析

下面分析常见的性能指标 $\dot{A}_u$、R_i、R_o。

① 电压放大倍数 $\dot{A}_u$

由交流等效电路的输入回路可得 $\dot{I}_b = \dot{U}_i/(R_b + r_{be})$，则 $\dot{I}_c = \beta \dot{I}_b$；由输出回路可得 $\dot{U}_o = -\dot{I}_c R_c$；因而可求得

$$\dot{A}_u = \frac{\dot{U}_o}{\dot{U}_i} = -\frac{\beta R_c}{R_b + r_{be}} \tag{7-2-9}$$

其中负号表示 $\dot{U}_o$ 与 $\dot{U}_i$ 相位相反。该结果与上述估算分析的表达式(7-2-5)一致。

② 输入电阻 R_i

由图7-2-14可知，基本共射放大电路的输入电阻

$$R_i = U_i/I_i = U_i/I_b = R_b + r_{be} \tag{7-2-10}$$

③ 输出电阻 R_o。

根据诺顿定理,可以将图 7-2-14(a)中的受控电流源 $\beta \dot{I}_b$ 与 R_c 并联等效为一个电压源与 R_c 串联,如图(b)所示,因此 $R_o = R_c$。

7.2.3 直接耦合与阻容耦合放大电路

一、单电源供电的共射放大电路

图 7-2-1 所示基本共射放大电路结构简单,但实际应用时存在一些不足。首先,电路采用了两个电源 V_{BB} 和 V_{CC} 供电,增加了成本,因而实际电路通常采用一个电源即单电源供电。其次,信号源没有与放大电路共"地",即信号源两端都没有接到电路的公共端,这样不利于抑制外部干扰信号。

为了解决上述两个问题,可以去掉 V_{BB},而将 V_{CC} 通过电阻分压后给基极提供一个直流电压(偏置电压),使发射结能够正偏,如图 7-2-15 所示;此外,将信号源的下端与放大电路的公共端连接以共"地",这样使得进入公共端的干扰信号不影响电路,减少了干扰。

为了简化电路的画法,通常可以将直流电源 V_{CC} 和信号源的两端用一个圆圈表示,如图 7-2-15 所示。

静态($u_i = 0$)时 R_{b1} 左端接"地",V_{CC} 将在电阻 R_{b1} 上产生分压,可以使发射结处于导通状态,即 $U_{Rb1} = U_{BE} \approx 0.7 \text{ V}$,产生基极电流 I_B,得到集电极电流 I_C;若电阻 R_c 阻值合适,使集电极电位高于基极电位,则能够使集电结反偏,从而使晶体管处于放大状态。

动态时,当输入信号 u_i 发生变化,会使晶体管发射结电压 u_{BE} 和基极电流 i_B 发生变化;i_B 经晶体管放大后得到 i_C,i_C 将使 R_L 上的电流和电压发生变化,从而使输出信号 u_O 发生较大变化,最终使 u_i 得到放大。

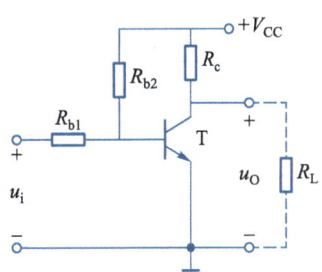

图 7-2-15 单电源供电的共射放大电路

二、直接耦合与阻容耦合放大电路

信号源与放大电路之间以及放大电路与负载之间的连接方式称为耦合方式。

(1) 直接耦合放大电路

信号源与放大电路之间或者放大电路与负载之间直接相连或者仅通过电阻相连的耦合方式称为直接耦合,例如图 7-2-1 和图 7-2-15 所示电路均为直接耦合放大电路。

(2) 阻容耦合放大电路

信号源与放大电路之间或者放大电路与负载之间通过电容或者电阻和电容相连的耦合方式称为阻容耦合。图 7-2-15 所示电路中,若将电阻 R_{b1} 改为电容,另外将负载与放大电路输出端之间通过电容连接,则为阻容耦合放大电路,如图 7-2-16(a)所示;或者将信号源改为通过电容输入基极,而 R_{b1} 的一端接地,如图 7-2-16(b)所示,另外将负载与放大电路输出端之间通过电容连接,则也是阻容耦合放大电路。

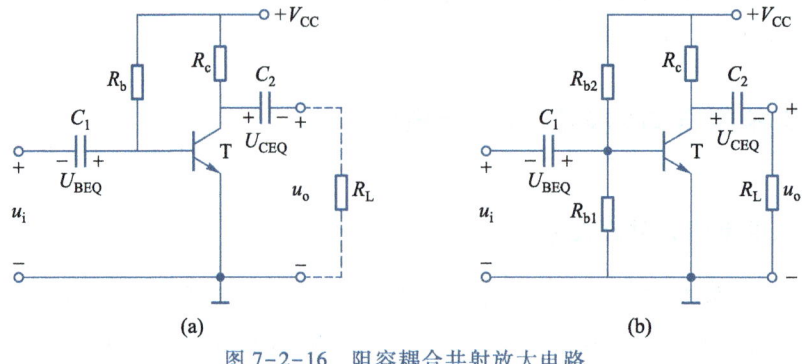

图 7-2-16　阻容耦合共射放大电路

图 7-2-16(a)所示电路中,静态($u_i = 0$)时,电源 V_{CC} 作用在 R_b 和发射结所在回路,使发射结正偏,产生 I_B 和 I_C,若电阻 R_c 阻值合适,使集电极电位高于基极电位,则能使集电结反偏,从而使晶体管处于放大状态。

当不接 R_L 时,图 7-2-16(b)所示的电路的直流通路与图 7-2-15 所示的直接耦合共射放大电路的直流通路相同,静态分析也相同。

动态时,u_i 通过 C_1 作用到两个电路的基极,使 u_{BE} 和 i_B 产生变化,i_B 经晶体管放大后得到 i_C,i_C 将使 R_c 上的电压发生变化,从而使 u_{CE} 产生变化,u_{CE} 的变化通过电容 C_2 耦合给负载,使 u_o 产生较大变化,实现对输入信号的放大。

对比直接耦合与阻容耦合放大电路,可以看出:

① 直接耦合放大电路因没有电容,易于制作成集成电路,且可以放大频率非常低的信号甚至直流信号,例如由传感器测得的工业过程的温度、压力、流量等信号均为缓慢变化的信号,频率非常低,接近于直流信号,对这些信号的放大需要采用直接耦合放大电路;但是其负载上有直流量,因而有直流功耗,不适合于能耗要求较低的设备,例如手持设备、野外或太空设备等。

② 阻容耦合放大电路因有电容,适合于放大频率不太低的交流信号,例如语音信号;但是为了使得电容对交流信号的损失小一些,常选用容值较大的电容(容抗较小,但体积较大),因此不利于制作成集成电路,且不适合于放大频率非常低的信号(电容容抗增大)和直流信号(电容有隔直作用);由于其负载上没有直流量,因而没有直流功耗,有利于节能。

三、放大电路的组成原则

在设计或者组成一个放大电路时,目的是能够放大交流输入信号,因此首先要保证静态工作点合适,即要求电阻及直流电源的选择合理,使晶体管或场效应管静态时工作在放大状态。

其次要求输入信号能够正常被放大,即保证交流信号的有效传输:在输入回路,输入信号能够作用到发射结以产生变化的 i_B,i_B 经管子放大后在输出回路产生变化的 i_C,最后在输出端得到变化的输出信号。

此外，对于实用的放大电路，还要求直流电源和其他元件的种类和数量尽可能少，即电路尽可能简单，以节省成本，减小电路体积，提高电路的可靠性等；信号源与放大电路要共地，以增强抗干扰能力；静态时电路功耗要小，负载上直流功耗尽可能为零，以节省能源。

四、阻容耦合共射放大电路分析

图 7-2-17 所示阻容耦合共射放大电路中，已知 $V_{CC} = +12$ V，$R_b = 565$ kΩ，$R_c = 3$ kΩ，$R_s = 1$ kΩ，$R_L = 3$ kΩ；晶体管的 $\beta = 100$，$r_{bb'} = 100$ Ω。$C_1 = C_2 = 10$ μF，设其对交流信号可视为短路。求 $\dot{A}_u = \dot{U}_o / \dot{U}_i$、$R_i$、$R_o$ 和源电压放大倍数 $\dot{A}_{us} = \dot{U}_o / \dot{U}_s$、$U_{om}$。

1. 首先画直流通路，估算静态工作点。

直流通路如图 7-2-18 所示，假设晶体管工作在放大区。列写输入回路方程如下。

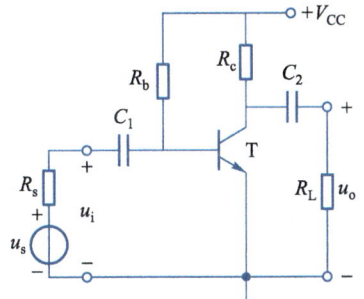

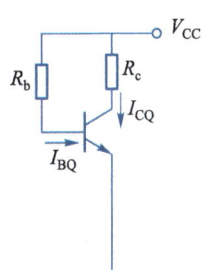

图 7-2-17　阻容耦合共射放大电路　　图 7-2-18　直流通路

$V_{CC} = I_{BQ} R_b + U_{BEQ}$，则

$$I_{BQ} \approx \frac{(12-0.7) \text{ V}}{R_b} \approx 20 \text{ μA}$$

$$I_{CQ} \approx \beta I_{BQ} \approx 2 \text{ mA}$$

列写输出回路方程为

$$V_{CC} = I_{CQ} R_c + U_{CEQ}$$

则 $U_{CEQ} = 12$ V $- I_{CQ} R_c \approx 6$ V > 0.7 V，因此晶体管工作在放大区。

2. 画交流通路和交流等效电路，如图 7-2-19 所示，分析动态。因 C_1、C_2 容值大，对交流信号可视为短路。

由公式估算 r_{be}

$$r_{be} = r_{bb'} + (1+\beta) \frac{U_T}{I_{EQ}} \approx 1.4 \text{ kΩ}$$

$$\dot{A}_u = \frac{\dot{U}_o}{\dot{U}_i} = \frac{-\dot{I}_c (R_c // R_L)}{\dot{I}_b r_{be}} = \frac{-\beta (R_c // R_L)}{r_{be}} \approx -107$$

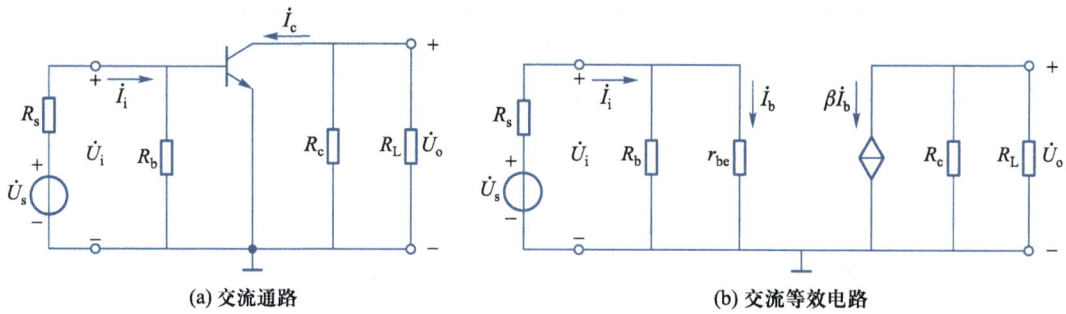

(a) 交流通路　　　　　　　　　(b) 交流等效电路

图 7-2-19　交流通路和交流等效电路

$$R_i = \frac{\dot{U}_i}{\dot{I}_i} = R_b // r_{be} \approx 1.4 \text{ k}\Omega$$

$$R_o = R_c = 3 \text{ k}\Omega$$

$$\dot{A}_{us} = \frac{\dot{U}_o}{\dot{U}_s} = \frac{\dot{U}_o}{\dot{U}_i} \times \frac{\dot{U}_i}{\dot{U}_s} = \dot{A}_u \times \frac{R_i}{R_i + R_s} \approx -62.4$$

$\dot{A}_{us}$ 反映了放大电路对信号源的放大能力。由以上公式可知，当 R_s 一定时，R_i 将影响放大电路对信号源的放大能力。

图 7-2-17 所示共射放大电路的仿真结果请扫码查看。

图 7-2-17 所示共射放大电路的仿真结果

3. 最大不失真输出电压 U_{om} 分析，用作图法分析 U_{om}。

（1）直流负载线与交流负载线

由图 7-2-18 所示的阻容耦合放大电路的直流通路可得输出回路方程为 $U_{CE} = V_{CC} - I_C R_c$，在输出特性上作出该方程对应的直线，如图 7-2-20(a) 所示，称为<u>直流负载线</u>，其斜率为 $-1/R_c$。直流负载线与 I_{BQ} 对应的那条输出特性相交于 Q 点。<u>直流负载线反映了静态时直流 U_{CE} 和 I_C 的关系</u>。

由图 7-2-19(a) 所示的阻容耦合放大电路的交流通路可得输出回路方程为 $u_{ce} = -i_c(R_c // R_L)$，由于 u_{ce} 和 i_c 分别叠加在 U_{CEQ} 和 I_{CQ} 之上，因此在输出特性上过 Q 点作出该方程对应的直线，如图 7-2-20(b) 所示，称为<u>交流负载线</u>，其斜率为 $-1/R'_L$，$R'_L = R_c // R_L$。<u>交流负载线反映了动态时交流 u_{CE} 和 i_C 的关系</u>，当 u_i 变化时，u_o 将随 u_i 按照交流负载线而变化。

（2）U_{om} 分析

图 7-2-20(b) 中，交流负载线与横轴相交于 V'_{CC}，$V'_{CC} = U_{CEQ} + I_{CQ} R'_L$。

当 Q 点位于放大区时，u_o 幅值将随 u_i 增大而增大。当 u_o 不失真时，正半周波形的幅值最大允许为 $V'_{CC} - U_{CEQ}$，负半周波形的幅值最大允许为 $U_{CEQ} - U_{CES}$，其中 U_{CES} 为晶体管饱和时的管压降，当处于临界饱和时 U_{CES} 可用 $U_{BEQ} \approx 0.7$ V 代替。因此最大不失真输出电压幅值取 $V'_{CC} - U_{CEQ} = I_{CQ} R'_L$ 和 $(U_{CEQ} - U_{CES})$ 两者中较小的，则

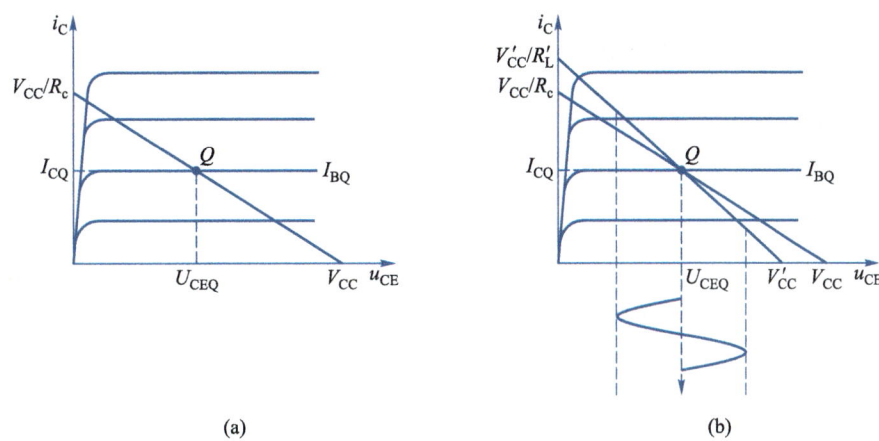

图 7-2-20 直流负载线与交流负载线

$$U_{om} = \min \frac{[(V'_{CC} - U_{CEQ}),(U_{CEQ} - U_{CES})]}{\sqrt{2}} = \min \frac{[(I_{CQ}R'_L),(U_{CEQ} - U_{CES})]}{\sqrt{2}}$$

其中"min"表示取两者中较小值。

由前面的分析可知,图 7-2-17 电路中 $I_{CQ} \approx 2$ mA, $U_{CEQ} \approx 6$V, $R'_L = R_c // R_L = 1.5$ kΩ,则 $I_{CQ}R'_L \approx 3$ V, $U_{CEQ} - U_{CES} \approx 5.3$V,因此 $U_{om} = \frac{3}{\sqrt{2}}$ V ≈ 2.1 V,其中 U_{CES} 用 0.7 V 代替。

7.2.4 晶体管组成的其他放大电路

除了共射放大电路,晶体管还可以组成共集和共基两种放大电路,它们的交流通路中分别以集电极和基极为输入回路和输出回路的公共端,电路结构和性能参数分别具有不同于共射放大电路的特点。本节重点讲解共集放大电路。

一、基本共集放大电路

基本共集放大电路如图 7-2-21 所示,输入信号从基极和发射极所在回路输入,输出信号从发射极输出,交流通路中以集电极为输入回路和输出回路的公共端(接地端)。其电压放大倍数为正且小于 1,因此也称为射极输出器或者射极跟随器(输出信号近似跟随输入信号而变化)。此外,与共射放大电路相比,共集放大电路输入电阻较大、输出电阻较小。

1. 静态分析

可以利用直流通路和晶体管的直流等效模型进行静态

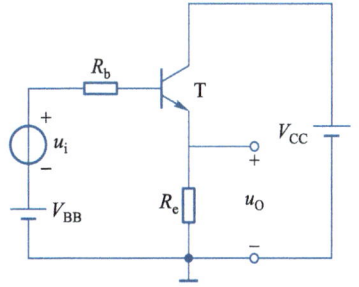

图 7-2-21 基本共集放大电路

分析,求解静态工作点。图 7-2-21 中,静态时 $u_i = 0$,得到直流通路,如图 7-2-22 所示,正电源 V_{BB} 使发射结正偏,V_{CC} 可能使集电结反偏,晶体管可能工作在放大状态。

若晶体管处于放大状态,则 $U_{BE} \approx 0.7$ V,$I_{CQ} = \beta I_{BQ}$。

列输入回路方程

$$V_{BB} = I_{BQ}R_b + U_{BEQ} + I_{EQ}R_e$$

求出

$$I_{BQ} = \frac{V_{BB} - U_{BEQ}}{R_b + (1+\beta)R_e}$$

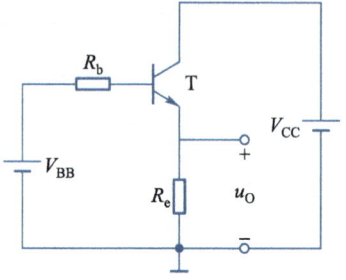

图 7-2-22 基本共集放大电路的直流通路

列输出回路方程,得到 $U_{CEQ} = V_{CC} - I_{CQ}R_e$。

2. 动态分析

可以通过交流通路和晶体管的交流等效模型分析电路的动态性能。

(1) 交流等效电路

图 7-2-21 中,令 $V_{BB} = 0$、$V_{CC} = 0$,得到基本共集放大电路的交流通路,如图 7-2-23(a) 所示。为了使电路结构更加简化,同时将输出信号放到交流通路最右边,图(a)电路可以画为图(b)电路。

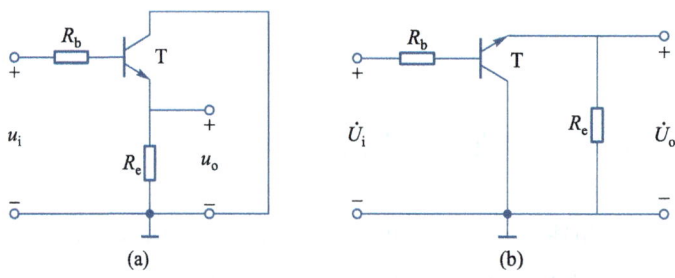

图 7-2-23 基本共集放大电路的交流通路

将图 7-2-23(b) 所示交流通路的晶体管用其交流等效模型代替,可以画出图 7-2-21 所示电路的交流等效电路,如图 7-2-24 所示。设输入信号为正弦信号,电路中的电量用正弦向量表示。

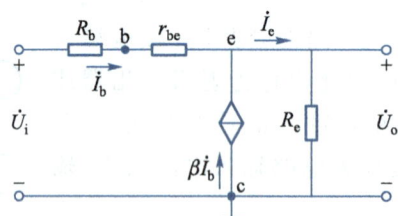

图 7-2-24 基本共集放大电路的交流等效电路

(2)性能分析

下面分析常见的性能指标 $\dot{A}_u$、R_i、R_o。

① 电压放大倍数 $\dot{A}_u$

由交流等效电路的输入回路可得

$$\dot{U}_i = \dot{I}_b(R_b + r_{be}) + \dot{I}_e R_e = \dot{I}_b(R_b + r_{be}) + (1+\beta)\dot{I}_b R_e$$

由输出回路可得

$$\dot{U}_o = \dot{I}_e R_e = (1+\beta)\dot{I}_b R_e$$

于是得到

$$\dot{A}_u = \frac{\dot{U}_o}{\dot{U}_i} = \frac{(1+\beta)R_e}{R_b + r_{be} + (1+\beta)R_e} \tag{7-2-11}$$

由上式可知,$\dot{A}_u > 0$,说明 $\dot{U}_o$ 与 $\dot{U}_i$ 相位相同。且 $|\dot{A}_u| < 1$,说明基本共集放大电路没有电压放大作用,只有电流放大作用。当 $(R_b + r_{be}) \ll (1+\beta)R_e$ 时,$\dot{A}_u \approx 1$,$\dot{U}_o \approx \dot{U}_i$,此时基本共集放大电路具有电压跟随作用,因此也称其为射极跟随器(emitter follower)。

② 输入电阻 R_i

由图 7-2-24 可知,基本共集放大电路的输入电阻为

$$R_i = \dot{U}_i / \dot{I}_b = R_b + r_{be} + (1+\beta)R_e \tag{7-2-12}$$

由上式可知,基本共集放大电路的 R_i 较大,比基本共射放大电路的大很多。

③ 输出电阻 R_o

图 7-2-24 中,将电路从输出端口用戴维南定理等效为电压源与电阻串联的支路,该电阻即为输出电阻 R_o。计算 R_o 时,需令 $u_i = 0$,而保留受控电流源,得到如图 7-2-25 所示电路。若在输出端加入电压 u_o,则可求得 R_o。

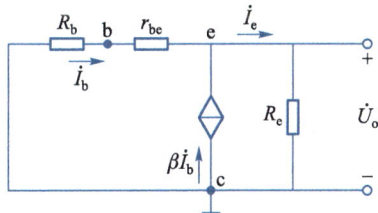

图 7-2-25 分析 R_o 的电路

$$R_o = R_e // \frac{\dot{U}_o}{-\dot{I}_e} = R_e // \frac{-\dot{I}_b(R_b + r_{be})}{-\dot{I}_e} = R_e // \frac{R_b + r_{be}}{1+\beta} \tag{7-2-13}$$

由上式可知,基本共集放大电路的 R_o 较小,比基本共射放大电路的小很多,因此基本共集放大电路的带负载能力很强。

由上述分析可知,基本共集放大电路特点如下:

$\dot{A}_u \approx 1$,具有电压跟随作用,$\dot{U}_o$ 与 $\dot{U}_i$ 相位相同;R_i 较大,可达几十至一百多千欧姆;R_o 较小,一般为几十到几百欧姆,带(电压)负载能力强;一般可作为多级放大电路的输入级、输出级或者中间缓冲电路。

单电源供电的阻容耦合共集放大电路如图 7-2-26 所示。

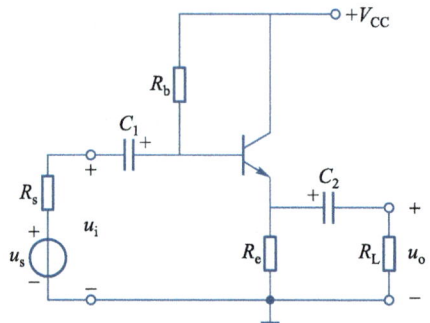

图 7-2-26 单电源供电的阻容耦合共集放大电路

二、基本共基放大电路

基本共基放大电路如图 7-2-27 所示,输入信号从发射极和基极所在回路输入,输出信号从集电极和基极所在回路输出,交流通路中以基极为输入回路和输出回路的公共端。其电压放大倍数为正且通常大于 1。此外,与共射放大电路相比,共基放大电路的带宽较宽(即允许通过的信号最高频率较大),可用于宽频带放大器的设计。

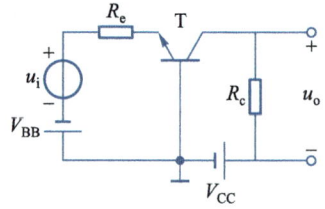

图 7-2-27 基本共基放大电路

共基放大电路的分析可参阅参考文献,本书不做介绍。

7.3 MOS 管放大电路

7.3.1 基本共源放大电路

一、电路组成

图 7-3-1 所示的 MOS 管电路中,输入信号 u_i、直流电源 V_{GG}、栅极和源极所在回路为输入回路,直流电源 V_{DD}、电阻 R_d、漏极和源极组成输出回路,输出信号 u_o(即 u_{DS})从漏极输出。由于源极为输入回路和输出回路的公共端,因此称为共源极放大电路,简称为共源放大电路。

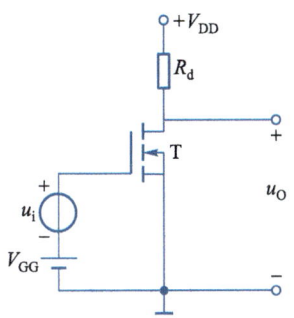

图 7-3-1 MOS 管共源放大电路

二、放大交流小信号的原理

当 MOS 管处于放大状态时,可以放大小的模拟信号,如图 7-3-1 所示,图中 u_i 表示需要被放大的输入信号。

当 u_i 发生变化时,MOS 管栅-源间电压 u_{GS} 也会发生变化,从而使漏极电流 i_D 发生变化;i_D 流过电阻 R_d 将使其上的电压发生变化,由于直流电源 V_{DD} 电压不变,$u_{DS}=V_{DD}-i_D R_d$,故使输出电压 $u_O(u_{DS})$ 向相反的方向发生变化,最终得到放大的输出信号 u_O。

7.3.2 MOS 管放大电路分析

与晶体管放大电路分析方法类似,分析 MOS 管放大电路时可以先求解静态工作点,然后通过交流等效电路求解动态性能指标。

一、静态工作点

可以用图解法或公式求解 MOS 管放大电路的静态工作点。

1. 图解法

已知 MOS 管的转移特性和输出特性如图 7-3-2 所示。下面用图解法求解图 7-3-1 所示电路的 Q 点。

静态时 $u_i=0$,由于栅极不取电流,即 $I_{GQ}=0$,因此 $U_{GSQ}=V_{GG}$;输出回路方程为

$$u_{DS}=V_{DD}-i_D R_d \tag{7-3-1}$$

首先在转移特性上根据 U_{GSQ} 读出对应的 I_{DQ},如图 7-3-2(a)所示。之后在输出特性作输出回路方程对应的负载线,与 $U_{GSQ}=V_{GG}$ 对应的那条输出特性相交于 Q 点,如图 7-3-2(b)所示,读出对应的 U_{DSQ} 即可。

2. 公式求解

静态时 $u_i=0$,则 $U_{GSQ}=V_{GG}$。

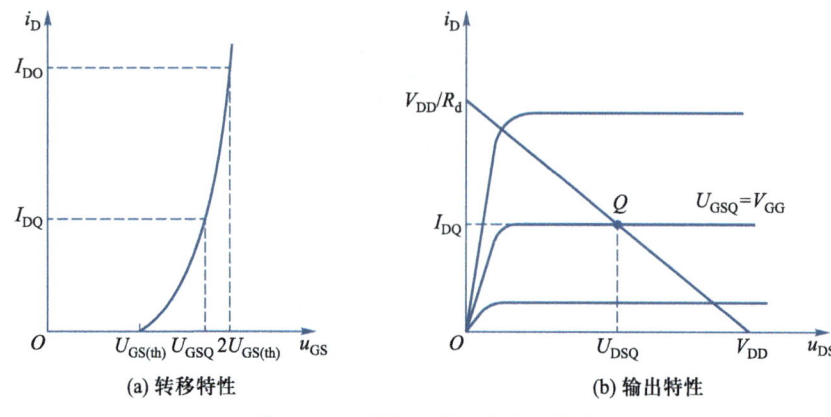

(a) 转移特性　　　　　　　(b) 输出特性

图 7-3-2　图解法求解静态工作点

① 若 $U_{GSQ} < U_{GS(th)}$，则管子工作在截止区，$I_{DQ} = 0$，$U_{DSQ} = V_{DD}$。

② 若 $U_{GSQ} > U_{GS(th)}$，则假设 MOS 管工作在放大状态。

由公式 $I_D = k_n(U_{GS} - U_{GS(th)})^2$，$k_n = I_{DO}/(U_{GS(th)})^2$，可求得 I_{DQ}。

由输出回路方程 $U_{DSQ} = V_{DD} - I_{DQ}R_d$，可求得 U_{DSQ}。

若 $U_{DSQ} > U_{GSQ} - U_{GS(th)}$，则 MOS 管确实工作在放大区(恒流区)，否则工作在饱和区(可变电阻区)。

二、MOS 管的交流等效模型

MOS 管的输入电阻 R_i 非常大，近似分析时可视为无穷大。

当输入信号为交流小信号时，MOS 管的交流等效模型如图 7-3-3 所示，可以将其视为一个电压(u_{gs})控制电流($i_d = g_m u_{gs}$)的二端口元件。由于 MOS 管输入端不取电流，因此相当于开路。图中 g_m 为跨导放大系数，表示 i_d 对 u_{gs} 的放大倍数，等于 i_D 的变化量与 u_{GS} 的变化量之比，即 $g_m = \Delta i_D / \Delta u_{GS}$，当变化量非常小时，也可以用微分表示，即 $g_m = di_D/du_{GS}$。

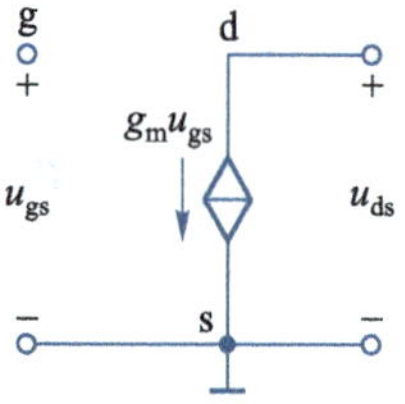

由公式 $i_D = k_n(u_{GS} - U_{GS(th)})^2$，可以近似求得

$$g_m = \frac{di_D}{du_{GS}} = 2k_n(u_{GS} - U_{GS(th)}) = 2\sqrt{k_n i_D} \quad (7-3-2)$$

图 7-3-3　MOS 管的交流等效模型

其中 i_D 可用直流时的 I_{DQ} 近似表示，则 $g_m = 2\sqrt{k_n I_{DQ}}$。当电流 I_{DQ} 的单位为 mA(毫安)、$U_{GS(th)}$ 的单位为 V(伏)时，g_m 单位为 mS(毫西门子)。由于 $k_n = I_{DO}/(U_{GS(th)})^2$，因此 $g_m = \dfrac{2}{U_{GS(th)}}\sqrt{I_{DO} I_{DQ}}$。

三、动态性能分析

1. 交流等效电路

为了分析电路的动态性能，可以通过交流通路和 MOS 管的交流等效模型分析。图 7-3-1

所示的交流通路如图 7-3-4 所示。

将交流通路的 MOS 管用其交流等效模型代替,可以画出图 7-3-1 所示电路的交流等效电路,如图 7-3-5 所示。设输入信号为正弦信号,电路中的电量用正弦相量表示。

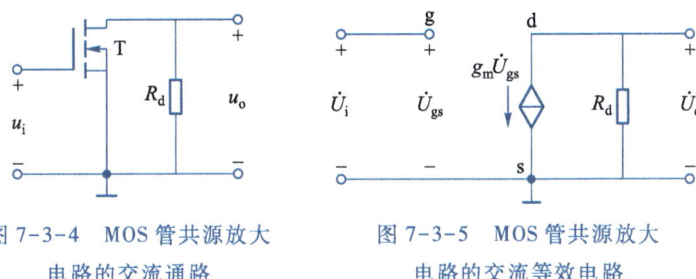

图 7-3-4　MOS 管共源放大电路的交流通路　　图 7-3-5　MOS 管共源放大电路的交流等效电路

2. 性能指标分析

（1）电压放大倍数 $\dot{A}_u$

交流等效电路中,由于 $\dot{U}_i = \dot{U}_{gs}$,可以得到 $\dot{I}_d = g_m \dot{U}_{gs} = g_m \dot{U}_i$。

输出回路方程为 $\dot{U}_o = \dot{U}_{ds} = -\dot{I}_d R_d = -g_m \dot{U}_i R_d$,可求得

$$\dot{A}_u = \dot{U}_o / \dot{U}_i = -g_m R_d \tag{7-3-3}$$

其中负号表示 $\dot{U}_o$ 与 $\dot{U}_i$ 相位相反。

（2）输入电阻 R_i

由于 MOS 管输入端基本不取电流,因此相当于开路,R_i 相当于无穷大。

（3）输出电阻 R_o

由图 7-3-5 可知 $R_o = R_d$。

7.3.3　单电源供电的共源放大电路

用 MOS 管同样可以组成单电源供电的直接耦合和阻容耦合两种放大电路,如图 7-3-6 和图 7-3-7 所示。

静态时,两个电路的直流通路相同。电源 V_{DD} 在 R_{g1} 上产生分压,作为 U_{GSQ},即 $U_{GSQ} = U_{R_{g1}}$,当 $U_{GSQ} > U_{GS(th)}$ 时 MOS 管导电沟道开启,产生 I_{DQ},得到 U_{DSQ}。若电源和电阻阻值合适,使得 $U_{DSQ} > U_{GSQ} - U_{GS(th)}$,则 MOS 管工作在放大状态。

动态时,对于图 7-3-6 所示的直接耦合放大电路,u_i 通过 R_{g1} 作用到栅极,使 u_{GS} 产生变化,从而控制 i_D 和 $u_{DS}(u_O)$ 产生较大变化,实现对输入信号的放大。对于图 7-3-7 所示的阻容耦合放大电路,u_i 通过 C_1 作用到栅极,使 u_{GS} 产生变化,从而控制 i_D 和 u_{DS} 产生变化,u_{DS} 的变化通过电容 C_2 耦合给负载,使 u_o 产生较大变化,实现对输入信号的放大。

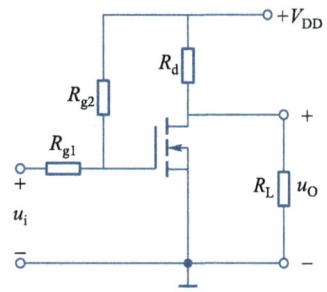

图 7-3-6 单电源供电的 MOS 管
直接耦合放大电路

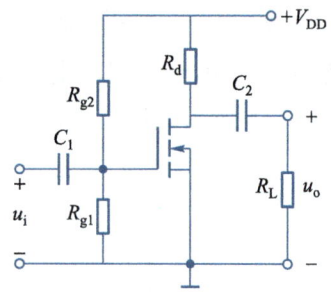

图 7-3-7 单电源供电的 MOS 管
阻容耦合放大电路

7.3.4 基本共漏放大电路

除了共源放大电路以外，MOS 管还可以组成共漏放大电路和共栅放大电路，它们分别以漏极和栅极为输入回路和输出回路的公共端，电路结构和性能参数分别具有不同于共源放大电路的特点。

基本共漏放大电路如图 7-3-8 所示，输入信号从栅极和源极所在回路输入，输出信号从源极输出，交流通路中以漏极为输入回路和输出回路的公共端。其电压放大倍数为正且小于 1。此外，与共源放大电路相比，其输入电阻较大且输出电阻较小。

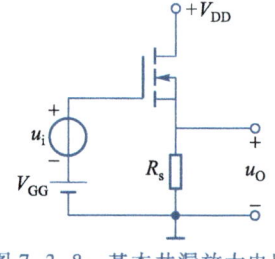

图 7-3-8 基本共漏放大电路

一、静态分析

用电流公式求解基本共漏放大电路的静态工作点。

静态时 $u_i=0$，基本共漏放大电路的直流通路如图 7-3-9 所示。设 MOS 管工作在放大区，则 $U_{GSQ}>U_{GS(th)}$。

列写输入回路方程 $V_{GG}=U_{GSQ}+I_{DQ}R_s$

联立电流公式 $I_D=k_n(U_{GS}-U_{GS(th)})^2$，$k_n=I_{DO}/(U_{GS(th)})^2$，可求得 I_{DQ}。

由输出回路方程 $U_{DSQ}=V_{DD}-I_{DQ}R_s$，可求得 U_{DSQ}。

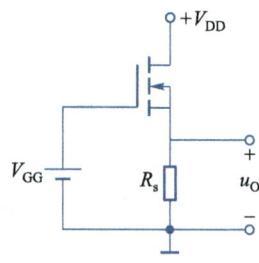

图 7-3-9 基本共漏放大电路的直流通路

二、动态分析

通过交流通路和 MOS 管的交流等效模型分析电路的动态性能。

1. 交流等效电路

图 7-3-8 中，令 $V_{GG}=0$、$V_{DD}=0$，得到基本共漏放大电路的交流通路，如图 7-3-10 所示。将交流通路的 MOS 管用其交流等效模型代替，可以画出图 7-3-8 所示电路的交流等效电

路,如图 7-3-11 所示。设输入信号为正弦信号,电路中的电量用正弦向量表示。

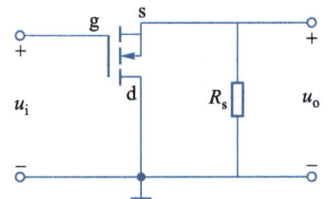 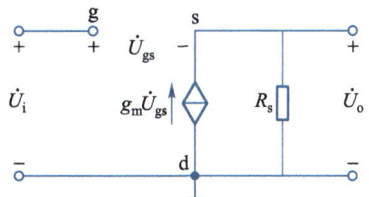

图 7-3-10 基本共漏放大电路的交流通路　　图 7-3-11 基本共漏放大电路的交流等效电路

2. 性能分析

(1) 电压放大倍数 $\dot{A}_u$

由交流等效电路的输入回路可得 $\dot{U}_i = \dot{U}_{gs} + g_m \dot{U}_{gs} R_s = (1 + g_m R_s) \dot{U}_{gs}$;由输出回路可得 $\dot{U}_o = g_m \dot{U}_{gs} R_s$。于是得到

$$\dot{A}_u = \frac{\dot{U}_o}{\dot{U}_i} = \frac{g_m R_s}{1 + g_m R_s} \tag{7-3-4}$$

由上式可知,$\dot{A}_u > 0$,说明 $\dot{U}_o$ 与 $\dot{U}_i$ 相位相同。且 $|\dot{A}_u| < 1$,说明基本共漏放大电路没有电压放大作用。当 $g_m R_s \gg 1$ 时,$\dot{A}_u \approx 1$,$\dot{U}_o \approx \dot{U}_i$,此时基本共漏放大电路具有电压跟随作用。

(2) 输入电阻 R_i

由图 7-3-11 可知,基本共漏放大电路的输入电阻为 $R_i = \infty$。

(3) 输出电阻 R_o

图 7-3-11 中,将电路从输出端口用戴维南定理等效为电压源与电阻串联的支路,该电阻即为输出电阻 R_o。计算 R_o 时,令 $u_i = 0$,而保留受控电流源,得到如图 7-3-12 所示电路。若在输出端加入电压 u_o,则可求得 R_o。

$$R_o = R_s // \frac{\dot{U}_o}{-g_m \dot{U}_{gs}} = R_s // \frac{-\dot{U}_{gs}}{-g_m \dot{U}_{gs}} = R_s // \frac{1}{g_m}$$

由上式可知,基本共漏放大电路的 R_o 较小,比基本共源放大电路的小很多,因此基本共漏放大电路的带负载能力较强。

由上述分析可知,基本共漏放大电路特点如下:

$\dot{A}_u \approx 1$,具有电压跟随作用,$\dot{U}_o$ 与 $\dot{U}_i$ 相位相同;R_i 近似为无穷大;R_o 较小,带(电压)负载能力强;一般可作为多级放大电路的输入级、输出级或者中间缓冲电路。

单电源供电的直接耦合共漏放大电路如图 7-3-13 所示。

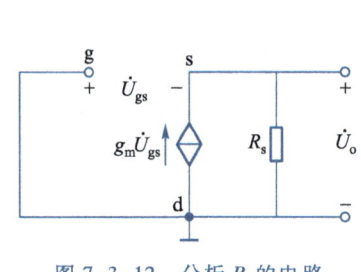
图 7-3-12 分析 R_o 的电路

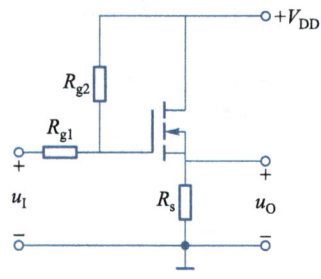
图 7-3-13 单电源供电的直接耦合共漏放大电路

7.4 多级放大电路

7.4.1 多级放大电路的组成

上述晶体管和 MOS 管组成的电路均由一个管子组成,称为单管放大电路,或者单级放大电路。在放大交流小信号时,单级放大电路可以等效为一个二端口,如图 7-1-3 所示,输入端等效为一个输入电阻;输出端等效为一个电压源与一个输出电阻串联的支路,或者等效为一个电流源与一个输出电阻并联的支路。

在实际应用中,常常可以将两个及两个以上的单级放大电路级联(串联)组成多级放大电路,以便得到更好的性能,例如提高电压放大倍数、提高输入电阻或者减小输出电阻等。

多级放大电路框图如图 7-4-1 所示,其中每一级放大电路用一个二端口表示。前一级放大电路的输出端口连接后一级的输入端口,因此前一级的输出信号即为后一级的输入信号。

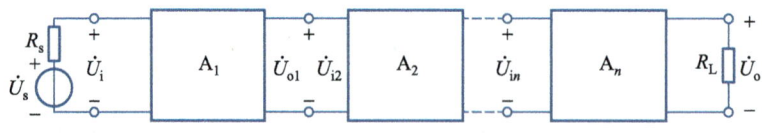
图 7-4-1 多级放大电路框图

7.4.2 多级放大电路的耦合方式

多级放大电路每一级之间的连接方式称为耦合方式,常用的有直接耦合和阻容耦合。

直接耦合是指各级放大电路之间直接相连或者仅通过电阻相连的耦合方式,阻容耦合是指各级放大电路之间通过电容或者电阻和电容相连的耦合方式。

直接耦合的优点是低频特性好,能够放大很低频的信号甚至直流信号,且便于集成;缺点是前后级的 Q 点互相影响,不便于设计和调试。图 7-4-2 所示直接耦合放大电路中,T_1 组成共射放大电路,T_2 组成共漏放大电路。T_1 的 U_{CEQ} 等于 T_2 的 $U_{GSQ}+U_S$,为了使 T_1 工作在放大区,要求 $U_{CEQ}>0.7\ \text{V}$,为了使 T_2 工作在放大区,要求 $U_{GSQ}>U_{GS(\text{th})}$,在设计电路时需要调整参数以同时满足两个要求,因此不太方便。

阻容耦合的缺点是低频特性差,不能够放大很低频的信号和直流信号,且不便于集成;优点是前后级的 Q 点互相独立,便于设计和调试。

图 7-4-3 所示为阻容耦合的两级放大电路,第一级为 MOS 管组成的共源放大电路,第二级为晶体管组成的共射放大电路,两级之间通过电容 C_2 耦合。

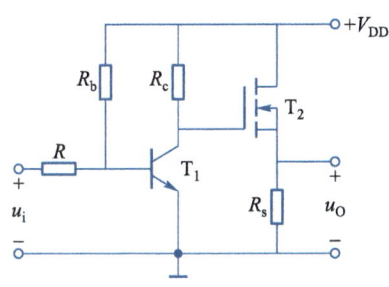

图 7-4-2　直接耦合放大电路

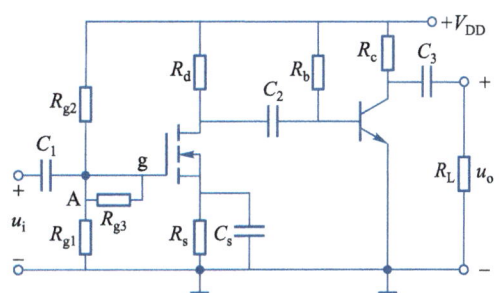

图 7-4-3　阻容耦合的两级放大电路

实际应用中还有变压器耦合和光电耦合,它们适合于干扰较大或者需要进行电气隔离的场合,例如一些干扰较大的工业参数测量、电表、医疗设备等。读者可参考相关文献。

7.4.3　多级放大电路的静态分析

在分析多级放大电路的静态时,若为阻容耦合,则每一级电路的直流通路互不影响,因此分析静态时可以一级一级单独分析;若为直接耦合,则前后级电路的直流通路互相影响,因此分析静态时需要综合分析。

7.4.4　多级放大电路的性能指标

设多级放大电路共由 n 级单级放大电路组成,其电压放大倍数表达式为 $\dot{A}_u=\dot{U}_o/\dot{U}_i$。由于前一级的输出信号即为后一级的输入信号,因此 $\dot{A}_u$ 与每一级的电压放大倍数的关系为

$$\dot{A}_u = \frac{\dot{U}_o}{\dot{U}_i} = \frac{\dot{U}_{o1}}{\dot{U}_i} \cdot \frac{\dot{U}_{o2}}{\dot{U}_{i2}} \cdot \cdots \cdot \frac{\dot{U}_o}{\dot{U}_{in}} = \dot{A}_{u1} \cdot \dot{A}_{u2} \cdot \cdots \cdot \dot{A}_{un} \tag{7-4-1}$$

即：$\dot{A}_u = \prod_{j=1}^{n} \dot{A}_{uj}$

多级放大电路的输入电阻等于第一级放大电路输入端的等效电阻，即 $R_i = R_{i1}$。

多级放大电路的输出电阻等于最后一级放大电路输出端的等效电阻，即 $R_o = R_{on}$。

需要说明的是，由于各级电路互相级联，在求解每一级的电压放大倍数时，需要将其后一级及之后的电路视为其负载，并将前一级及之前的电路视为其信号源；在求解多级放大电路的 R_i 时，可能还与第二级及之后的电路以及负载 R_L 有关；在求解多级放大电路的 R_o 时，可能还与倒数第二级及之前的电路以及信号源内阻 R_s 有关。

例 7.4.1 阻容耦合两级放大电路如图 7-4-3 所示，已知 MOS 的 $U_{GS(th)} = 2$ V、$I_{DO} = 3$ mA，晶体管的 $\beta = 100$、$r_{bb'} = 0$ Ω，$V_{DD} = 12$ V，$R_{g1} = 400$ kΩ，$R_{g2} = 800$ kΩ，$R_{g3} = 1$ MΩ，$R_d = 2.4$ kΩ，$R_s = 0$ Ω，$R_b = 565$ kΩ，$R_c = 3$ kΩ，$R_L = 3$ kΩ，所有电容对交流信号可视为短路。求两级电路的 Q 点、$\dot{A}_u$、R_i、R_o。

解： 分别单独求两级放大电路的 Q 点。

（1）求 Q 点

第一级：

$$U_G = V_{DD} R_{g1} / (R_{g1} + R_{g2}) = 4 \text{ V}, \quad U_{GSQ} = U_G - U_S = 4 \text{ V} - I_{DQ} R_s = 4 \text{ V}$$

$$I_{DQ} = I_{DO} \left(\frac{U_{GSQ}}{U_{GS(th)}} - 1 \right)^2 = 3 \times \left(\frac{4}{2} - 1 \right)^2 \text{ mA} = 3 \text{ mA}$$

$$U_{DSQ} = V_{DD} - I_{DQ}(R_d + R_s) = 4.8 \text{ V}$$

第二级：

$$I_{BQ} = \frac{V_{DD} - U_{BE}}{R_b} \approx \frac{(12-0.7) \text{ V}}{565 \text{ kΩ}} = 20 \text{ μA}, \quad I_{CQ} = \beta I_{BQ} \approx 2 \text{ mA}, \quad U_{CEQ} = V_{DD} - I_{CQ} R_c \approx 6 \text{ V}$$

（2）求 $\dot{A}_u$、R_i、R_o

画出两级放大电路的交流等效电路，如图 7-4-4 所示。

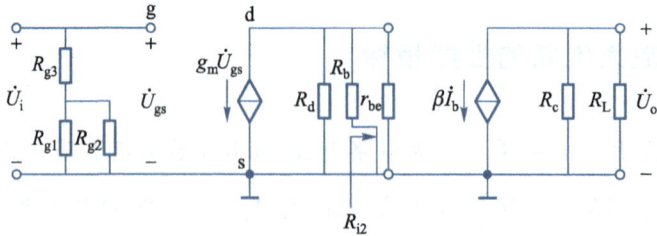

图 7-4-4 两级放大电路的交流等效电路

图中 $g_m = \dfrac{2}{U_{GS(th)}}\sqrt{I_{DO}I_{DQ}} = 3 \text{ mS}$,$r_{be} = r_{bb'} + \beta\dfrac{U_T}{I_{CQ}} = 1\ 300\ \Omega$

设 $\dot{A}_u = \dot{A}_{u1}\dot{A}_{u2}$

$$\dot{A}_{u1} = \dfrac{\dot{U}_{o1}}{\dot{U}_i} = -g_m(R_d /\!/ R_{i2}) = -g_m(R_d /\!/ R_b /\!/ r_{be}) \approx -2.5$$

$$\dot{A}_{u2} = \dfrac{\dot{U}_o}{\dot{U}_{i2}} = -\dfrac{\beta(R_c /\!/ R_L)}{r_{be}} \approx -115.4$$

因此 $\dot{A}_u = \dot{A}_{u1}\dot{A}_{u2} \approx 288.5$

$$R_i = R_{g1} /\!/ R_{g2} + R_{g3} \approx 1.267 \text{ M}\Omega$$

$$R_o = R_c = 3 \text{ k}\Omega$$

第 7 章讨论题、思考题、习题

讨论题

1. 麦克风连接在电路中,当有声音时它两端的电压会随声音而变化,晶体管如何放大该信号？MOS 管如何放大该信号？
2. 直流通路和交流通路有何不同？如何画直流通路和交流通路？

思考题

1. 什么情况下适合用图解法、什么情况下适合用等效电路法？
2. 晶体管的直流模型和交流模型有何区别？分别在什么情况下应用？
3. MOS 管的直流模型和交流模型有何区别？分别在什么情况下应用？
4. 静态和动态有何不同？有何联系？
5. 实用的放大电路有何要求？
6. 直接耦合与阻容耦合放大电路各有何优缺点？
7. 组成放大电路有哪些要求(原则)？

习题

7.1 判断下列说法的正误,在相应的括号内画"√"表示正确,画"×"表示错误。

(1) 只有电路既放大电流又放大电压,才称其有放大作用。(　　)
(2) 直接耦合放大电路只能放大直流信号。(　　)
(3) 阻容耦合放大电路只能放大交流信号。(　　)
(4) 共集放大电路电压放大倍数小于1,所以不能实现功率放大。(　　)
(5) 任何放大电路都能放大电压(　　),都能放大电流(　　),都能放大功率(　　)。
(6) 放大电路的输入电阻与信号源内阻无关(　　),输出电阻与负载无关(　　)。

7.2 选择正确的答案填空。

(1) 对一个内阻不为零的信号源电压进行放大时,放大电路输入端的电压值_____信号源电压值。

　　A. 大于　　　　　B. 相等　　　　　C. 小于

(2) 对输出电阻不为零的放大电路,带负载时的输出电压值_____空载时的输出电压值。

　　A. 大于　　　　　B. 相等　　　　　C. 小于

(3) 放大电路中频段电压放大倍数的数值_____高频段的电压放大倍数的数值。

　　A. 大于　　　　　B. 相等　　　　　C. 小于

(4) 对大多数实用放大电路的要求是_____。

A. 信号源与放大电路共地

B. 直流电源种类尽可能多

C. 负载上有直流分量

(5) 在共射、共集、共基三种基本放大电路组态中,希望带负载能力强,应选用_____;希望输入电阻大,应选用_____;希望既能放大电压,又能放大电流,应选用_____;设计宽频带放大器,应选用_____。

　　A. 共射组态　　　B. 共集组态　　　C. 共基组态

7.3 图P7-3所示电路中,已知$R_b=280$ kΩ,$R_c=4$ kΩ,晶体管工作在放大状态,$\beta=200$,$r_{be}\approx 2$ kΩ。已知电路能正常放大输入信号,则电压放大倍数$\dot{A}_u$约为_____。

　　A. -4.2　　　B. 4.2　　　C. 2.8　　　D. -2.8

7.4 在图P7-4所示电路中,已知$V_{CC}=12$ V,晶体管的$\beta=100$,$U_{BEQ}\approx 0.7$ V,$R_b=565$ kΩ。填空:要求先填文字表达式后填得数。

(1) 当$\dot{U}_i=0$ V时,基极电流$I_{BQ}=$_____≈_____μA,$I_{CQ}=$_____≈_____mA;

(2) 若测得$U_{CEQ}=6$ V,则$R_c=$_____≈_____kΩ。

(3) 若测得输入电压有效值$U_i=5$ mV时,输出电压有效值$U_o'=0.6$ V,则电压放大倍数$\dot{A}_u=$_____≈_____。

(4) 若在输出端接入负载电阻$R_L=3$ kΩ,则带上负载后输出电压有效值$U_o=$_____=_____V。

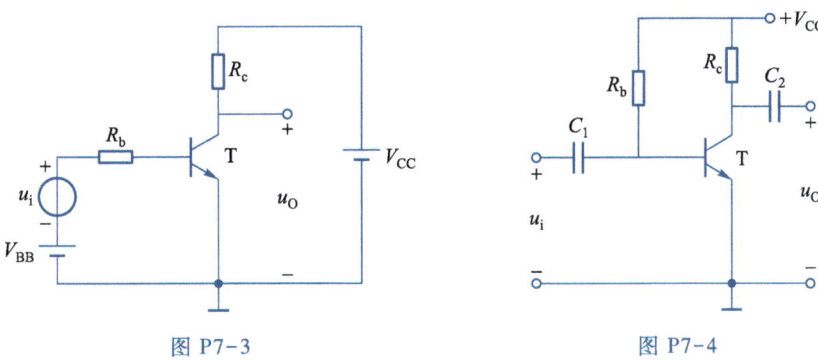

图 P7-3　　　　　　　　　　图 P7-4

7.5　图 P7-5(a)所示电路中,已知晶体管的 $U_{BE}=0.7\text{ V}$,$\beta=100$,输出特性如图 P7-3(b)所示。用作图法在图 P7-3(b)中确定静态工作点 U_{CEQ} 和 I_{CQ}。

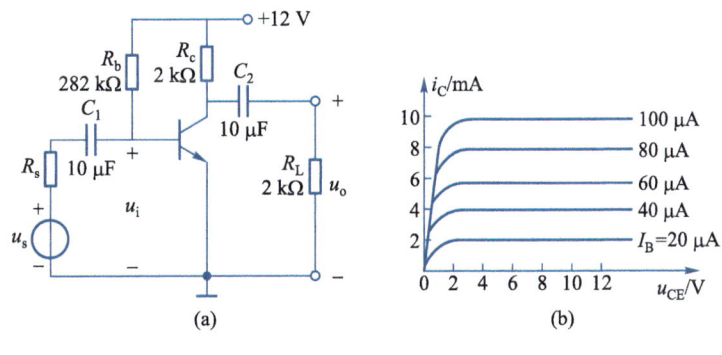

图 P7-5

7.6　图 P7-6(a)所示电路中,MOS 管的输出特性如图 P7-6(b)所示。分析当 u_I 分别为 3 V、8 V、12 V 时 MOS 管的工作区域(可变电阻区、恒流区或截止区)。

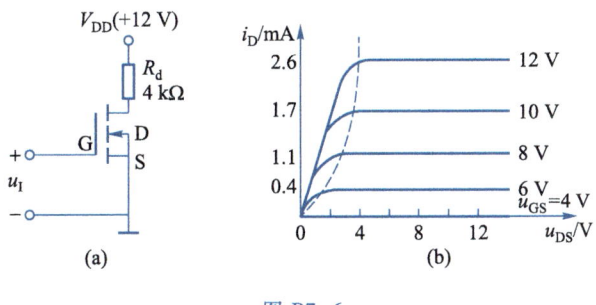

图 P7-6

7.7　电路如图 P7-7(a)所示,MOS 管的转移特性如图 P7-7(b)所示。求解电路的 Q 点、$\dot{A}_u$、R_i 和 R_o。

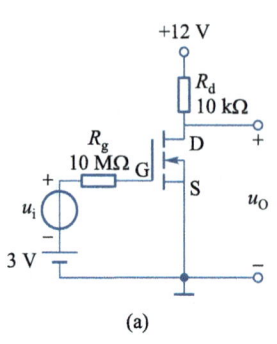 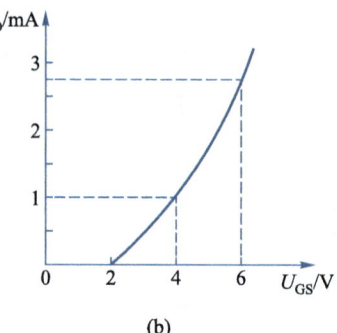

图 P7-7

7.8 定性判断图 P7-8 中电路不具备正常放大能力的理由。

电路(1)不具备正常放大能力的理由是_____。

电路(2)不具备正常放大能力的理由是_____。

A. V_{CC} 极性不正确

B. 晶体管发射结因直流偏置电压过大而烧坏

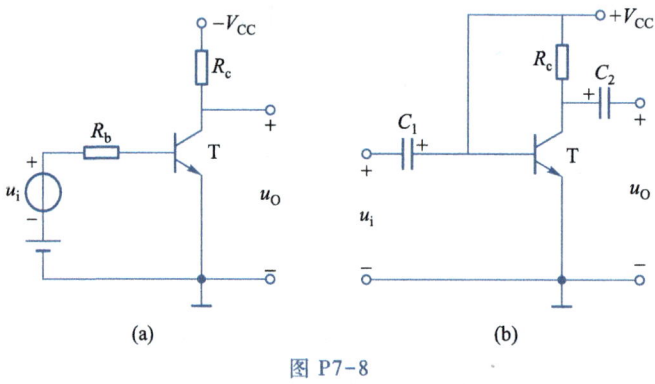

图 P7-8

7.9 在图 P7-9 所示各电路中分别改正一处错误,使它们有可能放大正弦波信号 u_i。设所有电容对交流信号均可视为短路。

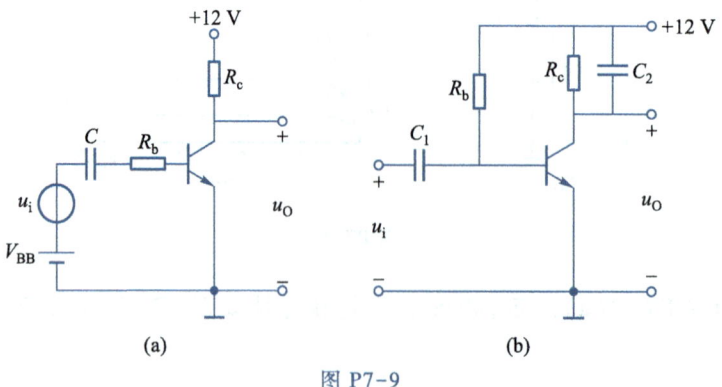

图 P7-9

7.10 填空:电路如图 P7-10 所示,已知晶体管 $\beta=100$,$V_{CC}=12$ V,$U_{BE}=0.7$ V,晶体管饱和管压降 $U_{CES}=0.5$ V。说明在下列情况下,用直流电压表测晶体管的集电极电位 U_C,应分别为多少。

(1) 正常情况,$U_C \approx$ _____ V;

(2) R_{b1} 短路,$U_C \approx$ _____ V;

(3) R_{b1} 开路,$U_C \approx$ _____ V;

(4) R_{b2} 开路,$U_C \approx$ _____ V;

(5) R_C 短路,$U_C \approx$ _____ V。

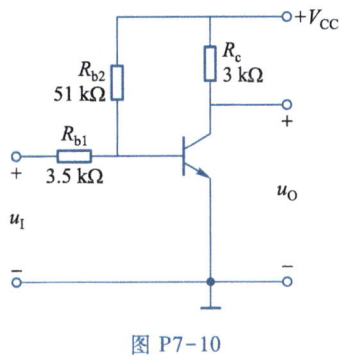

图 P7-10

7.11 电路如图 P7-11 所示,在线性放大条件下,调整电路有关参数,试分析电路状态和性能指标的变化。选择填空:

(1) 当 R_b 增大时,静态电流 I_{BQ} 将_____,I_{CQ} 将_____,r_{be} 将_____,电压放大倍数 $|\dot{A}_u|$ 将_____,输入电阻 R_i 将_____,输出电阻 R_o 将_____;

A. 增大　　　　B. 减小　　　　C. 基本不变

(2) 已知 $r_{bb'} \approx 0$,为了增大电压放大信号 $|\dot{A}_u|$,可以_____。

A. 增大 R_b　　　B. 增大 β　　　C. 增大 R_c

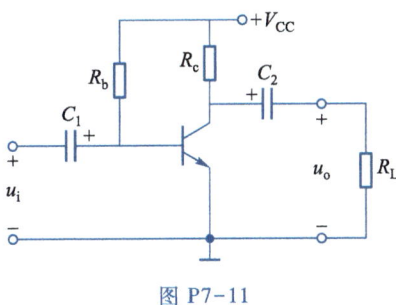

图 P7-11

7.12 画出图 P7-12 所示各电路的直流通路和交流通路。设所有电容对于交流信号均可视为短路。

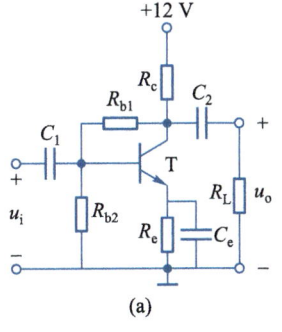

(a)

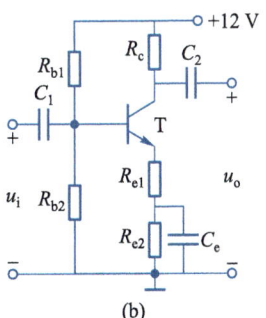

(b)

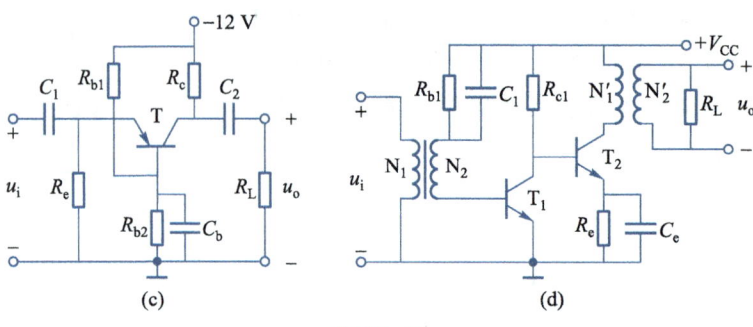

图 P7-12

7.13 电路如图 P7-5(a)所示,已知晶体管的 $U_{BE} = 0.7$ V,$\beta = 100$,$r'_{bb} = 100\ \Omega$,$R_s = 1\ k\Omega$。

(1) 求解动态参数 $\dot{A}_u = \dot{U}_o/\dot{U}_i$、$\dot{A}_{us} = \dot{U}_o/\dot{U}_s$、$R_i$、$R_o$。

(2) 当 R_s、R_b、R_c、R_L 分别单独增大时,$\dot{A}_u$、$\dot{A}_{us}$、R_i、R_o 分别如何变化?假设当参数变化时晶体管始终处于放大状态。

7.14 图 P7-14 所示电路为场效应管放大电路,其中场效应管的 $K_n = 1.25\ \text{mA/V}^2$,$U_{GS(th)} = 2$ V,各电容对交流信号可视为短路。

(1) 求静态工作点 I_{DQ}、U_{GSQ}、U_{DSQ};

(2) 画出交流等效电路图;

(3) 求电压放大倍数 $\dot{A}_u$、输入电阻 R_i、输出电阻 R_o。

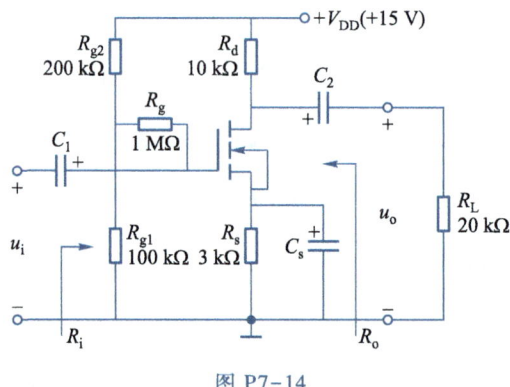

图 P7-14

7.15 图 P7-14 所示电路中,设电路始终处于放大状态,填空:

(1) 当 R_{g2} 减小时,I_{DQ} 将_____,U_{DSQ} 将_____,$|\dot{A}_u|$ 将_____,R_i 将_____,R_o 将_____;

A. 增大   B. 减小   C. 不变

(2) 若希望增大 $|\dot{A}_u|$,则可以增大_____。

A. R_{g1} B. R_{g2} C. R_d

（3）若电容 C_s 开路，则 $|\dot{A}_u|$ 将_____，R_i 将_____，R_o 将_____。
A. 增大　　　　　　B. 减小　　　　　　C. 不变

7.16　电路如图 P7-16 所示，已知晶体管的 $U_{BE}=0.7$ V，$\beta=250$，$r'_{bb}=300$ Ω。

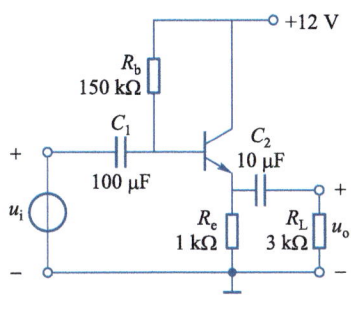

图 P7-16

（1）求解静态工作点 I_{BQ}、I_{CQ} 和 U_{CEQ}；
（2）求解 $\dot{A}_u$、R_i、R_o；
（3）该电路是什么组态的电路？$\dot{A}_u$、R_i、R_o 具有什么特点？
（4）为了增大 R_i，应如何调整 R_b 或 R_e？设调整时电路始终处于放大状态。

7.17　电路如图 P7-17(a) 所示，MOS 管的转移特性如图 P7-17(b) 所示。解答下列各题：

（1）求解电路的 Q 点、$\dot{A}_u$、R_i 和 R_o。
（2）若需要增大 $\dot{A}_u$，则可采取哪些措施？

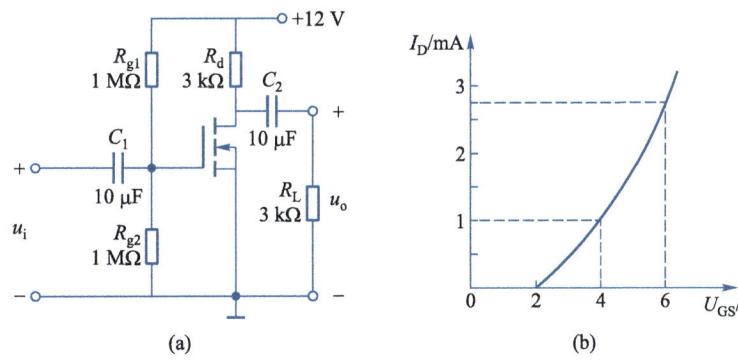

图 P7-17

7.18　设图 P7-18 所示各电路的静态工作点均合适，分别画出它们的交流等效电路，并写出 $\dot{A}_u$、R_i 和 R_o 的表达式。

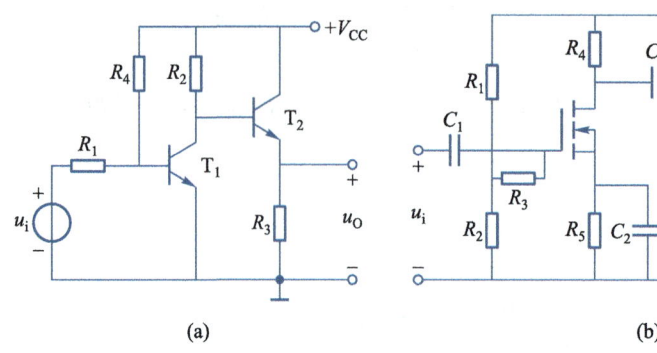

(a)   (b)

图 P7-18

7.19 单管共源放大电路如图 7-3-7 所示,已知 $V_{DD} = 12$ V, $R_{g1} = 230$ kΩ, $R_{g2} = 970$ kΩ, $R_d = 1$ kΩ, $R_L = 3$ kΩ, $C_1 = C_2 = 10$ μF。MOS 管型号为 2N7000,其 $U_{GS(th)} \approx 2$ V。请用 Multisim 仿真分析其静态工作点 U_{GSQ}、I_{DQ}、U_{DSQ},以及 $\dot{A}_u$、R_i、R_o。

第 7 章习题解答

第 8 章 频率响应

8.1 频率响应概述

8.1.1 频率响应的基本概念

在第 7 章分析放大电路的电压放大倍数时,通常将耦合电容视为短路,即没有考虑它们的效应,此外也没有考虑晶体管发射结和集电结的等效电容以及 MOS 管的极间电容。而实际情况下,这些电容都会对放大电路的电压放大倍数有影响,从而使得放大电路的放大倍数是信号频率的函数,这种函数关系称为频率响应(frequency response)或者频率特性。当信号频率发生改变时,放大倍数会发生相应的幅值和相位变化。

8.1.2 频率响应的本质

阻容耦合共射放大电路如图 8-1-1 所示,其耦合电容将与它相关的电阻组成一阶 RC 高通电路,低频时将导致电压放大倍数数值下降并且产生相移;而发射结的等效电容 C_{je} 将与它相关的电阻组成一阶 RC 低通电路,高频时将导致放大倍数数值下降并且产生相移。

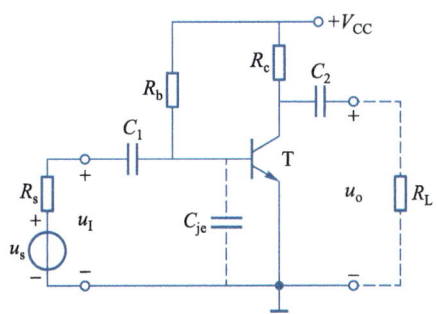

图 8-1-1 阻容耦合共射放大电路

8.2 一阶 RC 电路的频率响应

由于放大电路中可能存在一阶 RC 高通电路和低通电路,因此分析清楚一阶 RC 高通电路和低通电路的频率响应,有利于分析和理解放大电路的频率响应。

8.2.1 一阶 RC 电路的频率响应分析

一阶 RC 高通电路和低通电路如图 8-2-1 所示,设输入和输出信号均用正弦相量表示。

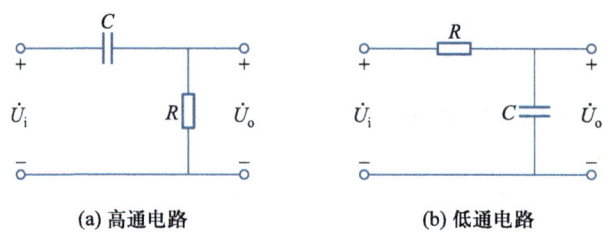

(a) 高通电路　　　　　(b) 低通电路

图 8-2-1　一阶 RC 电路

下面分别分析两个电路的频率响应。设正弦信号的角频率为 ω,频率为 f,电容的复阻抗为 $\dfrac{1}{j\omega C}$。

一、一阶 RC 高通电路

一阶 RC 高通电路的频率响应为 $\dot{A}_u = \dfrac{\dot{U}_o}{\dot{U}_i} = \dfrac{R}{\dfrac{1}{j\omega C}+R} = \dfrac{1}{1+\dfrac{1}{j\omega RC}} = \dfrac{1}{1+\dfrac{1}{j2\pi fRC}}$。

令 $f_L = \dfrac{1}{2\pi RC}$,则 $\dot{A}_u = \dfrac{1}{1+\dfrac{f_L}{jf}} = \dfrac{j\dfrac{f}{f_L}}{1+j\dfrac{f}{f_L}}$。

当 $f \gg f_L$ 时,$|\dot{A}_u| \approx 1$;当 $f = f_L$ 时,$|\dot{A}_u| = \dfrac{1}{\sqrt{2}} \approx 0.707$,将 f_L 称为一阶 RC 高通电路的下限截止频率。

二、一阶 RC 低通电路

一阶 RC 低通电路的频率响应为 $\dot{A}_u = \dfrac{\dot{U}_o}{\dot{U}_i} = \dfrac{\frac{1}{j\omega C}}{R+\frac{1}{j\omega C}} = \dfrac{1}{1+j\omega RC} = \dfrac{1}{1+j2\pi fRC}$。

令 $f_H = \dfrac{1}{2\pi RC}$，则 $\dot{A}_u = \dfrac{1}{1+j\dfrac{f}{f_H}}$。

当 $f \ll f_H$ 时，$|\dot{A}_u| \approx 1$；当 $f = f_H$ 时，$|\dot{A}_u| = \dfrac{1}{\sqrt{2}} \approx 0.707$，将 f_H 称为一阶 RC 低通电路的上限截止频率。

由以上分析可知，一阶 RC 高通电路的 f_L 和一阶 RC 低通电路的 f_H 均取决于电容回路的时间常数 RC。

8.2.2　一阶 RC 电路的频率特性

分析一阶 RC 高通电路的频率响应可分别求得 $\dot{A}_u$ 的幅值（模）及相位与频率的关系，即

$$\begin{cases} |\dot{A}_u| = \dfrac{1}{\sqrt{1+\left(\dfrac{f_L}{f}\right)^2}} \\ \varphi = 90° - \arctan\dfrac{f}{f_L} \end{cases}$$

$\dot{A}_u$ 的幅值及相位与频率的关系分别称为幅频特性和相频特性。

分析一阶 RC 低通电路的频率响应也可分别求得 $\dot{A}_u$ 的幅频特性和相频特性，即

$$\begin{cases} |\dot{A}_u| = \dfrac{1}{\sqrt{1+\left(\dfrac{f}{f_H}\right)^2}} \\ \varphi = -\arctan\dfrac{f}{f_H} \end{cases}$$

8.2.3　一阶 RC 电路的波特图

幅频特性和相频特性可以用图来描述。为了表示尽可能大的频率和幅值，通常幅频特

性和相频特性的横轴用对数$\lg f$表示,幅频特性的纵轴用$20\lg|\dot{A}_u|$表示,单位为分贝(dB),而相频特性的纵轴用相位表示,单位为度(°)。这样画出来的幅频特性和相频特性称为波特图(Bode plots)。

将幅频特性用对数表示,则一阶RC高通电路的对数幅频特性和相频特性为

$$\begin{cases} 20\lg|\dot{A}_u| = -10\lg\left[1+\left(\dfrac{f_L}{f}\right)^2\right] \\ \varphi = 90° - \arctan\dfrac{f}{f_L} \end{cases}$$

一阶RC低通电路的对数幅频特性和相频特性为

$$\begin{cases} 20\lg|\dot{A}_u| = -10\lg\left[1+\left(\dfrac{f}{f_H}\right)^2\right] \\ \varphi = -\arctan\dfrac{f}{f_H} \end{cases}$$

用波特图分别绘制一阶RC高通电路的幅频特性和相频特性,分别如图 8-2-2 上、下虚线所示。需要注意的是,横轴用$\lg f$表示,但写的是f。

由幅频特性可知,当$f \ll f_L$时,$20\lg|\dot{A}_u| \approx -20\lg\left(\dfrac{f_L}{f}\right) = 20\lg\left(\dfrac{f}{f_L}\right)$,频率每增加 10 倍,幅值上升 20 dB;当$f = f_L$时,$20\lg|\dot{A}_u| \approx -3$ dB;当$f \gg f_L$时,$20\lg|\dot{A}_u| \approx 0$ dB。由相频特性可知,当$f \ll f_L$时,$\varphi = 90°$;当$f = f_L$时,$\varphi = 45°$;当$f \gg f_L$时,$\varphi = 0°$,因此频率每增加 10 倍,相位下降 45°。相频特性表明,一阶RC高通电路的$\dot{U}_o$比$\dot{U}_i$超前 0~+90°。实际绘制波特图时,可用图中的折线(实线)近似代替曲线(虚线)。

用波特图分别绘制一阶RC低通电路的幅频特性和相频特性,分别如图 8-2-3 上、下虚线所示。

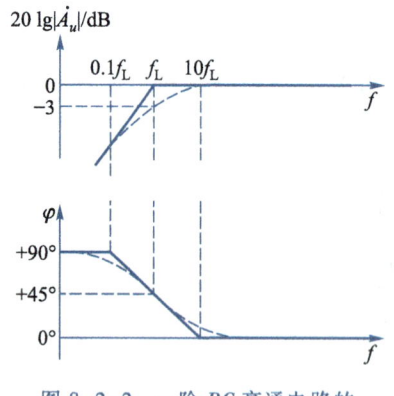

图 8-2-2 一阶RC高通电路的幅频特性和相频特性

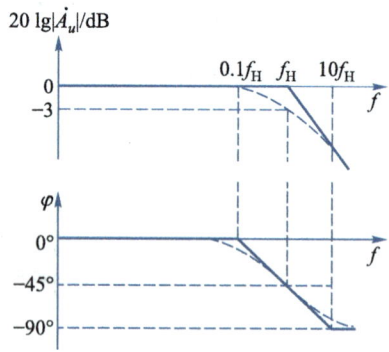

图 8-2-3 一阶RC低通电路的幅频特性和相频特性

由幅频特性可知,当$f \ll f_H$时,$20\lg|\dot A_u| \approx 0$ dB;当$f=f_H$时,$20\lg|\dot A_u| \approx -3$ dB;当$f \gg f_H$时,$20\lg|\dot A_u| \approx -20\lg\left(\dfrac{f}{f_H}\right)$,频率每增加10倍,幅值下降20 dB。由相频特性可知,当$f \ll f_H$时,$\varphi = 0°$;当$f=f_H$时,$\varphi = -45°$;当$f \gg f_H$时,$\varphi = -90°$,因此频率每增加10倍,相位下降45°。相频特性表明,一阶RC低通电路的$\dot U_o$比$\dot U_i$滞后$0 \sim -90°$。实际绘制波特图时,可用图中的折线(实线)近似代替曲线(虚线)。

8.3　MOS管的高频等效模型

N沟道MOS管结构如图6-5-1所示,栅极与衬底之间为二氧化硅绝缘层,因此栅极与衬底之间等效为一个电容,记为C_{gs}。漏极和源极之间也有二氧化硅绝缘层,因此漏极和源极之间也等效为一个电容,记为C_{dg}。此外,漏极与衬底之间是一个PN结,因此也有等效的电容,记为C_{ds}。

MOS管的中低频交流等效模型如图7-3-3所示,高频时应考虑极间等效电容,若将C_{gs}、C_{dg}和C_{ds}加入交流等效模型中,则得到MOS管的高频等效模型,如图8-3-1所示。

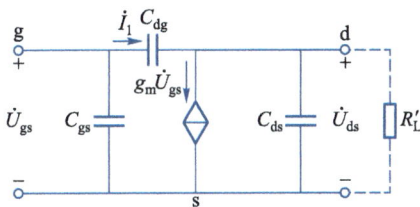

图8-3-1　MOS管的高频等效模型

由于C_{dg}跨接在输入回路和输出回路之间,输入信号$\dot U_{gs}$将通过C_{dg}传输到输出回路,使电路求解非常复杂。因此为了简化分析,可将C_{dg}的作用分别等效到输入回路和输出回路,从而使电路中信号的传输单向化,简化电路分析。得到的等效模型如图8-3-2所示,其中C'_{dg}是C_{dg}的作用等效到输入回路的电容,而C''_{dg}是C_{dg}的作用等效到输出回路的电容。

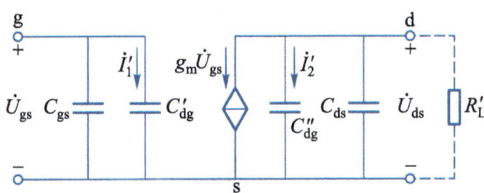

图8-3-2　密勒等效变换后的MOS管的高频等效模型

等效前后的两个模型中,电流 $\dot{I}_1 = \dot{I}'_1$, $-\dot{I}_1 = \dot{I}'_2$。设 $\dot{K} = \dfrac{\dot{U}_{ds}}{\dot{U}_{gs}}$,则

$$C'_{dg} = (1 + |\dot{K}|) C_{dg}$$

$$C''_{dg} = \dfrac{\dot{K} - 1}{\dot{K}} C_{dg}$$

该等效方法称为密勒等效,求解过程可以参考相关文献。

由图 8-3-2 可知,中频时,$\dot{K} = \dfrac{\dot{U}_{ds}}{\dot{U}_{gs}} = \dfrac{-g_m \dot{U}_{gs} R'_L}{\dot{U}_{gs}} = -g_m R'_L$。为了简化分析,计算时通常用中频时的 $\dot{K}$ 近似。

分别将输入回路的两个电容和输出回路的两个电容合并,则 g-s 间总电容为 $C'_{gs} = C_{gs} + C'_{dg} \approx C_{gs} + (1 + |\dot{K}|) C_{dg}$。g-s 间总电容为 $C'_{ds} = C_{ds} + C''_{dg} \approx C_{ds} + \dfrac{\dot{K}-1}{\dot{K}} C_{dg}$。电容合并后的等效模型如图 8-3-3 所示。

一般情况下,$C'_{gs} \gg C'_{ds}$,因此 C'_{gs} 的复阻抗 $|Z_{C'_{gs}}|$ 远远小于 C'_{ds} 的复阻抗 $|Z_{C'_{ds}}|$,且 $|Z_{C'_{ds}}| \gg R'_L$。因此,为了简化分析,通常忽略 C'_{ds} 的作用,简化后的模型如图 8-3-4 所示。

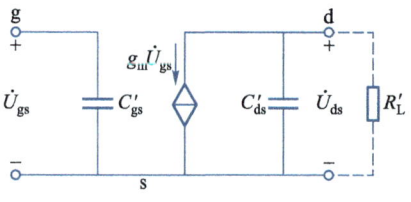

图 8-3-3 电容合并后的等效模型

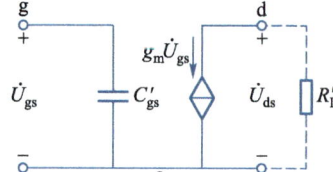

图 8-3-4 简化后的等效模型

8.4　单管共源放大电路的频率响应

阻容耦合共源放大电路如图 8-4-1 所示,为了简化分析,输入回路采用了直接耦合。

共源放大电路的全频段交流等效电路如图 8-4-2 所示。其中 C'_{gs} 容值较小,通常为 pF 级别,而耦合电容 C 较大,通常为 μF 级别。C'_{gs} 与 R_{g1}、R_{g2} 组成一阶低通电路,而 C 与 R_d、R_L 组成一阶高通电路。当输入信号为低频或中频信号时,C'_{gs} 的复阻抗 $|Z_{C'_{gs}}|$ 很大,近似开路,可以忽略其对电压放大倍数的影响,而频率较高时 $|Z_{C'_{gs}}|$ 较小,需要考虑其影响;当输入信号为高频或中频信号时,C 的复阻抗 $|Z_C|$ 很小,近似短路,可以忽略其对电压放大倍数的影响,而频率较低时 $|Z_C|$ 较大,需要考虑其影响。

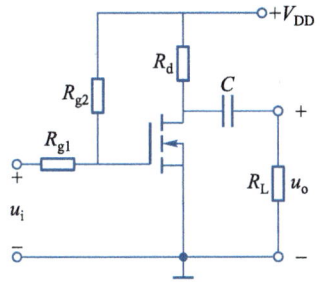
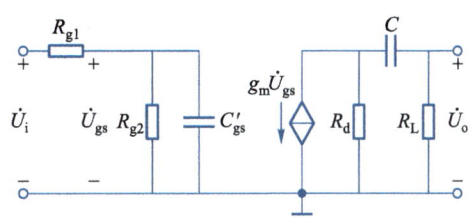

图 8-4-1　单管共源放大电路　　图 8-4-2　共源放大电路的全频段交流等效电路

下面分别从低、中、高三个频段分析共源放大电路的电压放大倍数。

一、中频电压放大倍数

中频时，C'_{gs} 的复阻抗 $|Z_{C'_{gs}}|$ 很大，近似开路，可以不考虑其影响；而 C 的复阻抗 $|Z_C|$ 很小，近似短路，也可以不考虑其影响。中频时的等效电路如图 8-4-3 所示。

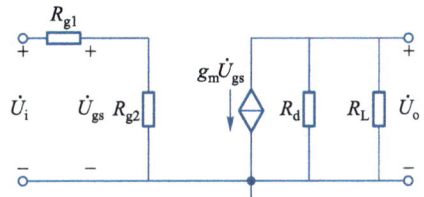

图 8-4-3　共源放大电路的中频交流等效电路

$$\dot{A}_{um} = \frac{\dot{U}_o}{\dot{U}_i} = \frac{\dot{U}_{gs}}{\dot{U}_i} \cdot \frac{\dot{U}_o}{\dot{U}_{gs}} = \frac{R_{g2}}{R_{g1}+R_{g2}} \cdot [-g_m(R_d /\!/ R_L)]$$

二、低频电压放大倍数

低频时，C'_{gs} 的复阻抗 $|Z_{C'_{gs}}|$ 很大，近似开路，可以不考虑其影响；而 C 的复阻抗 $|Z_C|$ 较大，需要考虑其影响。低频时的等效电路如图 8-4-4(a) 所示。

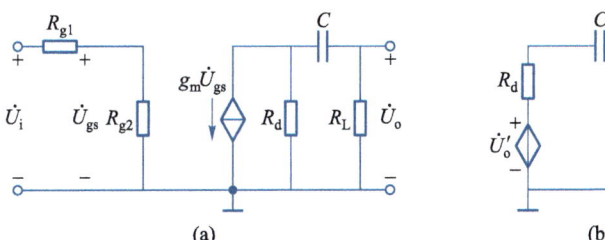

(a)　　　　　　　　　(b)

图 8-4-4　共源放大电路的低频交流等效电路及输出回路的等效电路

由于输出端有两个回路,求解时较复杂,因此可以利用戴维南定理将电流源 $g_m\dot{U}_{gs}$ 与 R_d 并联的电路等效为一个电压源与一个电阻串联的支路,如图 8-4-4(b)所示,其中电压源 $\dot{U}'_o = -g_m\dot{U}_{gs}R_d$。等效后输出端只有一个回路,可以使电路分析简化。

$$\dot{A}_{ul} = \frac{\dot{U}_o}{\dot{U}_i} = \frac{\dot{U}_{gs}}{\dot{U}_i} \cdot \frac{\dot{U}_o}{\dot{U}_{gs}} = \frac{R_{g2}}{R_{g1}+R_{g2}} \cdot \left(\frac{R_L}{R_d+R_L+\dfrac{1}{j\omega C}} \cdot \dot{U}'_o\right)\Big/\dot{U}_{gs}$$

$$= \frac{R_{g2}}{R_{g1}+R_{g2}} \cdot \frac{R_L(-g_m\dot{U}_{gs}R_d)}{R_d+R_L+\dfrac{1}{j\omega C}}\Big/\dot{U}_{gs}$$

$$= \frac{R_{g2}}{R_{g1}+R_{g2}} \cdot \frac{-g_m(R_dR_L)}{R_d+R_L+\dfrac{1}{j\omega C}}$$

$$= \frac{R_{g2}}{R_{g1}+R_{g2}} \cdot [-g_m(R_d/\!/R_L)] \cdot \frac{R_d+R_L}{(R_d+R_L)+\dfrac{1}{j\omega C}}$$

$$= \dot{A}_{um} \cdot \frac{R_d+R_L}{(R_d+R_L)+\dfrac{1}{j\omega C}} = \dot{A}_{um} \cdot \frac{1}{1+\dfrac{1}{j\omega(R_d+R_L)C}}$$

令 $f_L = \dfrac{1}{2\pi(R_d+R_L)C}$,则 $\dot{A}_{ul} = \dot{A}_{um} \cdot \dfrac{1}{1+\dfrac{f_L}{jf}} = \dot{A}_{um} \cdot \dfrac{j\dfrac{f}{f_L}}{1+j\dfrac{f}{f_L}}$。

下限截止频率 f_L 由耦合电容 C 所在回路的时间常数确定,因此求解出时间常数即可求得 f_L。

求解 $\dot{A}_{ul}$ 的幅频和相频特性如下,需要注意的是 $\dot{A}_{um}$ 的相位为 $-180°$。

$$\begin{cases} 20\lg|\dot{A}_{ul}| = 20\lg|\dot{A}_{um}| + 20\lg\dfrac{1}{\sqrt{1+\left(\dfrac{f_L}{f}\right)^2}} \\ \varphi = -180° + \left(90° - \arctan\dfrac{f}{f_L}\right) = -90° - \arctan\dfrac{f}{f_L} \end{cases}$$

即

$$\begin{cases} 20\lg|\dot{A}_{ul}| = 20\lg|\dot{A}_{um}| - 10\lg\left[1+\left(\dfrac{f_L}{f}\right)^2\right] \\ \varphi = -90° - \arctan\dfrac{f}{f_L} \end{cases}$$

画出低频时 $\dot{A}_{ul}$ 的幅频和相频特性的波特图,如图 8-4-5 所示。

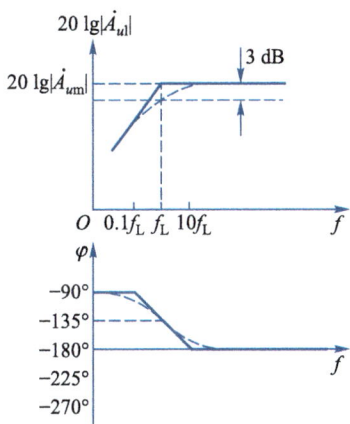

图 8-4-5 低频时的幅频和相频特性的波特图

三、高频电压放大倍数

高频时,C'_{gs} 的复阻抗 $|Z_{C'_{gs}}|$ 较小,需要考虑其影响;而 C 的复阻抗 $|Z_C|$ 很小,近似短路,可以不考虑其影响。高频时的等效电路如图 8-4-6(a)所示。

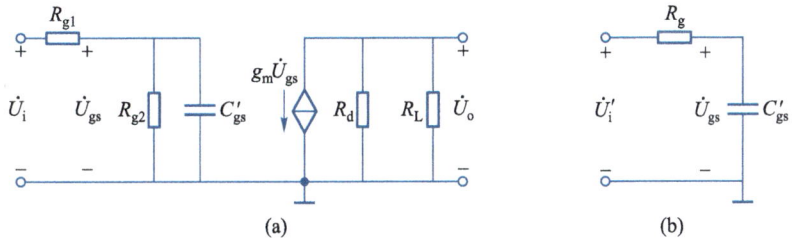

图 8-4-6 共源放大电路的高频交流等效电路及输入回路的等效电路

由于输入端有两个回路,求解时较复杂,因此可以利用戴维南定理将 $\dot{U}_i$、R_{g1}、R_{g2} 的输入回路等效为一个电压源与一个电阻串联的支路,如图 8-4-6(b)所示,其中电压源 $\dot{U}'_i = \dfrac{R_{g2}}{R_{g1}+R_{g2}}\dot{U}_i$,$R_g = R_{g1} /\!/ R_{g2}$。等效后输入端只有一个回路,可以使电路分析简化。

$$\dot{A}_{uh} = \frac{\dot{U}_o}{\dot{U}_i} = \frac{\dot{U}'_i}{\dot{U}_i} \cdot \frac{\dot{U}_{gs}}{\dot{U}'_i} \cdot \frac{\dot{U}_o}{\dot{U}_{gs}} = \frac{R_{g2}}{R_{g1}+R_{g2}} \cdot \frac{\dfrac{1}{j\omega C'_{gs}}}{R_g + \dfrac{1}{j\omega C'_{gs}}} \cdot [-g_m(R_d /\!/ R_L)]$$

$$= \dot{A}_{um} \cdot \frac{\dfrac{1}{j\omega C'_{gs}}}{R_g + \dfrac{1}{j\omega C'_{gs}}} = \dot{A}_{um} \cdot \frac{1}{1+j\omega R_g C'_{gs}}$$

令 $f_H = \dfrac{1}{2\pi R C'_{gs}}$，则 $\dot{A}_{uh} = \dot{A}_{um} \cdot \dfrac{1}{1+j\dfrac{f}{f_H}}$。

上限截止频率 f_H 由 C'_{gs} 所在回路的时间常数确定，因此求解出时间常数即可求得 f_H。

求解 $\dot{A}_{uh}$ 的幅频和相频特性如下，需要注意的是 $\dot{A}_{um}$ 的相位为 $-180°$。

$$\begin{cases} 20\lg|\dot{A}_{uh}| = 20\lg|\dot{A}_{um}| + 20\lg \dfrac{1}{\sqrt{1+\left(\dfrac{f}{f_H}\right)^2}} \\ \varphi = -180° - \arctan\dfrac{f}{f_H} \end{cases}$$

即

$$\begin{cases} 20\lg|\dot{A}_{uh}| = 20\lg|\dot{A}_{um}| - 10\lg\left[1+\left(\dfrac{f}{f_H}\right)^2\right] \\ \varphi = -180° - \arctan\dfrac{f}{f_H} \end{cases}$$

画出高频时 $\dot{A}_{uh}$ 的幅频和相频特性的波特图，如图 8-4-7 所示。

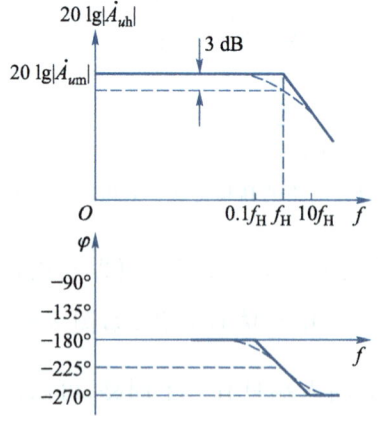

图 8-4-7 高频时幅频和相频特性的波特图

四、总的电压放大倍数的表达式及波特图

总的电压放大倍数的表达式为

$$\dot{A}_u = \dot{A}_{um} \cdot \frac{1}{1+\dfrac{f_L}{jf}} \cdot \frac{1}{1+j\dfrac{f}{f_H}} = \dot{A}_{um} \cdot \frac{j\dfrac{f}{f_L}}{1+j\dfrac{f}{f_L}} \cdot \frac{1}{1+j\dfrac{f}{f_H}}$$

幅频和相频的波特图如图 8-4-8 所示。

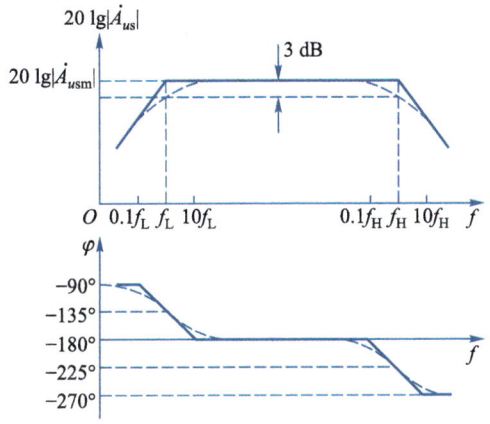

图 8-4-8　总的电压放大倍数的幅频和相频特性的波特图

8.5　多级放大电路的频率响应

由第 7 章的分析可知,多级放大电路的电压放大倍数是各级放大电路电压放大倍数的乘积,因此多级放大电路的频率响应也是各级放大电路频率响应的乘积,且多级放大电路的中频、低频、高频电压放大倍数分别是各级中频、低频、高频电压放大倍数的乘积。

8.5.1　频率响应分析

设 n 级放大电路各级的频率响应为 $\dot{A}_{uk} = \dot{A}_{ukm} \cdot \dfrac{1}{1+\dfrac{f_{Lk}}{jf}} \cdot \dfrac{1}{1+j\dfrac{f}{f_{Hk}}}$,其中 $k = 1 \sim n$,则各级的低

频电压放大倍数为 $\dot{A}_{ukl} = \dot{A}_{ukm} \cdot \dfrac{1}{1+\dfrac{f_{Lk}}{jf}}$，各级的高频电压放大倍数为 $\dot{A}_{ukh} = \dot{A}_{ukm} \cdot \dfrac{1}{1+j\dfrac{f}{f_{Hk}}}$。

因此 n 级放大电路总的频率响应为 $\dot{A}_u = \prod\limits_{k=1}^{n} \dot{A}_{uk}$，中频电压放大倍数为 $\dot{A}_{um} = \prod\limits_{k=1}^{n} \dot{A}_{ukm}$，低频电压放大倍数为 $\dot{A}_{ul} = \dot{A}_{um} \cdot \prod\limits_{k=1}^{n} \dfrac{1}{1+\dfrac{f_{Lk}}{jf}}$，高频电压放大倍数为 $\dot{A}_{uh} = \dot{A}_{um} \cdot \prod\limits_{k=1}^{n} \dfrac{1}{1+j\dfrac{f}{f_{Hk}}}$。多级放大电路总的频率响应、中频电压放大倍数、低频电压放大倍数、高频电压放大倍数分别为各级的频率响应、中频电压放大倍数、低频电压放大倍数、高频电压放大倍数的乘积。

n 级放大电路总的对数幅频特性和相频特性与各级的对数幅频特性和相频特性的关系为

$$20\lg|\dot{A}_u| = \sum_{k=1}^{n} 20\lg|\dot{A}_{uk}|$$

$$\varphi = \sum_{k=1}^{n} \varphi_k$$

多级放大电路总的对数幅频特性和相频特性分别为各级的对数幅频特性和相频特性之和。

8.5.2 截止频率和带宽

由多级放大电路的低频电压放大倍数分析总的下限截止频率 f_L，当 $|\dot{A}_{ul}| = \left|\dot{A}_{um} \cdot \prod\limits_{k=1}^{n} \dfrac{1}{1+\dfrac{f_{Lk}}{jf_L}}\right| = \dfrac{|\dot{A}_{um}|}{\sqrt{2}}$，即 $\left|\prod\limits_{k=1}^{n} \dfrac{1}{1+\dfrac{f_{Lk}}{jf_L}}\right| = \dfrac{1}{\sqrt{2}}$ 时，可求出 f_L。

此时 $\left|\prod\limits_{k=1}^{n}\left(1+\dfrac{f_{Lk}}{jf_L}\right)\right| = \sqrt{2}$，即 $\left|\prod\limits_{k=1}^{n}\left[1+\left(\dfrac{f_{Lk}}{f_L}\right)^2\right]\right| = 2$，该式表明 $f_L > f_{Lk}$，说明多级放大电路的下限截止频率 f_L 大于每一级的下限截止频率。将公式展开，若忽略高次项，则求得 $f_L \approx \sqrt{\sum\limits_{k=1}^{n}(f_{Lk})^2}$。

由多级放大电路的高频电压放大倍数分析总的上限截止频率 f_H，当 $|\dot{A}_{uh}| = \left|\dot{A}_{um} \cdot \prod\limits_{k=1}^{n} \dfrac{1}{1+j\dfrac{f_H}{f_{Hk}}}\right| = \dfrac{|\dot{A}_{um}|}{\sqrt{2}}$，即 $\left|\prod\limits_{k=1}^{n} \dfrac{1}{1+j\dfrac{f_H}{f_{Hk}}}\right| = \dfrac{1}{\sqrt{2}}$ 时，可求出 f_H。

此时 $\left|\prod_{k=1}^{n}\left(1+\mathrm{j}\dfrac{f_H}{f_{Hk}}\right)\right|=\sqrt{2}$，即 $\left|\prod_{k=1}^{n}\left[1+\left(\dfrac{f_H}{f_{Hk}}\right)^2\right]\right|=2$，该式表明 $f_H<f_{Hk}$，说明多级放大电路的上限截止频率 f_H 小于每一级的上限截止频率。将公式展开，若忽略高次项，则求得 $f_H\approx\sqrt{\dfrac{1}{\sum_{k=1}^{n}\left(\dfrac{1}{f_{Hk}}\right)^2}}$。

由以上分析可知，多级放大电路的带宽 $f_{bw}=f_H-f_L$ 将比每一级的带宽 $f_{bwk}=f_{Hk}-f_{Lk}$ 都要小。

第8章讨论题、思考题、习题

讨论题

1. 频率响应的本质是什么？
2. 如何画波特图？
3. 多级放大电路总的频率响应与各级放大电路的频率响应是什么关系？

思考题

1. 放大电路的低频截止频率和高频截止频率通常由什么确定？
2. 如何由各级放大电路的低频截止频率和高频截止频率求解多级放大电路的低频截止频率和高频截止频率？

习题

8.1 选择正确的答案，用 A、B、C 等填空。
(1) 放大电路在低频信号作用下电压放大倍数下降的原因是存在_____电容和_____电容，而在高频信号作用下电压放大倍数下降的主要原因是存在_____电容。
  A.耦合　　　　　　B.旁路　　　　　　C.极间
(2) 放大电路中频段电压放大倍数的数值_____高频段的电压放大倍数的数值。
  A.大于　　　　　　B.相等　　　　　　C.小于
(3) 已知某放大电路的波特图如图 P8－1(3) 所示，则电路的中频电压放大倍数 $20\lg|\dot A_{um}|=$_____dB。
  A. 30　　　　　　　B. 20　　　　　　　C. 10

电路的下限频率 $f_L \approx$ _____ Hz，上限频率 $f_H \approx$ _____ kHz。

A. 10　　　　B. 100　　　　C. 10^5　　　　D. 10^6

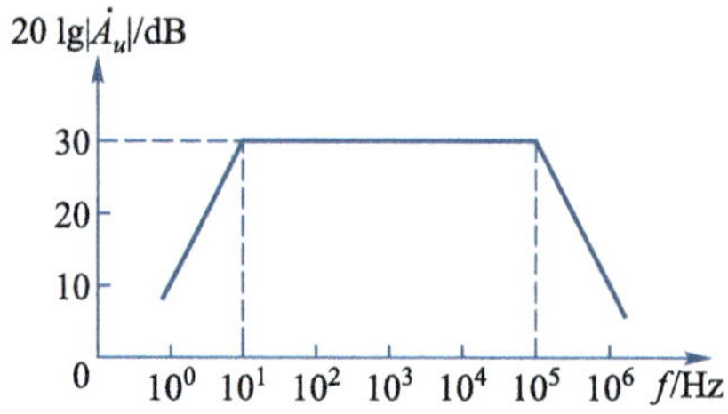

图 P8-1(3)

8.2 填空

(1) 当阻容耦合放大电路的输入信号频率下降到下限截止频率时，放大倍数的幅值下降到中频放大倍数的_____倍，或者说下降了_____dB；放大倍数的相位与中频时相比，附加相移约为_____度。

(2) 已知某单管放大电路电压放大倍数为

$$\dot{A}_u = \frac{-1000\left(j\dfrac{f}{10}\right)}{\left(1+j\dfrac{f}{10}\right)\left(1+j\dfrac{f}{10^5}\right)}$$

填空：该电路的下限截止频率为_____Hz，上限截止频率为_____Hz，中频电压放大倍数为_____，输出电压与输入电压在中频时的相位差为_____度。

当信号频率恰好等于下限截止频率时，该电路的输出电压与输入电压的相位差为_____度；当信号频率恰好等于上限截止频率时，该电路的输出电压与输入电压的相位差为_____度。

8.3 已知某共源放大电路的中频电压增益为 40 dB，上限截止频率为 100 kHz，下限截止频率为 10 Hz。写出该放大电路电压放大倍数 $\dot{A}_u$ 的复数表达式。

8.4 单管共源放大电路如图 8-4-1 所示，在线性放大条件下，调整电路有关参数，试分析电路状态和性能指标的变化。选择填空：

(1) 当 R_{g1} 增大时，静态电流 I_{DQ} 将_____，g_m 将_____，中频电压放大倍数 $|\dot{A}_u|$ 将_____，输入电阻 R_i 将_____，输出电阻 R_o 将_____，f_L _____，f_H _____；

A. 增大　　　　B. 减小　　　　C. 基本不变

(2) 若增大电容 C，下限截止频率 f_L _____，上限截止频率 f_H _____。

A. 增大　　　　B. 减小　　　　C. 不变

8.5 已知某放大电路的波特图如图 P8-5 所示。

(1) 试写出 $\dot{A}_u$ 的表达式；

(2) 该电路是哪种耦合方式?

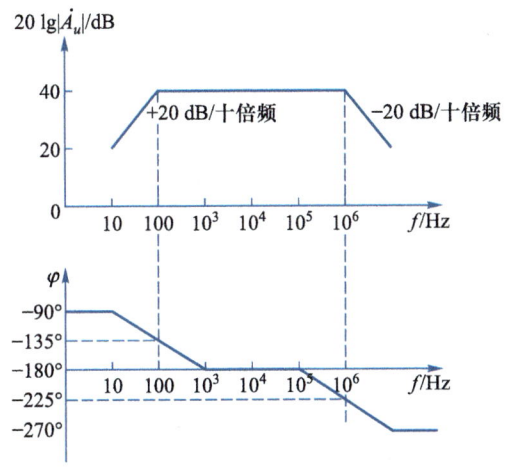

图 P8-5

8.6 已知某放大电路电压放大倍数 $\dot{A}_u = \dfrac{2\mathrm{j}f}{\left(1+\mathrm{j}\dfrac{f}{50}\right)\left(1+\mathrm{j}\dfrac{f}{10^5}\right)}$。

(1) 求解 $\dot{A}_{um}$、f_L、f_H;
(2) 画出波特图;
(3) 该电路为几级放大电路? 采用了什么耦合方式?

8.7 已知某放大电路的波特图如图 P8-7 所示, 填空:
(1) 该电路是_____级放大电路, 最可能采用了_____耦合方式;
(2) 电路的中频电压增益 $20\lg|\dot{A}_{um}|$ = _____ dB, $|\dot{A}_{um}|$ = _____;
(3) 电路的下限频率 $f_L \approx$ _____ Hz, 上限频率 $f_H \approx$ _____ kHz;
(4) 电路的电压放大倍数的表达式 $\dot{A}_u$ = _____。

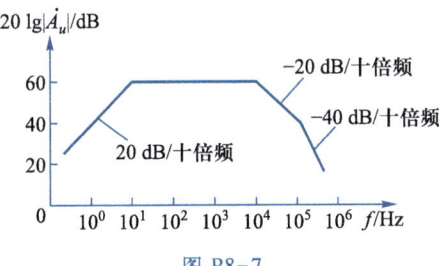

图 P8-7

8.8 已知某放大电路的幅频特性如图 P8-8 所示, 填空:
(1) 该电路是_____级放大电路, 最可能采用了_____耦合方式;

(2) 每级放大电路的下限截止频率分别为 $f_{L1} = $ _____,$f_{L2} = $ _____;上限截止频率分别为 $f_{H1} = $ _____,$f_{H2} = $ _____;

(3) 中频电压放大倍数 $|\dot{A}_{usm}| = $ _____。

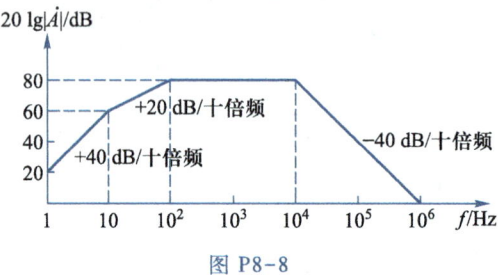

图 P8-8

8.9 单管共源放大电路如图 8-4-1 所示,已知 $R_{g1} = 200 \text{ k}\Omega$,$R_{g2} = 800 \text{ k}\Omega$,$R_d = 2 \text{ k}\Omega$,$R_L = 2 \text{ k}\Omega$,$C = 1 \text{ μF}$,MOS 管的简化高频模型参数 $g_m = 5 \text{ mS}$,$C'_{gS} = 100 \text{ pF}$。

(1) 估算中频电压放大倍数 $\dot{A}_{um}$;

(2) 估算上、下限截止频率 f_H、f_L;

(3) 写出的 $\dot{A}_u$ 的表达式。

8.10 单管共源放大电路如图 8-4-1 所示,已知 $V_{DD} = 12 \text{ V}$,$R_{g1} = 230 \text{ k}\Omega$,$R_{g2} = 970 \text{ k}\Omega$,$R_d = 1 \text{ k}\Omega$,$R_L = 3 \text{ k}\Omega$,$C = 10 \text{ μF}$,MOS 管型号为 2N7000,其 $U_{GS(th)} \approx 2 \text{ V}$。请用 Multisim 的波特图仪仿真分析其中频电压放大倍数 $\dot{A}_{um}$ 和上、下限截止频率 f_H、f_L。

第 8 章习题解答

第 9 章　集成运算放大电路

集成运算放大电路(简称为集成运放)是最常用的模拟集成电路。本章首先介绍模拟集成电路的特点；其次介绍集成运放的发展历史、特点及应用，集成运放的组成，以及集成运放中的差分放大电路和互补输出级电路；然后介绍集成运放的符号、电压传输特性、性能指标和等效模型。

9.1　模拟集成电路的特点

自从 1958 年由美国得州仪器公司的工程师杰克·基尔比(Jack Kilby)发明集成电路以来，它就逐渐取代了分立元件组成的电路。随着半导体制造工艺的不断改进，集成电路的集成度越来越高，因此单个芯片上所能容纳的电子元器件数量越来越多，或者说单个芯片上制造的元器件的面积越来越小，单个芯片上元件间的最小连线宽度越来越小。目前最先进的工艺制造的最小连线宽度已达到 3 nm，正在向 2 nm 迈进。

为了提高集成度，集成电路应避免制造大体积的元件，例如大容量的耦合电容、大阻值的电阻等。因此集成模拟电路都采用直接耦合方式，即前一级放大电路的输出端与后一级的输入端直接相连或通过电阻相连，避免使用电容。不过微小的电容例如 100 pF 及以下的电容在集成电路中比较容易制造。此外采用等效电阻非常大的电流源代替大阻值的电阻。

集成电路中由于相邻元件距离非常近，因此用同样的工艺制作元件时，很容易制作出一模一样的元件。因此模拟集成电路中可以利用一对或者多个性能相同(对称)的管子来设计电路。

9.2 集成运算放大电路

9.2.1 概述

一、发展历史

早在 20 世纪 30 至 40 年代,科学家和工程师就开始研究电子管组成的运算放大器,这些早期的运算放大器首先应用于专用模拟计算系统。1946 年由美国贝尔实验室发表的"求和放大器(summing amplifier)"就是一个带有反馈的高增益(放大倍数)直接耦合的电子管放大器,这种能够完成算术和统计运算的放大器称为运算放大器(operational amplifier,简称为Op-amp)。

第一片单片集成电路运算放大器是由仙童公司(Fairchild Semiconductor Corporation,简称为FSC)的工程师 Bob Widlar 于 1963 年设计的,型号为 μA702。1968 年 FSC 设计了 μA741,并且成了后来的设计标准并被广泛应用。

二、特点及应用

集成运算放大电路简称为集成运放或运放,是一种高放大倍数、高输入电阻、低输出电阻的直接耦合多级放大电路。集成运放通常用于放大电压信号。

集成运放广泛应用于各行各业,凡是需要处理微弱信号的应用均可以采用集成运放,例如军事方面的雷达、声呐等信号的测量,工业温度、压力、流量、声波等信号的采集,汽车速度及加速度、轮胎压力的测量,生物相关的心电、脉搏、超声诊断信号的采集,食品中化学成分的检测,网络通信信号的接收和发送,消费类电子产品如手机等对语音、图像、视频信号的采集。

9.2.2 集成运放的组成

集成运放通常由输入级、中间级、输出级共三级放大电路以及偏置电路组成,如图 9-2-1 所示,用于电压信号的处理。

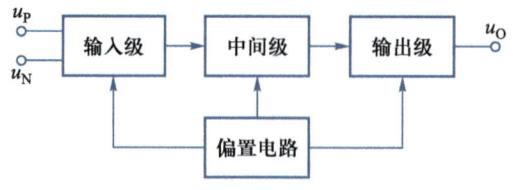

图 9-2-1 集成运放框图

输入级通常采用差分放大电路,它由两个相同的晶体管或场效应管组成,具有较强的稳定静态工作点的性能,以及一定的电压放大倍数,且输入电阻较大;中间级通常由共射或者共源放大电路组成,具有较大的电压放大倍数;输出级通常由互补输出级电路组成,其输出电阻小,带负载能力强;偏置电路由电流源(恒流源)组成,给各级放大电路提供静态电流。

9.2.3 差分放大电路

一、直接耦合放大电路的零点漂移现象

放大电路中,元件参数或特性的变化都将影响静态工作点。由于载流子浓度受温度影响,因此半导体器件的特性受温度影响,从而使放大电路的静态工作点受温度影响。当温度变化时,Q 点将发生变化,若为直接耦合放大电路,则输出电压也将发生变化。这种输入信号为零而输出信号发生变化的现象称为零点漂移现象。由于零点漂移现象主要由温度变化引起,因此也称为温度漂移,简称为温漂。

由于晶体管的发射结电阻 r_{be} 与 I_{BQ} 或 I_{CQ} 有关,并且 r_{be} 与动态性能也有关,因此动态性能将受温度影响。当温度变化时,放大电路的动态性能将发生变化,若为直接耦合多级放大电路,则前一级电路输出的温漂信号将被后级电路放大,从而使得最后一级的温漂较大,甚至淹没了正常的输出信号。因此,为了稳定性能,需要想办法减小或消除零点漂移现象。

二、稳定 Q 点的方法

为了减小或消除零点漂移现象,需要稳定 Q 点,特别是稳定 I_{CQ} 和 U_{CEQ},因此希望当温度变化时晶体管的 I_{CQ} 和 U_{CEQ}(MOS 管的 I_{DQ} 和 U_{DSQ})基本不变。由于 $I_{CQ}(I_{DQ})$ 受 $I_{BQ}(U_{GSQ})$ 的控制,因此若有一种方法,能够在温度变化使 $I_{CQ}(I_{DQ})$ 变化(例如增大)时,反过来能够促使输入端的 I_{BQ} 或 $U_{BEQ}(U_{GSQ})$ 向相反的方向变化,则能够使得 $I_{CQ}(I_{DQ})$ 向相反的方向变化(例如减小),从而达到稳定输出的目的。

如图 9-2-2 所示的电路在晶体管发射极加入电阻 R_e,可以起到稳定 Q 点的作用,稳定过程如下:

若温度 $T(℃)\uparrow \to I_C\uparrow \to I_E\uparrow \to$ 电阻 R_e 上的电压 $U_{Re}(=R_e I_E)\uparrow \to U_{BE}\downarrow \to I_B\downarrow \to I_C\downarrow$

R_e 将输出端的电流变换为电压作用到输入端的发射极,引起输入端电压 U_{BE} 和电流 I_B 变化,最终引起输出端电流 I_C 和电压 U_{CE} 向相反的方向变化,起到了负反馈的作用,稳定了输出信号。

图 9-2-2 所示电路虽然具有稳定 Q 点的作用,但是从输入端

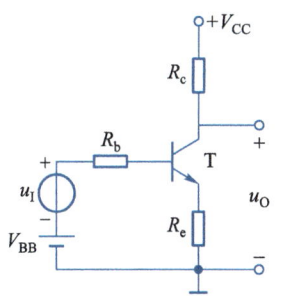

图 9-2-2 稳定 Q 点的方法

看增加了一个电阻 R_e,使交流等效电路的输入回路中增加了一个电阻,因此在相同的输入信号 u_i 作用下,产生的基极交流电流 i_b 的幅值将减小,使 i_c 幅值减小、u_O 幅值减小,电压放大倍数 $|\dot{A}_u|$ 将减小。

为了既能稳定 Q 点,又使 $|\dot{A}_u|$ 不减小,可在 R_e 两端并联一个大电容(旁路电容),由于大电容在交流信号作用下容抗非常小,交流等效电路中 R_e 与大电容并联的等效阻抗非常小,可近似忽略,从而使 $|\dot{A}_u|$ 不受影响。不过由于有大电容(体积较大),所以这种方法不能用于直接耦合放大电路,也不能用于集成电路。

三、差分放大电路

集成运放由于采用直接耦合多级放大电路,故前一级电路的温漂信号将被后级电路放大,从而使得最后一级的温漂较大。因此抑制第一级电路的温漂显得非常重要。集成运放通常采用差分放大电路作为第一级来抑制温漂。

1. 组成

集成电路中,容易制作两个特性相同的元件。因此为了稳定 Q 点同时使 $|\dot{A}_u|$ 不至于减小,可以利用一对相同的管子和相同的电阻来设计两个相同的电路,如图 9-2-3 所示,图中 T_1、T_2 相同,$R_{b1}=R_{b2}$,$R_{c1}=R_{c2}$,$R_{e1}=R_{e2}$;若输出电压取自这两个电路的输出电压的差值,即 $u_O=u_{C1}-u_{C2}$,则当温度变化时,虽然两个电路的输出端电压 u_{C1}、u_{C2} 会产生变化,但变化量相同,因此它们的差值 u_O 将不变,从而可以抑制温漂。

为了简化电路,可以将两个发射极电阻合并为一个电阻,同时将两个正电源 V_{BB} 改为一个负电源 $-V_{EE}$,如图 9-2-4 所示,该电路称为差分放大电路,常用于集成运放的第一级,可以有效抑制温漂。

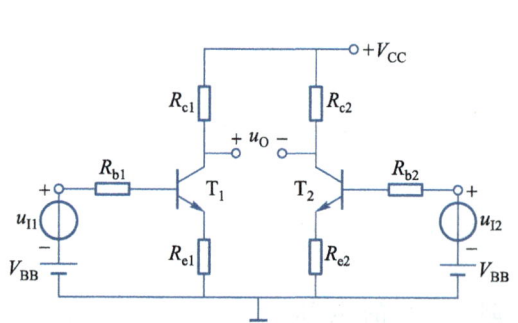

图 9-2-3 利用两个相同的电路来抑制温漂

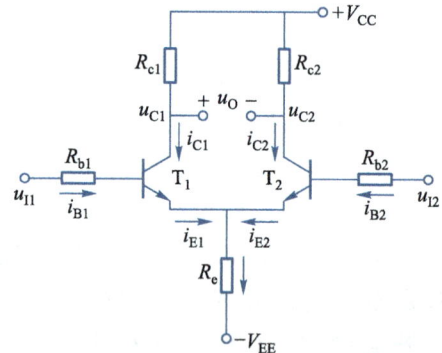

图 9-2-4 NPN 晶体管组成的差分电路

2. 静态分析

图 9-2-4 所示差分放大电路的左右两边电路结构和参数完全对称,即 T_1、T_2 性能完全相同,$R_{b1}=R_{b2}$,$R_{c1}=R_{c2}$。有两个输入端和两个输出端,输入信号 u_{I1}、u_{I2} 分别从两个管子的基极

输入,输出信号 u_{C1}、u_{C2} 分别从它们的集电极输出。

静态时 $u_{I1}=u_{I2}=0$,由于左右两边电路完全对称,两个晶体管各极的电流以及电压都分别相等,即

$$I_{BQ1}=I_{BQ2}=I_{BQ}, \quad I_{CQ1}=I_{CQ2}=I_{CQ}, \quad U_{CQ1}=U_{CQ2}=U_{CQ}$$

列写晶体管的输入回路方程 $V_{EE}=I_{BQ}R_b+U_{BEQ}+2(1+\beta)I_{BQ}R_e$,得到

$$I_{BQ}=\frac{V_{EE}-U_{BEQ}}{R_b+2(1+\beta)R_e} \tag{9-2-1}$$

列写晶体管的输出回路方程得到 $U_{CEQ}=V_{CC}+V_{EE}-I_{CQ}R_c-2I_{EQ}R_e$。$U_{C1}=U_{C2}=V_{CC}-I_{CQ}R_c$,因此 $U_O=U_{C1}-U_{C2}=0$。

3. 动态分析

(1) 差模信号与共模信号

图 9-2-4 所示差分放大电路有两个,输入信号 u_{I1}、u_{I2}。

根据一对输入信号的特点,又可将它们分为差模信号和共模信号。**一对大小相等、极性相反的信号称为差模信号**,如图 9-2-5(a) 所示的 u_{I1} 和 u_{I2},其中 $u_{I1}=-u_{I2}=u_{Id}/2$。而**一对大小相等、极性相同的信号称为共模信号**,如图 9-2-5(b) 所示的 u_{I1} 和 u_{I2},其中 $u_{I1}=u_{I2}=u_{Ic}$。

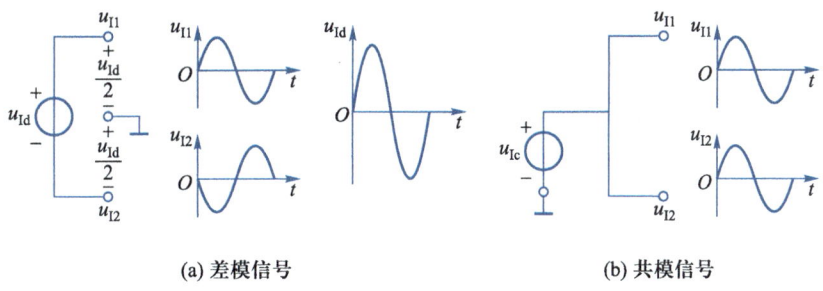

(a) 差模信号　　　　　　　(b) 共模信号

图 9-2-5　差模信号与共模信号

差模信号通常是希望被放大的有用信号,例如测量人体左手和右手得到的心电信号即为差模信号,测量温度的电桥不平衡时,左右两端变化的信号也为差模信号。共模信号通常是希望被抑制(不被放大)的信号,例如外部的干扰信号,温度变化所引起的 u_{BE1}、u_{BE2} 变化而产生的输入信号,直流电源变化所引起的 u_{BE1}、u_{BE2} 变化而产生的输入信号,测量温度的电桥平衡时两边相等的信号等。

实际应用中,共模信号通常叠加在差模信号上,使输入端的信号 u_{I1} 和 u_{I2} 既包含差模信号又包含共模信号,例如 $u_{I1}=\dfrac{u_{Id}}{2}+u_{Ic}$,$u_{I2}=-\dfrac{u_{Id}}{2}+u_{Ic}$,因此可以通过以下方法计算得到差模信号和共模信号:$u_{Id}=u_{I1}-u_{I2}$,$u_{Ic}=(u_{I1}+u_{I2})/2$。

（2）差模电压放大倍数与共模电压放大倍数

差分放大电路能将差模信号的变化量 Δu_{Id} 放大为输出信号的变化量 Δu_{Od}，该电压放大倍数称为差模电压放大倍数，即 $A_d = \Delta u_{Od}/\Delta u_{Id}$。集成运放也能将共模信号 Δu_{Ic} 放大为输出信号 Δu_{Oc}，该电压放大倍数称为共模电压放大倍数，即 $A_c = \Delta u_{Oc}/\Delta u_{Ic}$。由于共模信号通常是需要抑制的信号，因此 A_c 通常很小。为了衡量放大电路放大差模信号、抑制共模信号的综合能力，定义了共模抑制比，即 $K_{CMR} = |A_d/A_c|$，通常 K_{CMR} 越大其性能越好。

如图9-2-6所示，当输入为一对共模信号 u_{Ic} 时，由于左右两边电路完全对称，因此两个输出端信号所产生的变化完全相同，使得 $\Delta u_{Oc} = 0, A_c = 0$，从而达到抑制共模信号的目的。

如图9-2-7所示，当输入为一对大小相等、极性相反的差模信号 $+\frac{1}{2}\Delta u_{Id}$、$-\frac{1}{2}\Delta u_{Id}$ 时，由于左右两边电路完全对称，两个NPN管各个极电流的变化大小相等、方向相反，即 $\Delta i_{B1} = -\Delta i_{B2}$、$\Delta i_{C1} = -\Delta i_{C2}$、$\Delta i_{E1} = -\Delta i_{E2}$，从而使 Δu_{C1}、Δu_{C2} 的变化大小相等、极性相反，输出信号 $\Delta u_{Od} = \Delta u_{C1} - \Delta u_{C2}$ 不再等于零，从而使 Δu_{Id} 得到放大。此时，由于 $\Delta i_{E1} = -\Delta i_{E2}$，电阻 R_e 中的电流变化量 $\Delta i_{Re} = \Delta i_{E1} + \Delta i_{E2} = 0$，因此 R_e 中的电压变化量 $\Delta u_{Re} = 0$，发射极对差模信号相当于接地，R_e 将不会影响电压放大倍数。

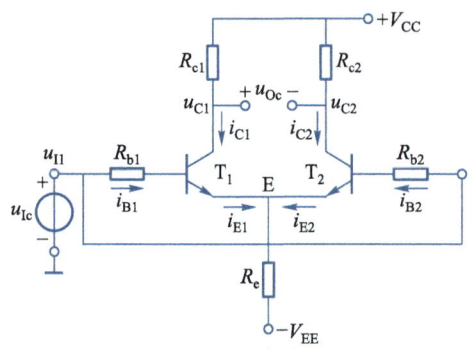

图9-2-6 输入共模信号时的差分放大电路

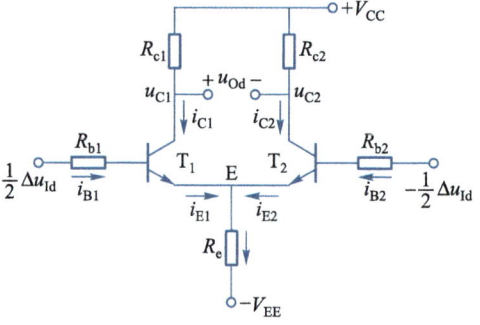

图9-2-7 输入差模信号时的差分放大电路

输入差模信号时的交流通路如图9-2-8所示，交流等效电路如图9-2-9所示。

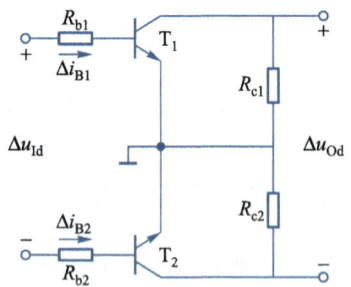

图9-2-8 输入差模信号时的交流通路

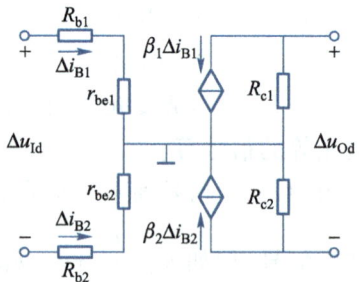

图9-2-9 输入差模信号时的交流等效电路

由于差分放大电路所有参数均对称,设 $R_{b1}=R_{b2}=R_b$,$R_{c1}=R_{c2}=R_c$,$r_{be1}=r_{be2}=r_{be}$,$\beta_1=\beta_2=\beta$,因此得到差模电压放大倍数

$$A_d = \frac{\Delta u_{Od}}{\Delta u_{Id}} = \frac{-2\beta \Delta i_{B1} R_c}{2\Delta i_{B1}(R_b + r_{be})} = \frac{-\beta R_c}{R_b + r_{be}} \tag{9-2-2}$$

$$R_i = 2(R_b + r_{be})$$

$$R_o = 2R_c$$

由式(9-2-2)可知,A_d 与单管共射放大电路的电压放大倍数相当。

共模抑制比 $K_{CMR} = \left|\dfrac{A_d}{A_c}\right| \approx \infty$。

此外 T_1、T_2 分别相当于组成一个共射放大电路,则 $\Delta u_{C1} = -\dfrac{\beta R_c}{R_b + r_{be}} \Delta u_{I1}$,$\Delta u_{C2} = -\dfrac{\beta R_c}{R_b + r_{be}} \Delta u_{I2}$。

由于 $u_{I1} = +\dfrac{1}{2} u_{Id}$,$u_{I2} = -\dfrac{1}{2} u_{Id}$,则输出信号 $\Delta u_{Od} = \Delta u_{C1} - \Delta u_{C2} = -\dfrac{\beta R_c}{R_b + r_{be}} \Delta u_{Id}$,因此 $A_d = \Delta u_{Od}/\Delta u_{Id} = -\dfrac{\beta R_c}{R_b + r_{be}}$,与用交流等效电路分析的结果相同。

图 9-2-7 所示差分放大电路接入负载的仿真结果

若在图 9-2-7 所示差分放大电路的输出端接入负载 R_L,则静态时由于 $U_{CQ1} = U_{CQ2}$,则 R_L 中电流为零。动态时,由于 $\Delta u_{C1} = -\Delta u_{C2}$,则 R_L 中点交流电位为零,因此 $\dot{A}_d = \dfrac{-\beta\left(R_C \,/\!/\, \dfrac{1}{2} R_L\right)}{R_b + r_{be}}$。

4. MOS 管差分放大电路

采用 MOS 管同样可以组成差分放大电路,图 9-2-10 所示为 N 沟道增强型 MOS 管组成的差分放大电路。

5. 差分放大电路的四种接法

图 9-2-4 所示的差分放大电路称为双端输入双端输出的差分放大电路。在某些应用中,若负载要求有一端接地以抗干扰,则输出信号只能从某一个晶体管(或 MOS 管)的集电极(或漏极)输出,这种接法称为单端输出,如图 9-2-11 所示。另外,若只有一个输入信号,则要求输入端有一端接地,这种接法称为单端输入,如图 9-2-12 所示。因此共有四种接法的差分放大电路,分别为双端输入双端输出(图 9-2-4)、双端输入单端输出(图 9-2-11)、单端输入双端输出(图 9-2-12)、单端输入单端输出(图 9-2-13)。

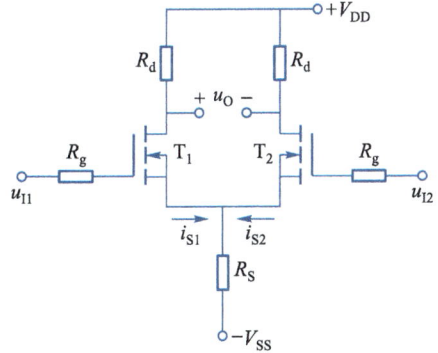

图 9-2-10 N 沟道增强型 MOS 管组成的差分电路

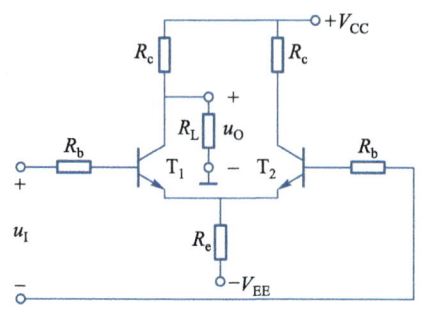
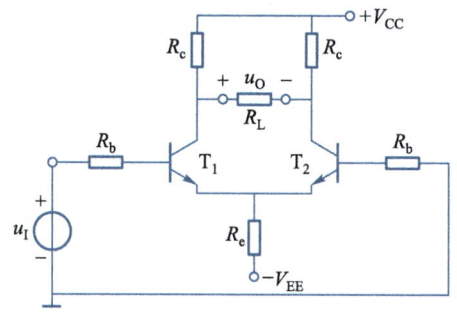

图 9-2-11　双端输入单端输出差分放大电路　　　图 9-2-12　单端输入双端输出差分放大电路

6. 双端输入单端输出差分放大电路

下面分析应用较多的双端输入单端输出差分放大电路,以 MOS 管为例,如图 9-2-14 所示。

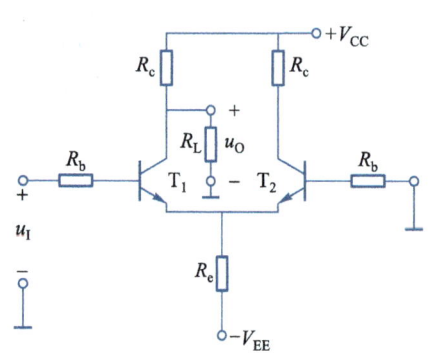
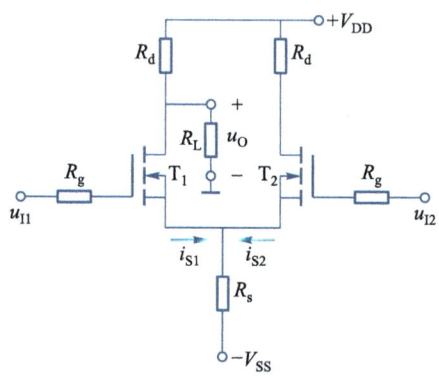

图 9-2-13　单端输入单端输出差分放大电路　　　图 9-2-14　MOS 管双端输入单端输出差分放大电路

(1) 静态分析

静态时 $u_I=0$,两边输入回路对称,而输出回路不对称。

由于输入回路对称,设 $I_{DQ1}=I_{DQ2}=I_{DQ}$,$I_{SQ1}=I_{SQ2}=I_{SQ}$。列写输入回路方程为 $V_{SS}=U_{GSQ}+2I_{DQ}R_s$,联立电流方程 $I_D=k_n(U_{GS}-U_{GS(th)})^2$,$k_n=I_{DO}/(U_{GS(th)})^2$,可求得 I_{DQ} 和 U_{GSQ}。

而输出回路不对称,因此 $U_{DQ1}\neq U_{DQ2}$。由图 9-2-14 可知 $U_{DQ2}=V_{DD}-I_{DQ}R_d$,因此 $U_{DSQ2}=U_{DQ2}-2I_{DQ}R_s+V_{SS}$。

在 T_1 漏极利用 KCL 定律列写电流方程,得到 $I_{Rd}=I_{DQ}+I_{RL}$

即
$$\frac{V_{DD}-U_{DQ1}}{R_d}=I_{DQ}+\frac{U_{DQ1}}{R_L}$$

因此 $U_{DQ1}=\left(\dfrac{V_{DD}}{R_d}-I_{DQ}\right)(R_d/\!/R_L)$,$U_{DSQ1}=U_{DQ1}-2I_{DQ}R_s+V_{SS}$。

（2）动态分析

① 差模电压放大倍数

当给图 9-2-14 所示的双端输入单端输出差分放大电路输入差模信号 Δu_{Id} 时，由于输入回路对称，因此 $\Delta u_{GS1} = -\Delta u_{GS2}$，$\Delta i_{D1} = -\Delta i_{D2}$，$\Delta i_{S1} = -\Delta i_{S2}$，电阻 R_s 中的电流 $\Delta i_{Rs} = \Delta i_{S1} + \Delta i_{S2} = 0$，从而使其电压 $\Delta u_{Rs} = R_s \Delta i_{Rs} = 0$，源极交流电位为零，仍相当于交流接地点。输入差模信号 Δu_{Id} 时的交流等效电路如图 9-2-15 所示。

由图 9-2-15 可知

$$A_d = \frac{\Delta u_{Od}}{\Delta u_{Id}} = \frac{-g_m \Delta u_{GS1}(R_d /\!/ R_L)}{2\Delta u_{GS1}} = -\frac{1}{2} g_m (R_d /\!/ R_L) \qquad (9-2-3)$$

A_d 大致为双端输入双端输出差分放大电路差模电压放大倍数的一半，$R_i = \infty$，$R_o = R_d$。

② 共模电压放大倍数

当图 9-2-14 所示双端输入单端输出差分放大电路输入共模信号 Δu_{Ic} 时，由于输入回路对称，因此 $\Delta u_{GS1} = \Delta u_{GS2} = \Delta u_{GS}$，$\Delta i_{D1} = \Delta i_{D2} = \Delta i_D$，$\Delta i_{S1} = \Delta i_{S2} = \Delta i_D$，电阻 R_s 中的电流 $\Delta i_{Rs} = \Delta i_{S1} + \Delta i_{S2} = 2\Delta i_D$，从而使其电压 Δu_{Rs} 不为零，源极交流电位不为零。输入共模信号 Δu_{Ic} 时的等效电路如图 9-2-16 所示。

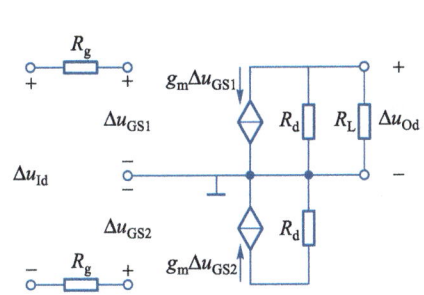

图 9-2-15 输入差模信号时的交流等效电路

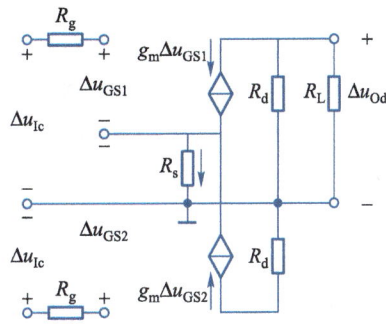

图 9-2-16 输入共模信号时的交流等效电路

由图 9-2-16 可知，电阻 R_s 中的电流 $\Delta i_{Rs} = 2\Delta i_D$，因此共模电压放大倍数 $A_c = \frac{\Delta u_{Oc}}{\Delta u_{Ic}} = \frac{-g_m \Delta u_{GS1}(R_d /\!/ R_L)}{\Delta u_{GS1} + 2g_m \Delta u_{GS1} R_s} = -\frac{g_m(R_d /\!/ R_L)}{1 + 2g_m R_s}$。当 $2g_m R_s \gg 1$ 时，$A_c \approx -\frac{R_d /\!/ R_L}{2R_s}$。因此共模抑制比 $K_{CMR} = \left| \frac{A_d}{A_c} \right| \approx g_m R_s$。由此可知，$R_s$ 越大，A_c 越小，K_{CMR} 越大，电路抑制共模信号的能力越强。因此电路主要依靠 R_s 的负反馈作用抑制共模，抑制温漂。

下面分析 R_s 的共模负反馈作用。

$$u_{Ic} \uparrow \to u_{GS1}(u_{GS2}) \uparrow \to i_{D1}(i_{D2}) \uparrow \to u_{D1}(u_{D2}) \downarrow$$
$$\searrow i_{S1}(i_{S2}) \uparrow \to u_S \uparrow \to u_{GS1}(u_{GS2}) \downarrow \to i_{D1}(i_{D2}) \downarrow \to u_{D1}(u_{D2}) \uparrow$$

7. 恒流源式差分放大电路

上述差分放大电路抑制共模的能力与 R_e 或 R_s 有关，R_e 越大，电路抑制共模的能力越强，因此称为"长尾"式差分放大电路。然而 R_e 越大，将影响电路的静态工作点，而且将影响集成运放的集成度，因此希望用一个元件来代替 R_e，做到能设置好静态工作点，等效电阻很大而又不影响集成度，恒流源（电流源）正好有此特点。用恒流源代替 R_e 的差分放大电路如图 9-2-17 所示，其中恒流源可以用晶体管和场效应管实现，参见第 9.2.5 节。恒流源的等效电阻近似无穷大，无论是双端输出还是单端输出，均有 $A_c=0$，抑制共模能力强。

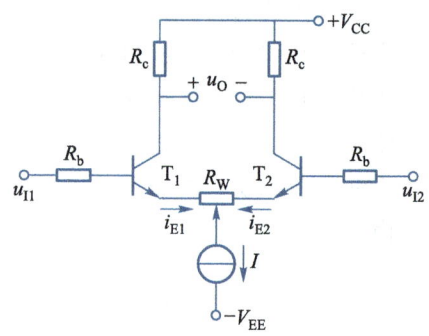

图 9-2-17 恒流源式差分放大电路

9.2.4 互补输出级电路

作为输出级电路，通常要求其带负载能力强、输出功率较大、效率较高，因此要求负载上静态功耗小。通常，基本共集或者共漏放大电路带负载能力强，但是当采用直接耦合方式时，由于其输出电压不为零，因而负载上静态功耗不为零，不适合做直接耦合放大电路的输出级。因此常采用互补输出级电路做直接耦合放大电路的输出级，如图 9-2-18 所示。

图 9-2-18 中，T_1 和 T_2 为性能对称的对管，静态时 $u_i=0$，$u_o=0$，负载上静态功耗为零。假设晶体管导通电压 $U_{on}=0$，动态时，u_i 正半周将使 T_2 发射结截止，而使 T_1 发射结导通并工作在放大状态，T_1 组成共集放大电路，u_o 跟随 u_i 变化。类似地，u_i 负半周将使 T_1 发射结截止，而使 T_2 发射结导通并工作在放大状态，T_2 组成共集放大电路，u_o 跟随 u_i 变化。综上所述，T_1、T_2 分别在信号的正、负半周工作在放大状态，以互补的方式组成共集放大电路，使 u_o 在整个信号周期内都能跟随 u_i 变化，因而带负载能力强，并且负载上静态功耗为零。

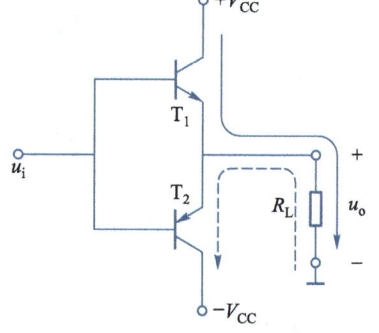

图 9-2-18 互补输出级电路

然而在实际应用时，由于 T_1、T_2 的导通电压 U_{on} 不为零，当 u_i 幅值较小时不足以使 T_1、T_2 的发射结导通，因此互补输出级电路的输出信号存在失真，称为交越失真，如图 9-2-19 所示。为了消除交越失真，需要给 T_1、T_2 发射结设置合适的静态电压以使其处于导通状态。通常可采用电阻、二极管或者晶体管通过电源分压来设置。图 9-2-20 所示电路采用了二极管消除交越失真，静态时，T_1、T_2 发射结电压分别等于两个二极管的导通电压，使 T_1、T_2 处于导通状态，从而消除了交越失真。

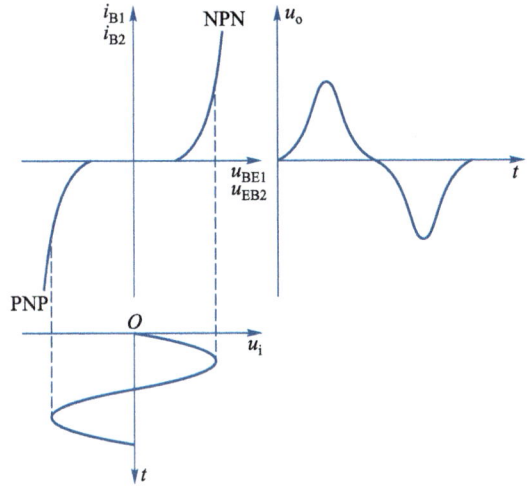

图 9-2-19 交越失真

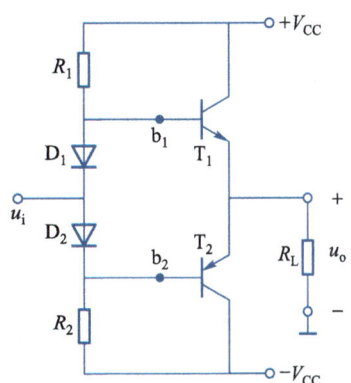

图 9-2-20 采用二极管消除交越失真的互补输出级电路

MOS 管组成的互补输出级电路如图 9-2-21 所示。

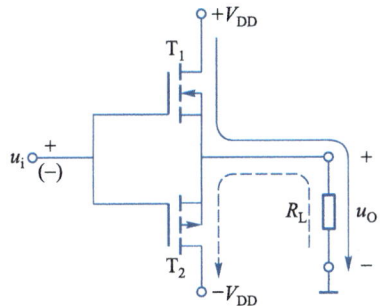

图 9-2-21 MOS 管组成的互补输出级电路

9.2.5 电流源电路 (current source)

集成电路中由于大阻值的电阻占用面积大,因此不便于制作大阻值的电阻,通常用等效电阻大的电流源(恒流源)电路代替。

一、晶体管电流源

1. 镜像电流源 (current mirror)

晶体管镜像电流源如图 9-2-22 所示,其中 T_0 和 T_1 完全对称,即 $\beta_0 = \beta_1 = \beta$。由于 $U_{BE0} = U_{BE1} = U_{BE}$,因此 $I_{B0} \approx I_{B1}$,$I_{C0} \approx I_{C1}$。

由图可知 $I_R = \dfrac{V_{CC} - U_{BE0}}{R}$，且 $I_R = I_{C0} + I_{B0} + I_{B1} \approx I_{C1} + 2I_{B1} = \left(1 + \dfrac{2}{\beta}\right)I_{C1}$，因此当 $\beta \gg 2$ 时 $I_{C1} \approx I_R = \dfrac{V_{CC} - U_{BE}}{R}$。

应用时，可将晶体管镜像电流源 T_1 的集电极接入其他电路，并保证 T_1 能够处于放大状态，则电路中可以得到恒定的电流 $I_{C1} \approx I_R$，且电流源的等效电阻为 T_1 的集电极和发射极之间的等效电阻 r_{ce}，近似为无穷大。

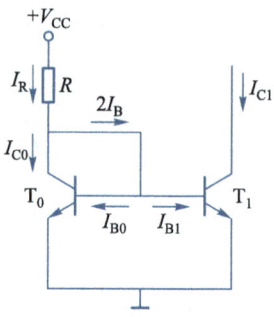

图 9-2-22　晶体管镜像电流源

镜像电流源的优点是只用了一个电阻，从而使集成度提高。需要注意的是，由于 T_0 的 $U_{BC0} = 0$，集电结没有反偏，因此处于临界饱和状态，将使 $I_{C0} < \beta I_{B0}$，从而可能使 $I_{C0} < I_{C1}$，影响对称性。此外，若需要微小的电流，则电阻 R 仍然会很大，需要采用微电流源，读者可以参考相关文献。

2. 多路电流源(Multi-output Current Mirror)

为了得到多个恒定的电流，可采用多个晶体管，如图 9-2-23 所示。由于 T_0 至 T_3 完全对称，且它们的发射结电压 U_{BE} 均相等，因此可以近似得到 $I_{C0} \approx I_{C1} \approx I_{C2} \approx I_{C3} \approx I_R = \dfrac{V_{CC} - U_{BE0}}{R}$。

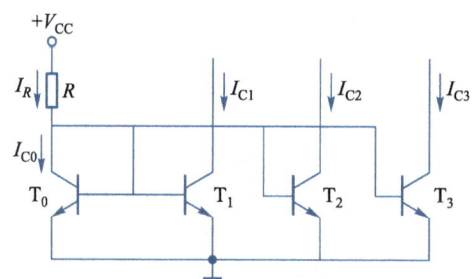

图 9-2-23　晶体管多路电流源

二、MOS 管电流源

1. 镜像电流源

MOS 管镜像电流源如图 9-2-24 所示，其中 T_0 和 T_1 完全对称，即 $U_{GS(th)0} = U_{GS(th)1}$，$I_{D00} = I_{D01}$，$k_{n0} = k_{n1}$。由于 $U_{GS0} = U_{GS1} = U_{GS}$，根据 MOS 管电流公式 $i_D = k_n(U_{GS} - U_{GS(th)})^2$，可得 $I_{D0} = I_{D1} = I_R$。

由于 T_0 的 $U_{GS0} = U_{DS0}$，且 $U_{DS0} = V_{DD} - I_{D0}R$，再联立 MOS 管电流公式，可以求解出 I_{D0}，即 I_R。

2. 多路电流源

同样,为了得到多个恒定的电流,可采用多个 MOS 管组成多路电流源,如图 9-2-25 所示。由于 $T_0 \sim T_3$ 完全对称,且它们的栅-源电压 U_{GS} 均相等,因此可以近似得到 $I_{D0} \approx I_{D1} \approx I_{D2} \approx I_{D3} \approx I_R$。

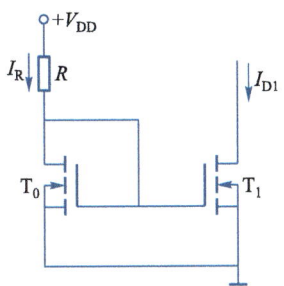
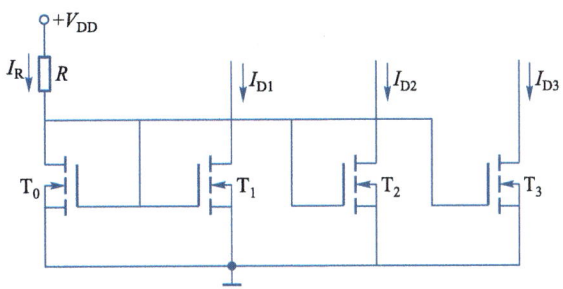

图 9-2-24 MOS 管镜像电流源　　　　　图 9-2-25 MOSFET 多路电流源

三、有源负载(active load)放大电路

由于电流源电路集成度高且等效电阻很大,因此在集成电路中,电流源电路除了可以设置静态电流外,还可以取代放大电路中需要阻值大的电阻(例如共射放大电路的集电极电阻),作为有源负载来提高电压放大倍数数值。

下面以共射放大电路为例来说明有源负载的作用。

有源负载共射放大电路如图 9-2-26 所示,T_1 用于放大输入信号,T_2 和 T_3 则组成镜像电流源来代替 R_c,一方面可以给 T_1 的集电极设置合适的静态电流,当 R_L 开路时,$I_{C1} = I_{C2} = I_R$;另一方面可以使等效的集电极电阻(r_{ce2})很大。

有源负载共射放大电路的交流等效电路如图 9-2-27 所示,由于 $\dot{A}_u = -\beta \dfrac{r_{ce2} /\!/ R_L}{R_b + r_{be}}$,因此有源负载可以使 $|\dot{A}_u|$ 增大。

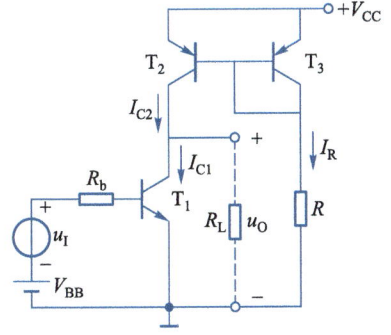
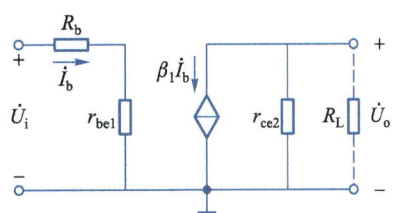

图 9-2-26 有源负载共射放大电路　　　图 9-2-27 有源负载共射放大电路的交流等效电路

9.3　集成运放电路简介

由差分放大电路(T_1、T_2组成)、共射放大电路(T_3组成)、互补输出级电路(T_4、T_5组成)组成的简单集成运放示意图如图9-3-1所示。

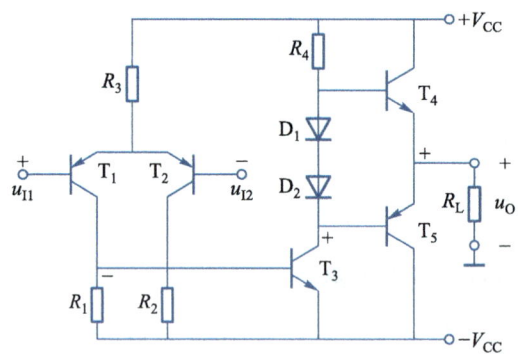

图9-3-1　简单集成运放示意图

将图9-3-1所示电路中的电阻R_3、R_4用电流源代替,得到如图9-3-2所示的简化的集成运放电路,其中T_6、T_7、T_8组成多路电流源,分别给第一级差分放大电路、第二级共射放大电路和第三级互补输出级电路提供静态电流,$I_{C6} \approx I_{C8} \approx I_R$。此外$T_6$还作为差分放大电路的恒流源,提高抑制共模信号的能力。T_8还作为共射放大电路的有源负载,可以提高电压放大倍数。

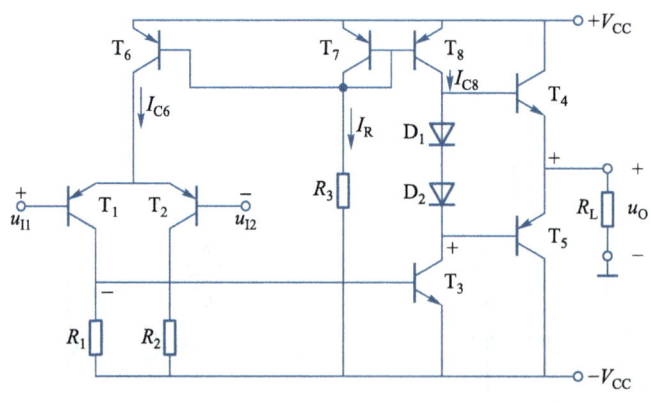

图9-3-2　简化的晶体管集成运放电路

实际应用中可以用镜像电流源有源负载代替R_1和R_2,以提高差分放大电路的差模电压放大倍数。

MOS管组成的简化的集成运放电路如图9-3-3所示,其中T_3和T_4组成差分放大电路,T_5组成共源放大电路;T_1和T_2组成镜像电流源,给第一级差分放大电路提供静态电流,同时作为差分放大电路的恒流源以提高抑制共模信号的能力。

实际应用中可以用电流源作为有源负载代替图9-3-3中的R_3、R_4、R_5,以提高差分放大电路的差模电压放大倍数和共源放大电路的电压放大倍数。实际电路可查阅参考资料。

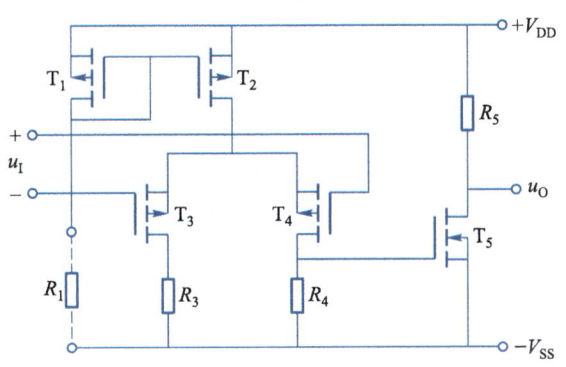

图9-3-3 简化的MOS管集成运放电路

9.4 集成运放的符号和电压传输特性

9.4.1 集成运放的符号

集成运放的符号有两种,如图9-4-1(a)(b)所示,本书采用图(a)的符号。

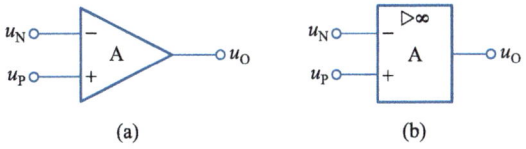

图9-4-1 集成运放符号

如图9-4-1所示,集成运放有两个输入端和一个输出端,通常用"+"表示同相输入端(简称同相端),即表示该输入端的电压u_P与输出端电压u_O相位相同;用"-"表示反相输入端(简称反相端),即表示该输入端的电压u_N与输出端电压u_O相位相反。u_P、u_N、u_O都以"地"为公共端。

9.4.2 集成运放的电压传输特性

集成运放通常采用正、负双电源供电,电源电压一般为 ± 15 V、± 12 V 或 ± 5 V 等。集成运放的开环(不引入反馈)差模电压放大倍数 A_{od} 通常为 10^5 以上,而输出电压的最大幅值 U_{OM} 为 14 V 左右(设电源电压为 ± 15 V),因此其差模输入信号 $u_{Id}=u_O/A_{od}$ 非常小,通常为微伏级或者更小。

集成运放输入电压与输出电压的关系也可以用电压传输特性描述,如图 9-4-2 所示,横轴表示 u_{Id},纵轴表示 u_O。当 $u_{Id}=u_P-u_N$ 较小,使 $u_O<U_{OM}$ 时,u_O 与 u_{Id} 呈线性关系;当 $u_O>U_{OM}$ 时,u_O 不再随 u_{Id} 而变化,呈非线性关系。

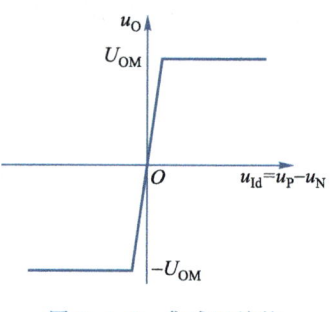

图 9-4-2 集成运放的电压传输特性

9.5 集成运放的性能指标

集成运放的性能指标用来衡量其各方面的性能,本节介绍集成运放最常用的性能指标。

1. 开环差模电压增益 G(或 A_{od})

集成运放在没有外加反馈时的差模电压放大倍数称为开环差模电压放大倍数或者开环差模电压增益,通常用 G 或者 A_{od} 表示;或者用 $20\lg|G|$ 或者 $20\lg|A_{od}|$ 表示,单位为分贝(dB)。一般运放的 A_{od} 范围为 80 dB 至 130 dB。

2. 开环共模电压增益 A_{oc}

集成运放在没有外加反馈时的共模电压放大倍数称为开环共模电压放大倍数或者开环共模电压增益,通常用 A_{oc} 表示;或者用 $20\lg|A_{oc}|$ 表示,单位为分贝(dB)。

3. 共模抑制比 CMRR(common mode rejection ration)

CMRR 是指运放开环差模电压增益与共模电压增益的比值,用符号 K_{CMR} 表示,$K_{CMR}=|A_{od}/A_{oc}|$,或者用 $20\lg|A_{od}/A_{oc}|$ 表示,单位为分贝(dB)。CMRR 反映了运放放大差模信号、抑制共模信号的综合能力。

4. 差模输入电阻 r_{id}

当集成运放输入为差模信号时的输入电阻称为差模输入电阻 r_{id},其通常可达几兆欧姆以上,甚至 10^{11} 欧姆以上。

5. 差模输出电阻 r_{od}

当集成运放输入为差模信号时的输出电阻称为差模输出电阻 r_{od}。一般运放的 r_{od} 通常为欧姆级别。

6. 带宽 BW（或 f_{bw}）

当集成运放 A_{od} 下降 3 dB 即下降到中频的 0.707 倍时，对应的频率定义为 −3 dB 带宽，或称为带宽 BW(bandwidth)，也可用 f_{bw} 表示。

7. 增益带宽积 GBP

当差模输入信号为小信号且运放工作在线性范围内时，其电压增益与带宽的乘积 $A_{od}f_{bw}$ 近似为一个常数，称为增益带宽积 GBP(gain bandwidth product)。

选用运放时应根据实际需求选择性能指标合适的运放。常用的通用型运放有 LM358、LM324、F007(μA741) 等。

9.6 集成运放的等效模型

电压反馈型集成运放简化的低频等效模型如图 9-6-1 所示，输入端等效为输入电阻 r_{id}，输出端等效为输出电阻 r_{od} 与开路差模输出电压源 $A_{od}u_I$ 串联。

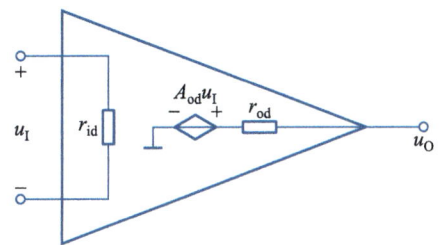

图 9-6-1　电压反馈型集成运放简化的低频等效模型

第 9 章讨论题、思考题、习题

讨论题

集成电路有何特点？集成运放有何特点？

思考题

1. 集成运放通常由几级放大电路组成？每一级电路通常由什么电路组成？
2. 什么是零点漂移现象？
3. 差分放大电路是如何抑制温漂的？

4. 请举例说明哪些信号是差模信号,哪些信号是共模信号。

习题

9.1 判断下列说法的正误,在括号内画"√"表示正确,画"×"表示错误。
(1) 直接耦合多级放大电路的 Q 点相互影响(　　),它只能放大直流信号(　　)。
(2) 双端输出的差分放大电路是靠两个晶体管参数的对称性和电阻的对称性来抑制温漂的。(　　)
(3) 集成运放通常由三级放大电路组成。(　　)
(4) 集成运放的差模输入电压是指其两个输入端电压之和。(　　)
(5) 当集成运放两个输入端输入一对极性相反的电压信号时,同相输入端电压与其输出电压极性相同(即两者同时为正或者为负)。(　　)
(6) 互补输出级电路具有电压跟随作用。(　　)
(7) 有源负载可以增大放大电路的电压放大倍数的数值。(　　)

9.2 选择正确的答案填空。
(1) 直接耦合放大电路存在零点漂移的原因是＿＿＿＿。
A. 电阻阻值有误差
B. 晶体管参数的分散性
C. 晶体管参数受温度影响
D. 电源电压不稳定
(2) 集成放大电路采用直接耦合方式的原因是＿＿＿＿。
A. 便于设计
B. 便于集成
C. 便于放大直流信号
(3) 选用差分放大电路作为多级放大电路的第一级的原因是＿＿＿＿。
A. 克服温漂
B. 提高输入电阻
C. 提高放大倍数
(4) 差分放大电路的差模信号是两个输入端信号的＿＿＿＿,共模信号是两个输入端信号的＿＿＿＿。
A. 差　　　　B. 和　　　　C. 平均值

9.3 图 P9-3 所示电路参数理想对称,$\beta_1 = \beta_2 = 150$,$r_{bb'1} = r_{bb'2} = 200\ \Omega$,$U_{BE1} = U_{BE2} = 0.7\ V$。
(1) 求静态时两个晶体管的 I_{CQ} 和 U_{CEQ};
(2) 求差模电压放大倍数 A_d 和共模电压放大倍数 A_c;
(3) 当 $u_{Id} = 10\ mV$ 时求输出电压 u_o 的值。

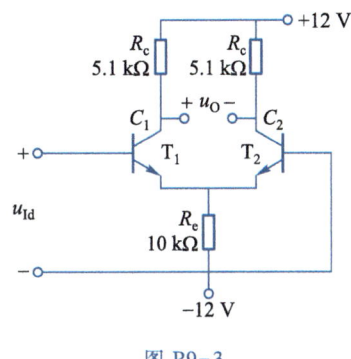

图 P9-3

9.4 电路如图 P9-4 所示。解答下列各题。

（1）设调零电位器 R_p 滑动端位于中点，在线性放大范围内改变下列电路参数，试选择正确答案填空（答案：A. 增大，B. 减小，C. 不变）。

R_p 增大，则双端输出差模电压放大倍数 $|A_{ud}|$ _____，差模输入电阻 R_{id} _____，差模输出电阻 R_{od} _____；

$R_{c1} = R_{c2} = R_c$ 增大，则 $|A_{ud}|$ _____，R_{id} _____，R_{od} _____；

R_L 增大，则 $|A_{ud}|$ _____，R_{id} _____，R_{od} _____；

$R_{b1} = R_{b2} = R_b$ 增大，则 $|A_{ud}|$ _____，R_{id} _____，R_{od} _____。

（2）设调零电位器 R_p 滑动端位于中点，试就下列问题选择正确答案填空（答案：A. 右移，B. 左移，C. 不移）。

若只因为 $R_{c1} > R_{c2}$，而其他电路参数均对称，则为了使静态电流 $I_{C1} = I_{C2}$，R_p 滑动端应 _____；

若只因为 $R_{b1} > R_{b2}$，而其他电路参数均对称，则为了使静态电流 $I_{C1} = I_{C2}$，R_p 滑动端应 _____。

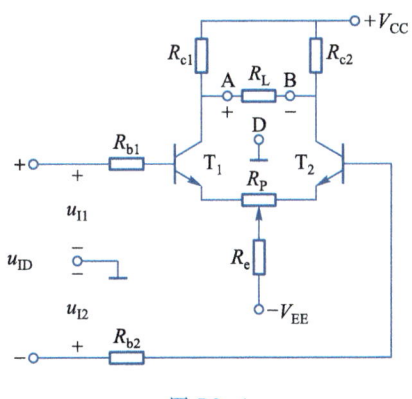

图 P9-4

9.5 电路如图 P9-5 所示，T_1 管和 T_2 管的 β 均为 200，r_{bb} 均为 300 Ω，U_{BE} 均为 0.7 V，输入直流信号 $u_{I1} = 10$ mV，$u_{I2} = 30$ mV。

(1) 求解静态时 T_1 管和 T_2 管的集电极电流和集电极电位；
(2) 求解共模输入电压 u_{Ic} 和差模输入电压 u_{Id}；
(3) 估算差模电压放大倍数 A_d 和共模电压放大倍数 A_c；
(4) 求解输出动态电压 Δu_O。

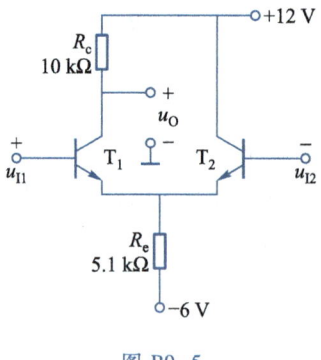

图 P9-5

9.6 图 9-2-10 所示差分放大电路中。已知增强型 NMOS 管参数为 $U_{GS(th)} = 1$ V，$K_n = 0.1$ mA/V^2。电路参数 $+V_{DD} = 10$ V，$-V_{SS} = -10$ V，$R_S = 50$ kΩ，$R_D = 20$ kΩ。(1) 求静态时 NMOS 管的 U_{GSQ}、I_{DQ}；(2) 求 A_d、A_c、K_{CMR}。

9.7 图 9-2-14 所示 MOS 管双端输入单端输出差分放大电路中，已知增强型 NMOS 管参数 $g_m = 4$ mS，$R_S = 20$ kΩ，$R_d = R_L = 5$ kΩ。求 A_d、A_c、K_{CMR}。

9.8 图 P9-8 所示电流源电路中，电路参数 $V_{CC} = 10$ V，$I_{C2} = 2.3$ mA，求 R。

9.9 图 P9-9 所示电流源电路中，电已知 $V_{DD} = 5$ V，$R = 1.75$ kΩ，增强型 NMOS 管 T_0、T_1 参数均为 $U_{GS(th)} = 1$ V，$I_{D0} = 8$ mA。求电流 I_{D1}。

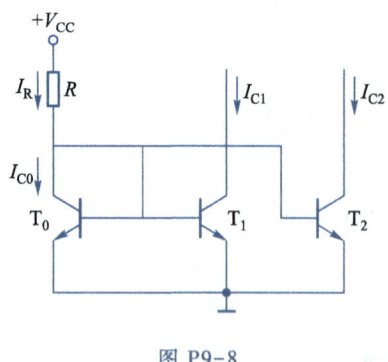

图 P9-8

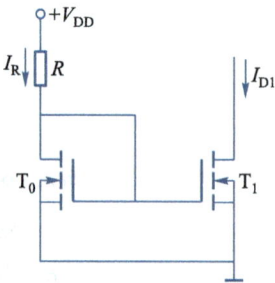

图 P9-9

9.10 MOS 管差分放大电路如图 9-2-10 所示,已知 $V_{DD}=12$ V,$V_{SS}=-12$ V,$R_d=3$ kΩ,$R_S=2$ kΩ,$R_L=10$ kΩ。MOS 管的 $U_{GS(th)}=1$ V,沟道 $W=100$ μm,$L=1$ μm。请用 Multisim 仿真分析其静态工作点 U_{GSQ1}、I_{DQ1}、U_{DSQ1}、U_{GSQ2}、I_{DQ2}、U_{DSQ2},以及 $\dot{A}_d$。

第 9 章习题解答

第 10 章 反馈基本知识

集成运放及其他放大电路在应用时一般都需要引入合适的反馈,本节介绍反馈方法及反馈电路。

10.1 反馈的作用

1927 年,美国西部电力公司的年轻工程师哈罗德·布莱克(Harold Black)在解决长距离电话通信系统中的真空管放大器的失真和不稳定性时发明了反馈方法。真空管放大器的放大倍数会随电源电压、温度等的变化而发生改变,且真空管的非线性会使输出信号产生失真。布莱克最后发现,用输入信号减去输出信号的差值信号来控制输出信号时,可以减小输出信号及其非线性失真,该方法即为反馈。反馈发明之后,被广泛地应用于各类需要进行控制的系统中。

放大电路引入反馈后,将对系统性能产生影响。若引入合适的反馈,将稳定放大倍数、增大带宽、减小非线性失真等。

10.2 反馈的基本概念

10.2.1 反馈的定义

反馈是指将输出量的一部分或者全部通过一定的方式作用到输入回路,与输入量叠加,来影响输入量的方法。输入量和输出量可以是电压或电流。

图 10-2-1 所示为反馈放大电路的框图,由基本放大电路和反馈网络组成。电路的输入量为 $\dot{X}_i$,输出量为 $\dot{X}_o$;基本放大电路的输入量称为净输入量 $\dot{X}_i'$;

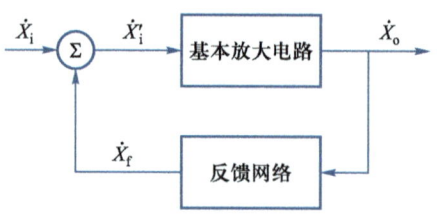

图 10-2-1 反馈放大电路的框图

输出量为 $\dot{X}_\text{o}$；反馈网络的输入量为 $\dot{X}_\text{o}$，输出量为反馈量 $\dot{X}_\text{f}$。

将输出量 $\dot{X}_\text{o}$ 通过反馈网络产生 $\dot{X}_\text{f}$，作用到输入回路，影响输入量 $\dot{X}_\text{i}$，并产生净输入量 $\dot{X}'_\text{i}$，进而影响输出量 $\dot{X}_\text{o}$，形成反馈。

10.2.2 反馈的效果

放大电路引入反馈的目的，是想通过反馈量影响输入量，进而影响输出量。因此，引入反馈的方式不同，对输入量和输出量的影响不同，从而使反馈的效果也不同。

1. 正反馈与负反馈

对输入量的影响可能是使净输入量减小或者增大，对输出量的影响也一样。使净输入量减小的反馈称为负反馈，反之则为正反馈。通常，负反馈使输出量的变化减小，能稳定输出量，改善放大电路的性能；正反馈则使输出量的变化增大，使放大电路不稳定，因此可利用其组成振荡电路。

2. 直流反馈与交流反馈

存在于放大电路直流通路中的反馈称为直流反馈，存在于交流通路中的反馈称为交流反馈。直流反馈影响放大电路的静态工作点，而交流反馈则影响其动态性能。

3. 电压反馈与电流反馈

若将输出电压通过反馈网络作用到输入回路，即反馈量取自于输出电压，则称为电压反馈；若将输出电流通过反馈网络作用到输入回路，即反馈量取自于输出电流，则称为电流反馈。

4. 串联反馈与并联反馈

若反馈量为电压量，则在输入回路中输入电压与反馈电压叠加产生净输入电压，由于电压叠加时一般为串联方式，因而输入回路与反馈网络的连接方式为串联连接，称这种反馈方式为串联反馈。

若反馈量为电流量，则在输入回路中输入电流与反馈电流叠加产生净输入电流，由于电流叠加时一般为并联方式，因而输入回路与反馈网络的连接方式为并联连接，称这种反馈方式为并联反馈。

10.3 反馈的判断

10.3.1 反馈有无的判断

判断有无反馈的方法：根据反馈的定义，首先判断输出信号是否被作用到了输入回路，若是,则再判断输出信号是否影响了净输入信号。

图 10-3-1(a)所示电路中,没有将输出信号通过任何方式作用到输入回路,因此没有反馈。

图 10-3-1(b)所示电路中,虽然将输出电压 u_O 通过电阻 R_2 作用到集成运放的反相端且接地,但是 u_O 对集成运放的净输入电压 u_{Id} 没有影响,u_{Id} 始终等于 u_I,因此没有反馈。

图 10-3-1(c)所示电路中,将输出电压 u_O 通过电阻 R_2 作用到集成运放的反相端,同时 u_O 在电阻 R_1 上产生一个分压即反馈电压 u_F,u_F 将对集成运放的净输入电压 u_{Id} 产生影响,$u_{Id} = u_I - u_F$,因此有反馈。

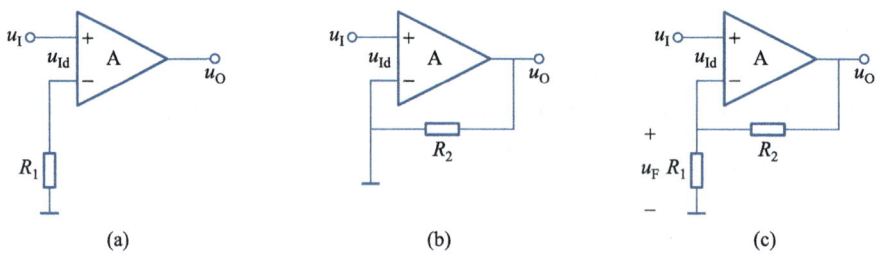

图 10-3-1　判断有无反馈

10.3.2　反馈极性的判断

判断反馈极性通常用瞬时极性法,具体方法如下:

(1) 假定某一时刻输入信号 $\dot{X}_i$ 相对于"地"的极性为"+",之后判断输出信号 $\dot{X}_o$ 和反馈信号 $\dot{X}_f$ 的极性;

(2) 若 $\dot{X}_f$ 的极性使得净输入信号 $\dot{X}'_i = \dot{X}_i - |\dot{X}_f|$,则净输入信号因为引入了反馈而减小,因此是负反馈。反之,若 $\dot{X}'_i = \dot{X}_i + |\dot{X}_f|$,则为正反馈。

图 10-3-2(a)(b)所示电路均通过电阻 R_2 和 R_1 引入了反馈,u_O 在电阻 R_1 上产生反馈电压 u_F,反馈网络为 R_1、R_2。

图 10-3-2(a)所示电路中,假定某一时刻 u_I 相对于"地"的极性为正,由于从同相端输入,因此 u_O 极性也为正。u_O 在电阻 R_1 上产生反馈电压 u_F,u_F 极性也为正。因此净输入电压 $u'_I = u_{Id} = u_I - u_F$,使净输入量减小,为负反馈。

图 10-3-2(b)所示电路中,假定某一时刻 u_I 极性为正,由于从反相端输入,因此 u_O 极性为负。u_O 在电阻 R_1 上产生反馈电压 u_F,u_F 极性也为负。因此输入电压 $u'_I = u_I - u_F = u_I + |u_F|$,使净输入量增大,为正反馈。

需要注意的是,图 10-3-2 所示的两个电路中,u_F 均仅由输出信号产生。

例 10.3.1　判断图 10-3-3(a)和(b)所示电路反馈的极性。

解: 图 10-3-3(a)所示电路通过电阻 R_2 引入了反馈,反馈网络为 R_2。

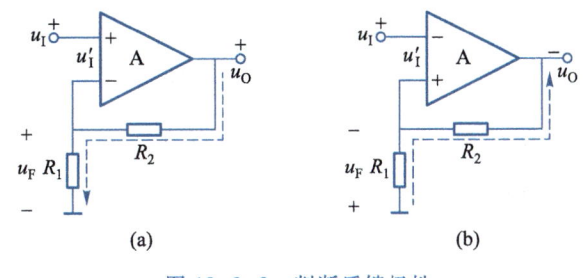

图 10-3-2 判断反馈极性

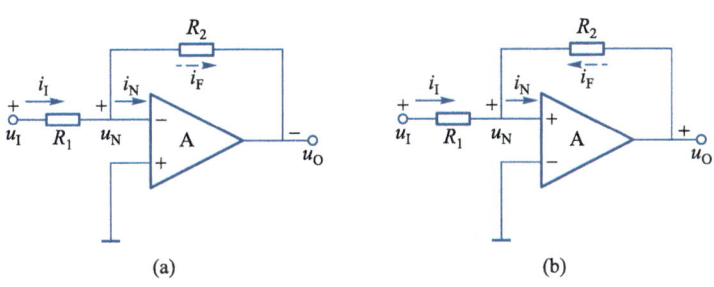

图 10-3-3 例 10.3.1 电路

假定某一时刻 u_I 极性为正,电阻 R_1 上产生输入电流 i_I,方向如图中所示。由于 u_I 从反相端输入,因此 u_O 极性为负。

u_O 在电阻 R_2 上产生反馈电流 i_F,i_F 方向如图中所示。i_I 和 i_F 作用在运放的反相输入端,产生净输入电流 i_N,$i_N = i_I - i_F$,使净输入量减小,因此为负反馈。

图 10-3-3(a)所示电路中,若将同相端与反相端互换,如图 10-3-3(b)所示,则引入的为正反馈,在此不再详述。

需要注意的是,图 10-3-3 所示的两个电路中,i_F 均仅由输出信号作用在 R_2 上产生。

10.3.3　直流反馈与交流反馈的判断

根据直流反馈与交流反馈的定义,分别判断放大电路直流通路以及交流通路中是否存在反馈。由于容量较大的耦合电容和旁路电容对直流信号相当于开路,而对交流信号近似相当于短路,因此通常可通过判断放大电路的反馈通路中是否存在电容来判断交流和直流反馈。

图 10-3-4 所示电路引入了交流负反馈。

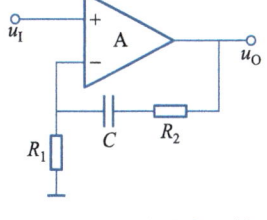

图 10-3-4 交流负反馈

10.3.4　交流负反馈四种组态的判断

由于交流负反馈能够使输出信号稳定,并且能够改善电路的性能,因此重点研究交流负反馈。交流负反馈通常分为四种组态:电压串联,电压并联,电流串联,电流并联。四种组态中最常用的为电压串联和电压并联交流负反馈。在判断四种组态时,可以分别判断是电压还是电流反馈,是串联还是并联反馈。

电压反馈电路中的反馈量取自输出电压,若将输出电压设为零,则反馈量也随之为零。而电流反馈中的反馈量取自输出电流,若将输出电压设为零,由于输出电流并不为零,则反馈量仍然存在。

如图 10-3-2(a)所示,输出电压 u_O 在电阻 R_1 上产生反馈电压 u_F,若 u_O 为零,则 u_F 也随之为零,因此引入了电压反馈。图 10-3-3(a)所示电路中,u_O 在 R_2 上产生反馈电流 i_F,若 u_O 为零,则 i_F 也随之为零,因此引入了电压反馈。

串联反馈的输入电压与反馈电压叠加产生净输入电压,而并联反馈的输入电流与反馈电流叠加产生净输入电流。

图 10-3-2(a)所示电路中,输入电压 u_I 与反馈电压 u_F 叠加产生净输入电压 u_{Id},因此引入了串联反馈。图 10-3-3(a)所示电路中,输入电流 i_I 与反馈电流 i_F 叠加产生净输入电流 i_N,因此引入了并联反馈。

图 10-3-5 所示电路中,通过电阻 R_1 引入了负反馈,i_O 流过 R_L 和 R_1 分别产生 u_O 和 u_F,当 $R_L=0$ 使 $u_O=0$ 时,u_F 并不为零,因此引入了电流反馈;输入电压 u_I 与反馈电压 u_F 叠加产生净输入电压 u_{Id},因此引入了串联反馈。

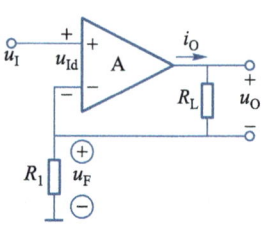

图 10-3-5 电流串联反馈

10.4 反馈放大电路的方框图分析

反馈放大电路的方框图如图 10-4-1 所示,设基本放大电路的放大倍数为 $\dot{A}$,反馈网络的反馈系数为 $\dot{F}$,反馈放大电路的放大倍数为 $\dot{A}_f$,它们与各电量之间的表达式为

$$\dot{A} = \frac{\dot{X}_o}{\dot{X}_i'}, \quad \dot{F} = \frac{\dot{X}_f}{\dot{X}_o}, \quad \dot{A}_f = \frac{\dot{X}_o}{\dot{X}_i}$$

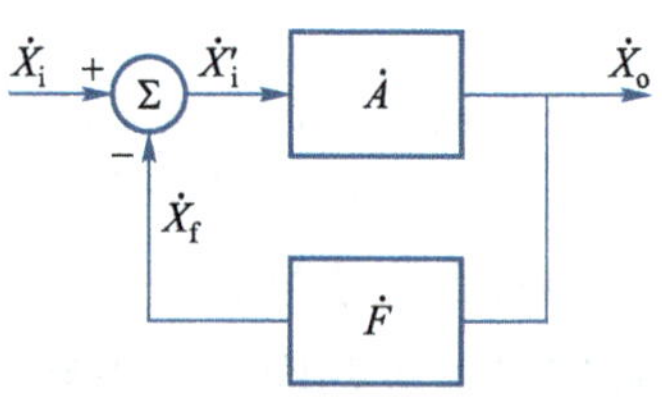

另外,$\dot{A}$ 与 $\dot{F}$ 的乘积 $\dot{A}\dot{F}$ 称为环路放大倍数,$\dot{A}\dot{F} = \frac{\dot{X}_o}{\dot{X}_i'} \frac{\dot{X}_f}{\dot{X}_o} = \frac{\dot{X}_f}{\dot{X}_i'}$。

图 10-4-1 反馈放大电路的方框图

在反馈放大电路的输入端,$\dot{X}_i$、$\dot{X}_i'$ 和 $\dot{X}_f$ 之间的关系为 $\dot{X}_i' = \dot{X}_i - \dot{X}_f$。设 $\dot{X}_i$ 为中频信号且极性为正,由此可推导出 $\dot{A}_f$ 与 $\dot{A}$ 和 $\dot{F}$ 的关系为

$$\dot{A}_f = \frac{\dot{X}_o}{\dot{X}_i} = \frac{\dot{X}_o}{\dot{X}_i' + \dot{X}_f} = \frac{\dot{A}\dot{X}_i'}{\dot{X}_i' + \dot{A}\dot{F}\dot{X}_i'} = \frac{\dot{A}}{1 + \dot{A}\dot{F}}$$

下面分析 $\dot{A}_f$ 的特点，设 $\dot{X}_i$ 极性为正。

（1）若为负反馈，则 $\dot{A}\dot{F}$ 极性为正，因此 $\dot{X}_f$ 极性为正，$\dot{X}_i' = \dot{X}_i - \dot{X}_f$，$\dot{X}_i'$ 将减小。

当 $|1+\dot{A}\dot{F}| \gg 1$ 时，$\dot{A}_f \approx 1/\dot{F}$。此时 $\dot{A}_f$ 与 $\dot{A}$ 基本无关，说明 $\dot{A}_f$ 与基本放大电路无关，仅仅取决于 $\dot{F}$，即取决于反馈网络。若反馈网络由电阻和电容等无源元件组成，因电阻和电容值基本不受温度影响，则 $\dot{A}_f$ 将比较稳定，不受基本放大电路性能的影响。$1+\dot{A}\dot{F}$ 称为反馈深度，通常将 $|1+\dot{A}\dot{F}| \gg 1$ 时的负反馈称为深度负反馈。

（2）若为正反馈，$\dot{A}\dot{F}$ 极性为负，则 $\dot{X}_f$ 极性为负，$\dot{X}_i' = \dot{X}_i - \dot{X}_f = \dot{X}_i + |\dot{X}_f|$，$\dot{X}_i'$ 将增大。

当 $|1+\dot{A}\dot{F}| \approx 0$ 时，$\dot{A}_f$ 将趋于无穷大，即使 $\dot{X}_i$ 为零，放大电路也会因为外界环境的干扰作为输入而使输出量不断增大，直至输出幅值达到最大，从而使电路不稳定。

10.5 深度负反馈放大电路电压放大倍数的分析

10.5.1 深度负反馈放大电路的特点

当放大电路引入了深度负反馈，即 $|1+\dot{A}\dot{F}| \gg 1$ 时，$\dot{A}_f \approx 1/\dot{F}$。由于 $\dot{A}_f = \dot{X}_o/\dot{X}_i$，$\dot{F} = \dot{X}_f/\dot{X}_o$，则可推导出 $\dot{X}_i \approx \dot{X}_f$，而净输入量 $\dot{X}_i' = \dot{X}_i - \dot{X}_f$，因此 $\dot{X}_i' \approx 0$。

由以上分析可知，当引入深度串联负反馈时，净输入电压 $u_i' \approx 0$，此时放大电路输入端近似短路，具有"虚短"的特点。而引入深度并联负反馈时，净输入电流 $i_i' \approx 0$，此时放大电路输入端近似开路，具有"虚断"的特点。

10.5.2 深度负反馈放大电路的分析方法

对一般分立元件组成的负反馈放大电路，当引入深度负反馈时，若为串联负反馈，则 $u_i' \approx 0$，当输入电阻不太小时，i_i' 也近似为零，因此放大电路输入端同时具有"虚短""虚断"的特点；若为并联负反馈，则 $i_i' \approx 0$，当输入电阻不太大时，u_i' 也近似为零，因此放大电路输入端也同时具有"虚短""虚断"的特点。

理想运放具有 $A_{od} = \infty$、$R_{id} = \infty$、$R_{od} = 0$ 的特点。当理想运放引入负反馈时，$|1+\dot{A}\dot{F}|$ 非常大，必为深度负反馈，使 $X_i' \approx 0$，工作在线性区，由于 u_o 幅值小于最大幅值 U_{OM}，因此 $u_i' = u_o/A_{od} \approx 0$，输入

端具有"虚短"的特点;又由于 $R_{id} = \infty$,因此 $i'_1 \approx 0$,输入端同时具有"虚断"的特点。

由以上分析可知,无论何种放大电路,只要引入深度负反馈,通常都可以同时利用"虚短""虚断"方法近似分析闭环电压放大倍数 $\dot{A}_{uf}$。

10.5.3 深度负反馈放大电路电压放大倍数的分析举例

一、分立元件组成的深度负反馈放大电路

1. 电压串联负反馈电路

两级放大电路如图 10-5-1 所示,T_1、T_2 分别组成共射放大电路,通过反馈网络 R_f、R_{e1} 引入了交流反馈。设 u_i 极性为"+",由于共射放大电路的输入信号与输出信号反相,因此 T_1、T_2 集电极的极性分别为"−""+",反馈信号极性为"+",如图所示,因此净输入信号 $u'_i = u_{be} = u_i - u_f$,该电路引入了交流负反馈。在输入端,$u'_i$、$u_i$、$u_f$ 以电压形式叠加,为串联负反馈;当 $u_o = 0$ 时 $u_f = 0$,因此是电压负反馈。

利用"虚短"可得 $u_f \approx u_i$,利用"虚断"可得 T_1 发射极电流 $i_{e1} \approx 0$,因此 $i_f \approx i_1$。$u_o \approx (1 + R_f / R_{e1}) u_f$,则 $A_{uf} = u_o / u_i \approx 1 + R_f / R_{e1}$。

图 10-5-1 所示电路的闭环电压放大倍数 A_{uf} 的仿真结果

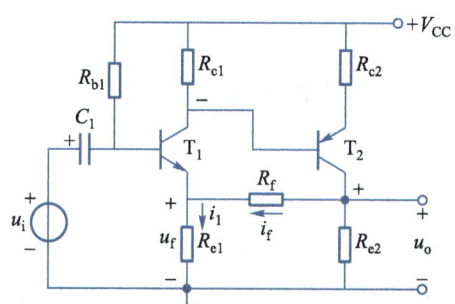

图 10-5-1 分立元件组成的电压串联负反馈放大电路

2. 电流并联负反馈放大电路

两级放大电路如图 10-5-2 所示,T_1、T_2 分别组成共源和共射放大电路,通过反馈网络 R_f、C_f 引入了交流反馈。设 u_i 极性为"+",由于共源和共射放大电路的输入信号与输出信号均反相,因此 T_1 漏极和 T_2 集电极的极性分别为"−""+",而 T_2 发射极的极性为"−",如图所示。在输入端,净输入信号 $i'_i = i_i - i_f$,该电路引入了交流负反馈。在输入端,i'_i、i_i、i_f 以电流形式叠加,为并联负反馈;而反馈电流 i_f 取自于 T_2 发射极电流 i_e,当 $u_o = 0$ 时,i_c、i_e 不为零,因此 i_f 也不为零,引入的是电流负反馈。

利用"虚短"可得 T_1 栅极交流电位 $u_g \approx 0$,利用"虚断"可得 $i'_i \approx 0$,因此 $i_f \approx i_i$。$u_o \approx -i_c R_c \approx -i_e R_c$,$u_s = i_i R$,$i_f = -i_e R_e / (R_e + R_f)$,则 $A_{usf} = \dfrac{u_o}{u_s} \approx \dfrac{-i_e R_c}{i_i R} = \dfrac{-i_e R_c}{i_f R} = \dfrac{R_c (R_e + R_f)}{R R_e}$。

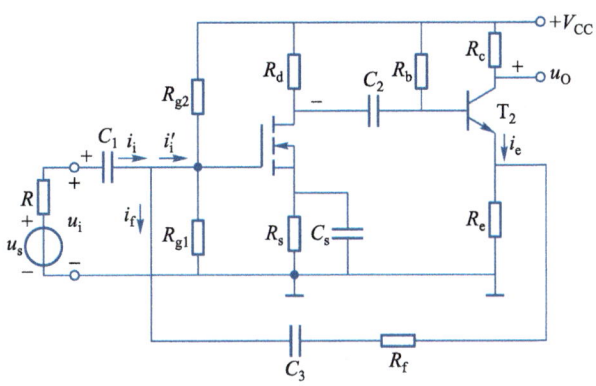

图 10-5-2 分立元件组成的电流并联负反馈放大电路

二、理想运放组成的深度负反馈放大电路

1. 电压串联负反馈电路

图 10-5-3 所示电路通过电阻 R_1、R_2 引入了电压串联负反馈。利用"虚短"可得 $u_F \approx u_I$,利用"虚断"可得运放反相端电流 $i_- \approx 0$,则 $i_{R1} \approx i_{R2}$。因此 $u_O = (1+R_2/R_1)u_F$,$A_{uf} \approx u_O/u_I = 1+R_2/R_1$。

2. 电压并联负反馈电路

图 10-5-4 所示电路通过电阻 R_f 引入了电压并联负反馈。利用"虚短"可得运放两个输入端电压 $u_+ \approx u_- = 0$,利用"虚断"可得 $i_I \approx i_F$。因此 $u_O = -i_F R_f$,$u_S = i_I R_s$,$A_{usf} = \dfrac{u_O}{u_S} \approx \dfrac{-i_F R_f}{i_I R_s} \approx -\dfrac{R_f}{R_s}$。

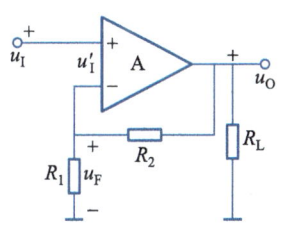

图 10-5-3 理想运放组成的电压串联负反馈放大电路

需要注意的是,上述两个电压负反馈放大电路的电压放大倍数与负载 R_L 无关,说明电压负反馈稳定输出电压,电压负反馈放大电路输出电阻 R_o 近似为零。

3. 电流串联负反馈电路

图 10-5-5 所示电路通过电阻 R_1 引入了电流串联负反馈。利用"虚短"可得 $u_F \approx u_I$,利用"虚断"可得 $i_O \approx i_{R1}$。因此 $u_I = u_F = i_O R_1$,$u_O = i_O R_L$,$A_{uf} = \dfrac{u_O}{u_I} \approx \dfrac{i_O R_L}{i_O R_1} \approx \dfrac{R_L}{R_1}$。

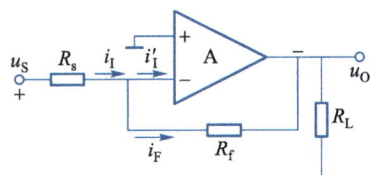

图 10-5-4 理想运放组成的电压并联负反馈放大电路

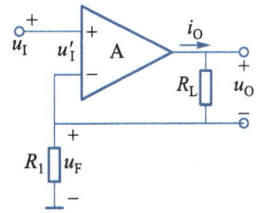

图 10-5-5 理想运放组成的电流串联负反馈放大电路

4. 电流并联负反馈电路

图 10-5-6 所示电路引入了电流并联负反馈。利用"虚短"可得运放两个输入端电压 $u_+ \approx u_- = 0$,则 $i_I \approx u_S/R_s$,利用"虚断"可得 $i_I \approx i_F$。$i_F = i_O R_2/(R_1+R_2)$,则 $i_O = (1+R_1/R_2)i_F = (1+R_1/R_2)u_S/R_s$。由于 $u_O = -i_O R_L$,则

$$u_O = -\left(1+\frac{R_1}{R_2}\right)\frac{u_S}{R_s}R_L$$

$$A_{usf} = \frac{u_O}{u_S} = -\left(1+\frac{R_1}{R_2}\right)\frac{R_L}{R_s}$$

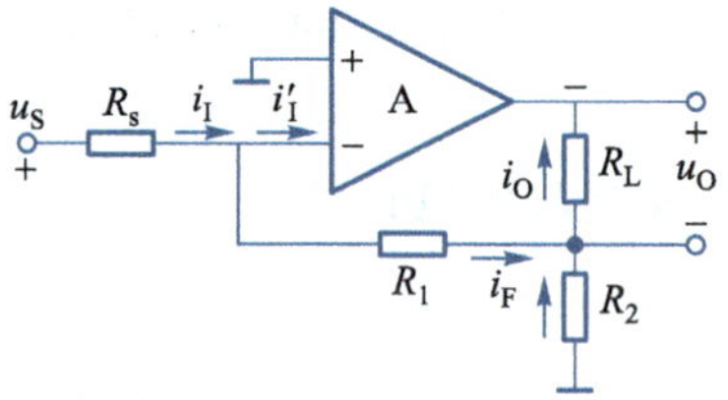

图 10-5-6　理想运放组成的电流并联负反馈放大电路

需要注意的是,上述两个电流负反馈放大电路的电压放大倍数与负载 R_L 成正比,说明输出电流与负载无关,电流负反馈稳定输出电流,电流负反馈放大电路的输出电阻 R_o 近似为无穷大。

10.6　反馈对放大电路性能的影响

发明反馈的最初目的是稳定放大电路,在实际应用中,不同的反馈极性和组态对放大电路性能有不同的影响。

10.6.1　负反馈对放大电路性能的影响

一、直流负反馈对放大电路性能的影响

由于负反馈使输出变化量减小,因此,当温度变化或者电源电压波动等原因引起静态工作点变化时,直流负反馈能减小变化,稳定静态工作点。

二、交流负反馈对放大电路性能的影响

1. 交流负反馈影响放大电路的交流性能。

由于负反馈使净输入量减小,因此使输出变化量减小,使放大倍数数值减小,此时闭环

放大倍数 $\dot{A}_\mathrm{f} = \dfrac{\dot{A}}{1+\dot{A}\dot{F}}$,相比于开环放大倍数 $\dot{A}$ 减小了 $|1+\dot{A}\dot{F}|$ 倍,且深度负反馈下放大倍数 $\dot{A}_\mathrm{f} \approx \dfrac{1}{\dot{F}}$。理论分析可以证明,交流负反馈使放大电路电压放大倍数的稳定性提高 $|1+\dot{A}\dot{F}|$ 倍,使带宽增大 $|1+\dot{A}\dot{F}|$ 倍,即闭环带宽 $f_\mathrm{bwF} \approx (1+\dot{A}\dot{F})f_\mathrm{bw}$,其中 f_bw 为开环时的带宽。此外交流负反馈还能改善非线性失真。

2. 不同组态的交流负反馈影响输入和输出电阻。

（1）对输入电阻的影响

由于<u>串联负反馈</u>输入回路与反馈网络串联,因此<u>会使输入电阻增大</u>,理论分析可以证明闭环输入电阻 $R_\mathrm{if} = R_\mathrm{i}(1+\dot{A}\dot{F})$,理想情况下,当 $|1+\dot{A}\dot{F}|$ 趋于无穷大时,R_if 趋于无穷大。由于<u>并联负反馈</u>输入回路与反馈网络并联,因此<u>会使输入电阻减小</u>,理论分析可以证明闭环输入电阻 $R_\mathrm{if} = R_\mathrm{i}/(1+\dot{A}\dot{F})$,理想情况下,当 $|1+\dot{A}\dot{F}|$ 趋于无穷大时,R_if 趋于零。

（2）对输出电阻的影响

<u>电压负反馈稳定输出电压,带负载能力增强,因此使输出电阻减小</u>,理论分析可以证明闭环输出电阻 $R_\mathrm{of} = R_\mathrm{o}/(1+\dot{A}\dot{F})$,<u>理想情况下,当 $|1+\dot{A}\dot{F}|$ 趋于无穷大时,R_of 趋于零</u>。<u>电流负反馈稳定输出电流,输出电压与负载大小成正比,因此使输出电阻增大</u>,理论分析可以证明闭环输出电阻 $R_\mathrm{of} = R_\mathrm{o}(1+\dot{A}\dot{F})$,<u>理想情况下</u>,当 $|1+\dot{A}\dot{F}|$ 趋于无穷大时,R_of 趋于无穷大。

三、自激振荡

通常,负反馈对放大电路有很多正面的影响,然而在一定的条件下有可能产生负面的影响,即产生自激振荡。自激振荡是指放大电路在没有输入信号时,输出产生一定幅值和一定频率的信号的现象。

自激振荡产生的根本原因是负反馈在一定条件下变成了正反馈,从而使电路发生不稳定现象。当电路中有电容时,例如耦合电容、PN 结电容、晶体管的结电容或者 MOS 管的电极之间存在的等效电容,这些电容将使交流信号产生相移,从而有可能使输出信号在某一个频率信号作用下（例如周围环境中的电磁干扰信号）产生 $\pm 180°$ 或 $\pm(2n+1)\pi$ 的相移,其中 n 为正整数,进而使反馈信号产生 $\pm 180°$ 或 $\pm(2n+1)\pi$ 的相移,使负反馈变成了正反馈,从而使电路在干扰信号作用下产生较大的输出信号,出现不稳定现象,即产生自激振荡。

当电路产生自激振荡时,可以通过在电路的合适位置加入电容产生新的相移,来抵消已有电容产生的相移,或者去掉某个耦合电容以减小相移,破坏自激振荡的条件,达到消除自激振荡的目的。

10.6.2 正反馈对放大电路性能的影响

由于正反馈使净输入量增大,因此使输出变化量增大,使放大倍数数值增大,有可能会使电路出现不稳定现象。因此大多数情况下应避免引入正反馈,只有少数情况需要引入正反馈,例如,通过正反馈使电路产生振荡,可以组成波形发生电路。

10.7 集成运放的两个工作区

集成运放在不引入反馈、引入负反馈、引入正反馈时的工作特点有所不同。

集成运放的电压传输特性如图 9-4-2 所示。当 $|u_O|<U_{OM}$ 时,u_O 与 u_{Id} 近似为线性关系,集成运放工作在线性区;通常当电源电压为 ±15 V 时,$|U_{OM}|<15$ V,$|A_{od}|>10^5$,因此 $u_{Id}=u_O/A_{od}$ 非常小,可近似视为零。而当 $|u_O|\geq U_{OM}$ 时,u_O 与 u_{Id} 为非线性关系,集成运放工作在非线性区。

10.7.1 理想运放的线性工作区

理想运放具有 $A_{od}=\infty$、$R_{id}=\infty$、$R_{od}=0$ 的特点。

当理想运放引入负反馈时,由于 $\dot{A}=A_{od}=\infty$,因此 $|1+\dot{A}\dot{F}|$ 非常大,引入负反馈后必为深度负反馈,使 X'_i 近似为零,可以使 $|u_O|<U_{OM}$,因此集成运放工作在线性区。

理想运放引入负反馈后工作在线性区,输入端同时具有"虚短"和"虚断"的特点。

10.7.2 理想运放的非线性工作区

理想运放在没有引入反馈[称为开环,如图 10-7-1(a)所示]或者仅仅引入了正反馈[如图 10-7-1(b)所示]时,工作在非线性区,此时 $u_O=A_{od}(u_P-u_N)$,当 $u_P>u_N$ 时 $u_O=+U_{OM}$,当 $u_P<u_N$ 时 $u_O=-U_{OM}$,如图 10-7-1(c)所示。此外,由于 $R_{id}=\infty$,$i_P=i_N=u_{Id}/R_{id}=0$,因此两个输入端仍具有"虚断"的特点,但是没有"虚短"的特点。

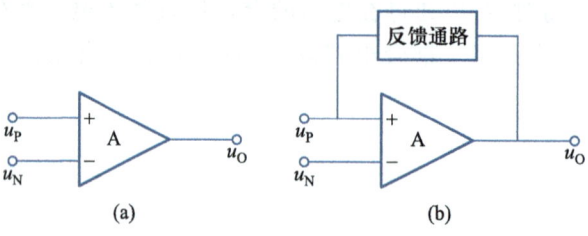

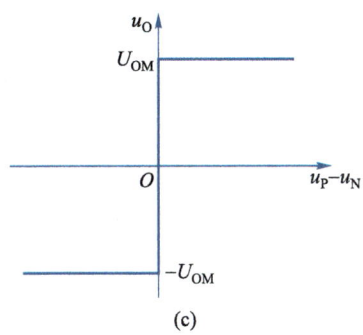

图 10-7-1　理想运放工作在非线性区的特点及其电压传输特性

第 10 章讨论题、思考题、习题

讨论题

1. 放大电路为何引入反馈？反馈对放大电路性能有何影响？
2. 如何分析负反馈放大电路的电压放大倍数？

思考题

1. 如何判断反馈极性？
2. 如何判断电压反馈和电流反馈？如何判断串联反馈和并联反馈？
3. 深度负反馈的条件是什么？此时负反馈放大电路有何特点？

习题

10.1　判断下列说法的正误。

（1）反馈是指把输出量的一部分或全部通过一定的电路形式作用到输入回路，来影响输入量的措施。（　　）

（2）反馈信号由输出信号产生。（　　）

（3）在输入量不变的情况下，若引入反馈后净输入量减小，则说明引入的是负反馈。（　　）

（4）放大电路中引入直流负反馈的目的是稳定静态工作点。（　　）

(5) 放大电路中引入交流负反馈的目的是改善动态性能。(　　)

(6) 为了稳定输出电压,应引入电压负反馈。(　　)

(7) 理想运放若引入了负反馈,则工作在线性区,其特点是两个输入端同时具有"虚短"和"虚断"的特点。

"虚短"是指运放两个输入端之间的电压近似为零,相当于近似短路。(　　)

"虚断"是指运放两个输入端电流近似为零,相当于近似断路。(　　)

10.2　选择正确答案填空

(1) 放大电路中的反馈信号是指_____。

A. 反馈网络从放大电路输出回路中取出的信号

B. 反馈到放大电路输入回路的信号

C. 反馈到输入回路的信号与反馈网络从放大电路输出回路中取出的信号之比

(2) 构成放大电路反馈网络的_____。

A. 只能是电阻、电容或电感等无源元件

B. 只能是晶体管、集成运放等有源器件

C. 可以全部是无源元件,也可以有有源器件

(3) 在输入量不变的情况下,若引入反馈后_____,则说明引入的反馈是正反馈。

A. 净输入量增大　　　　　　　　　B. 净输入量减小

(4) 在放大电路中为了稳定放大倍数应引入_____;为了稳定静态工作点应引入_____。

A. 直流负反馈　　　　　　　　　　B. 交流负反馈

(5) 为了增大放大电路的输入电阻,应引入_____负反馈;为了减小放大电路的输出电阻,应引入_____负反馈。

A. 电压　　　　　　　　　　　　　B. 电流

C. 串联　　　　　　　　　　　　　D. 并联

10.3　判断图 P10-3 所示各电路中是否引入了反馈,若引入了反馈,则判断该反馈是直流反馈还是交流反馈,是正反馈还是负反馈,并找出反馈网络。设所有电容对交流信号均可视为短路。

10.4　分别判断图 P10-4 所示各电路是否引入了反馈,是直流反馈还是交流反馈,是正反馈还是负反馈,如果是交流负反馈则说明是哪种组态的交流负反馈。

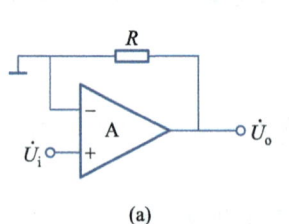

(a)

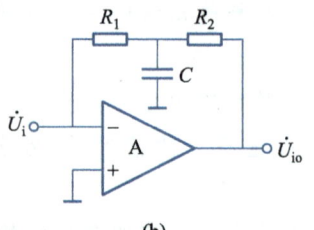

(b)

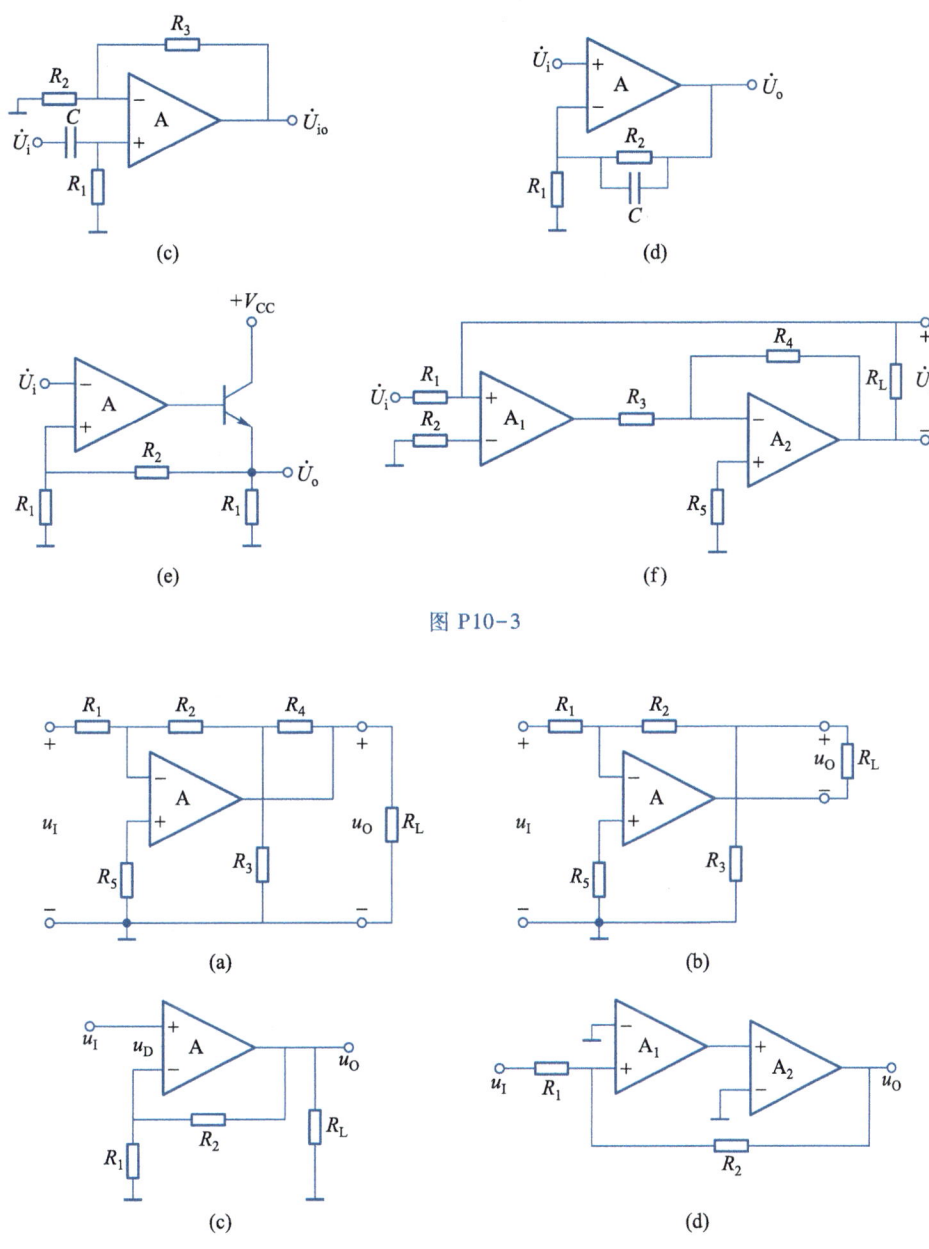

图 P10-3

图 P10-4

10.5 电路如图 P10-5 所示,判断各电路引入的级间反馈的极性,若为交流负反馈,请判断组态。

10.6 电路如图 P10-5 所示,各电路引入的级间反馈若为交流负反馈,请计算深度负反馈下的闭环电压放大倍数 $\dot{A}_{uf}$。

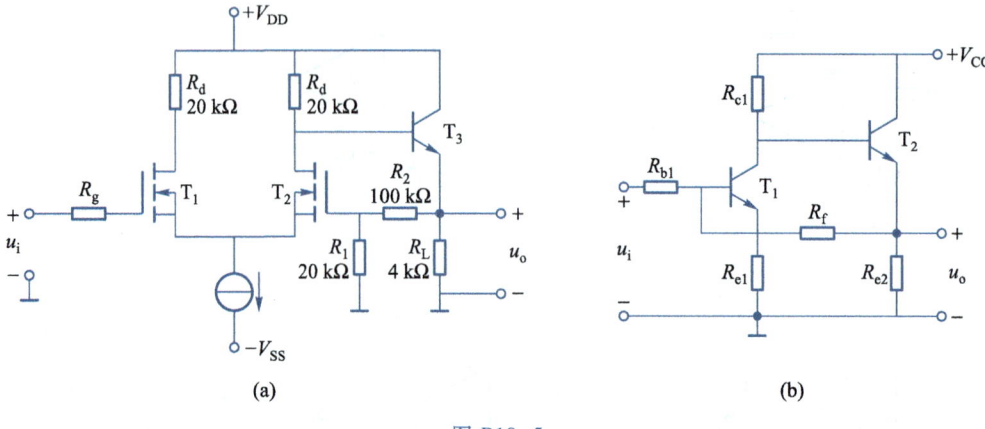

图 P10-5

10.7 电路如图 P10-7 所示,填空:

电路(a)的电压放大倍数表达式为 $A_{uf} = \Delta u_O / \Delta u_I =$ _____,电路(b)的电压放大倍数表达式为 $A_{uf} = \Delta u_O / \Delta u_I =$ _____。

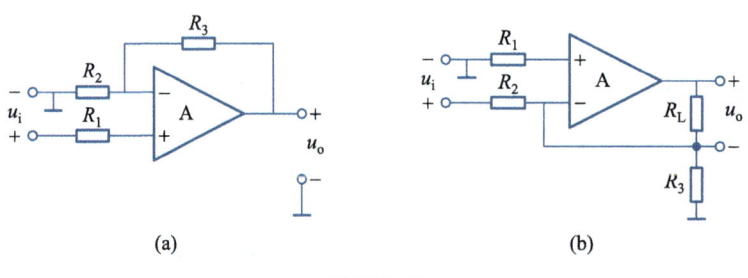

图 P10-7

10.8 电路如图 P10-8 所示,已知集成运放的开环差模增益和差模输入电阻均近于无穷大,最大输出电压幅值为 ±14 V。填空:

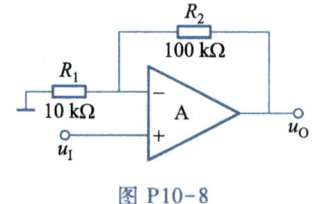

图 P10-8

(1) 电路引入了 _____(填入反馈组态)交流负反馈。

(2) 电路的电压放大倍数 $A_{uf} = \Delta u_O / \Delta u_I \approx$ _____。设 $u_I = 1$ V,则 $u_O \approx$ _____ V;若 R_1 开路,则 u_O 变为 _____ V;若 R_1 短路,则 u_O 变为 _____ V;若 R_2 开路,则 u_O 变为 _____ V;若 R_2 短路,则 u_O 变为 _____ V。

10.9 图 P10-9 所示电路中集成运放均为理想运放。填空:

(1) 集成运放 A_1 引入反馈的极性为_____,组态为_____;集成运放 A_2 引入反馈的极性为_____,组态为_____;

(2) u_P 与 u_I 的比值 =_____, u_{O2} 与 u_I 的比值 =_____;

(3) 电路的电压放大倍数 $A_u = \Delta u_O / \Delta u_I =$ _____;

(4) 电路的输入电阻 $R_i =$ _____,输出电阻 $R_o =$ _____。

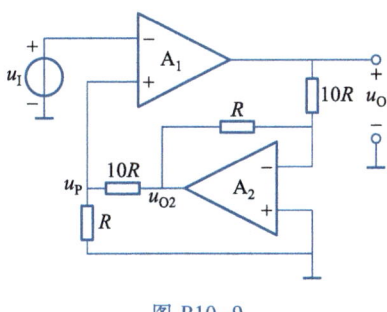

图 P10-9

10.10 图 P10-10 所示电路中集成运放均为理想运放。判断各电路引入的反馈的极性和组态,并分别求出各电路的电压放大倍数 A_{uf} 的表达式。

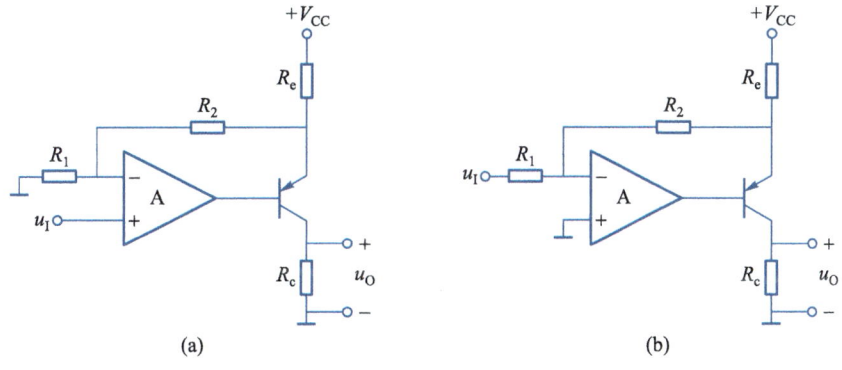

图 P10-10

10.11 电路如图 P10-11 所示,集成运放为理想运放。

(1) 为了将输入电流 i_S 转化成稳定的输出电压 u_O,应通过电阻 R_f 引入何种组态的交流负反馈?请在图中画出该反馈,并连接输入电流与放大电路。

(2) 若 $i_S = 0 \sim 5$ mA 时,u_O 对应为 $0 \sim -5$ V,则电阻 R_f 应为多大?

10.12 用 Multisim 仿真图 10-5-3 和图 10-5-4 所示电路的闭环电压放大倍数 A_{uf}。已知运放型号为 LM358AD,其电源电压为 ± 15 V,输入电压 u_I 为直流电压,$R_1 = R_S = 1$ kΩ,$R_f = 5$ kΩ,$R_L = 2$ kΩ。

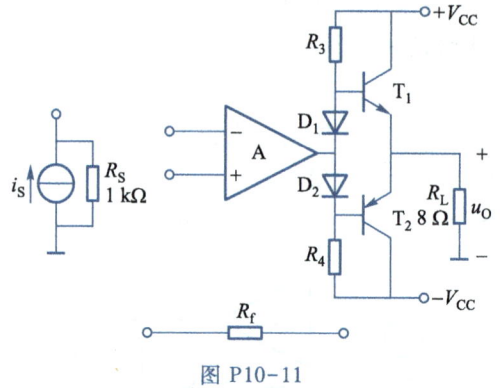

图 P10-11

第 11 章 模拟信号处理电路

模拟信号处理电路用于处理模拟信号,主要包括运算电路、滤波电路和电压比较器。

11.1 概　　述

11.1.1 模拟信号处理电路的应用

运算电路用于实现信号的数学运算,包括比例、求和、加减、积分和微分、对数和指数、乘法和除法等运算。例如,由传感器(例如脉搏传感器)获得的大多数模拟信号为幅值较小的电压信号,通常需要用比例运算电路成倍地放大;声波测井仪器采集的四个方向的声波信号有的需要相加,有的需要相减,可以分别采用求和和加减运算电路实现;物体运动的速度和距离可以通过对加速度信号进行积分得到,可以采用积分运算电路实现;用光电传感器测得的光照强度信号为幅值范围较宽的电流信号,可以采用对数运算电路对其进行压缩,得到幅值范围较窄的信号,以便于使用;无线通信电路中有时需要将待发射的低频信号和高频载波信号相乘,此时可以采用乘法运算电路实现。

滤波电路通常用于滤除不需要的某个频率范围的信号以保留需要的信号,例如滤除语音信号以外的干扰信号。

电压比较器用于比较两个信号的大小,例如比较 PM2.5 的浓度是否超标、人体温度是否超过正常体温等。

11.1.2 模拟信号处理电路的组成及分析方法

模拟信号处理电路通常由集成运放组成。运算电路和滤波电路通常由集成运放引入电压负反馈组成,使运放工作在线性区,因此当运放为理想运放时,可利用"虚短""虚断"特点分析输入信号和输出信号之间的运算关系。而电压比较器中的集成运放则不引入反馈,或者仅仅引入正反馈,使运放工作在非线性区,因此当运放为理想运放时,可利用"虚断"的特点分析电路。

11.2 运算电路

本章介绍常用的比例、求和、加减、积分和微分、对数和指数、乘法和除法等运算电路。

11.2.1 比例运算电路

一、概述

图 11-2-1 中,输入信号从反相端输入,输出信号与输入信号相位相反,且能将输入信号成比例地放大,因此称为反相比例运算电路。图 11-2-2 中,输入信号从同相端输入,输出信号与输入信号相位相同,且能将输入信号成比例地放大,因此称为同相比例运算电路。

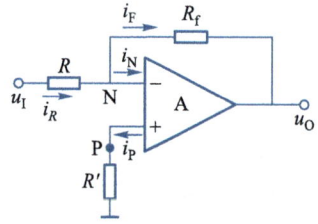 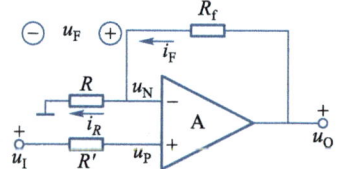

图 11-2-1 反相比例运算电路　　图 11-2-2 同相比例运算电路

由于以上两种放大电路均引入了负反馈,因此可利用"虚短""虚断"方法分析输入信号与输出信号的关系。

二、反相比例运算电路

利用"虚短""虚断"方法分析图 11-2-1 所示电路,得到如下结果:同相端与反相端具有"虚断"的特点,即 $i_N = i_P = 0$,则在节点 N 处由 KCL 定律得到 $i_R = i_F$;且同相端与反相端具有"虚短"的特点,则 $u_N = u_P = i_P R' = 0$,因此 $u_I/R = -u_O/R_f$,于是得到运算关系为

$$u_O = -\frac{R_f}{R} u_I \qquad (11-2-1)$$

上式表明输入信号与输出信号成负的比例关系,比例系数为 $-\dfrac{R_f}{R}$,因此称为反相比例运算电路。

由于 $u_N = u_P = 0$,因此也称为"虚地",表示电位为零,但并没有真正接地。

由于反相比例运算电路中运放的反相端电位 $u_N = 0$,因此输入电阻 $R_i = R$。

由于引入了电压负反馈,能稳定输出电压,当运放为理想运放时,输出电阻 $R_\text{o}=0$。若在输出端和"地"之间接负载 R_L,则 u_O 与 u_I 运算关系不变,即在相同的 u_I 作用下,接不同负载时 u_O 不变,说明反相比例运算电路带负载能力很强,由此也说明了其 $R_\text{o}=0$。

三、同相比例运算电路

利用"虚短""虚断"特点分析图 11-2-2 所示电路,得到如下结果:同相端与反相端具有"虚断"的特点,即 $i_\text{N}=i_\text{P}=0$,则 $i_R=i_\text{F}$,即 $u_\text{N}/R=(u_\text{O}-u_\text{N})/R_\text{f}$;且同相端与反相端具有"虚短"的特点,因此 $u_\text{P}=u_\text{N}=u_\text{I}$;于是有

$$\frac{u_\text{I}}{R}=\frac{u_\text{O}-u_\text{I}}{R_\text{f}} \tag{11-2-2}$$

得到运算关系为

$$u_\text{O}=\left(1+\frac{R_\text{f}}{R}\right)u_\text{I} \tag{11-2-3}$$

上式表明输入信号与输出信号同相且成正的比例关系,比例系数为 $1+\dfrac{R_\text{f}}{R}$,因此称为同相比例运算电路。

同相比例运算电路中,运放的两个输入端电流近似为零,因此输入电阻 R_i 近似为无穷大。由于引入了电压负反馈,能稳定输出电压,当运放为理想运放时,输出电阻 $R_\text{o}=0$。

同相比例运算电路的电压放大倍数即比例系数 $\left(1+\dfrac{R_\text{f}}{R}\right)$ 总是大于或等于 1,若图 11-2-2 中 $R_\text{f}=0$,即 R_f 短路,或者 R 开路,即 $R=\infty$,则可实现比例为 1 的运算电路,如图 11-2-3(a)(b)所示。由于 $u_\text{O}=u_\text{I}$,输出电压跟随输入电压变化,因此该电路称为电压跟随器。

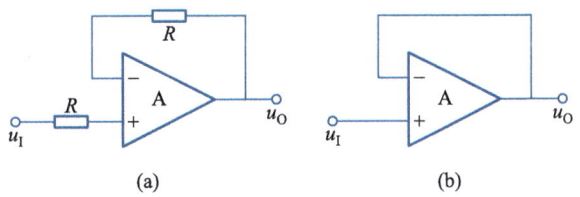

图 11-2-3 电压跟随器

四、平衡电阻

为了使集成运放输入级差分放大电路的两个输入端的等效电阻平衡即相等,使运算电路的精度高,通常在比例运算电路中接入平衡电阻,以提高运算精度,如图 11-2-1 和图 11-2-2 所示的平衡电阻 R'。设输入信号 $u_\text{I}=0$,则 $u_\text{O}=0$,此时两个输入端与"地"之间的等效电阻应相等,因此 $R'=R/\!/R_\text{f}$。

五、两种比例运算电路的比较

两种比例运算电路的电压放大倍数表达式和输入电阻不同。当需要实现负的比例运算,且对输入电阻要求不高时,可采用反相比例运算电路;当需要实现电压跟随,或者实现正的比例运算,且要求输入电阻比较高时,可采用同相比例运算电路。

此外,反相比例运算电路中的运放的共模输入电压 $u_{IC}=0$,使运算精度较高;而同相比例运算电路中的运放的共模输入电压 $u_{IC}=u_1$,将影响运算精度。

11.2.2 求和运算电路

一、反相求和运算电路

两个或两个以上的输入信号从运放反相端输入,即可实现反相求和运算电路,如图 11-2-4 所示。

利用"虚短""虚断"方法分析反相求和运算电路,得到如下结果:同相端与反相端具有"虚短"的特点,则 $u_N=u_P$;且同相端与反相端具有"虚断"的特点,即 $i_N=i_P=0$,则 $i_1+i_2=i_F$。

由于 $u_P=i_P R_4=0$,因此 $u_N=0$。

由 $i_1+i_2=i_F$ 得到

$$\frac{u_{I1}}{R_1}+\frac{u_{I2}}{R_2}=\frac{-u_O}{R_f} \quad (11-2-4)$$

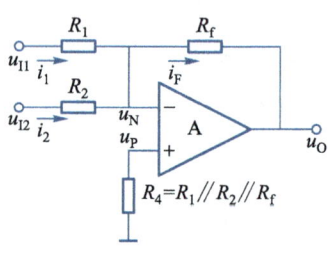

图 11-2-4 反相求和运算电路

于是得到运算关系为

$$u_O=-R_f\left(\frac{u_{I1}}{R_1}+\frac{u_{I2}}{R_2}\right) \quad (11-2-5)$$

反相求和运算电路实现输入信号的反相比例求和。运放反相端的电阻 R_4 为平衡电阻,应取 $R_4=R_1 /\!/ R_2 /\!/ R_f$。

二、同相求和运算电路

两个或两个以上的输入信号从运放同相端输入,即可实现同相求和运算电路,如图 11-2-5 所示。

利用"虚短""虚断"方法分析同相求和运算电路,得到如下结果:同相端与反相端具有"虚短"的特点,即 $u_N=u_P$;且同相端与反相端具有"虚断"的特点,即 $i_N=i_P=0$,则 $i_1+i_2=0$,$i_R=i_F$;因此,

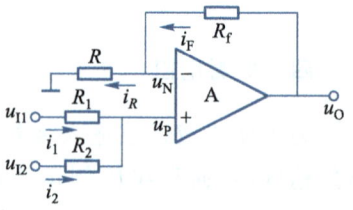

图 11-2-5 同相求和运算电路

$$\frac{u_{I1}-u_P}{R_1}+\frac{u_{I2}-u_P}{R_2}=0 \tag{11-2-6}$$

$$\frac{u_N}{R}=\frac{u_O-u_N}{R_f} \tag{11-2-7}$$

联立上述两个表达式求解,得到运算关系为

$$u_O=\left(1+\frac{R_f}{R}\right)(R_1/\!/R_2)\left(\frac{u_{I1}}{R_1}+\frac{u_{I2}}{R_2}\right) \tag{11-2-8}$$

当同相端与反相端电阻平衡时,即 $R/\!/R_f=R_1/\!/R_2$ 时,运算关系简化为

$$u_O=R_f\left(\frac{u_{I1}}{R_1}+\frac{u_{I2}}{R_2}\right) \tag{11-2-9}$$

同相求和运算电路实现输入信号的同相比例求和。当运放同相端与反相端电阻平衡时,即 $R/\!/R_f=R_1/\!/R_2$ 时,运算关系表达式更简单。当 $R/\!/R_5 \ne R_1/\!/R_2$ 时,可在同相端与地之间接一个电阻 R_3 使电阻平衡。

11.2.3 加减运算电路

当输入信号从运放同相端输入时,输出信号与输入信号相位相同;当输入信号从运放反相端输入时,输出信号与输入信号相位相反。因此,将一个信号从运放同相端输入,被减信号从运放反相端输入,则可实现加减运算,如图 11-2-6 所示。此时运放同相端与反相端电阻平衡,均为 $R/\!/R_f$。

利用"虚短""虚断"方法分析加减运算电路,得到如下结果:同相端与反相端具有"虚短"的特点,即 $u_N=u_P$,因此

$$u_P=\frac{R_f}{R+R_f}u_{I2}=u_N \tag{11-2-10}$$

且同相端与反相端具有"虚断"的特点,即 $i_N=i_P=0$,则 $i_R=i_F$,因此

$$\frac{u_{I1}-u_N}{R}=\frac{u_N-u_O}{R_f} \tag{11-2-11}$$

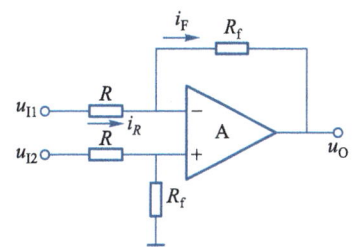

图 11-2-6 加减运算电路

联立以上两个表达式求解,得到运算关系为

$$u_O=\frac{R_f}{R}(u_{I2}-u_{I1}) \tag{11-2-12}$$

当有两个以上的输入信号需要实现加减运算时,例如 $u_O=k_1u_{I1}+k_2u_{I2}-k_3u_{I3}$ 时(其中 k_1、k_2、k_3 均大于零),可以将被加的输入信号 u_{I1} 和 u_{I2} 从运放同相端输入,被减的输入信号 u_{I3} 从运放反相端输入,如图 11-2-7 所示。当 $R_3/\!/R_f=R_1/\!/R_2/\!/R_4$ 时,$k_1=R_f/R_1$,$k_2=R_f/R_2$,$k_3=R_f/R_3$。

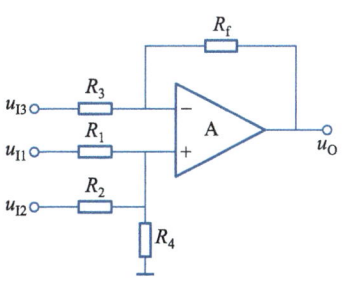

图 11-2-7 三个输入信号的加减运算电路

11.2.4 积分和微分运算电路

利用电容和反相比例运算电路可以组成积分和微分运算电路。

一、积分运算电路

电容具有积分特性,其两端电压与流过它的电流成积分关系,即 $u_c = \dfrac{1}{C}\int i_c \mathrm{d}t$。

反相比例运算电路中,反馈支路电流等于输入电流,若将其反馈电阻 R_f 用电容 C 代替,则流过 C 的电流 i_C 等于输入电流,使得电容两端电压 u_C 与输入电流成积分关系。而输入电流与输入电压 u_I 成正比,输出电压 u_O 等于 u_C,因此 u_O 与 u_I 成积分关系。

积分运算电路如图 11-2-8 所示,利用"虚短""虚断"方法分析运算关系如下:同相端与反相端具有"虚断"的特点,即 $i_N = i_P = 0$,则 $i_C = i_R$;且同相端与反相端具有"虚短"的特点,即 $u_N = u_P = 0$;因此

$$i_C = i_R = \dfrac{u_I}{R} \qquad (11\text{-}2\text{-}13)$$

$$u_O = u_C = -\dfrac{1}{C}\int i_C \mathrm{d}t = -\dfrac{1}{C}\int \dfrac{u_I}{R}\mathrm{d}t = -\dfrac{1}{RC}\int u_I \mathrm{d}t \qquad (11\text{-}2\text{-}14)$$

积分运算电路通过电容引入了交流负反馈,由于没有直流负反馈,静态时电路为开环,运放工作在非线性区,输出电压将饱和($|u_O| = U_{OM}$),使电路无法正常工作。在实际应用中,解决上述问题的办法是通过电阻引入直流负反馈,如图 11-2-9 所示。为了不影响积分运算关系,直流负反馈不能太强,即 R_f 阻值不宜太小,通常可取几百千欧或 1 兆欧。

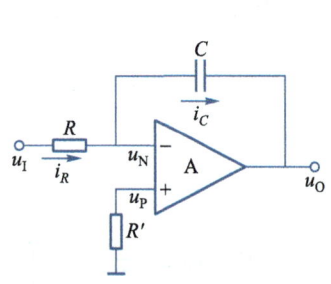
图 11-2-8 积分运算电路

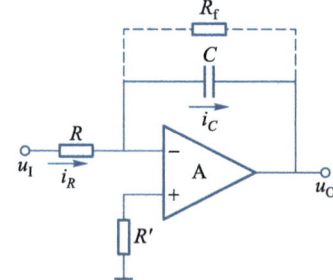
图 11-2-9 引入直流负反馈的积分运算电路

积分电路输入信号为方波时输出为三角波,仿真结果如图 11-2-10 所示,其中输入信号采用函数发生器(function generator)产生。

例 11.2.1 电路如图 11-2-8 所示,已知 $R = 10\ \text{k}\Omega$,$C = 100\ \text{nF}$,输入方波的幅值 U_{ip} 为 2.5 V、频率为 100 Hz,试求解输出三角波的周期和幅值。

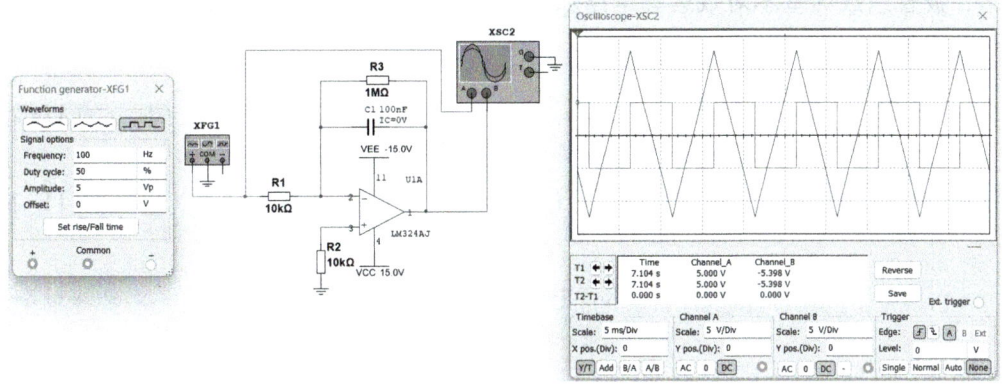

图 11-2-10 方波积分仿真结果

解:三角波的周期 $T = 1/(100\ \text{Hz}) = 10\ \text{ms}$。

三角波的幅值 $U_{op} = U_{ip}T/(2RC) = 2.5\times 10\times 10^{-3}/(2\times 10\times 10^{3}\times 100\times 10^{-9})\ \text{V} = 12.5\ \text{V}$。

二、微分运算电路

流过电容的电流与其两端电压成微分关系,即 $i_C = C\dfrac{\mathrm{d}u_C}{\mathrm{d}t}$。

利用电容和反相比例运算电路组成的微分运算电路如图 11-2-11 所示,利用"虚短""虚断"方法分析运算关系如下:同相端与反相端具有"虚断"的特点,即 $i_N = i_P = 0$,则 $i_C = i_R$;且同相端与反相端具有"虚短"的特点,即 $u_N = u_P = 0$;因此

$$u_O = -Ri_R = -Ri_C = -RC\dfrac{\mathrm{d}u_C}{\mathrm{d}t} = -RC\dfrac{\mathrm{d}u_I}{\mathrm{d}t} \tag{11-2-15}$$

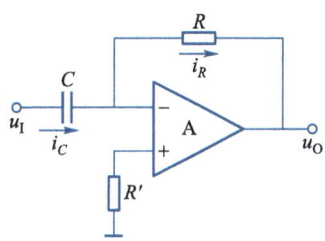

图 11-2-11 微分运算电路

11.2.5 对数和指数运算电路

一、对数运算电路

二极管 PN 结的电流方程为 $i_D = I_S(\mathrm{e}^{u_D/U_T} - 1)$,当 $u_D \gg U_T$ 时,$i_D \approx I_S \mathrm{e}^{u_D/U_T}$,电流 i_D 与电压 u_D 近似成指数关系,反过来 u_D 与 i_D 近似成对数关系,即 $u_D \approx U_T \ln \dfrac{i_D}{I_S}$,其中 I_S 为二极管反向饱和电流。

反相比例运算电路中,反馈支路电流等于输入电流,若将其反馈电阻 R_f 用二极管或晶体管发射结代替,则二极管或晶体管发射结电压即输出电压与反馈支路电流成对数关系。而输入电流与输入电压 u_I 成正比,因此 u_O 与 u_I 成对数关系。

用二极管组成的基本对数运算电路如图 11-2-12 所示,利用"虚短""虚断"分析方法分析运算关系如下

$$u_D \approx U_T \ln \frac{i_D}{I_S} \quad (11\text{-}2\text{-}16)$$

$$i_D = i_R = \frac{u_I}{R} \quad (11\text{-}2\text{-}17)$$

$$u_O = -u_D \approx -U_T \ln \frac{u_I}{I_S R} \quad (11\text{-}2\text{-}18)$$

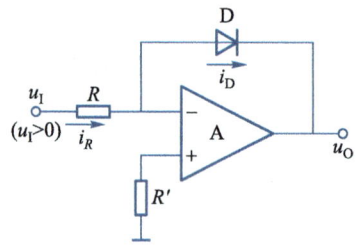

图 11-2-12 用二极管组成的基本对数运算电路

上述对数运算电路在实际应用时存在以下缺点:
(1) 运算关系受温度影响,因为 u_O 表达式中包含 U_T 和 I_S 两个与温度相关的参数;
(2) 运算精度受输入电流影响,因为利用了二极管或晶体管发射结电压与电流的近似对数关系,当输入电压 u_I 或输入电流较小时运算精度将降低;
(3) 为了使二极管或晶体管发射结导通,u_I 必须大于零,且输入电流不能过大,以免使它们电流过大而烧坏;
(4) 输出电压大小受二极管或者晶体管发射结导通电压的限制。

为了解决上述问题,实用的对数运算电路采用温度补偿等办法消除温度对运算关系的影响,同时增加比例运算电路将输出电压放大,例如 TI 公司提供的精密对数放大器 LOG104。

二、指数运算电路

流过二极管或者晶体管发射结的电流与其电压成近似指数关系。以晶体管发射结为例,当发射结电压 $u_{BE} \gg U_T$ 时,得到

$$i_E = I_S(e^{\frac{u_{BE}}{U_T}} - 1) \approx I_S e^{\frac{u_{BE}}{U_T}} \quad (11\text{-}2\text{-}19)$$

其中 I_S 为发射结反向饱和电流。

用晶体管和运放组成的指数运算电路如图 11-2-13 所示,利用"虚短""虚断"方法分析运算关系如下

$$i_E \approx I_S e^{\frac{u_{BE}}{U_T}} \approx I_S e^{\frac{u_I}{U_T}} \quad (11-2-20)$$

$$i_R = i_E$$

$$u_O = -i_R R = -i_E R \approx -R I_S e^{\frac{u_I}{U_T}} \quad (11-2-21)$$

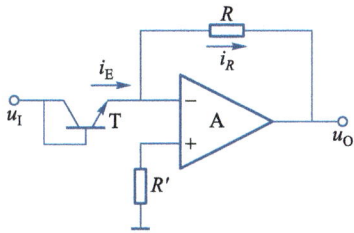

图 11-2-13 指数运算电路

上述指数运算电路在实际应用时仍存在运算关系受温度影响以及运算精度受输入电流影响的缺点。

11.2.6 模拟乘法器应用电路

根据数学运算原理,乘法或除法运算可通过对数、加法或减法、指数运算来实现,不过精度受对数、指数运算电路精度的影响。

实际应用中可选择专用的模拟乘法器实现乘、除、次方、方根等运算电路。

一、模拟乘法器

模拟乘法器采用模拟电路实现,通用符号如图 11-2-14 所示,有两个输入信号 u_X、u_Y,一个输出信号 u_O,运算关系为 $u_O = k u_X u_Y$,其中 k 为系数。实际应用中,根据 u_X 和 u_Y 取值范围的不同,将模拟乘法器分为一象限、两象限、四象限模拟乘法器。不同模拟乘法器 k 的取值范围也不同,有的只能为正或负,有的则正负均可。

模拟乘法器的内部交流等效电路如图 11-2-15 所示,输入端等效为输入电阻,输出端等效为理想电压源与输出电阻串联。理想情况下 r_{i1} 和 r_{i2} 为无穷大,r_o 为零。

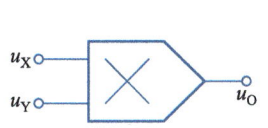 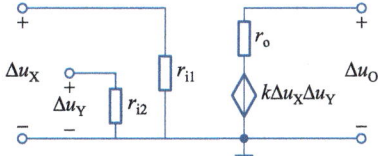

图 11-2-14 模拟乘法器通用符号　　图 11-2-15 模拟乘法器的内部交流等效电路

实用的模拟乘法器有 TI 公司提供的四象限模拟乘法器 MPY634。

模拟乘法器除了可实现乘法运算外,还可实现除法、次方、方根等运算电路。下面介绍次方、除法和方根等运算电路。

二、模拟乘法器实现次方运算

模拟乘法器可实现二次方及以上的运算,图 11-2-16 所示电路实现平方运算。利用两个模拟乘法器,可实现三次方和四次方运算,如图 11-2-17 所示。

利用平方电路可以实现正弦波倍频。设 $u_I = \sin\omega t$,则 $u_O = k(\sin\omega t)^2 = k(1-\cos 2\omega t)$,因此实现了倍频。

图 11-2-16　模拟乘法器实现的平方运算电路

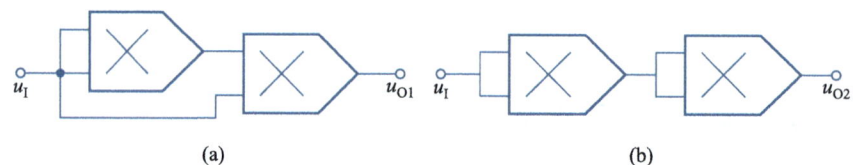

图 11-2-17　模拟乘法器实现的三次方和四次方运算

三、模拟乘法器实现除法运算

将模拟乘法器串联在反相比例运算电路的反馈支路中,可实现除法运算,这种采用具有某种运算功能的电路放到反馈回路来实现其逆运算的电路称为逆函数型运算电路。

除法运算电路如图 11-2-18 所示,需要注意的是,为了保证运放引入的是负反馈,u_{I1}、u_{I2} 和 k 的极性需要满足一定要求。利用瞬时极性法分析如下:设 u_{I1} 极性为正,则 u_O 极性为负,为保证反馈极性为负,要求 ku_{I2} 的极性为正;若 u_{I1} 极性为负,则 u_O 极性为正,为保证反馈极性为负,也要求 ku_{I2} 的极性为正。

当运放引入了负反馈时,利用"虚短""虚断"方法分析运算关系如下:同相端与反相端具有"虚断"的特点,即 $i_N = i_P = 0$,则 $i_1 = i_2$;且同相端与反相端具有"虚短"的特点,即 $u_N = u_P = 0$;因此

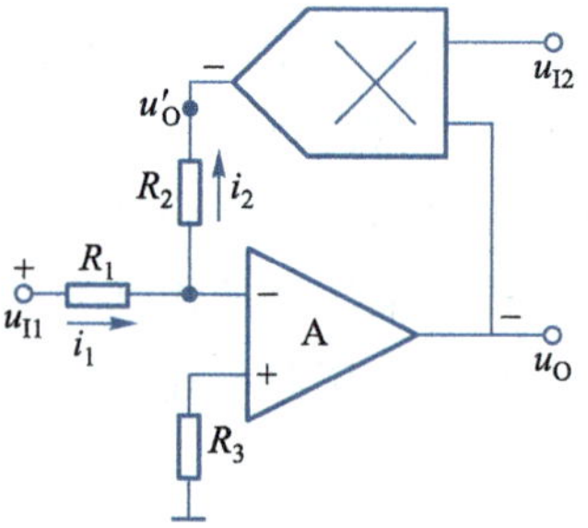

图 11-2-18　模拟乘法器实现的
除法运算电路

$$\frac{u_{I1}}{R_1} = -\frac{u_O'}{R_2} = -\frac{ku_{I2}u_O}{R_2} \tag{11-2-22}$$

$$u_O = -\frac{R_2 u_{I1}}{kR_1 u_{I2}} \qquad (11\text{-}2\text{-}23)$$

四、模拟乘法器实现平方根运算电路

为了实现平方根运算电路,可以采用平方根的逆运算即平方运算电路作为反馈回路,利用该方法实现的运算电路称为逆函数型运算电路。

平方根运算电路如图 11-2-19 所示,采用了模拟乘法器组成的平方电路作为反馈回路。

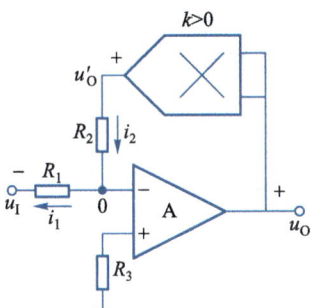

图 11-2-19 平方根运算电路

设 $k>0$,则 $u'_O>0$,为了保证电路中引入的是负反馈,则要求 $u_I<0$,因此 $u_O>0$。若希望 $u_I>0$,则要求 $k<0$,此时 $u_O<0$。

设 $k>0$,$u'_O = ku_O^2$,则 $\dfrac{-u_{I1}}{R_1} = \dfrac{u'_O}{R_2} = \dfrac{ku_O^2}{R_2}$,于是 $u_O = \sqrt{-\dfrac{R_2 u_I}{kR_1}}$。

当干扰信号使 $u_I>0$,反馈将变为正反馈,将使电路工作不稳定。因此为了阻止正反馈形成,可以采用二极管限制输出电压极性,如图 11-2-20 所示。

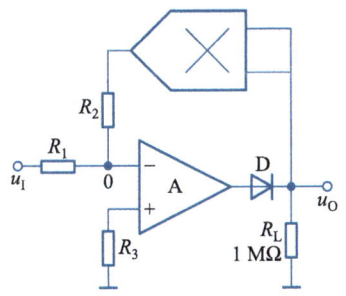

图 11-2-20 采用二极管防止闭锁现象

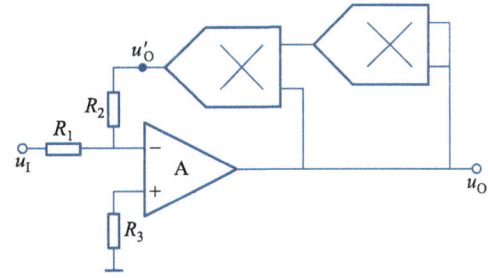

图 11-2-21 立方根运算电路

五、模拟乘法器实现立方根运算电路

采用立方运算电路作为反馈回路可以实现立方根运算电路,如图 11-2-21 所示。由图可知

$$u'_O = k^2 u_O^3, \quad u_O = \sqrt[3]{-\frac{R_2 u_I}{k^2 R_1}}$$

11.3 滤波电路

11.3.1 滤波电路的定义

滤波电路是指让特定频率范围内的信号能够正常放大,而阻止其他频段信号通过的电路,简称为滤波器。根据能够正常放大的信号频段的不同,滤波电路分为低通、高通、带通和带阻滤波电路。

11.3.2 滤波电路的幅频特性

一、理想幅频特性

电压放大倍数的幅值与频率的关系称为幅频特性,四种滤波电路的理想幅频特性如图 11-3-1 所示。信号能够正常放大的频段称为通带,在通带内的电压放大倍数称为通带电压放大倍数 $\dot{A}_{up}$;信号不能通过的频段称为阻带;将通带与阻带分开的频率称为通带截止频率 f_p。

由图 11-3-1(a)所示的幅频特性可知,低通滤波电路让低频段的信号能够正常放大,而阻止高频段信号通过,常用于削弱高频干扰;由图(b)所示的幅频特性可知,高通滤波电路让高频段的信号能够正常放大,而阻止低频段信号通过,常用于削弱低频或直流成分;由图(c)所示的幅频特性可知,带通滤波电路让中间频段的信号能够正常放大,而阻止低频段和高频段信号通过,常用于突出有用频段信号;由图(d)所示的幅频特性可知,带阻滤波电路让低频段和高频段信号能够正常放大,而阻止中间频段的信号通过,常用于抑制干扰信号。

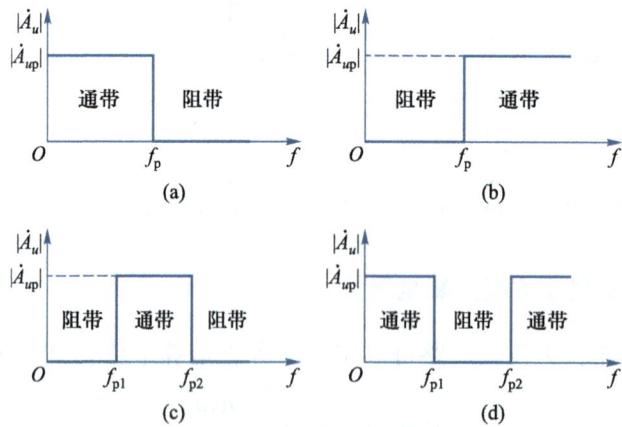

图 11-3-1 四种滤波电路的理想幅频特性

二、实际幅频特性

实际滤波电路的幅频特性与理想幅频特性有所不同,在通带和阻带之间存在一个过渡带,即阻带内的电压放大倍数是逐渐下降或者上升的。图 11-3-2 所示为低通滤波器的实际幅频特性。

在通带内,实际低通滤波器的放大倍数幅值基本不变,一旦接近通带截止频率 f_p,放大倍数幅值就开始降低。过渡带内的电压放大倍数幅值是逐渐下降的,直至减小为接近于零,进入阻带。另外,通带截止频率 f_p 是指电压放大倍数幅值下降到通带电压放大倍数 $|\dot{A}_{up}|$ 的 0.707 $\left(\text{即}\dfrac{1}{\sqrt{2}}\right)$ 倍时的频率。通常,为了使得滤波性能好,希望幅频特性逼近理想幅频特性,即希望过渡带越窄越好。

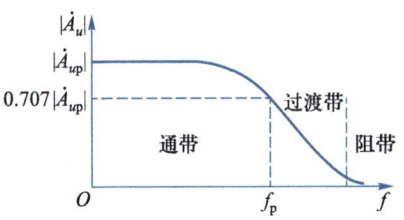

图 11-3-2 低通滤波器的实际幅频特性

11.3.3 有源滤波电路的组成

在第 5 章中,图 5-2-9、图 5-2-10 所示的一阶 RC 电路具有滤波特性,它们仅仅由无源元件 R 和 C 组成,称为无源滤波电路。无源滤波电路的优点是可以承受较大的电压和电流;不足的是,当输出端需要带负载时,即在输出端接入负载 R_L 时,其通带电压放大倍数 $\dot{A}_{up}$ 和通带截止频率 f_p 都会随负载变化而发生变化,带负载能力不强。

有源滤波电路是由放大电路例如集成运放组成的同相比例运算电路,以及无源滤波电路组成,其优点是带负载能力强,即输出端接入负载后,$\dot{A}_{up}$ 和 f_p 都基本上不会发生变化。

11.3.4 有源低通滤波电路

一、一阶有源低通滤波电路

有源低通滤波电路(active low-pass filter)是应用最广泛的滤波电路。一阶有源低通滤波电路如图 11-3-3 所示,由同相比例运算电路和一阶 RC 无源滤波电路组成。

当频率 $f=0$ 时的电压放大倍数即为一阶 RC 低通滤波电路的通带电压放大倍数,此时电容等效为开路,因此通带电压放大倍数等于同相比例运算电路的电压放大倍数,即

$$\dot{A}_{up} = 1 + \frac{R_2}{R_1} \tag{11-3-1}$$

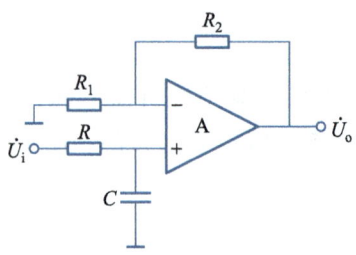

图 11-3-3　一阶有源低通滤波电路

一阶有源低通滤波电路的集成运放引入了负反馈,可以用"虚短""虚断"方法分析电路在正弦稳态下的幅频特性。当角频率为 ω 时电容的复阻抗 $Z_C = 1/(j\omega C)$。

同相端具有"虚断"的特点,则同相端电压 $\dot{U}_P$ 与输入电压 $\dot{U}_i$ 的相量之比为 $\dot{U}_P/\dot{U}_i = Z_C/(R+Z_C) = 1/(1+j\omega RC)$,因此一阶有源低通滤波电路的电压放大倍数表达式为

$$\dot{A}_u = \left(1 + \frac{R_2}{R_1}\right) \frac{1}{j\omega RC + 1} \tag{11-3-2}$$

当 $|j\omega RC| = 1$ 时,$|\dot{A}_u| = \frac{1}{\sqrt{2}}|\dot{A}_{up}|$,角频率 $\omega = \frac{1}{RC}$,则通带截止频率为

$$f_p = \frac{1}{2\pi RC} \tag{11-3-3}$$

一阶有源低通滤波电路的对数幅频特性(也称为波特图)如图 11-3-4 所示,其中横轴用 $\lg f$ 表示(标为 f),纵轴用 $20\lg\left|\dfrac{\dot{A}_u}{\dot{A}_{up}}\right|$(单位为分贝,dB)表示。当 $f = f_p$ 时,$20\lg\left|\dfrac{\dot{A}_u}{\dot{A}_{up}}\right|$ 约为 -3 dB。阻带内电压放大倍数幅值下降速率约为每 10 倍频下降 20 dB(即下降 10 倍)。一阶有源低通滤波电路仿真结果如图 11-3-5 所示,利用 Multisim 的波特图仪(Bode plotter)测量幅频特性。

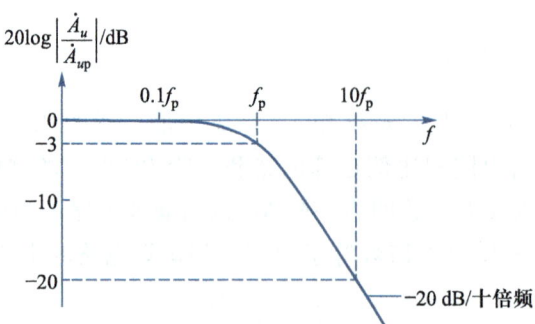

图 11-3-4　一阶低通滤波电路的对数幅频特性

11.3 滤波电路

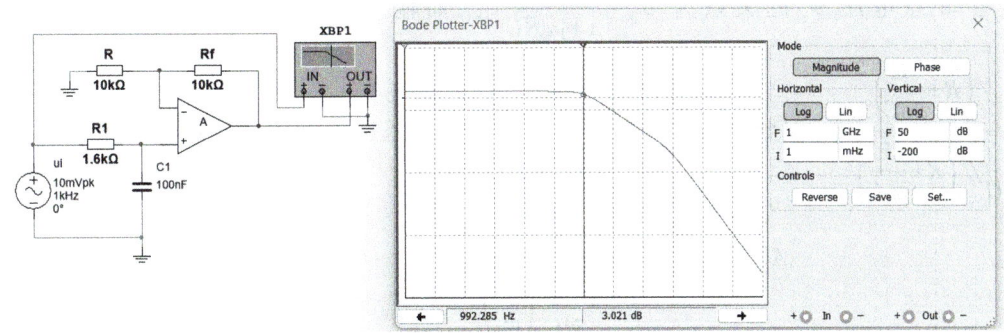

图 11-3-5　一阶有源低通滤波电路仿真结果

二、简单二阶有源低通滤波电路

二阶有源低通滤波器可以由两个一阶 RC 环节和一个电压跟随器或同相比例运算电路串联组成,如图 11-3-6(a)所示,或者由两个一阶有源低通滤波电路串联连接组成,如图 11-3-6(b)所示。二阶有源低通滤波电路幅频特性的过渡带更窄,即过渡带的电压放大倍数幅值下降更快,滤波特性更好。

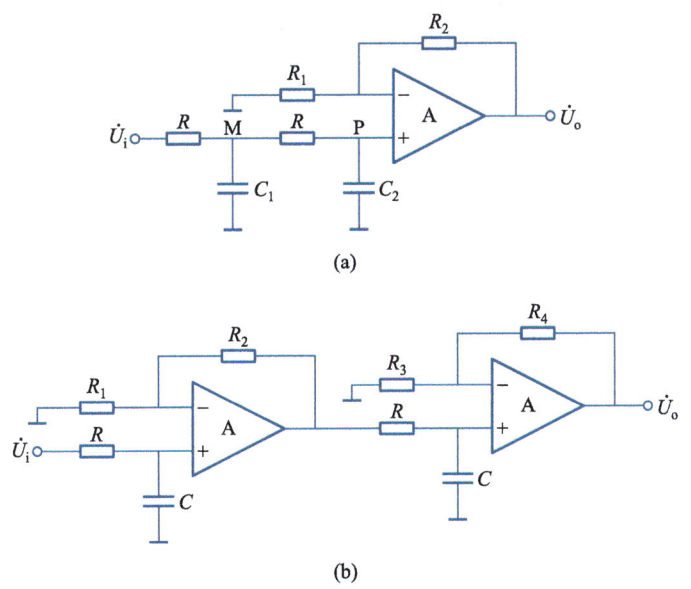

图 11-3-6　简单二阶有源低通滤波电路

图 11-3-6(a)中,设 $C_1 = C_2 = C$。$\dot{U}_o = \left(1 + \dfrac{R_2}{R_1}\right)\dot{U}_p$;同相端具有"虚断"的特点,则同相端电

压 $\dot{U}_p$ 与 M 点电压 $\dot{U}_m$ 的关系为 $\dot{U}_p = \dfrac{1}{1+j\omega RC}\dot{U}_m$,而输入电压 $\dot{U}_i$ 与 $\dot{U}_m$ 的关系为 $\dot{U}_m/\dot{U}_i = \dfrac{\dfrac{1}{j\omega C}//\left(R+\dfrac{1}{j\omega C}\right)}{R+\dfrac{1}{j\omega C}//\left(R+\dfrac{1}{j\omega C}\right)}\dot{U}_i$,因此二阶有源低通滤波电路的电压放大倍数表达式为

$$\dot{A}_u = \left(1+\dfrac{R_2}{R_1}\right)\dfrac{1}{1+j3\dfrac{\omega}{\omega_0}-\left(\dfrac{\omega}{\omega_0}\right)^2} = \dot{A}_{up}\dfrac{1}{1+j3\dfrac{f}{f_0}-\left(\dfrac{f}{f_0}\right)^2} \qquad (11-3-4)$$

其中通带电压放大倍数 $\dot{A}_{up} = 1+\dfrac{R_2}{R_1}$,设 $\omega_0 = \dfrac{1}{RC}$,$f_0 = \dfrac{1}{2\pi RC}$。

当 $f=f_0$ 时,$|\dot{A}_u|_{f=f_0} = \left|\dfrac{\dot{A}_{up}}{3}\right| = |Q\dot{A}_{up}|$,其中 $Q=\dfrac{1}{3}$,Q 称为品质因数,又称为截止特性系数,反映了 $f=f_0$ 时二阶有源低通滤波电路的电压放大倍数的大小。

令 $|\dot{A}_u| = \dfrac{\dot{A}_{up}}{\sqrt{2}}$,求得截止频率为 $f_p \approx 0.37 f_0$。

简单二阶有源低通滤波电路幅频特性如图 11-3-7 所示。

由图 11-3-7 可知,简单二阶有源低通滤波电路幅频特性在过渡带下降速度较快,因此滤波效果比一阶低通滤波电路好。

为了提高截止频率附近的电压放大倍数,使滤波特性更加理想,可以通过提高 f_0 处的电压放大倍数来实现,这样也会使 f_p 趋近于 f_0。

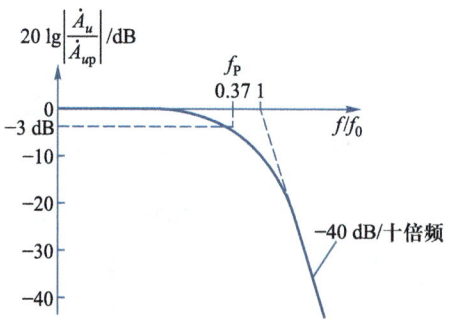

图 11-3-7 简单二阶有源低通滤波电路幅频特性

三、压控电压源(VCVS)二阶低通滤波电路(Sallen-Key low pass filter)

为了提高 f_0 处的电压放大倍数,可以引入正反馈,如图 11-3-8 所示,称为压控电压源(voltage control voltage source)二阶低通滤波电路。

设 $C_1 = C_2 = C$，通带电压放大倍数 $\dot{A}_{up} = 1 + \dfrac{R_2}{R_1}$。

$\dot{U}_o = \left(1 + \dfrac{R_2}{R_1}\right)\dot{U}_p$，$\dot{U}_p = \dfrac{1}{1+\mathrm{j}\omega RC}\dot{U}_m$，$\dot{U}_i$ 与 $\dot{U}_o$ 的关系为

$$\dfrac{\dot{U}_i - \dot{U}_m}{R} = \dfrac{\dot{U}_m - \dot{U}_o}{\dfrac{1}{\mathrm{j}\omega C}} + \dfrac{\dot{U}_m - \dot{U}_p}{R}$$

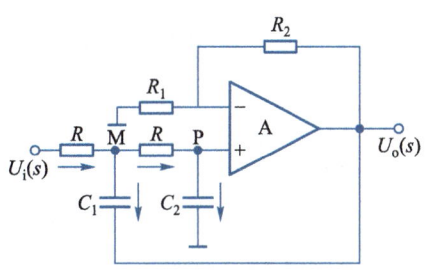

图 11-3-8　压控电压源二阶低通滤波电路

因此二阶低通滤波电路的电压放大倍数表达式为

$$\dot{A}_u = \dot{A}_{up} \dfrac{1}{1 + \mathrm{j}(3 - \dot{A}_{up})\dfrac{f}{f_0} - \left(\dfrac{f}{f_0}\right)^2}$$

当 $f = f_0$ 时，$|\dot{A}_u|_{f=f_0} = \left|\dfrac{\dot{A}_{up}}{3 - \dot{A}_{up}}\right| = |Q\dot{A}_{up}|$，因此 $Q = \left|\dfrac{1}{3 - \dot{A}_{up}}\right|$，调节 $\dot{A}_{up}$ 即可调节 f_0 处的电压放大倍数，从而调节滤波电路的截止特性。

压控电压源二阶低通滤波电路幅频特性如图 11-3-9 所示。由图可知，当 Q 不同时，f_0 处的电压放大倍数和滤波电路的截止特性也不同。近似分析时通常认为 $f_P \approx f_0$。

由于引入了正反馈，为使压控电压源二阶低通滤波电路能稳定工作，通常要求 $|\dot{A}_{up}| < 3$。

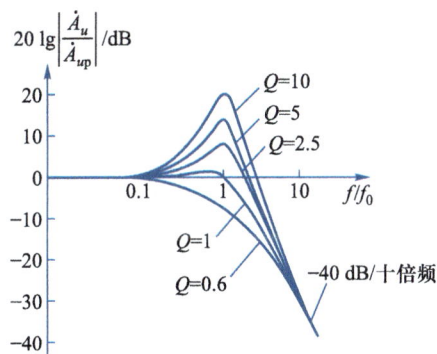

图 11-3-9　压控电压源二阶低通滤波电路幅频特性

例 11.3.1　一阶有源低通滤波电路如图 11-3-3 所示，已知 $R = 10\ \mathrm{k\Omega}$，$C = 100\ \mathrm{nF}$，$R_1 = 10\ \mathrm{k\Omega}$，$R_2 = 20\ \mathrm{k\Omega}$，试求解通带电压放大倍数 $\dot{A}_{up}$ 和截止频率 f_p。

解：

$$\dot{A}_{up} = 1 + \dfrac{R_2}{R_1} = 3$$

$$f_p = \dfrac{1}{2\pi RC} = \dfrac{1}{2\pi \times 10 \times 10^3 \times 100 \times 10^{-9}}\ \mathrm{Hz} \approx 159.2\ \mathrm{Hz}$$

11.3.5 有源高通滤波电路

一阶有源高通滤波电路(active high-pass filter)的结构和幅频特性与一阶有源低通滤波电路对偶。一阶有源高通滤波电路如图 11-3-10 所示,由一阶 RC 无源滤波电路和同相比例运算电路组成。

当频率 $f = \infty$ 时的电压放大倍数即为一阶高通滤波电路的通带电压放大倍数,此时电容容抗为 0,因此它的通带电压放大倍数等于同相比例运算电路的电压放大倍数,即 $A_{up} = 1 + \dfrac{R_2}{R_1}$。

同样可以用"虚短""虚断"方法分析一阶有源高通滤波电路在正弦稳态下的幅频特性。由于同相端具有"虚断"的特点,则同相端电压 $\dot{U}_P$ 与输入电压 $\dot{U}_i$ 的相量之比为 $\dot{U}_P / \dot{U}_i = R/(R + Z_C) = j\omega RC/(1+j\omega RC)$,因此一阶有源高通滤波电路的电压放大倍数表达式为

$$\dot{A}_u = \left(1 + \frac{R_2}{R_1}\right) \frac{j\omega RC}{j\omega RC + 1} \quad (11-3-5)$$

当 $|j\omega RC| = 1$ 时,$|\dot{A}_u| = \dfrac{1}{\sqrt{2}} |\dot{A}_{up}|$,角频率 $\omega = \dfrac{1}{RC}$,则通带截止频率为 $f_p = \dfrac{1}{2\pi RC}$。

一阶有源高通滤波电路的对数幅频特性如图 11-3-11 所示,阻带内电压放大倍数幅值上升速率为每 10 倍频上升 20 dB(即上升 10 倍)。

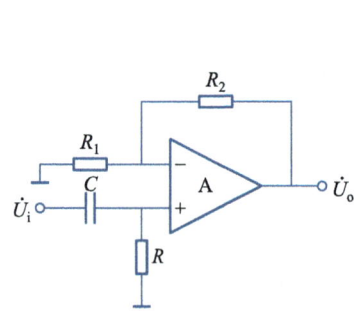

图 11-3-10 一阶有源高通滤波电路

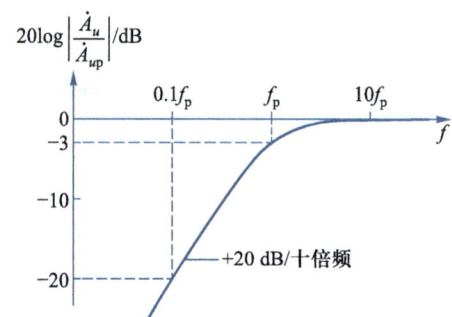

图 11-3-11 一阶有源高通滤波电路的对数幅频特性

如需组成二阶有源高通滤波电路,则可以采用两个 RC 无源高通滤波电路与同相比例运算电路串联,或者由两个一阶有源高通滤波电路串联连接组成。二阶有源高通滤波电路幅频特性的过渡带更窄,即过渡带的电压放大倍数幅值下降更快,滤波特性更好。

为了提高二阶有源高通滤波电路的截止特性,同样可以引入正反馈来提高 f_0 处的电压放大倍数,如图 11-3-12 所示,称为压控电压源(VCVS)二阶高通滤波电路。

用类似的方法分析图 11-3-12 电路,得到

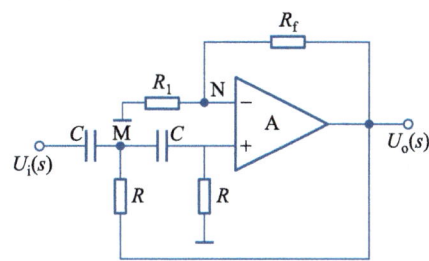

图 11-3-12　压控电压源二阶高通滤波电路

$$\dot{A}_{up} = 1 + \frac{R_f}{R_1}, \quad \dot{A}_u = \dot{A}_{up} \frac{j\frac{f}{f_0}}{1+j(3-\dot{A}_{up})\frac{f}{f_0}-\left(\frac{f}{f_0}\right)^2}$$

其中 $f_0 = \frac{1}{2\pi RC}$。

当 $f=f_0$ 时，$|\dot{A}_u|_{f=f_0} = \left|\frac{\dot{A}_{up}}{3-\dot{A}_{up}}\right| = |Q\dot{A}_{up}|$，因此 $Q = \left|\frac{1}{3-\dot{A}_{up}}\right|$。调节 $\dot{A}_{up}$ 即可调节 f_0 点的电压放大倍数，从而调节滤波电路的截止特性。由于引入了正反馈，为使压控电压源二阶高通滤波电路稳定工作，通常也要求 $|\dot{A}_{up}|<3$。

11.3.6　有源带通和带阻滤波电路

一、有源带通滤波电路

有源带通滤波电路让中间频段的信号能够正常放大，而阻止低频段和高频段信号通过，其幅频特性是一个低通和一个高通滤波电路的幅频特性的交集，因此可以用一个低通和一个高通滤波电路串联组成，如图 11-3-13（a）所示，需要注意的是低通滤波电路的通带截止频率 f_{pL} 要求高于高通滤波电路的 f_{pH}，即 $f_{pL}>f_{pH}$，该电路为简单二阶带通滤波电路。

二阶有源带通滤波电路也可以用一个一阶 RC 低通电路、一个一阶 RC 高通电路和一个同相比例运算电路组成，如图 11-3-13（b）所示，因只用了一个运放，电路更简单。

二、有源带阻滤波电路

有源带阻滤波电路让低频段和高频段信号能够正常放大，而阻止中间频段的信号通过，其幅频特性是一个低通和一个高通滤波电路的幅频特性的并集，因此可以用一个低通和一个高通滤波电路，再加上一个同相求和电路组成，低通和高通滤波电路的输出信号作为求和

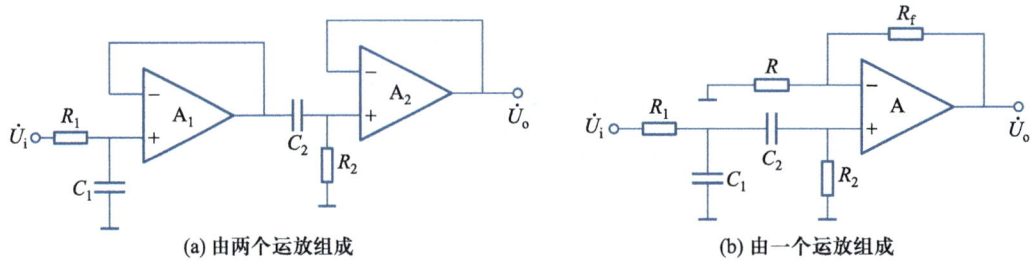

(a) 由两个运放组成　　　　　　　(b) 由一个运放组成

图 11-3-13　简单二阶有源带通滤波电路

电路的输入信号,如图 11-3-14(a)所示。需要注意的是低通滤波电路的通带截止频率 f_{pL} 要求低于高通滤波电路的 f_{pH},即 $f_{pL}<f_{pH}$。

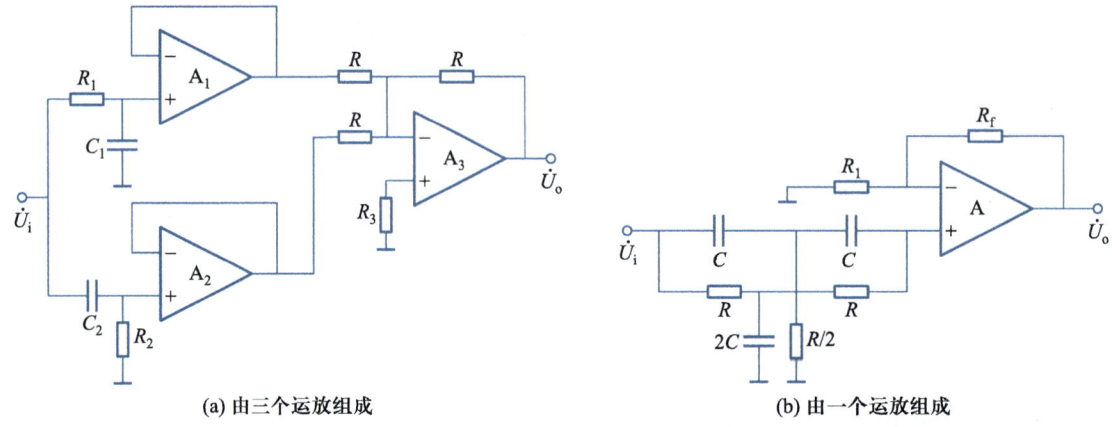

(a) 由三个运放组成　　　　　　　(b) 由一个运放组成

图 11-3-14　简单二阶有源带阻滤波器

此外也可以用一个二阶高通电路、一个一阶低通电路和一个同相求和电路组成,如图 11-3-14(b)所示。

11.4　电压比较器

11.4.1　概述

一、定义和组成

在很多测量和控制系统中,有时需要比较两个电压值的大小,然后再进一步处理。例如,液位监测、压力监测、空气 PM2.5 监测、计算机过热报警、红外安防报警等,都需要将被检测的信号与设定值进行比较。电压比较器(简称为比较器)用于比较两个电压值的大小,广泛应用于信号的鉴别和波形发生电路。

电压比较器的输入信号 u_I 为模拟量,与设定值进行比较的结果通常只有两种,大于或者小于设定值,因此其输出信号通常用数字信号的高、低电平两种状态表示,故输入与输出信号之间是非线性关系。电压比较器可以用集成运放组成,也可以采用专用的集成电压比较器。组成电压比较器的集成运放通常为开环或者只引入了正反馈,因此工作在非线性区。

二、电压传输特性

电压比较器输入与输出电压之间的关系一般用电压传输特性描述,如图 11-4-1 所示,有以下三个要素。

(1) 输出电压的高、低电平 U_{OH}、U_{OL}:用于表示比较的结果。

(2) 阈值电压 U_T:输入电压变化经过该电压值时,输出电平将发生翻转。电压比较器可以有一个或多个阈值电压。

(3) 输入电压变化经过 U_T 时,输出电平的跃变方向,即从高电平 U_{OH} 变为低电平 U_{OL},还是反过来。

分析电压比较器主要分析其电压传输特性的三要素,然后作图绘制电压传输特性。

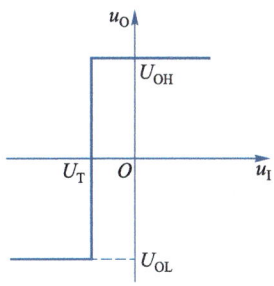

图 11-4-1 电压比较器的电压传输特性

三、分类

根据电压传输特性的形状,可以将电压比较器分为三类:单限、滞回和窗口比较器。

(1) 单限比较器:电压传输特性只有一条曲线,只有一个阈值电压,输入电压变化经过 U_T 时,输出电平将发生翻转,如图 11-4-2(a)所示。单限比较器灵敏度高,但抗干扰能力弱,当输入信号中的干扰使其在阈值电压附近发生变化时,将会使输出结果变化,产生误差。

(2) 滞回比较器:电压传输特性由两条曲线组成,有两个阈值电压,输入电压从小往大变化和从大往小变化时,经过不同的阈值电压,具有迟滞特性,如图 11-4-2(b)所示。滞回比较器灵敏度较低,但抗干扰能力强,当输入信号中的干扰使其在阈值电压附近来回变化时,输出将不会变化。

(3) 窗口比较器:电压传输特性只有一条曲线,但有两个阈值电压,输入电压从小往大变化和从大往小变化时均经过两个不同的阈值电压,如图 11-4-2(c)所示。与单限比较器类似,窗口电压比较器灵敏度高,但抗干扰能力弱。

三种电压比较器的功能和特点不同,其应用也不同。当需要比较输入电压与某个电压值的大小时,若输入信号干扰很小,可以采用单限比较器;若输入信号干扰较大且影响比较结果时,则采用滞回比较器;当需要确定输入信号是否在某一个范围(即电压窗口)之内或之

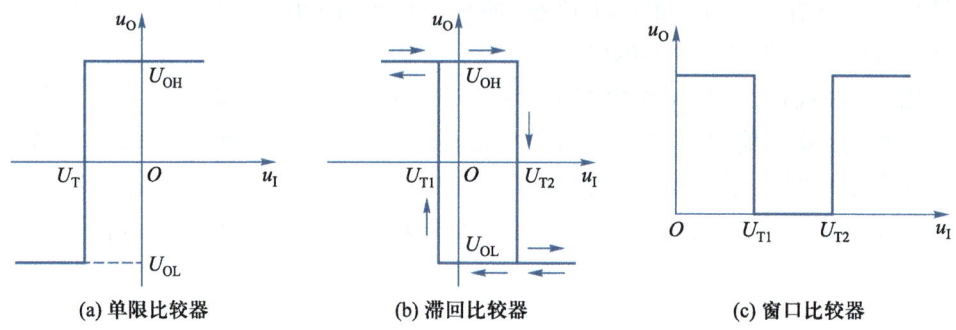

图 11-4-2 三种电压比较器电压传输特性

外时,采用窗口比较器。

11.4.2 单限比较器

一、过零比较器

单限比较器中最简单的是过零比较器,如图 11-4-3(a)所示。运放开环,工作在非线性区。当输入电压大于零时,比较器输出低电平,反之输出高电平,因此阈值电压为零,其电压传输特性如图 11-4-3(b)所示。由于电压从反相端输入,因此称为反相输入过零比较器,若从同相端输入,则称为同相输入过零比较器。

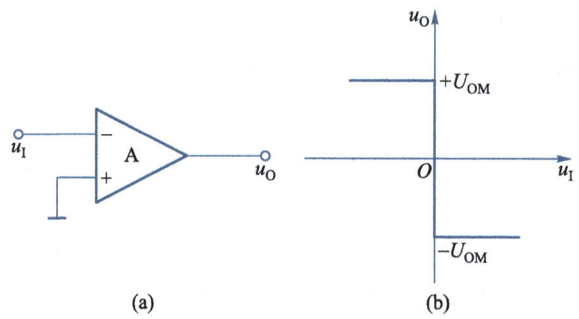

图 11-4-3 过零比较器及其电压传输特性

由于运放的最大输出电压为 $\pm U_{OM}$,当需要输出其他幅值的电压时,可采用限幅电路,例如采用稳压管和限流电阻作为限幅电路,得到所需的输出电压值。稳压管具有稳压作用,其工作原理及特性请参见第 6 章 6.3.2 小节。如图 11-4-4 所示过零比较器输出端接入了两个稳压管,分别在运放输出为高、低电平时起稳压作用,使输出高、低电平变为 $\pm U_Z$。图 11-4-4(b)将两个稳压管的阴极接在了一起。

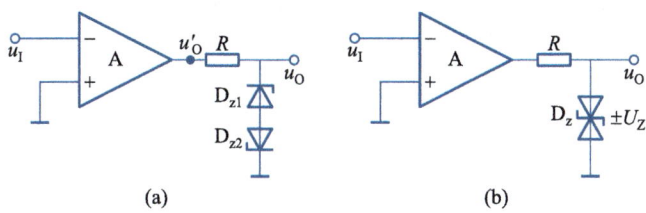

图 11-4-4 电压比较器输出限幅电路

二、一般单限比较器

当阈值电压不为零时,可采用一般单限比较器,如图 11-4-5(a)所示,输入电压与参考电压 U_{REF} 分别从不同的输入端输入。

一般单限比较器的三个要素的分析方法如下:

(1) 高、低电平:由于运放开环,工作在非线性区,输出的高低电平分别为 $+U_{OM}$ 和 $-U_{OM}$。若希望输出其他电平值,可以采用稳压管实现。

(2) 阈值电压:当同相端和反相端电压相等即 $U_P=U_N$ 时可以求得阈值电压 U_T。由于运放工作在非线性区,两个输入端仍具有"虚断"的特点,因此

$$U_T = U_P = \frac{R_2}{R_1+R_2}U_{REF} \qquad (11-4-1)$$

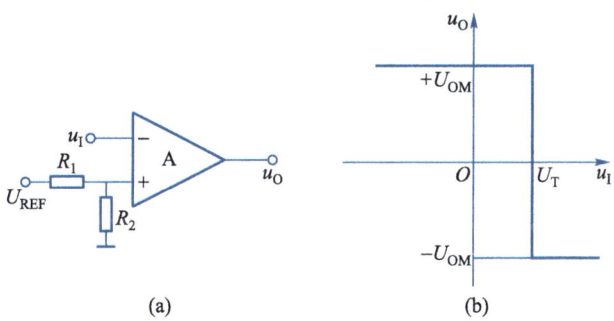

图 11-4-5 一般单限比较器及其电压传输特性

(3) 跃变方向:输入电压 u_I 从运放反相端输入,当 u_I 大于 U_T 时比较器输出低电平,反之输出高电平,电压传输特性如图 11-4-5(b)所示。

若要求 u_I 大于 U_T 时比较器输出高电平,则 u_I 应从运放同相端输入,而参考电压从反相端输入。

11.4.3 滞回比较器

滞回比较器中运放引入了正反馈,如图 11-4-6(a)所示。输入电压从反相端输入,输出

电压通过电阻 R_1、R_2 反馈到同相端。下面分析电压传输特性的三要素。

1. 输出高低电平：由稳压管的稳定电压决定，分别为 $+U_Z$ 和 $-U_Z$。
2. 阈值电压：由于运放输入端具有"虚断"的特点，因此阈值电压即同相端电压由 u_O 确定，即 $U_T = u_O R_1/(R_1+R_2)$。由于 u_O 有两个值即 $+U_Z$ 和 $-U_Z$，因此阈值电压也有两个，分别为

$$+U_T = \frac{R_1}{R_1+R_2}U_Z, \quad -U_T = -\frac{R_1}{R_1+R_2}U_Z$$

3. 经过阈值电压的跃变方向：可以将 u_I 分为三个范围，即 $u_I < -U_T$，$-U_T < u_I < +U_T$，$u_I > +U_T$。
(1) 当 $u_I < -U_T$ 时，运放的 $U_N < U_P$，因此输出为 $+U_Z$，此时阈值电压为 $+U_T$；
(2) 当 $u_I > +U_T$ 时，运放的 $U_N > U_P$，因此输出为 $-U_Z$，此时阈值电压为 $-U_T$；
(3) 当 $-U_T < u_I < +U_T$ 时，则无法确定 U_N 和 U_P 的大小，因此无法确定输出电压。

然而，当 u_I 从小于 $-U_T$ 的区域逐渐增大到 $-U_T < u_I < +U_T$ 区域时，$u_O = +U_Z$，阈值电压为 $+U_T$，因此 u_I 变化经过 $+U_T$ 时 u_O 从 $+U_Z$ 跃变为 $-U_Z$；此后 u_I 继续增大，u_O 保持 $-U_Z$ 不变。

当 u_I 从大于 $+U_T$ 的区域逐渐减小到 $-U_T < u_I < +U_T$ 区域时，$u_O = -U_Z$，阈值电压为 $-U_T$，因此 u_I 变化经过 $-U_T$ 时，u_O 从 $-U_Z$ 跃变为 $+U_Z$；此后 u_I 继续减小，u_O 保持 $+U_Z$ 不变。

综上所述，滞回比较器的电压传输特性如图 11-4-6(b) 所示。

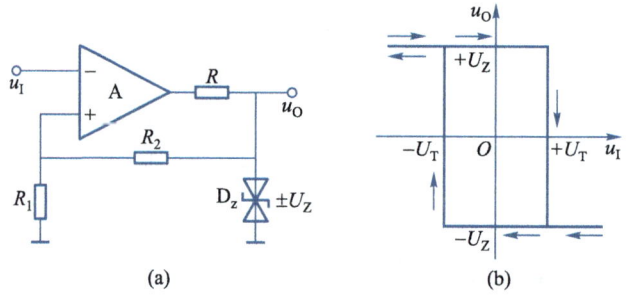

图 11-4-6　反相输入滞回比较器及其电压传输特性

若需要改变两个阈值电压的大小，可以将 R_1 下面接"地"改为接入一个参考电压。

图 11-4-6(a) 所示滞回比较器的输入电压从反相端输入，称为反相输入滞回比较器。图 11-4-7(a) 所示滞回比较器输入电压从同相端输入，则称为同相输入滞回比较器，其阈值电压分别为 $\pm U_T = \pm \frac{R_1}{R_2}U_Z$，电压传输特性如图 11-4-7(b) 所示。

11.4.4　窗口比较器

窗口比较器的电压传输特性由两条单限电压比较器的电压传输特性组合而成，因此可以采用两个单限比较器实现，如图 11-4-8 所示。

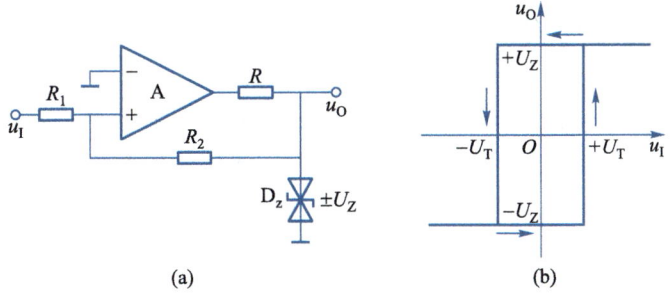

图 11-4-7　同相输入滞回比较器及其电压传输特性

图 11-4-8 中,运放 A_1、A_2 分别组成单限电压比较器,输入信号分别从它们的同相端和反相端输入,阈值电压分别为 $U_{T1}=U_{RH}$ 和 $U_{T2}=U_{RL}$,设 $U_{RH}>U_{RL}$。输出端通过两个二极管、一个稳压管和两个电阻组成限幅电路。

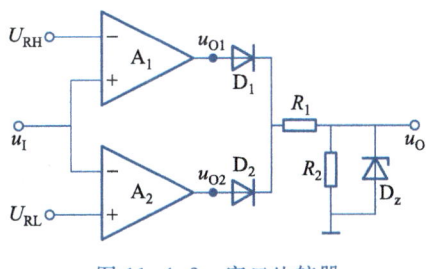

图 11-4-8　窗口比较器

设运放的输出电压幅值为 $+U_{OM}$ 和 $-U_{OM}$。

当 $u_I<U_{RL}$ 时,u_{O1}、u_{O2} 分别为 $-U_{OM}$ 和 $+U_{OM}$,则 D_1 截止、D_2 导通,稳压管工作在稳压状态,$u_O=+U_Z$。

当 $U_{RL}<u_I<U_{RH}$ 时,u_{O1}、u_{O2} 均为 $-U_{OM}$,则 D_1、D_2 均截止,$u_O=0$。

当 $u_I>U_{RH}$ 时,u_{O1}、u_{O2} 分别为 $+U_{OM}$ 和 $-U_{OM}$,则 D_1 导通、D_2 截止,稳压管工作在稳压状态,$u_O=+U_Z$。

由以上分析可知,窗口比较器电压传输特性如图 11-4-9 所示。

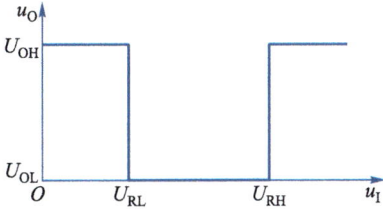

图 11-4-9　窗口比较器电压传输特性

11.4.5 集成电压比较器

用运放组成的电压比较器,其响应速率受运放转换速率的影响,同时输出电压幅值也由运放输出电压幅值决定。实际应用中,有时希望电压比较器的响应速率快,或者希望其输出能够直接与数字电路连接,则运放组成的电压比较器可能达不到要求,因此需要选用集成电压比较器。

集成电压比较器是专门用于信号比较的集成电路,其内部结构与集成运放相似,开环电压放大倍数和精度一般不如集成运放高,只是针对其他某些性能指标如响应速率进行了专门设计。另外有的集成电压比较器将输出限幅电路集成到了内部,有的输出设计成集电极或漏极开路形式,可以外接电源设置输出电压幅值。

集成电压比较器的参数通常包括供电电源、响应时间、静态电流、输出电流、输出电平范围、输入电压范围等。根据性能指标可将集成电压比较器分为高精度型、高速型、低功耗型、高压型等。根据其输出级电路结构可分为推拉式(push-pull,或称为互补式)和集电极或漏极开路形式。使用时可以根据需要选用合适的集成电压比较器。

例如,通用型低电压比较器 LMV339、LMV393 和 LMV331 的电源范围为 2.7~5 V,单电源供电,响应速率为几微秒,可用于一般的电压比较。通用型高电压比较器 LM339、LM393、TL331 的电源范围为 2~36 V,可单电源或双电源供电,响应速率为几微秒,可用于一般的电压比较。

第 11 章讨论题、思考题、习题

讨论题

1. 运算电路为何要加入平衡电阻?
2. 三种形式的电压比较器各适用于什么情况?

思考题

1. 反相比例运算电路和同相比例运算电路各有何优缺点?
2. 利用模拟乘法器组成除法和开方运算电路需要注意什么?
3. 如何求解低通和高通有源滤波电路的通带电压放大倍数?

习题

11.1 判断下列说法的正误,在相应的括号内画√表示正确,画×表示错误。
(1) 集成运放引入电压负反馈可以组成运算电路。(　　)
(2) 当集成运放工作在非线性区时,输出电压不是高电平,就是低电平。(　　)
(3) 同相比例运算电路与反相比例运算电路相比,优点是输入电阻大。(　　)
(4) 组成比例运算电路的集成运放工作在非线性区。(　　)
(5) 运算电路的基本分析方法是"虚短"和"虚断"。(　　)
(6) 用模拟乘法器组成除法或平方运算电路时,要注意保证反馈极性为负。(　　)
(7) 对数运算电路对输入信号的极性没有要求。(　　)
(8) 将具有通带截止频率 f_{Lp} 的一阶有源低通滤波电路与具有通带截止频率 f_{Hp} 的一阶有源高通滤波电路相串联,当 $f_{Lp} > f_{Hp}$ 时,可得二阶有源带通滤波电路。(　　)
(9) 理想情况下有源高通滤波器在 $f = \infty$ 时的电压放大倍数就是它的通带电压放大倍数。(　　)
(10) 组成电压比较器的集成运放一般处于开环或仅引入了正反馈。(　　)
(11) 组成电压比较器的集成运放通常工作在线性区(　　),净输入电流近似为(　　),输出只有高电平和低电平两种状态(　　)。
(12) 电压比较器可以将连续变化的模拟信号转换为高电平或者低电平,即转换成了离散的数字信号。(　　)

11.2 判断下列说法的正误,在相应的括号内画√表示正确,画×表示错误。
(1) 运算电路如图 P11-2(1) 所示,已知 $R = 1\ \text{k}\Omega$,$R_f = 5\ \text{k}\Omega$,当 $u_I = 1\ \text{V}$ 时,$u_O = -5\ \text{V}$。(　　)
(2) 运算电路如图 P11-2(2) 所示,已知 $R = 1\ \text{k}\Omega$,$R_f = 5\ \text{k}\Omega$,当 $u_I = 1\ \text{V}$ 时,$u_O = 5\ \text{V}$。(　　)

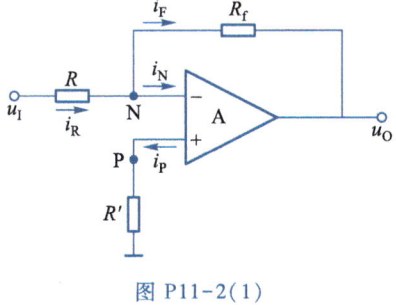

图 P11-2(1)

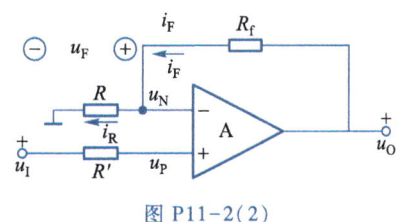

图 P11-2(2)

(3) 运算电路如图 P11-2(3) 所示,已知 $R_1 = R_2 = 1\ \text{k}\Omega$,$R_f = 2\ \text{k}\Omega$,当 $u_{I1} = u_{I2} = 1\ \text{V}$ 时,$u_O = 4\ \text{V}$。(　　)

(4) 运算电路如图 P11-2(4) 所示，已知 $R_1 = R = 1 \text{ k}\Omega$, $R_2 = R_f = 2 \text{ k}\Omega$，当 $u_{I1} = u_{I2} = 1 \text{ V}$ 时，$u_O = 2 \text{ V}$。（　　）

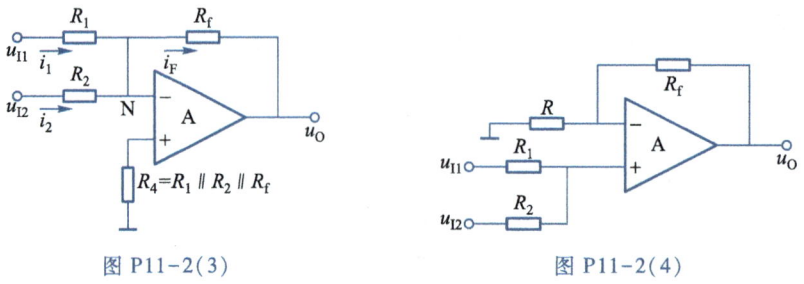

图 P11-2(3)　　　　　　　　图 P11-2(4)

(5) 运算电路如图 P11-2(5) 所示，已知 $R = 1 \text{ k}\Omega$, $R_f = 2 \text{ k}\Omega$，当 $u_{I1} = 2 \text{ V}$, $u_{I2} = 1 \text{ V}$ 时，$u_O = 2 \text{ V}$。（　　）

(6) 滤波电路如图 P11-2(6) 所示，当 R_1 增大时，通带电压放大倍数将增大。（　　）当 R 增大时，通带截止频率将减小。（　　）

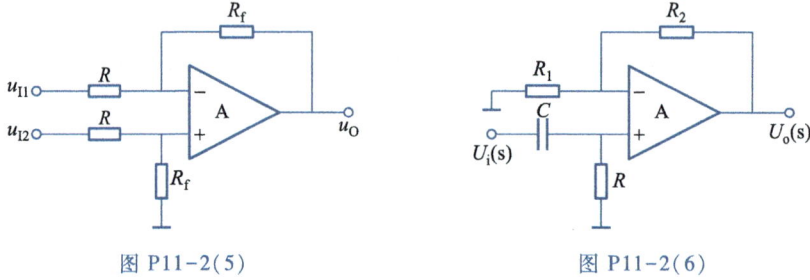

图 P11-2(5)　　　　　　　　图 P11-2(6)

(7) 过零比较器如图 P11-2(7) 所示，已知集成运放 A 的输出电压最大幅值为 $\pm U_{OM}$。当 $u_I > 0$ 时，$U_O = -U_{OM}$。（　　）

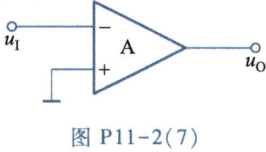

图 P11-2(7)

11.3　电路如图 P11-3 所示，已知当输入电压 $u_I = 100 \text{ mV}$ 时输出电压 $u_O = -5 \text{ V}$。试求解 R_f 和 R_2 的阻值。

11.4　电路如图 P11-4 所示，集成运放输出电压的最大值为 $\pm 14 \text{ V}$。解答下列各题：

(1) 正常工作时，求输入电压 u_I 分别为 100 mV 和 2 V 时输出电压 u_O 的值；

(2) 当 R_1 短路时，求输入电压 u_I 为 100 mV 时输出电压 u_O 的值；

(3) 当 R_f 短路时，求输入电压 u_I 为 2 V 时输出电压 u_O 的值。

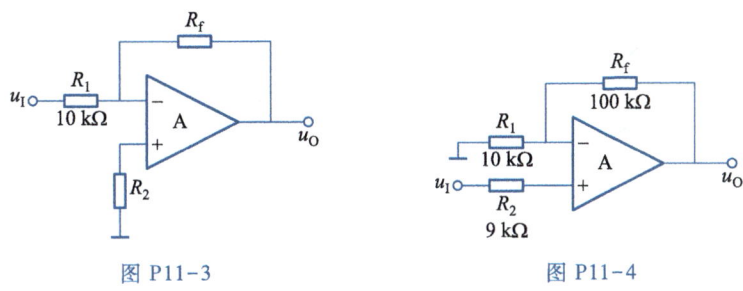

图 P11-3   图 P11-4

11.5 电路如图 P11-5(a) 所示,已知输入电压 u_I 波形如图 P11-5(b) 所示,当 $t=0$ 时 $u_O = 5$ V。对应 u_I 画出输出电压 u_O 的波形。

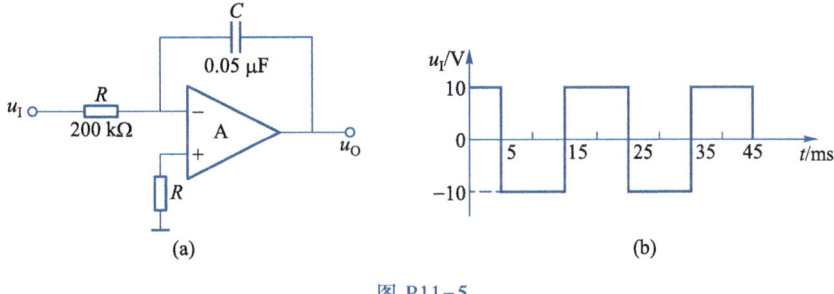

图 P11-5

11.6 图 P11-6 所示电路中,已知 A 为理想运算放大器, $u_I < 0$ V。
(1) 写出输出电压 u_O 的近似表达式;
(2) 当 $U_T \approx 26$ mV、$I_S = 100 \times 10^{-9}$ A、$u_I = -5$ V 时,$u_O \approx ?$
(3) 若 $u_I > 0$ V,仍要求实现上述运算,问电路应作何修改?写出输出电压 u_O 的表达式。

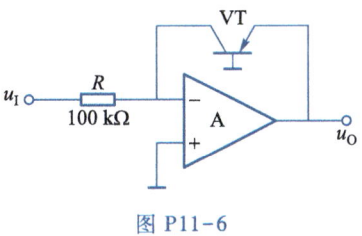

图 P11-6

11.7 图 P11-7 所示各电路均为运算电路,求解运算关系式,并确定其中模拟乘法器 k 值的极性。已知图 P11-7 所示电路中输入电压均大于零。

11.8 图 P11-8 所示有源滤波电路中,属于低通滤波电路的为图_____;属于高通滤波电路的为图_____;属于带通滤波电路的为图_____。

11.9 在图 P11-9 所示各电路中,集成运放输出电压的最大值为 ±12 V。试画出各电路的电压传输特性。

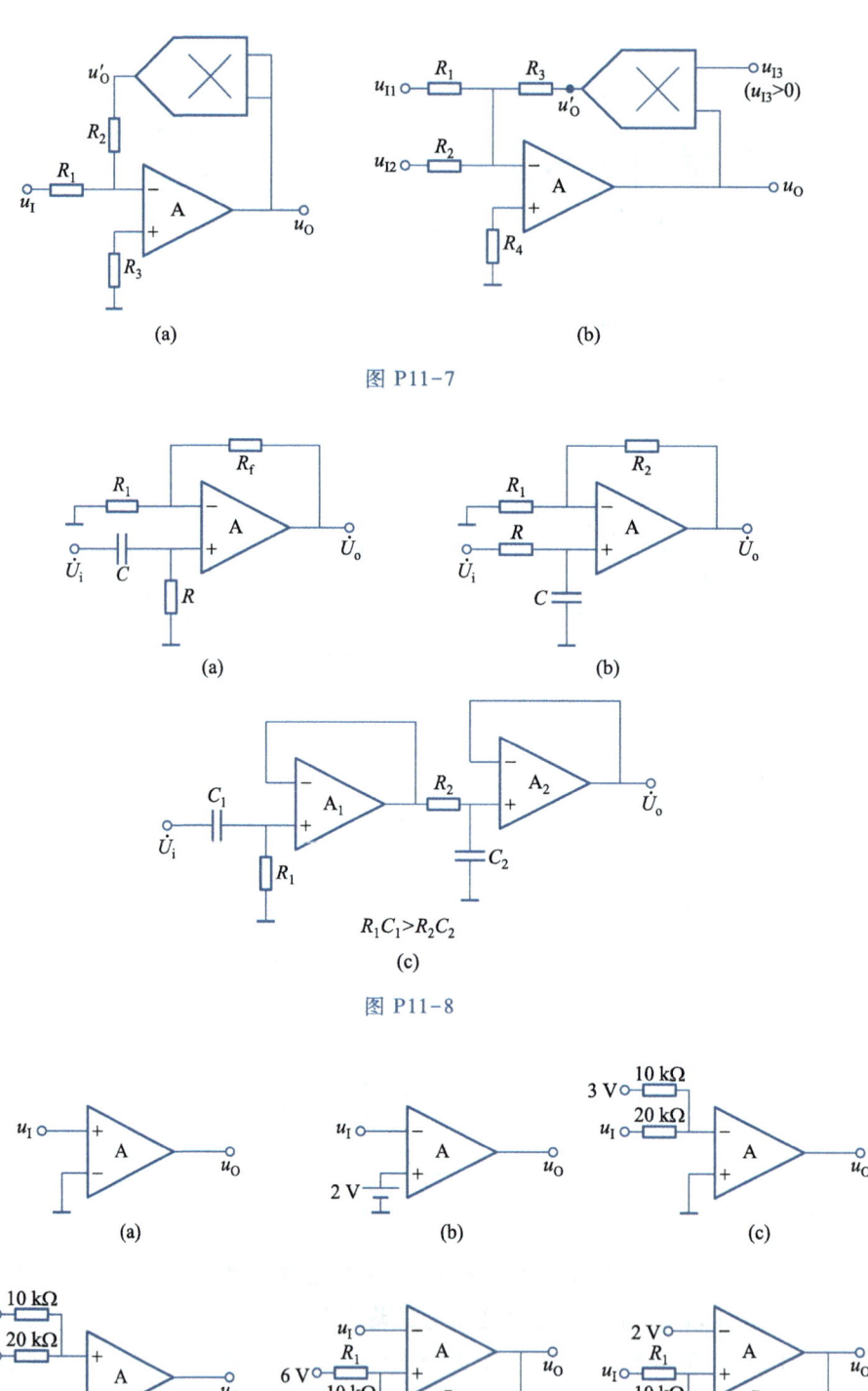

图 P11-7

图 P11-8

图 P11-9

11.10　求解图 P11-10 所示各电路输出电压与输入电压的运算关系式。

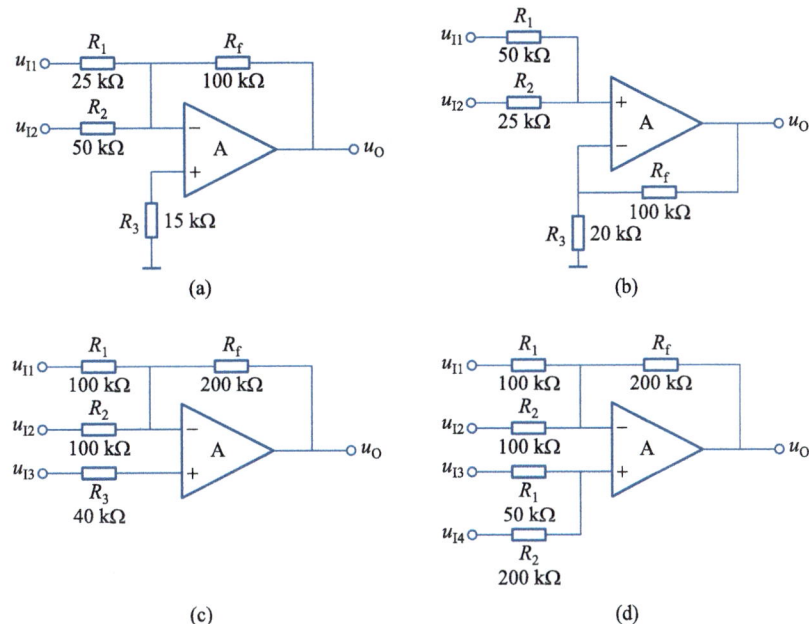

图 P11-10

11.11　测量电阻的电桥电路如图 P11-11 所示。已知集成运放 A 具有理想特性。
（1）写出运放同相端电压 u_P 与输入电压 U_R 的关系；
（2）写出输出电压 u_O 与被测电阻 R_2 及参考电阻 R 的关系式；
（3）若被测电阻 R_2 相对于参考电阻 R 的变化量为 2%（即 $R_2 = 1.02\,R$）时 $U_O = 24\text{ mV}$，则 R 的阻值为多少？

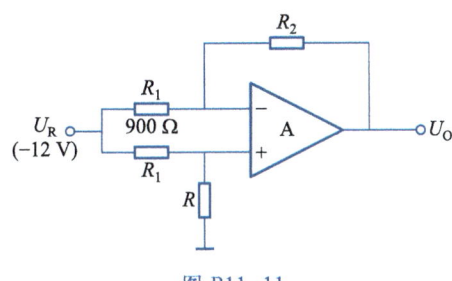

图 P11-11

11.12　试用理想集成运放实现一个电压放大倍数为 100、输入电阻趋于无穷大的运算电路。要求所采用电阻的最大阻值为 200 kΩ。

11.13　电路如图 P11-13 所示。设电容两端电压的初始值为零。
（1）试判断电路引入的级间反馈的极性；

(2) 求解运放 A_2 的输出电压 u_{O2} 与 A_1 的输出电压 u_O 的运算关系;

(3) 求解 u_O 与 u_I 的运算关系;

(4) 设 $t=0$ 时刻 $u_O=0$,开关 K 处于位置 1,当 $t=2\,\text{s}$ 时突然转接到位置 2,$t=4\,\text{s}$ 时又突然回到位置 1,试画出 u_O 的波形,并求出 $u_O=0\,\text{V}$ 的时间。

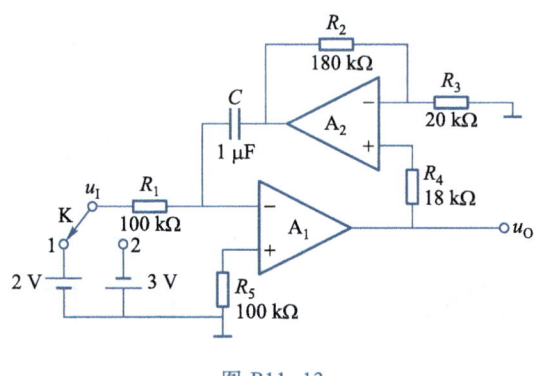

图 P11-13

11.14 电路如图 P11-14 所示,各元器件都是理想的,$|u_I|$ 不变。试选择正确答案填空:

A. 负　　　　　　B. 正　　　　　　C. 增大　　　　　　D. 减小

E. 不变

(1) 要使 A_1 工作在负反馈状态,u_I 的极性应为_____;

(2) 若增大系数 K 的值,$|u_O|$ 将_____;

(3) 当 R_3 减小时,$|u_O|$ 将_____;

(4) 当 R_1 增大时,$|u_O|$ 将_____;

(5) 当 R_2 增大时,$|u_O|$ 将_____。

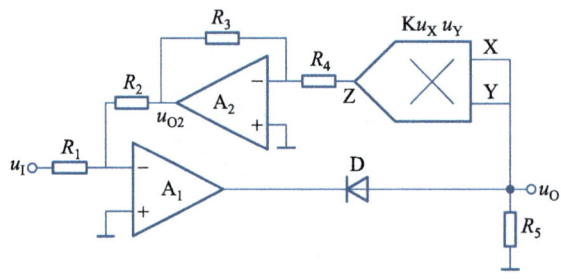

图 P11-14

11.15 在图 P11-15 所示电路中,已知 A 为理想运算放大器,其输出电压的最大幅值等于 $\pm 15\,\text{V}$。回答下列各题:

(1) 当 M 与 P 相接时,A 组成何种电路,若 $u_I=-8\,\text{V}$,则 u_O 为多少伏?

(2) 当 M 与 N 相接时,A 组成何种电路,若 $u_I=-1\,\text{V}$,则 u_O 为多少伏?

(3) 当 M 悬空时,A 组成何种电路,若 $u_I = +1$ V,则 u_O 为多少伏?

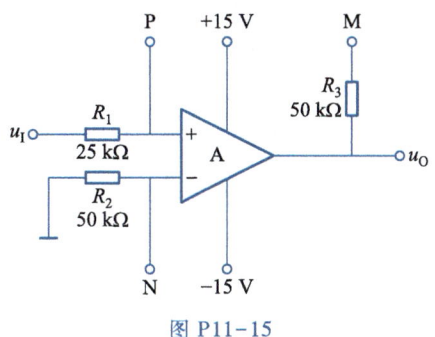

图 P11-15

11.16 图 P11-16 所示放大电路中,已知 A_1、A_2 为理想集成运放,已知 $u_{I1} = 0.5$ V,$u_{I2} = -0.6$ V,$u_{I3} = 1$ V。

(1) 试说明以 A_1、A_2 各为核心元件分别组成哪种基本运算电路;
(2) 写出输出电压 u_O 与输入电压的关系表达式;
(3) 已知在输入电压作用下,$u_O = -5.5$ V,试求解 R_3;
(4) 为使运算关系精度较高,试求解 R_P。

11.17 在图 P11-17 所示电路中,已知 A 为理想运算放大电路,其输出电压的两个极限值为 ±12 V。

填空:

(1) 该电路为 _____ 电压比较器;
(2) 该电路的输出电压的高电平 U_{OH} = _____ V,阈值电压的绝对值 $|U_T|$ = _____ V;
(3) 当 B 点断开时,U_{OH} = _____ V,$|U_T|$ = _____ V;
(4) 当 C 点断开时,U_{OH} = _____ V,$|U_T|$ = _____ V。

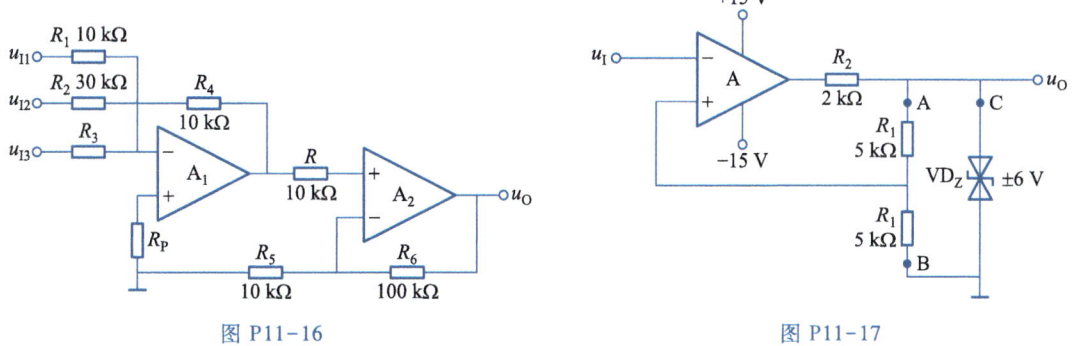

图 P11-16   图 P11-17

11.18 图 11-3-8 所示二阶压控电压源低通滤波电路中,已知 $C_1 = C_2$,通带截止频率为 100 Hz,品质因数 $Q = 1$,试确定电路中各电阻的阻值和电容的值(要求电阻大小不能超过 100 kΩ,电容大小不能超过 1 μF)。

11.19 用 Multisim 仿真图 11-3-6(a)所示的二阶低通滤波电路，用波特图仪测量 A_{up} 的分贝数以及截止频率 f_p。已知运放型号为 LM358AD，其电源电压为 ±15 V，输入正弦信号 u_i 幅值为 10 mV，$R_1 = 6.2$ kΩ，$R_f = 6.2$ kΩ，$R = 1.6$ kΩ，$C = 100$ nF。

第 11 章习题解答

第 12 章 模拟信号发生和转换电路

测量电子电路的功能和性能时,常常需要测试信号,这些测试信号通常由信号发生电路或者信号发生器提供。本章介绍模拟信号发生和转换电路,它们通常都由集成运放引入反馈组成。模拟信号发生电路包括正弦波振荡电路和非正弦波发生电路,之后介绍精密整流电路和电压频率(V-F)转换电路。

12.1 概　　述

信号发生电路广泛应用于测量和通信领域。例如,在模拟电路测量中常用正弦波、方波、三角波或阶梯波信号,在数字电路测量中常用方波及矩形波信号,在通信领域常用正弦波信号作为载波信号等。本章介绍正弦波振荡电路,以及非正弦波发生电路,包括方波和三角波发生电路。矩形波和锯齿波发生电路可以分别在方波和三角波发生电路的基础上加入电子开关如二极管等组成。

信号发生电路由于要自动产生连续不断的周期信号,电路处于不稳定的状态,因此电路中将会有引入正反馈的环节。

12.2 正弦波振荡电路

12.2.1 正弦波振荡的条件

如图 12-2-1(a) 所示的反馈放大电路框图中,当电路引入正反馈,则 $\dot{X}_i' = \dot{X}_i + \dot{X}_f$,若环路放大倍数 $\dot{A}\dot{F}$ 的相移为 $2n\pi$(n 为整数)、幅值大于1,即 $|\dot{A}\dot{F}| > 1$ 时,$\dot{X}_i'$ 幅值将增大,使 $\dot{X}_o$ 幅值增大,电路将不稳定。当 $\dot{X}_i = 0$ 时,周围环境中的电磁干扰信号将被电路放大,若 $|\dot{A}\dot{F}| > 1$,则将使 $\dot{X}_o$ 幅值增大,产生振荡,输出产生一定周期、一定幅值的波形。

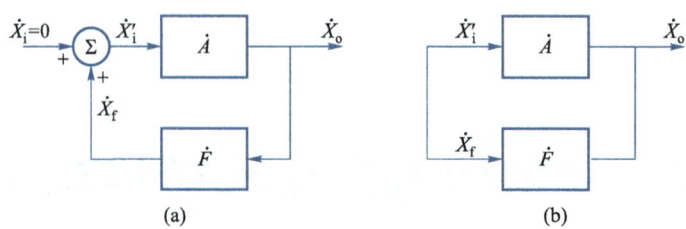

图 12-2-1　正反馈放大电路框图

由于周围环境中的电磁干扰含有频率很丰富的信号,可能有多种频率的信号满足 $\dot{A}\dot{F}$ 的幅值大于 1 且相移近似为 $2n\pi$ 的条件,因此振荡波形是多种频率信号叠加成的谐波。若要产生单一频率的正弦波,还需要有选频网络,使得只有在选中的频率信号作用下满足 $|\dot{A}\dot{F}|>1$ 且相移为 $2n\pi$,产生振荡,输出该频率的正弦波;而在其他频率信号作用下,$\dot{A}\dot{F}$ 既不满足相移为 $2n\pi$,也不满足幅值大于 1,无法产生振荡。

通过选频网络虽然能选出所需频率的信号使其产生振荡,但是若 $\dot{A}\dot{F}$ 的幅值始终大于 1,则输出信号幅值将由于正反馈作用越来越大,直至达到放大电路的最大输出电压后而产生失真。因此还需要有相应的稳幅电路,使得当输出信号越来越大时,$\dot{A}\dot{F}$ 幅值逐渐减小直至等于 1,使电路最终维持等幅振荡,产生正弦波信号,电路稳定振荡时框图如图 12-2-1(b) 所示。

由以上分析得出产生正弦波振荡的起振条件为:$\dot{A}\dot{F}$ 的相移为 $2n\pi$(n 为整数),且起始时幅值略大于 1;稳定振荡的条件为 $|\dot{A}\dot{F}|=1$。此外产生正弦波振荡的条件除了引入正反馈外,还需要选频网络和稳幅环节。

12.2.2　正弦波振荡电路的组成和分类

为了满足产生正弦波的条件,正弦波振荡电路的组成包括以下四部分。

1. 放大电路:将振荡信号放大,使输出信号保持一定的幅值。
2. 正反馈网络:满足振荡的条件,与放大电路一起,保证信号幅值能够由小逐渐增大直至稳定。
3. 选频网络:选定单一频率的正弦波信号,使电路只有在该频率下产生正弦波振荡。选频网络通常由 RC、LC 或石英晶体等电路组成。
4. 稳幅环节:使输出信号幅值稳定。稳幅环节通常为非线性环节,从而使得 $|\dot{A}\dot{F}|$ 从开始起振时的略大于 1 逐渐变为等于 1,使 $|\dot{A}\dot{F}|$ 具有一定的非线性特性。

实际电路中,正反馈网络和选频网络经常采用同一个网络来满足两个要求。

根据选频网络采用的电路不同,将正弦波振荡电路分为 RC、LC 或石英晶体正弦波振荡电路三种。其中 RC 正弦波振荡电路应用最为广泛,本节仅介绍 RC 正弦波振荡电路。

12.2.3 RC 正弦波振荡电路

RC 正弦波振荡电路中最有名的就是文氏桥正弦波振荡电路,该电路最初是由美国斯坦福大学的 Hewlett 和 David Packard 于 1939 年发明的。文氏桥正弦波振荡电路在测量领域应用广泛。

文氏桥正弦波振荡电路由同相比例运算电路和 RC 串并联选频网络组成,如图 12-2-2 (a)所示。其中运放和电阻 R_1、R_f 组成同相比例运算电路;两个电阻 R 和两个电容 C 组成 RC 串并联网络,其既作为选频网络,又作为正反馈网络。另外所谓的文氏桥电路如图 12-2-2 (b)所示,R_1、R_f 组成一个桥臂,RC 串并联电路组成另一个桥臂。

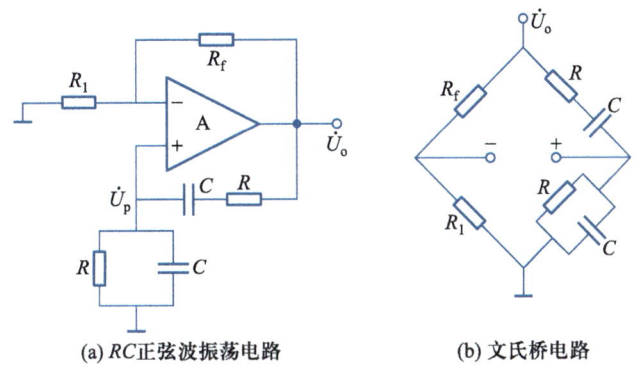

(a) RC 正弦波振荡电路 (b) 文氏桥电路

图 12-2-2 文氏桥正弦波振荡电路

1. RC 串并联网络

如图 12-2-2(a)所示,RC 串并联网络由 RC 串联和 RC 并联两个电路组成,其输入信号为正弦波振荡电路的输出信号 $\dot{U}_o$,其输出信号为正弦波振荡电路的反馈信号即同相比例运算电路的输入信号 $\dot{U}_P$,分析反馈系数的频率响应如下

$$\dot{F} = \frac{\dot{U}_P}{\dot{U}_o} = \frac{R // \dfrac{1}{j\omega C}}{R + \dfrac{1}{j\omega C} + R // \dfrac{1}{j\omega C}} = \frac{1}{3 + j\left(\omega RC - \dfrac{1}{\omega RC}\right)} = \frac{1}{3 + j\left(\dfrac{f}{f_0} - \dfrac{f_0}{f}\right)} \quad (12-2-1)$$

其中 $\omega = 2\pi f$,$f_0 = \dfrac{1}{2\pi RC}$。

分析 $\dot{F}$ 的幅值与频率的关系(幅频特性)以及相位与频率的关系(相频特性)如下

$$|\dot{F}| = \frac{1}{\sqrt{3^2 + \left(\dfrac{f}{f_0} - \dfrac{f_0}{f}\right)^2}} \quad (12-2-2)$$

$$\varphi_F = -\arctan\frac{1}{3}\left(\frac{f}{f_0} - \frac{f_0}{f}\right) \qquad (12\text{-}2\text{-}3)$$

分析 $|\dot{F}|$ 可知，在 $f=f_0$ 处其值最大，最大值为 $|\dot{F}|_{\max} = 1/3$。分析 φ_F 可知，φ_F 是 f 的单调递减函数，只有当 $f=f_0$ 时，$\varphi_F = 0$。因此，当 $f=f_0$ 时，$|\dot{F}| = \dfrac{1}{3}$，$\varphi_F = 0$。$\dot{F}$ 的频率特性如图 12-2-3 所示。

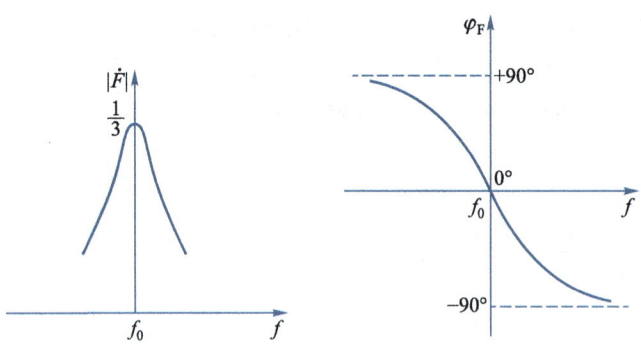

图 12-2-3　RC 串并联选频网络的频率特性

由以上分析可知，RC 串并联网络只有当 $f=f_0$ 时，其反馈系数 $\dot{F}$ 的幅值最大，且相移为 0，因此具有选频作用。若将其作为放大电路的正反馈网络，则反馈系数 $\dot{F}$ 在 $f=f_0$ 处幅值最大且相移为 0，若放大电路的电压放大倍数为正且略大于 3，则电路满足正弦波振荡起振的幅值和相位条件即 $|\dot{A}\dot{F}|$ 略大于 1 且相移为 0。

2. 同相比例运算电路

同相比例运算电路的电压放大倍数为 $\dot{A}_u = 1 + R_f/R_1$。当频率为 f_0 时，$\dot{A}_u$ 与 $\dot{F}$ 的相移均为 0，满足正弦波振荡起振的相位条件；若 $|\dot{A}_u|$ 略大于 3，则 $\dot{A}_u\dot{F}$ 的幅值也满足略大于 1 的要求，因此起振时要求 R_f 略大于 $2R_1$。

3. 稳幅环节

为了使电路输出正弦波，还需要稳幅环节，即非线性环节。由于运放引入负反馈后工作在线性区，有很好的线性特性，因此可在其反馈网络中加入非线性环节。

方法之一是在反馈支路中串联两个二极管，如图 12-2-4 所示。二极管具有开关特性，其工作原理及特性请参见第 6 章 6.3 节。二极管的等效电阻 $r_d \approx \dfrac{U_T}{I_D}$，$I_D$ 为二极管的电流，则

$$\dot{A}_u = 1 + \frac{R_f + r_d}{R_1} \qquad (12\text{-}2\text{-}4)$$

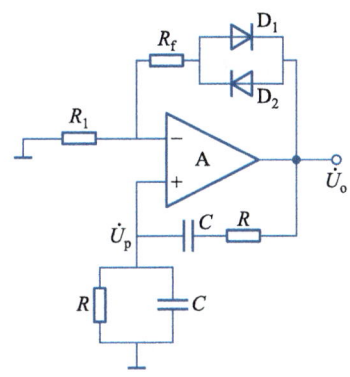

图 12-2-4　加稳幅环节的 RC 正弦波振荡电路

电路起振后,当输出正弦波正向或负向幅值逐渐增大时,二极管 D_2 或 D_1 逐渐导通且 I_D 逐渐增大,r_d 逐渐减小,从而使 $|\dot{A}_u|$ 逐渐减小,最终使 $|\dot{A}_u \dot{F}|$ 等于 1,维持稳定的正弦波振荡。

方法之二是可以采用热敏电阻代替 R_1 或 R_f。热敏电阻的阻值随其自身温度而变化,当流过它的电流增大时,其功耗增加使自身温度升高,从而使其阻值变化。正温度系数的热敏电阻的阻值随其自身温度升高而增大,相反负温度系数的阻值则相应减小。因此用负温度系数的热敏电阻代替 R_f,或用正温度系数的热敏电阻代替 R_1,可使输出电压增大时 $\dot{A}_u$ 减小,起到稳幅的作用。

RC 正弦波振荡电路的仿真结果如图 12-2-5 所示。

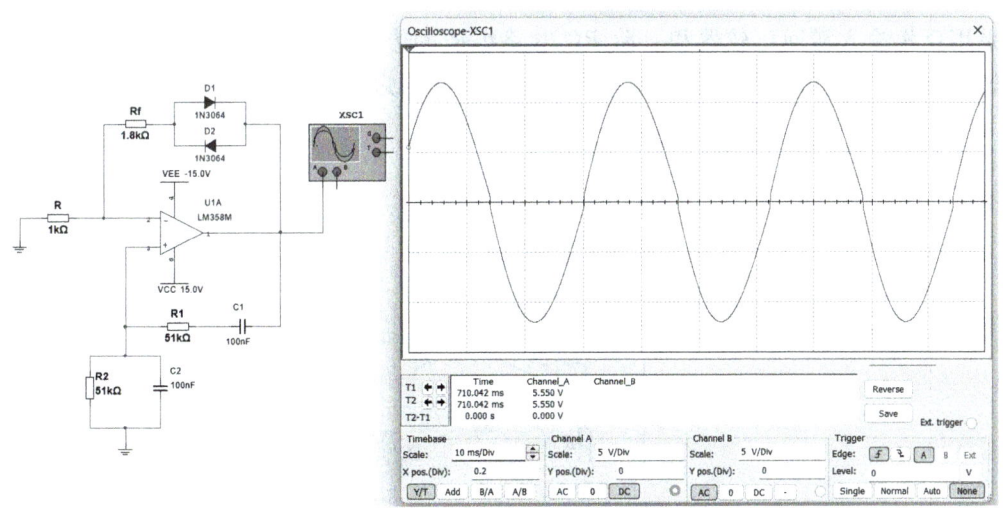

图 12-2-5　RC 正弦波振荡电路的仿真结果

12.3 非正弦波发生电路

12.3.1 方波发生电路

方波发生电路是其他非正弦波发生电路的基础,例如矩形波发生电路可以在方波发生电路的基础上加入二极管作为开关改变占空比即可组成;方波发生电路的输出端接入积分电路即可组成三角波发生电路;在三角波发生电路的基础上加入二极管作为开关改变波形上升和下降时间的比例,即可组成锯齿波发生电路。

一、电路组成及工作原理

方波和矩形波的输出信号在两个状态即高电平和低电平之间翻转,而这两个状态与比较器输出信号的两个状态相同。因此,若将比较器的输出信号通过一个延时电路反馈到其输入端,用该信号作为触发比较器输出信号翻转的输入信号,则能产生方波或矩形波,如图12-3-1所示。延时电路一般可采用一阶 RC 电路或者积分电路。

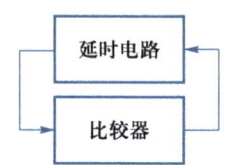

图 12-3-1 方波和矩形波发生电路原理简图

二、波形分析

采用反相输入滞回比较器和一阶 RC 电路组成的方波发生电路如图12-3-2所示。滞回比较器输出的高、低电平分别为 $+U_Z$ 和 $-U_Z$,阈值电压为

$$\pm U_T = \pm \frac{R_1}{R_1+R_2} U_Z \quad (12-3-1)$$

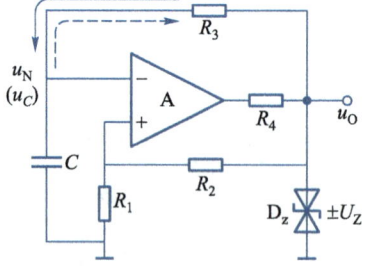

图 12-3-2 方波发生电路

假设 u_O 的初始状态为高电平 $+U_Z$,此时 u_O 将通过 R_3 对 C 充电,运放反相端电压 u_N(即电

容两端电压 u_C)将逐渐升高,根据图 11-4-6(b)所示的滞回比较器的电压传输特性,当 $u_C = +U_T$ 时 u_O 将翻转为 $-U_Z$。之后,电容 C 将通过 R_3 放电,使 u_C 逐渐降低,根据电压传输特性,当 $u_C = -U_T$ 时 u_O 将翻转为 $+U_Z$,电路回到初始状态。电路将依照上述工作过程循环往复,从而产生方波,如图 12-3-3 所示。

由图 12-3-3 可知,电容 C 充电时 $u_O = +U_Z$,放电时 $u_O = -U_Z$。由于 R_3 和 C 组成的一阶回路的充放电过程的时间常数相同,初始值和时间趋于无穷的稳态值对称,因此充放电的时间相同,输出波形的占空比为 50%,输出为方波。用一阶 RC 电路的三要素法求解方波周期。设电容电压 u_C 初始值为 $-U_T$,时间趋于无穷的稳态值为 $+U_Z$,时间常数为 R_3C,则方波周期 T 满足公式

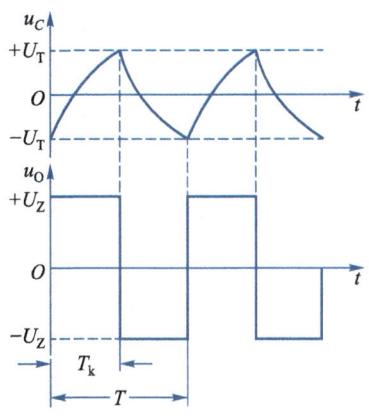

图 12-3-3 方波发生电路波形

$$U_T = U_Z + (-U_T - U_Z) e^{-\frac{T}{2R_3C}} \quad (12\text{-}3\text{-}2)$$

计算得到

$$T = 2R_3 C \ln\left(1 + \frac{2R_1}{R_2}\right) \quad (12\text{-}3\text{-}3)$$

由周期 T 的计算公式可知,通过调节时间常数 R_3C 或者 R_1/R_2 可以调节 T。方波发生电路的仿真结果如图 12-3-4 所示。

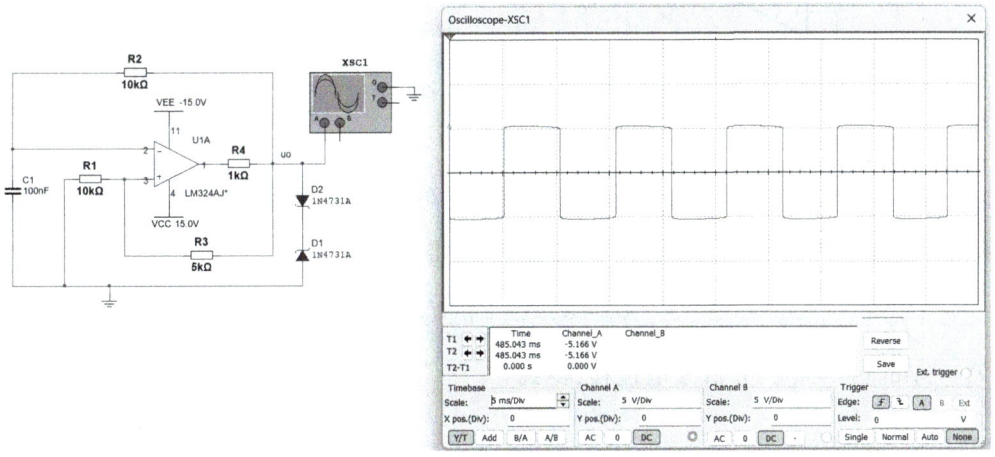

图 12-3-4 方波发生电路的仿真结果

例 12.3.1 方波发生电路如图 12-3-2 所示,已知 $R_1 = R_2 = 10\ \text{k}\Omega$,$R_3 = 10\ \text{k}\Omega$,$C = 100\ \text{nF}$;稳压管的稳定电压 U_Z 约为 4.3 V,正向导通电压约为 0.7 V。试求解滞回比较器的阈值和输出方波的周期。

解：滞回比较器的阈值电压为 $\pm U_T = \pm \dfrac{R_1}{R_1+R_2}(U_Z+0.7\ \text{V}) = \pm 2.5\ \text{V}$。

方波的周期 $T = 2R_3 C \ln\left(1+\dfrac{2R_1}{R_2}\right) = 2\times 10\times 10^3\times 100\times 10^{-9}\ln 3\ \text{s} \approx 2.2\ \text{ms}$。

12.3.2　占空比可调的矩形波发生电路

占空比是指矩形波高电平的时间与周期之比。为了得到占空比可调的矩形波发生电路，需要改变矩形波发生电路中电容充电和放电的时间，因此需要改变电容充电和放电回路的时间常数，可以通过改变电容充电和放电回路的电阻值来实现。在矩形波发生电路的负反馈回路中增加两个二极管和一个滑动变阻器，可以改变电容充电和放电回路的时间常数，实现占空比可调的矩形波发生电路，如图 12-3-5 所示。

当 $u_O = +U_Z$ 时 D_1 导通、D_2 截止，u_O 将通过 R_{P1}、R_3 对 C 充电；当 $u_O = -U_Z$ 时 D_1 截止、D_2 导通，电容 C 将通过 R_3、R_{P2} 放电。当忽略二极管的导通电阻时，充电的时间常数为 $\tau_1 \approx (R_3+R_{P1})C$，放电的时间常数为 $\tau_2 \approx (R_3+R_{P2})C$。当调节 R_P 滑动端时将改变充电和放电的时间常数，从而使充电和放电的时间不同，使 u_O 输出矩形波，如图 12-3-6 所示。

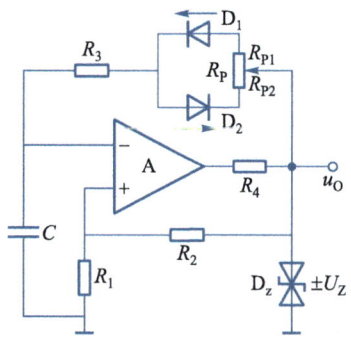

图 12-3-5　矩形波发生电路

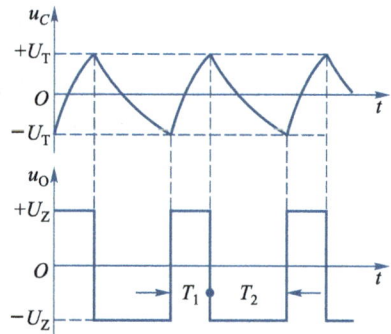

图 12-3-6　矩形波发生电路波形

利用一阶 RC 电路的三要素法分析充电过程，得到

$$U_T = U_Z + (-U_T - U_Z)\,\mathrm{e}^{-\frac{T_1}{\tau_1}}$$

求得 $T_1 \approx \tau_1 \ln\left(1+\dfrac{2R_1}{R_2}\right)$。分析放电过程，得到

$$-U_T = -U_Z + (U_T + U_Z)\,\mathrm{e}^{-\frac{T_2}{\tau_2}}$$

求得 $T_2 \approx \tau_2 \ln\left(1+\dfrac{2R_1}{R_2}\right)$。于是得到周期 $T = T_1 + T_2 \approx (2R_3+R_P)C\ln\left(1+\dfrac{2R_1}{R_2}\right)$，占空比 $q = \dfrac{T_1}{T} = \dfrac{R_3+R_{P1}}{2R_3+R_P}$。当调节 R_P 滑动端时周期不变，占空比改变。

12.3.3 三角波发生电路

一、电路组成及工作原理

由于积分电路可将方波变换为三角波,因此利用方波发生电路和积分电路可以组成三角波发生电路,如图 12-3-7(a)所示。

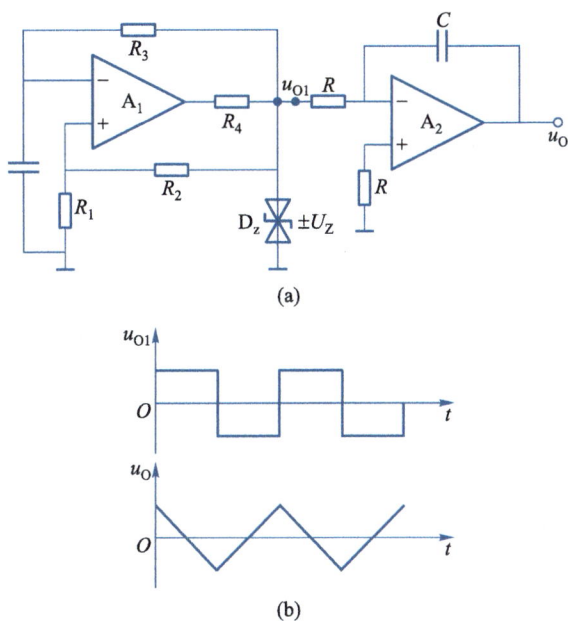

图 12-3-7 利用方波发生电路和积分电路组成的三角波发生电路

由于三角波的周期与方波相同,因此三角波电压 u_O 与方波电压 u_{O1} 之间的关系为

$$u_O = -\frac{1}{RC}\int u_{O1} dt \qquad (12-3-4)$$

由上述公式可知,当 u_{O1} 的高、低电平以及积分电路的时间常数 RC 一定时,u_O 的幅值将与方波周期成正比,因此调节方波周期会同时改变三角波的幅值。当要求三角波的周期和幅值能够单独调节而互不影响时,该电路不能满足要求,需要设计新的电路。

积分电路中有一个一阶 RC 电路,当 u_I 一定时,输入电流一定,此时通过电阻 R 对电容 C 进行恒流充电或者放电,可以使 u_O 线性变化,因此积分电路相当于一个线性一阶 RC 电路,同时也具有延时作用。若用积分电路代替方波发生电路中的 RC 电路,则可产生三角波。用积分电路和同相输入滞回比较器组成的三角波发生电路如图 12-3-8 所示,该电路可避免图 12-3-7 所示电路中三角波周期和幅值不能单独调节的缺点。

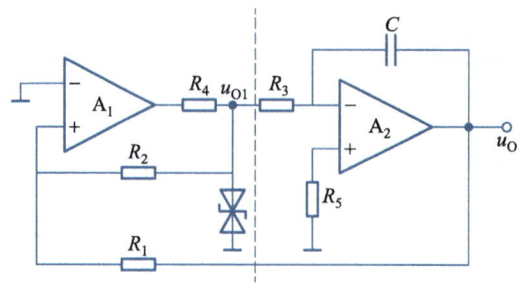

图 12-3-8　三角波发生电路

二、波形分析

同相输入滞回比较器的电压传输特性如图 11-4-7 所示,输出的高低电平为 $\pm U_Z$,阈值电压为

$$\pm U_T = \pm \frac{R_1}{R_2} U_Z \qquad (12\text{-}3\text{-}5)$$

滞回比较器的输出 u_{O1} 和积分电路的输出 u_O 互为对方的输入。积分电路输入与输出电压的关系为

$$u_O = -\frac{1}{R_3 C} \int u_{O1} dt \qquad (12\text{-}3\text{-}6)$$

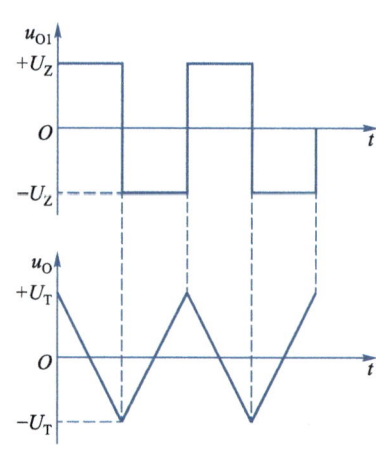

当 u_{O1} 为 $+U_Z$ 时,u_O 将逐渐减小,当 u_O 达到阈值电压 $-U_T$ 时,u_{O1} 翻转为 $-U_Z$;之后 u_O 将逐渐增大,当 u_O 达到阈值电压 $+U_T$ 时,u_{O1} 翻转为 $+U_Z$。如此周而复始,u_O 产生三角波,u_{O1} 产生方波,如图 12-3-9 所示。

由图 12-3-9 可知,当 $u_{O1} = -U_Z$ 时,u_O 从 $-U_T$ 变为 $+U_T$,则三角波和方波周期计算如下

图 12-3-9　三角波发生电路输出波形

$$U_T = -\frac{1}{R_3 C}(-U_Z)\frac{T}{2} - U_T \qquad (12\text{-}3\text{-}7)$$

$$T = \frac{4R_1 R_3 C}{R_2} \qquad (12\text{-}3\text{-}8)$$

由以上分析可知,当 U_Z 一定时,调节 R_1/R_2 可调节 U_T 即三角波的幅值,而调节时间常数 $R_3 C$ 可调节周期。由于调节 R_1/R_2 既影响周期又影响幅值,因此,一般先调节 R_1/R_2 以调节幅值,然后再调节 $R_3 C$ 来调节周期,使周期和幅值可单独调节。

三角波发生电路的仿真结果如图 12-3-10 所示。

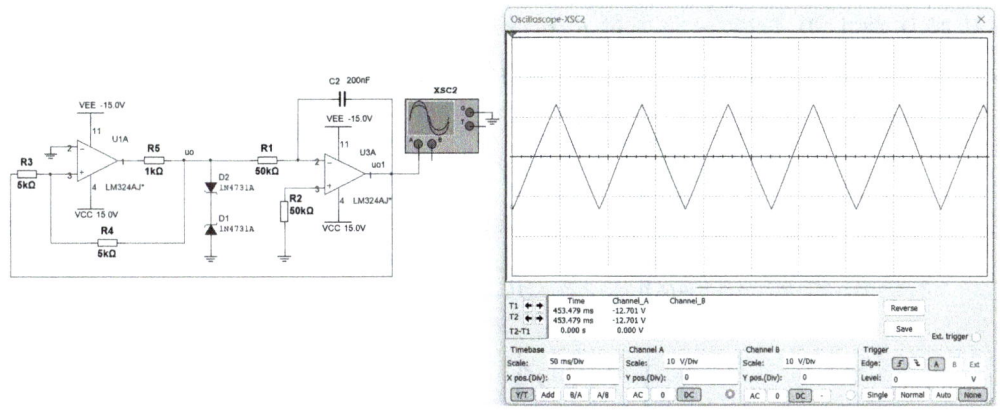

图 12-3-10 三角波发生电路的仿真结果

例 12.3.2 三角波发生电路如图 12-3-8 所示,已知 $R_1 = R_2 = 5\ \text{k}\Omega$,$R_3 = 50\ \text{k}\Omega$,$C = 200\ \text{nF}$;稳压管的稳定电压 U_Z 约为 4.3 V,正向导通电压约为 0.7 V。试求解输出三角波的周期和幅值。

解:三角波的幅值等于滞回比较器的阈值,即 $U_{op} = U_T = \dfrac{R_1}{R_2}(U_Z + 0.7\ \text{V}) \approx 5\ \text{V}$。

三角波的周期 $T = \dfrac{4R_1 R_3 C}{R_2} = 4 \times 50 \times 10^3 \times 200 \times 10^{-9}\ \text{s} = 40\ \text{ms}$。

12.3.4 锯齿波发生电路

当希望产生锯齿波时,需要改变波形的占空比,可以通过改变三角波发生电路中积分电路的电容充电和放电回路的电阻值来实现。在三角波发生电路的积分电路中增加两个二极管和一个滑动变阻器,可以改变电容充电和放电回路的时间常数,实现锯齿波发生电路,如图 12-3-11 所示。

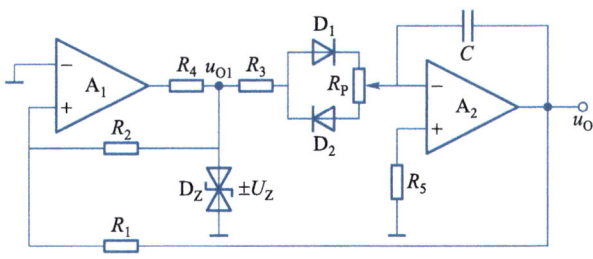

图 12-3-11 锯齿波发生电路

当 $u_{O1}=+U_Z$ 时 D_1 导通、D_2 截止，u_O 将通过 R_3 和滑动端以上的电阻 $R_{P上}$ 被积分，u_O 下降；当 $u_{O1}=-U_Z$ 时 D_1 截止、D_2 导通，u_O 将通过 R_3 和滑动端以下的电阻 $R_{P下}$ 被积分，u_O 上升。当调节 R_P 滑动端时将改变 u_O 下降和上升的时间，从而使 u_O 输出锯齿波，如图 12-3-12 所示。

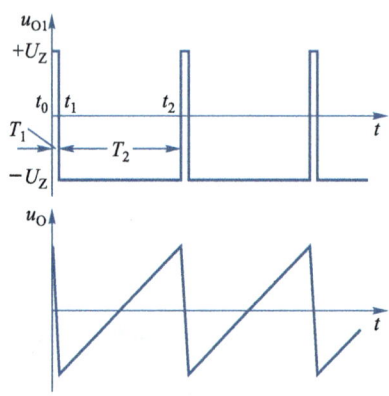

图 12-3-12　锯齿波发生电路波形（R_P 滑动端位于上方）

当 $u_{O1}=+U_Z$ 时，u_O 从 $+U_T$ 下降到 $-U_T$，分析积分电路得到 $-U_T=-\dfrac{1}{(R_3+R_{P上})C}U_Z T_1+U_T$，$T_1=2\dfrac{R_1}{R_2}(R_3+R_{P上})C$。

当 $u_{O1}=-U_Z$ 时，u_O 从 $-U_T$ 上升到 $+U_T$，分析积分电路得到 $+U_T=-\dfrac{1}{(R_3+R_{P下})C}(-U_Z)T_2-U_T$，$T_2=2\dfrac{R_1}{R_2}(R_3+R_{P下})C$。

由此得到 $T=T_1+T_2=2\dfrac{R_1}{R_2}(2R_3+R_P)C$，占空比 $q=\dfrac{T_1}{T}=\dfrac{R_3+R_{P上}}{2R_3+R_P}$。当调节 R_P 滑动端时周期不变，占空比改变。

12.4　精密整流电路

精密整流电路是信号处理电路，实现交流小信号的整流，即将交流小信号转换为直流信号。例如，如图 12-4-1 所示，将正弦波的负（或正）半周信号去掉而保留正（或负）半周信号，称为半波精密整流；或者将负（或正）半周信号翻转为正（或负）的信号，称为全波精密整流。

利用二极管可以实现整流，但由于二极管的伏安特性具有非线性，因此输出信号会失真，若通过运放引入负反馈，则可能改善非线性失真。

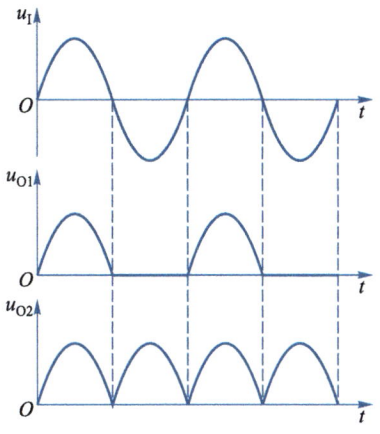

图 12-4-1　正弦波整流信号

12.4.1　半波精密整流电路

半波精密整流电路如图 12-4-2 所示,由运放和二极管组成,引入了负反馈。

设 $R=R_f$。当 $u_I>0$ 时,$u_O'<0$,因此 D_1 截止、D_2 导通,此时运放通过 R_f 引入负反馈,组成反相比例运算电路,$u_O=-u_I$。

当 $u_I<0$ 时,$u_O'>0$,因此 D_1 导通、D_2 截止,此时运放通过 D_1 引入负反馈,运放反相端电位近似为零,因此 $u_O=0$。

由以上分析可知,电路实现半波精密整流,输出波形如图 12-4-3 所示,得到负的半波,仿真结果如图 12-4-4 所示。若希望得到正的半波,可以将两个二极管都反向,仿真结果如图 12-4-5 所示。

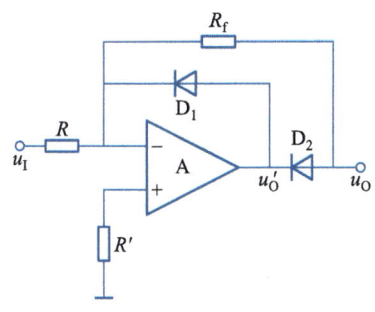

图 12-4-2　半波精密整流电路

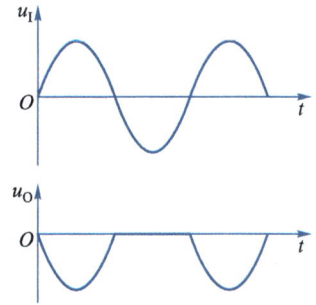

图 12-4-3　半波精密整流电路的输出波形

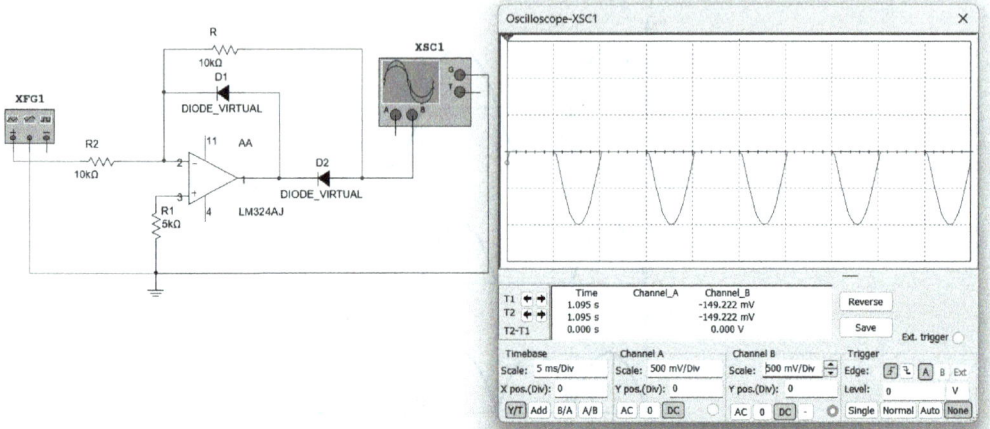

图 12-4-4　负半波精密整流电路的输出波形仿真

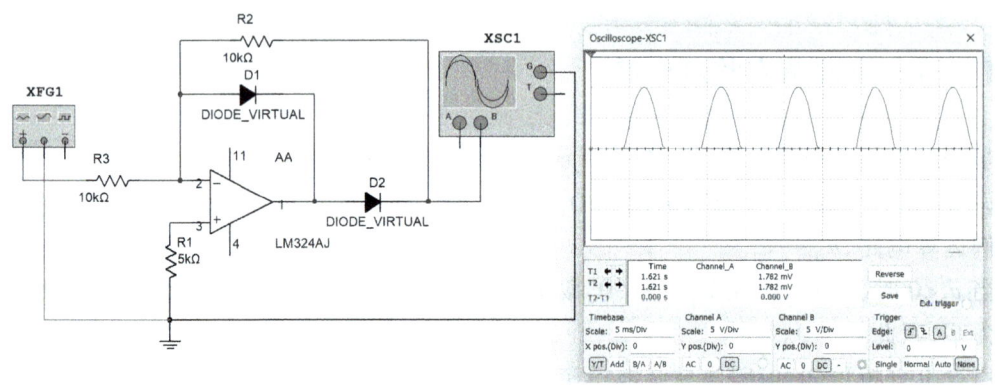

图 12-4-5　正半波精密整流电路的输出波形仿真

12.4.2　全波精密整流电路

若将半波整流电路的输出信号乘以 -2 并加上输入信号，则可得到正的全波信号。全波精密整流电路如图 12-4-6 所示。

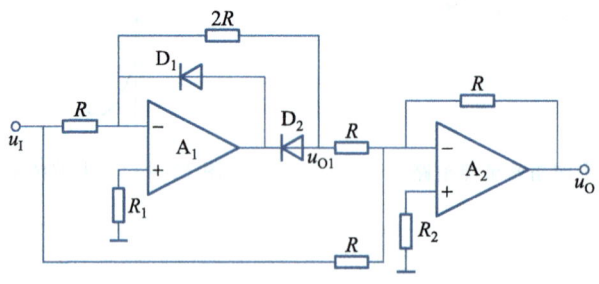

图 12-4-6　全波精密整流电路

图 12-4-6 中，A_1 组成半波整流电路，A_2 组成反相求和电路，$u_O = -(u_{O1}+u_I)$。

当 $u_I > 0$ 时，$u_{O1} = -2u_I$，$u_O = u_I$；当 $u_I < 0$ 时，$u_{O1} = 0$，$u_O = -u_I$。因此 $u_O = |u_I|$，该电路实现全波精密整流，也是一个绝对值运算电路。

正弦波和三角波实现全波整流的波形如图 12-4-7 所示，两种波形都实现了倍频。

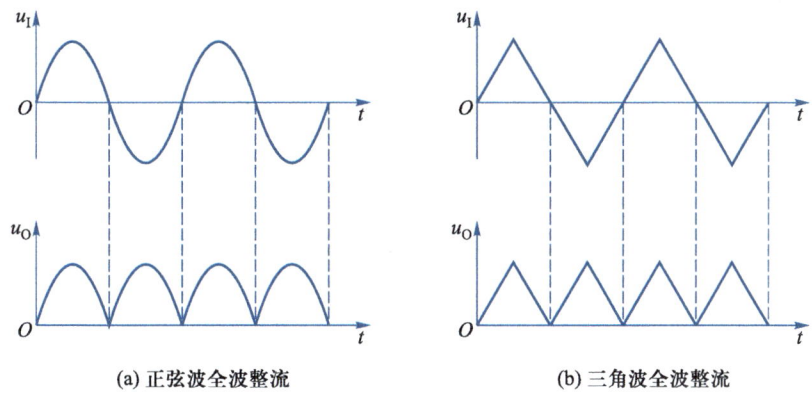

(a) 正弦波全波整流　　　　　　　　(b) 三角波全波整流

图 12-4-7　正弦波和三角波实现全波整流的波形

正弦波和三角波全波整流的波形均包含直流电压和交流电压，将其交流电压通过低通滤波电路滤除，则可得到直流电压，该直流电压与交流电压的峰值成正比，测量该直流电压即可计算出它们的峰值。

12.5　电压-频率转换电路

为了测量模拟电压的大小，可将其转换为频率与之成正比的矩形波，用频率计或其他数字电路计数固定时间内的矩形波个数并显示，即可得知模拟电压的大小。

12.5.1　电路组成及工作原理

为了使模拟输入电压 u_I 的大小与输出信号的频率 f 成正比，即 u_I 与其周期 T 成反比，则应该采用输出电压与时间有关的电路，例如积分或微分电路。当 u_I 为直流电压时，基本积分电路的输出 $u_O = -u_I t/(RC)$，若使得 u_O 的幅值上限为一个确定值 U_T，则 u_I 将与 u_O 达到 U_T 的积分时间成反比。根据以上思路，可利用积分电路、滞回电压比较器和电子开关（例如二极管）设计电压-频率转换电路，如图 12-5-1 所示。

A_1 组成积分电路，A_2 组成滞回电压比较器，二极管 D 和电阻 R_5 组成开关，且 $R_5 \ll R_1$。由于运放 A_1 反相端电位近似为零，因此二极管的工作状态由滞回比较器的输出电压 u_O 确定。

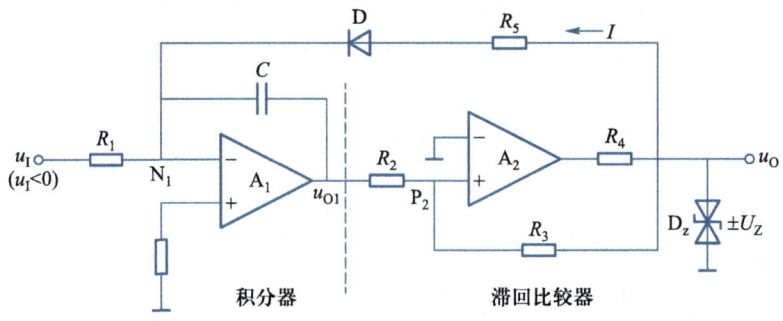

图 12-5-1　运放组成的电压-频率转换电路

同相输入滞回比较器的电压传输特性如图 12-5-2 所示，阈值电压为 $\pm U_T = \pm \dfrac{R_2}{R_3} U_Z$。

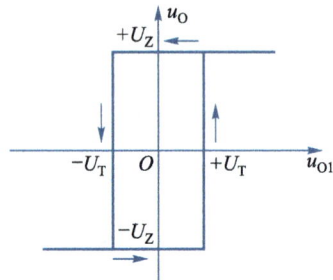

图 12-5-2　同相输入滞回比较器的电压传输特性

设滞回比较器的输出电压 u_O 的初始值为 $-U_Z$，此时二极管截止，$u_I(u_I<0)$ 被积分，u_{O1} 上升。经过时间 T_1 后，当 u_{O1} 上升至比较器的阈值电压 $+U_T$ 时，u_O 翻转为 $+U_Z$。此时二极管导通，u_O 通过 R_5、u_I 通过 R_1 一起被积分。由于 $R_5 \ll R_1$，因此 u_{O1} 将由于 $u_O = +U_Z$ 的作用而快速下降，当 u_{O1} 下降至比较器的阈值电压 $-U_T$ 时，u_O 翻转为 $-U_Z$，回到初始状态。如此周而复始，u_O 产生矩形波，u_{O1} 产生锯齿波，如图 12-5-3 所示。

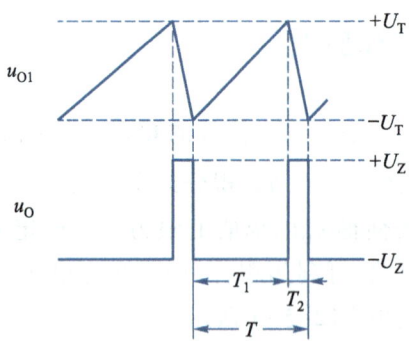

图 12-5-3　电压-频率转换电路输出波形

12.5.2 振荡频率分析

周期 T 计算如下:

当 $u_O = -U_Z$ 时,积分电路对 u_I 积分, $+U_T = -\dfrac{1}{R_1 C} u_I T_1 - U_T$,则 $T_1 = \dfrac{2R_1 R_2 C}{R_3} \times \dfrac{U_Z}{-u_I}$;

当 $u_O = +U_Z$ 时,积分电路对 u_I 和 u_O 一起积分, $-U_T = -\dfrac{1}{R_1 C} u_I T_2 - \dfrac{1}{R_5 C} U_Z T_2 + U_T$,则 $T_2 = \dfrac{2CU_T}{\dfrac{U_Z}{R_5} + \dfrac{u_I}{R_1}}$。

由于 $R_5 \ll R_1$,因此 $\dfrac{U_Z}{R_5} \gg \dfrac{u_I}{R_1}$,则 $T_2 \approx \dfrac{2CU_T}{\dfrac{U_Z}{R_5}} = \dfrac{2CR_2 R_5}{R_3}$,于是可得 $T_2 \ll T_1$, $T \approx T_1$。因此输出波形频率约为 $f \approx 1/T_1 = \dfrac{R_3}{2R_1 R_2 C} \times \dfrac{-u_I}{U_Z}$, u_I 与 f 近似成正比。

需要注意的是,此电路中 u_I 为负电压,若要求实现正电压的频率转换,则可以将二极管反向。

压频转换电路仿真如图 12-5-4 所示,图(a)输入为直流电压,输出为矩形波和锯齿波,频率与输入直流电压成正比;图(b)输入为低频正弦波信号,则输出矩形波的频率与输入正弦波幅值成正比。

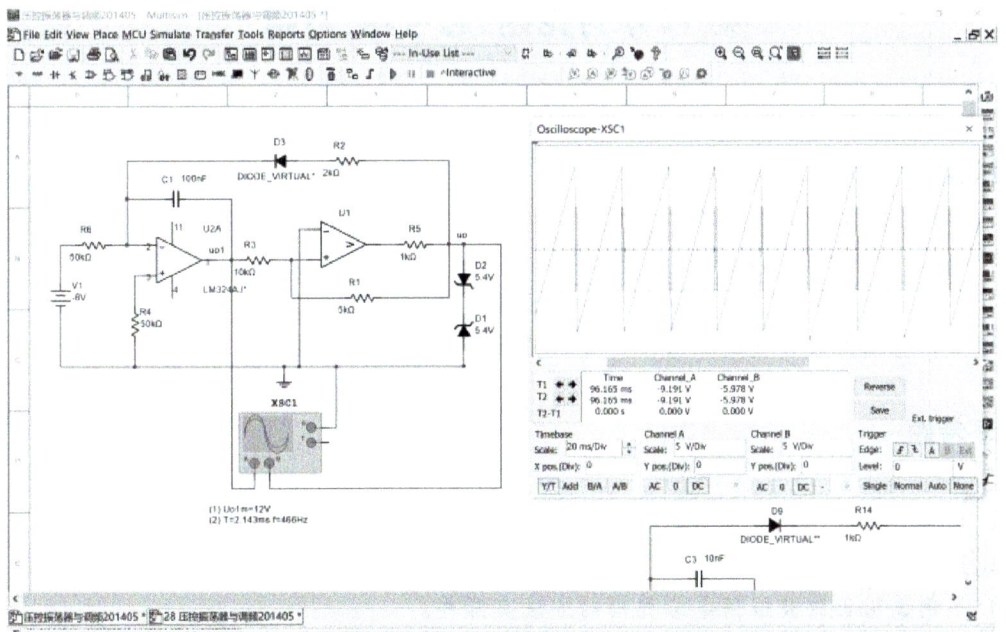

(a) 输入为直流电压

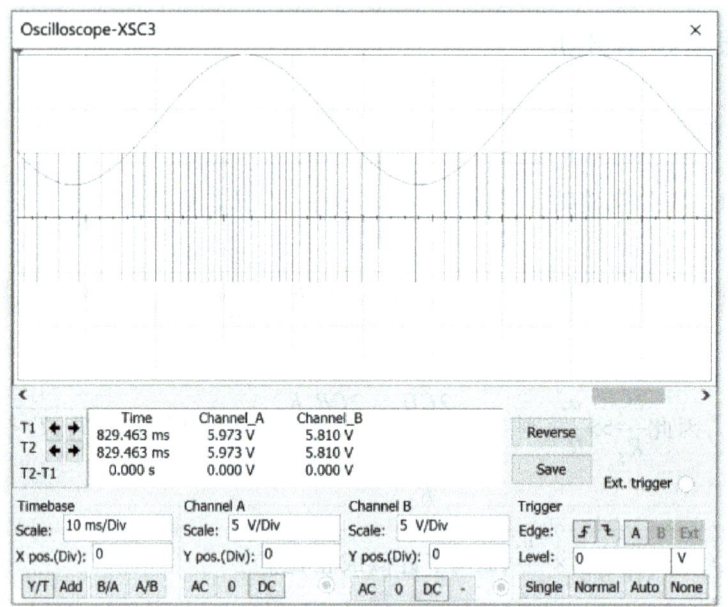

(b) 输入为低频正弦波信号

图 12-5-4　压频转换电路仿真

目前,有集成的电压-频率转换电路芯片,例如 LM231/331。

第 12 章讨论题、思考题、习题

讨论题

1. 电压-频率转换电路有何应用?
2. 用方波发生电路加上积分电路组成三角波发生电路有何不足?
3. 如何将三角波转换成正弦波? 如何将三角波转换成方波?

思考题

1. 正弦波起振和稳定振荡的幅值和相位条件分别是什么?
2. 正弦波振荡电路的组成包括哪些部分?
3. 举例说明正弦波振荡电路稳幅的方法有哪些。
4. 画图说明如何组成矩形波发生电路和锯齿波发生电路。

习题

12.1 判断下列说法的正误,在相应的括号内画"√"表示正确,画"×"表示错误。

(1) 正弦波振荡电路中,放大电路的主要作用是满足振荡的幅值条件;(   )

正反馈网络的主要作用是满足振荡的相位条件;(   )

选频网络的主要作用是确定合适的振荡频率,保证输出为正弦波;(   )

稳幅环节的主要作用是稳定输出信号的幅值。(   )

(2) 正弦波振荡电路维持振荡的幅值条件是 $|\dot{A}\dot{F}|=1$。(   )

(3) 压控振荡电路是将输入直流电压信号转换成频率与输入信号幅值成正比关系的矩形波或锯齿波电路。(   )

12.2 电路如图 P12-2 所示,选择填空。

(1) 为使电路能产生正弦波振荡,则 R'_P 的下限值为_____kΩ。

A. 2 B. 10

C. 18 D. 20

(2) 振荡频率的调节范围为_____。

A. 0 到 145 Hz B. 145 Hz 到 1 600 Hz

C. 159 Hz 到 1 600 Hz D. 0 到 1 600 Hz

(3) 若采用热敏电阻作为非线性环节代替 R 或 R_f,则需用正温度系数的热敏电阻代替_____,用负温度系数的热敏电阻代替_____。

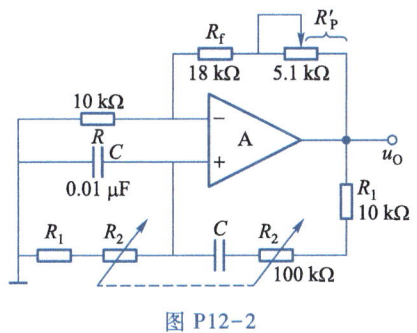

图 P12-2

A. R B. R_f

12.3 在图 P12-3 所示方波发生电路中,已知 A 为理想运算放大器,其输出电压的两个极限值为 ±14 V。

(1) 正常工作时,输出电压峰值为(   )。

A. 6 V B. 12 V

C. 14 V D. 28 V

（2）输出方波电压的频率约为（   ）。

A. 16 Hz　　　　　　　　　　　　　　B. 45.5 Hz

C. 50 Hz

12.4　正弦波振荡电路如图 P12-4 所示，已知 A 为理想集成运放。

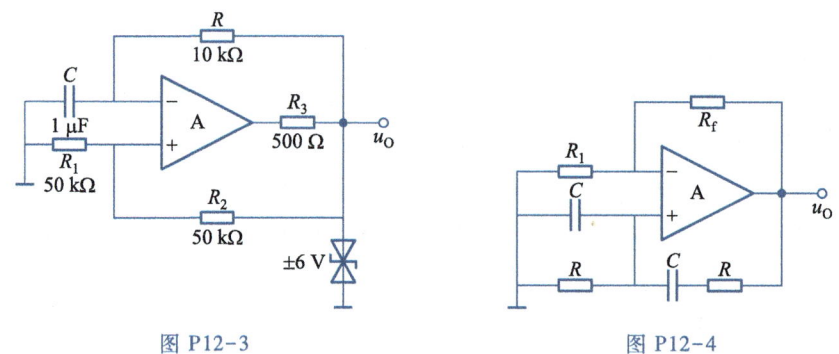

图 P12-3　　　　　　　　　　　　图 P12-4

（1）已知电路能够产生正弦波振荡，为使输出波形频率增大应如何调节电路参数？

（2）已知 $R_1 = 10\ \text{k}\Omega$，若产生稳定振荡，则 R_f 约为多少？

（3）已知 $R_1 = 10\ \text{k}\Omega$，$R_f = 12\ \text{k}\Omega$。问电路产生什么现象？简述理由。

12.5　图 P12-5 所示电路中，已知 R_{P1}、R_{P2} 的滑动端均位于中点，$R_1 = 50\ \text{k}\Omega$，$C = 0.01\ \mu\text{F}$，稳压管的稳压值为 6 V。

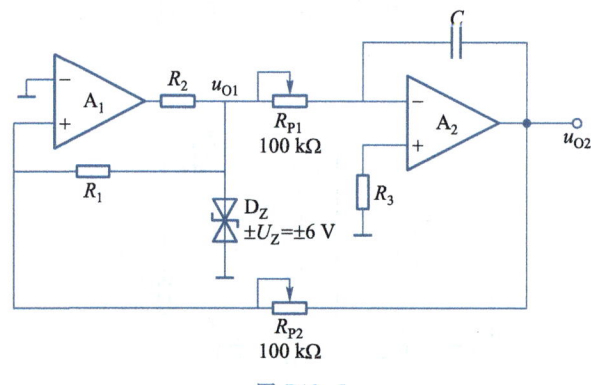

图 P12-5

（1）画出 u_{O1} 和 u_{O2} 的波形，标明幅值和周期；

（2）当 R_{P1} 的滑动端向右移时，u_{O1} 和 u_{O2} 的幅值和周期分别如何变化；

（3）当 R_{P2} 的滑动端向右移时，u_{O1} 和 u_{O2} 的幅值和周期分别如何变化；

（4）为了仅使 u_{O2} 的幅值增大，应如何调节电位器？为了仅使 u_{O2} 的周期增大，应如何调节电位器？为了使 u_{O2} 的幅值和周期同时增大，应如何调节电位器？为了使 u_{O2} 的幅值增大而使周期减小，应如何调节电位器？

12.6 图 P12-6 所示电路中，已知 $R_1 = 10 \text{ k}\Omega$，$R_2 = 20 \text{ k}\Omega$，$R = 10 \text{ k}\Omega$，$C = 0.01 \text{ μF}$，稳压管的稳压值为 6 V，$U_{REF} = 0$。

（1）分别求输出电压 u_O 和电容两端电压 u_C 的最大值和最小值；

（2）计算输出电压 u_O 的周期，对应画出 u_O 和 u_C 的波形，标明幅值和周期；

（3）若分别单独增大 R_1、R 和 U_Z，则 u_O 的幅值和周期有无变化？如何变化？

（4）若 U_{REF} 变为 3 V，则 u_O 的幅值和周期有无变化？如何变化？

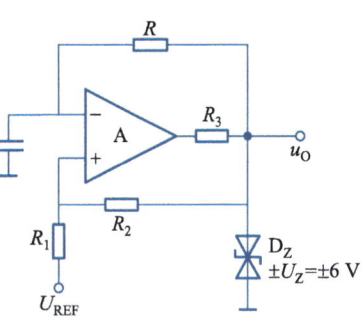

图 P12-6

12.7 在图 P12-7 所示三角波发生器中，已知 A_1、A_2 均为理想运算放大器，其输出电压的两个极限值为 ±12 V。试选择正确答案填空：

判断由于什么原因使输出电压 u_{O1} 或 u_O 产生变化。可能出现的原因有：

A. R_P 的滑动端上移　　　　B. R_P 的滑动端下移

C. R_1 增大　　　　　　　　D. R_2 增大

E. R_4 增大　　　　　　　　F. C 增大

G. C 减小　　　　　　　　H. U_Z 增大

（1）u_O 周期增大（　　）；

（2）u_O 幅值增大（　　）；

（3）u_O 波形上移（　　）；

（4）u_{O1} 幅值增大（　　）。

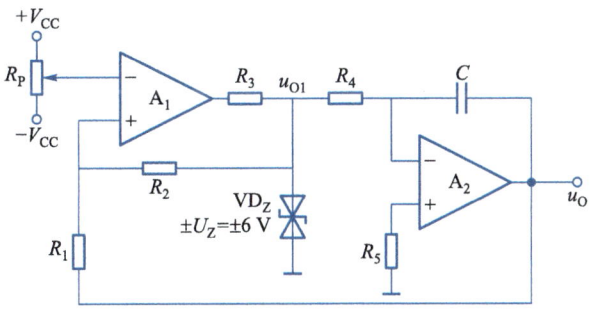

图 P12-7

12.8 在图 P12-8 所示压控振荡器中，已知 A_1、A_2 为理想运算放大器，其输出电压的两个极限值为 ±12V；二极管的正向导通电压可忽略不计；U_C 是一个 0~6 V 的直流信号。

判断下列结论是否正确，凡正确者打"√"，凡错误者打"×"。

（1）控制电压 U_C 减小，u_{O1} 的峰-峰值减小；（　　）

（2）控制电压 U_C 增大，振荡频率 f 增大；（　　）

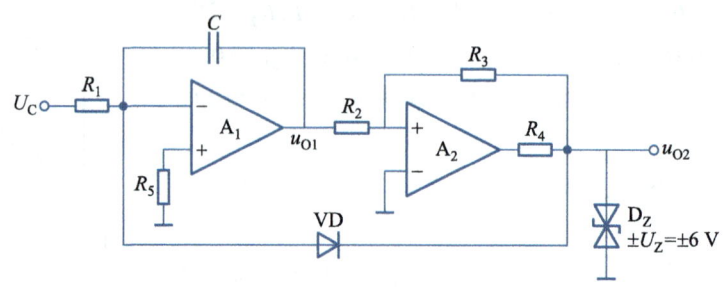

图 P12-8

(3) 输出电压 u_{O2} 的下限值为 -6 V;(   )
(4) 电容 C 的容量减小时,振荡频率 f 的范围增大;(   )
(5) R_3 减小,u_{O1} 峰-峰值减小。(   )

12.9 图 P12-9(a)所示为某电路的框图,已知 u_I、$u_{O1} \sim u_{O3}$ 的波形如图(b)所示。选择正确答案填入空内:

电路1为_____;电路2为_____;电路3为_____。

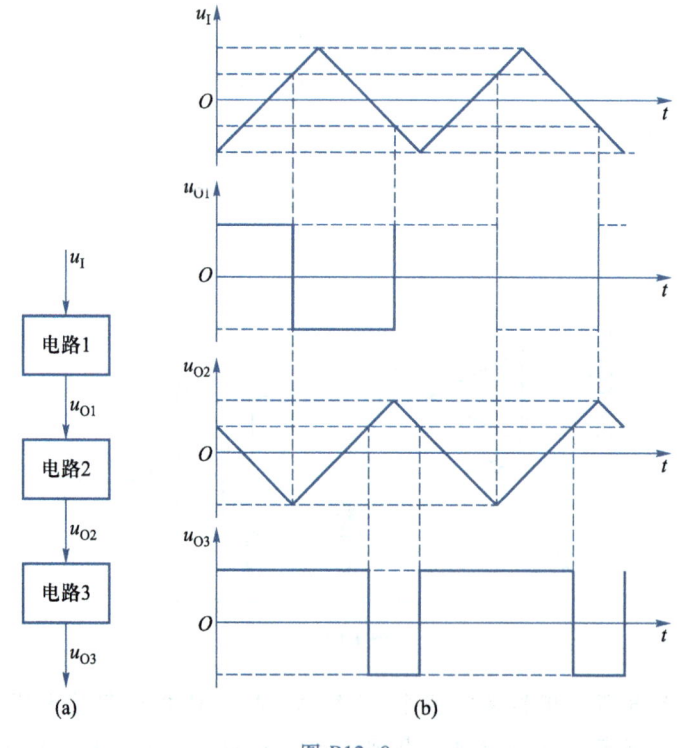

图 P12-9

A. 单限比较器　　　　　　　　B. 滞回比较器
C. 积分电路　　　　　　　　　D. 微分电路

12.10 图 P12-10 所示电路中,已知 R_P 的滑动端位于中点,选择填空。

当 R_1 增大时,u_{O1} 的占空比将_____,振荡频率将_____,u_{O2} 的幅值将_____;

当 R_2 增大时,u_{O1} 的占空比将_____,振荡频率将_____,u_{O2} 的幅值将_____;

当 U_Z 增大时,u_{O1} 的占空比将_____,振荡频率将_____,u_{O2} 的幅值将_____;

若 R_P 的滑动端向上移动,则 u_{O1} 的占空比将_____,振荡频率将_____,u_{O2} 的幅值将_____。

A. 增大 B. 不变 C. 减小

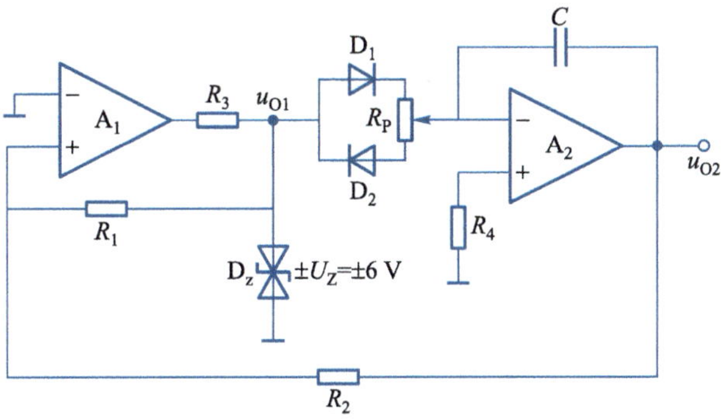

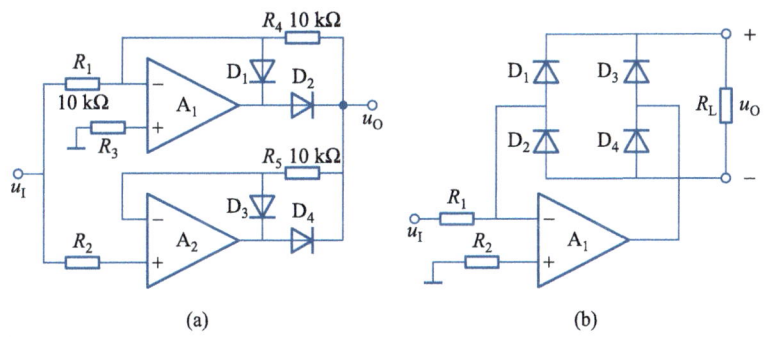

图 P12-10

12.11 试分析图 P12-11 所示各电路输出电压与输入电压的函数关系。

(a)   (b)

图 P12-11

12.12 现有如下器件和电路:

A. 放大电路 B. 高通滤波器 C. 低通滤波器
D. 温度传感器 E. 正弦波振荡电路 F. 非正弦波发生电路
G. 数字频率计 H. 压控振荡器 I. 滞回比较器

图 P12-12 所示为数字温度计的方框图,选择每个方框应采用的器件或电路,将对应的字母填入下面空格中。

方框 1 应选用_____,方框 2 应选用_____,方框 3 应选用_____,方框 4 应选用

_____,方框 5 应选用_____。

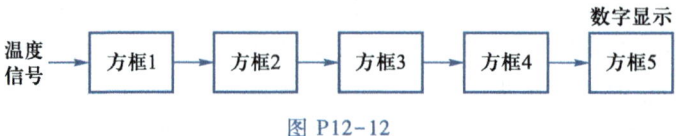

图 P12-12

12.13 请设计一个将输入正电压转换为频率与之成正比的矩形波或锯齿波的电路,并用 Multisim 仿真验证。

第 12 章习题解答

第 13 章 功率放大电路

13.1 功率放大电路概述

实际应用中有时需要给负载提供一定的功率,如驱动扬声器发出声音,驱动电磁阀开关,推动电机转动等。功率放大电路(power amplifier)简称为功放,一般为放大电路的最后一级即输出级,能够给负载提供一定的功率。

13.1.1 性能指标

功率放大电路的性能指标除了一般放大电路的性能指标,如电压放大倍数、输入电阻和输出电阻、带宽等,还包括两个特殊的重要指标,即最大输出功率 P_{om} 和转换效率 η。

(1) 最大输出功率 P_{om}

功率放大电路提供给负载的最大交流功率称为最大输出功率,记作 P_{om},$P_{om} = I_{om} \times U_{om}$,其中 I_{om}、U_{om} 为输出电流和电压的有效值。

(2) 转换效率 η

功率放大电路的最大输出功率与电源提供的功率之比称为转换效率,记为 η,$\eta = P_{om}/P_V$,其中 P_V 为电源提供的功率,P_V 等于电源电压 V_{CC} 与电源电流的平均值的积,因此 P_V 是直流功率。

13.1.2 对功率放大电路的要求

功率放大电路作为输出级电路,通常要求其带负载能力强;同时希望其 P_{om} 尽可能大,即在电源电压和负载一定时,希望 U_{om} 尽可能大;此外,希望其 η 尽可能高,即希望动态时 P_{om} 尽可能大而 P_V 尽可能小;静态时电路的直流功耗尽可能小。

13.1.3　功率放大电路中的晶体管或 MOS 管

功率放大电路中的晶体管或 MOS 管又称为功放管，为了提供尽可能大的输出功率，通常输入信号和输出信号均为大信号，因此一般采用图解法分析功率放大电路。此外，由于输出为大信号，因此晶体管的集电极或 MOS 管的漏极电流较大，消耗的功率较大，管子可能工作在接近极限性能的状态，在选择功放管时需要选择合适的额定功率和最大电流，且需要一定的散热措施，以免损坏。

根据功放管的工作状态，功率放大电路通常有三种不同的工作方式：
① 甲类方式：功放管在信号的整个周期内均处于放大状态，如共射、共集、共源或共漏放大电路；
② 乙类方式：功放管仅在信号的半个周期处于放大状态，如互补输出级电路；
③ 甲乙类方式：功放管在信号的大半个周期处于放大状态，如用二极管消除交越失真的互补输出级电路。

13.2　功率放大电路简介

由于放大电路的特征是功率放大，应该说任何放大电路都可以实现功率放大，输出一定的功率，因此都可以作为功率放大电路。然而作为输出级电路，通常还要求具备带负载能力强、P_{om} 尽可能大、η 尽可能高的特点。带负载能力强的电路包括共集放大电路、共漏放大电路以及互补输出级电路，但是由于共集放大电路和共漏放大电路静态时工作在放大状态，消耗功率，效率较低，不适合作为功率放大电路，因此常用互补输出级电路作为功率放大电路。

13.2.1　OCL 功率放大电路

互补输出级电路采用直接耦合方式，有利于集成，又称为无输出电容（OCL, output capacitorless）的功率放大电路，如图 13-2-1 所示。

图 13-2-1 所示晶体管 OCL 功率放大电路仿真结果

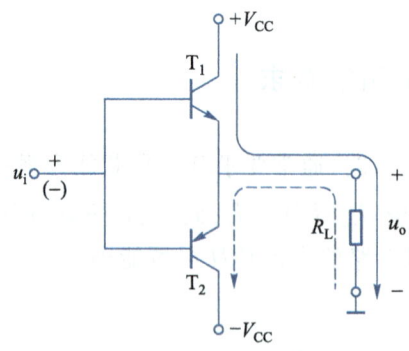

图 13-2-1　晶体管 OCL 功率放大电路

静态时，$u_o = 0$，$P_o = 0$，没有静态功耗。由 9.2.4 节分析可知，动态时互补输出级电路的 u_o 跟随 u_i 变化，是一个电压跟随器。其最大不失真输出电压峰值为 $U_{op} = V_{CC} - |U_{CES}|$，幅值较大，因此输出功率较大，且效率高。

由 MOS 管组成的 OCL 功率放大电路如图 13-2-2 所示。

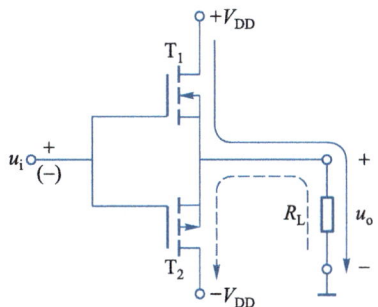

图 13-2-2　MOS 管 OCL 功率放大电路

互补输出级电路的优点是带负载能力强，输出功率大，效率高，采用直接耦合方式便于制作集成电路，缺点是采用双电源 $+V_{CC}$、$-V_{CC}$ 供电。若希望采用单电源供电，可以采用阻容耦合的无输出变压器（OTL，output transformerless）功率放大电路，如图 13-2-3 所示；或者采用直接耦合方式的桥式推挽（BTL，balanced transformerless）功率放大电路，如图 13-2-4 所示。

13.2.2　OTL 功率放大电路

如图 13-2-3 所示的 OTL 功率放大电路采用单电源 $+V_{CC}$ 供电，C 为耦合电容，对交流信号可视为短路。以图（a）所示晶体管电路为例，静态时，$u_I = \dfrac{V_{CC}}{2}$，两个晶体管均截止，$u_E = \dfrac{V_{CC}}{2}$，

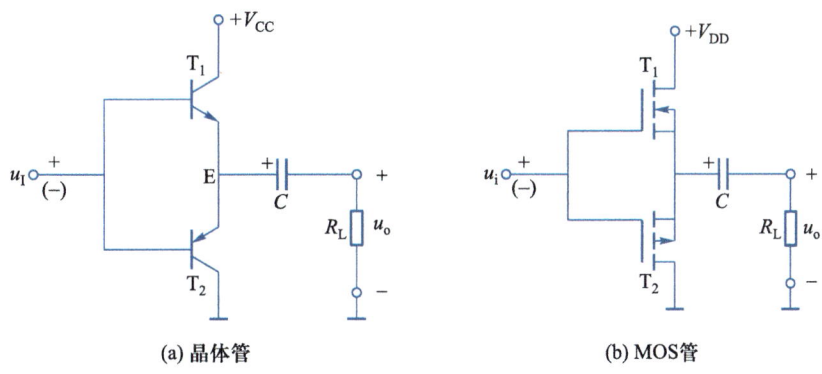

(a) 晶体管　　　　　　　　　　　　(b) MOS 管

图 13-2-3　OTL 功率放大电路

$P_o = 0$,没有静态功耗。动态时,u_i 为正半周时,T_1 导通、T_2 截止,u_o 跟随 u_i 变化;u_i 为负半周时,T_2 导通、T_1 截止,u_o 跟随 u_i 变化;最大不失真输出电压峰值为 $U_{op} = \dfrac{V_{CC}}{2} - |U_{CES}|$,幅值较大,因此输出功率较大,效率较高。OTL 功率放大电路的优点是采用单电源供电,缺点是采用阻容耦合使得低频特性较差。

13.2.3 桥式推挽功率放大电路

互补输出级电路采用双电源 $+V_{CC}$、$-V_{CC}$ 供电,若希望采用单电源供电且采用直接耦合方式,则可采用桥式推挽功率放大电路,如图 13-2-4 所示。

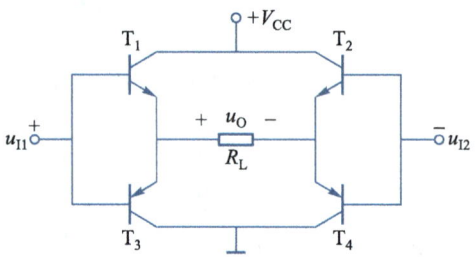

图 13-2-4 BTL 功率放大电路

静态时,$u_{I1} = u_{I2} = \dfrac{V_{CC}}{2}$,四个晶体管均截止,$u_O = 0$,$P_o = 0$,没有静态功耗。动态时,两个输入端输入差模信号 $u_{I1} = -u_{I2} = \dfrac{u_{Id}}{2}$;$u_{Id}$ 为正半周时,T_1、T_4 导通,T_2、T_3 截止,u_O 跟随 u_{Id} 变化;u_{Id} 为负半周时,T_2、T_3 导通,T_1、T_4 截止,u_O 跟随 u_{Id} 变化;最大不失真输出电压峰值为 $U_{op} = V_{CC} - 2|U_{CES}|$,幅值较大,因此输出功率较大,效率较高。BTL 功率放大电路的优点是采用单电源供电,采用直接耦合便于集成,缺点是采用双端输入和双端输出方式,使用不太方便。

13.3 OCL 功率放大电路的输出功率和效率

以图 13-2-1 OCL 功率放大电路为例。假设 T_1、T_2 发射结 $U_{on} \approx 0$,饱和管压降为 $|U_{CES}|$。

1. 最大不失真输出电压 U_{om}

最大不失真输出电压峰值为 $U_{op} = V_{CC} - |U_{CES}|$,有效值为 $U_{om} = \dfrac{V_{CC} - |U_{CES}|}{\sqrt{2}}$,因此输出电流有效值为 $I_{om} = \dfrac{U_{om}}{R_L} = \dfrac{V_{CC} - |U_{CES}|}{\sqrt{2} R_L}$。

2. 最大输出功率 P_{om}

$$P_{om} = I_{om} \times U_{om} = \frac{U_{om}}{R_L} \times U_{om}$$

因此 $P_{om} = \dfrac{(V_{CC} - |U_{CES}|)^2}{2R_L}$。

3. 电源提供的功率 P_V

电源 $+V_{CC}$ 和 $-V_{CC}$ 分别供电半个周期,即分别提供半个周期的功率,因此总功率等于它们提供的功率之和的平均值。

设 $u_o = (V_{CC} - |U_{CES}|)\sin\omega t$,则电源电流 $i_c = i_o = \dfrac{u_o}{R_L} = \dfrac{V_{CC} - |U_{CES}|}{R_L}\sin\omega t$

$$P_V = \frac{1}{2\pi}\left[V_{CC} \times \int_0^\pi i_o d\omega t + (-V_{CC}) \times \int_\pi^{2\pi} i_o d\omega t\right]$$

$$= \frac{1}{2\pi}\left[V_{CC} \times \int_0^\pi \frac{V_{CC} - |U_{CES}|}{R_L}\sin\omega t d\omega t + (-V_{CC})\right.$$

$$\left.\times \int_\pi^{2\pi} \frac{V_{CC} - |U_{CES}|}{R_L}\sin\omega t d\omega t\right] = \frac{2}{\pi} \cdot \frac{V_{CC}(V_{CC} - U_{CES})}{R_L}$$

4. 效率

$$效率\ \eta = \frac{P_{om}}{P_V} = \frac{\pi}{4} \cdot \frac{V_{CC} - U_{CES}}{V_{CC}}$$

若忽略 U_{CES},则 $\eta \approx \dfrac{\pi}{4} = 78.5\%$。

例 13.3.1 增强型 MOS 管组成的 OCL 功率放大电路如图 13-2-2 所示。已知 $V_{DD} = 10$ V,$R_L = 5\ k\Omega$。已知增强型 NMOS 管 T_1 参数为 $U_{GS(th)} = 0$ V,$K_n = 0.4\ mA/V^2$,增强型 PMOS 管 T_2 参数为 $U_{GS(th)} = 0$ V,$K_p = -0.4\ mA/V^2$。(1) 求最大输出电压峰值 U_{op},并求此时的 I_{Lp} 和 U_{ip} 的值;(2) 求最大输出功率和效率。

解:(1) 预夹断电压为 $u_{DSmin} = u_{GS} - U_{GS(th)}$

$$U_{op} = 10 - u_{DSmin} = 10 - (u_{GS} - U_{GS(th)})$$

$$U_{op}/R_L = I_{Lp} = I_{DP} = K_n(u_{GS} - U_{GS(th)})^2$$

联立上面两式求出 $u_{GS} = 2$ V。

因此
$$U_{op} = 10 - (u_{GS} - U_{GS(th)}) = 8\ V$$
$$I_{Lp} = U_{op}/R_L = 1.6\ mA$$
$$U_{ip} = u_{GS} + U_{op} = 10\ V$$

(2) $P_{om} = U_{op}^2/(2 \times R_L) = 6.4\ mW$

$$P_V = \frac{2}{\pi} \cdot \frac{V_{DD}\ U_{op}}{R_L}$$

$$\eta = P_{om}/P_V \approx 62.8\%$$

13.4 集成功率放大电路

OCL 和 BTL 电路均有各种不同输出功率和不同电压增益的集成电路,称为集成功率放大电路,简称集成功放,它们的内部电路与集成运放类似,一般都包括输入级、中间级和输出级,且输出级为功率放大电路。实际应用中为了稳定输出电压,集成功放一般都引入电压负反馈。常见的集成功放有通用集成功放 LM386,大功率集成功放 PA04 等。

13.4.1 LM386

LM386 是一种音频集成功放,具有自身功耗低、电压增益可调、电源电压范围大、外接元件少和总谐波失真小等优点,广泛应用于音频电路中。其内部电路采用晶体管设计,与集成运放类似,输入级为差分放大电路、中间级为共射放大电路、输出级为 OCL 功率放大电路。

LM386 的外形和引脚的排列如图 13-4-1 所示。

引脚 2 为反相输入端,3 为同相输入端;引脚 5 为输出端;引脚 6 和 4 分别为电源和地;引脚 1 和 8 为电压增益设定端;使用时在引脚 7 和地之间接旁路电容,通常取 $10\,\mu\text{F}$。LM386 的典型电路如图 13-4-2 所示,是一种采用单电源供电的 OTL 功率放大电路。

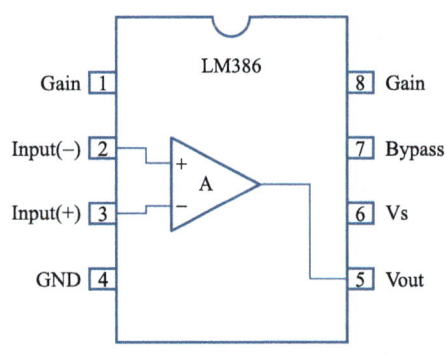

图 13-4-1 LM386 的外形和引脚的排列

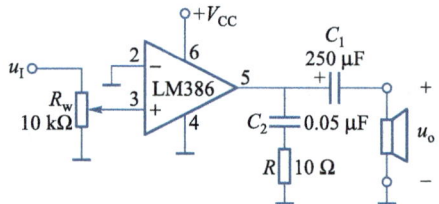

图 13-4-2 LM386 的典型电路

13.4.2 PA04

一、PA04 的特点

PA04 是一种以采用 MOS 管和晶体管相结合的工艺制造的 BiCMOS 集成功放,具有电源电压范围大、输出功率大、输入阻抗高、转换速率高、静态电流小、具有睡眠模式控制等特点,可应用于驱动声呐换能器和扬声器。

PA04 内部电路原理图与通用型集成运放相类似，是一个三级放大电路，输入级为 MOS 管差分放大电路、中间级为共源放大电路、输出级为 MOS 管 OCL 功率放大电路。

二、PA04 的引脚图

PA04 的外形和引脚排列如图 13-4-3 所示。

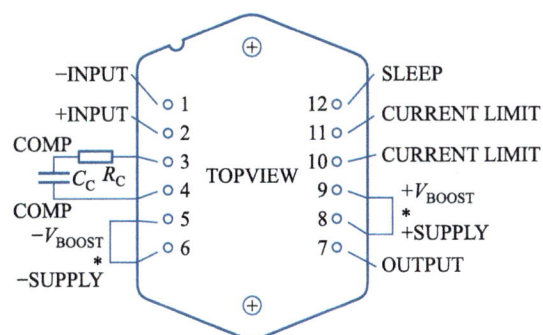

图 13-4-3　PA04 的外形和引脚排列

其中引脚 1 和 2 为差分输入端。引脚 3 和 4 为相位补偿端，使用时需外接电阻 R_c 和电容 C_c 进行相位补偿，R_c 和 C_c 的值与使用的负反馈电路的电压放大倍数有关，并影响带宽。引脚 6 和 8 为电源引脚。引脚 5 和 9 为电压提升端，可外接比电源引脚 6 和 8 电压值高的电压，也可分别接至电源引脚 6 和 8。引脚 7 为输出端。引脚 10 和 11 为输出限流端，使用时需要在输出端连接一个采样电阻 R_{CL}，并将这两个引脚分别连接至 R_{CL} 两端，如图 13-4-4 所示。引脚 12 为睡眠控制端，高电平有效，可以使电路在不工作时进入睡眠模式，此时电路消耗的电流非常小；当不使用睡眠控制时，该引脚可悬空。

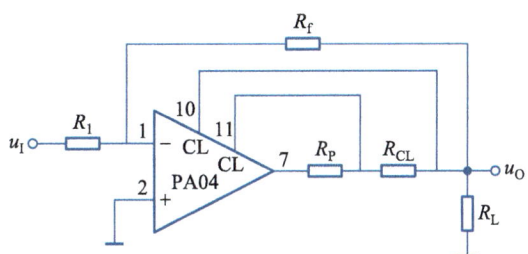

图 13-4-4　PA04 的限流端连接方法

PA04 的电源电压范围为 +/-15 V 至 +/-100 V。对于同一负载，当电源电压不同时，最大输出功率的数值将不同；而对于同一电源电压值，当负载不同时，最大输出功率的数值也将不同。当已知电源的静态电流和负载电流最大值时，可求出电源的功耗，从而得到转换效率。

集成功率放大电路的主要性能指标有最大输出功率、电源电压范围、电源静态电流、电压增益、频带宽、输入阻抗、输入偏置电流、总谐波失真等。表 13-4-1 列举了几种集成功放的主要性能指标,其中 LM1877、TDA1514A、TDA1556 均为音频功放,LM1877 为耳机功放。

表 13-4-1　几种集成功放的主要性能参数

型号	LM386N-4	LM1877	TDA1514A	TDA1556	PA04
电路类型	OTL	OTL(双通道)	OCL	BTL(双通道)	OCL
电源电压范围/V	5~18	6~24	±10~±30	6~18	±15~±100
静态电源电流/mA	4		56	80	70
输入阻抗/kΩ	50	4 000	1 000	120	10^{11}
输出功率/W	1 ($V_{CC}=16$ V, $R_L=32$ Ω)	2.6	48 ($V_{CC}=±23$ V, $R_L=4$ Ω)	22 ($V_{CC}=14.4$ V, $R_L=4$ Ω)	400 (音频输出)
电压增益/dB	26~46	70(开环)	89(开环) 30(闭环)	26(闭环)	可由电路设置
频带宽/kHz	300 (1,8引脚开路)	65	0.02~25	0.02~15	90 ($V_{OPP}=180$ V, $R_L=4.5$ Ω, $R_o=120$ Ω, $C_c=100$ pF)
增益频带宽积/kHz					2000($I_o=10$A)
总谐波失真加噪声/%(或 dB)	0.2%	0.045%	-90 dB	0.1%	

表 13-4-1 中的电压增益均在信号频率为 1 kHz 条件下测试所得。应当指出,表中所示均为典型数据,都是在一定条件下测得的,使用时应进一步查阅手册,以便获得更确切的数据。

第 13 章讨论题、思考题、习题

讨论题

1. 功率放大电路与一般的电压放大电路有什么不同?

2. 功率放大电路中的功放管有何特点？

思考题

1. 功率放大电路常见的三种工作方式是什么？请举例说明。
2. OCL、OTL、BTL 功率放大电路各有何优缺点？
3. OCL 功率放大电路的最大输出功率和效率与最大不失真输出电压有何关系？

习题

13.1 判断下列说法的正误,在相应的括号内画"√"表示正确,画"×"表示错误。
(1) 只有功率放大电路才放大功率(　　)。
(2) 在功率放大电路中,晶体管可能工作在接近极限状态(　　)。
(3) 晶体管的三种工作方式中,甲类方式效率最高(　　),乙类方式效率最低(　　)。

13.2 选择正确的答案填空。
(1) 功率放大电路的最大输出功率是在输出基本不失真情况下,负载上可能获得的最大_____。

A. 交流功率　　　　　　B. 直流功率　　　　　　C. 平均功率

(2) 功率放大电路的转换效率是指_____。

A. 最大输出功率与晶体管所消耗的功率之比
B. 最大输出功率与电源提供的平均功率之比
C. 晶体管所消耗的功率与电源提供的平均功率之比

(3) 功率放大电路与电压放大电路的共同之处是_____。

A. 都放大电压　　　　　B. 都放大电流　　　　　C. 都放大功率

(4) OTL 电路采用_____供电,低频特性_____,_____集成,效率_____;OCL 电路采用_____供电,低频特性_____,_____集成,效率_____;BTL 电路采用_____供电,低频特性_____,_____集成,效率_____。

A. 单电源　　　　　B. 双电源　　　　　C. 好　　　　　D. 差
E. 有利于　　　　　F. 不利于　　　　　G. 较高　　　　　H. 较低

13.3 已知 OCL 功率放大电路如图 13-2-1 所示,T_1 和 T_2 管的饱和管压降 $|U_{CES}|$ = 2 V,$U_{BE} = 0$,$V_{CC} = 15$ V,$R_L = 8\ \Omega$,输入电压 u_i 为正弦波。选择正确答案填入空内。

(1) 静态时,晶体管发射极电位 U_{EQ}_____。

A. >0 V　　　　　B. = 0 V　　　　　C. <0 V

(2) 最大输出功率 P_{om}_____。

A. ≈11 W　　　　　B. ≈14 W　　　　　C. ≈20 W

(3) 电路的转换效率 η _____。
A. <78.5%   B. =78.5%   C. >78.5%

(4) 为使电路能输出最大功率,输入电压峰值应为_____。
A. 15 V   B. 13 V   C. 2 V

(5) 正常工作时,三极管可能承受的最大管压降 $|U_{CEmax}|$ 为_____。
A. 30 V   B. 28 V   C. 4 V

(6) 若开启电压 U_{on} 为 0.5 V,则电路中输出电压将出现_____。
A. 饱和失真   B. 截止失真   C. 交越失真

13.4 在图 P13-4 所示电路中,已知 T_1 和 T_2 管的饱和管压降 $|U_{CES}|=3\,V$,输入电压足够大,且当 $u_i=0\,V$ 时,u_o 应为 0 V。求解:

(1) 最大不失真输出电压的有效值;
(2) 负载电阻 R_L 上电流的最大值;
(3) 最大输出功率 P_{om} 和效率 η;
(4) 说明电阻 R_2 和二极管 D_1、D_2 的作用;
(5) 若电路仍产生交越失真,则应调节哪个电阻,如何调节?
(6) 若二极管 D_1 发生短路,则电路可能会出现什么问题?

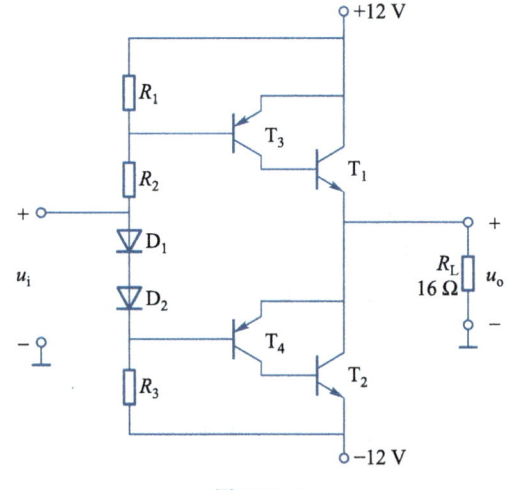

图 P13-4

13.5 电路如图 P13-5 所示,已知二极管和晶体管发射结导通电压均为 0.7 V,T_2 和 T_4 管的饱和管压降 $|U_{CES}|=2\,V$,选择正确答案填入空内。

(1) 该电路为_____级放大电路。
A. 1   B. 2   C. 3

(2) 该电路最后一级为_____功率放大电路。
A. OTL   B. OCL   C. BTL

(3) 为了使得最大不失真输出电压幅值最大,静态时 T_2 管的发射极电位 U_{E2} 应为 _____ V。若不合适,则一般应调节电阻 _____ 。

A. 0　　　　　　　　　B. 12　　　　　　　　　C. 24
D. R_1　　　　　　　E. R_2　　　　　　　　F. R_3

(4) 若输入电压足够大,则电路的最大输出功率 P_{om} 约为 _____ W,效率 η 约为 _____ %。

A. 4　　　　　　　　　B. 16
C. 69.8　　　　　　　 D. 78.5

(5) 若 R_2 短路,则 _____ ;若 R_2 开路,则 _____ 。设管子始终工作在安全状态。

A. $u_O \approx 16.6$ V　　　　B. $u_O \approx 0$ V
C. $u_O \approx -16$ V　　　　 D. $u_O \approx 16$ V

(6) 若 D_1 短路,则 _____ 。

A. u_O 出现交越失真　　　B. $u_O \approx 0$ V　　　C. $u_O \approx 16$ V

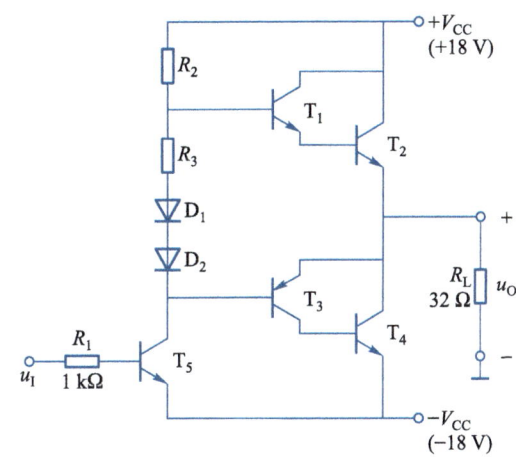

图 P13-5

13.6 MOS 管组成的 OCL 功率放大电路如图 13-2-2 所示,已知 $V_{DD} = 18$ V,$R_L = 1$ kΩ; T_1、T_2 参数对称,$U_{GS1(th)} = 2$ V,$U_{GS2(th)} = -2$ V。当 T_1 管的 $u_{GS} = 4$ V 时输出电压峰值达到最大。(1) 求最大输出电压峰值 U_{op};(2) 求最大输出功率和效率。

13.7 OTL 功率放大电路如图 13-2-3(a) 所示,已知 T_1 和 T_2 管的饱和管压降 $|U_{CES}| = 3$ V,$U_{BE} = 0$,$V_{CC} = 15$ V,$R_L = 32$ Ω。

(1) 求最大不失真输出电压的有效值;
(2) 求最大输出功率 P_{om} 和效率 η。

13.8 在如图 P13-8 所示电路中,已知输入电压 u_i 为正弦波;集成运放为理想运放;两只晶体管饱和管压降 $|U_{CES}| = 3$ V。选择填空:

(1) 负载电阻上可能获得的最大输出功率 $P_{om} = ($ _____);

A. 28 W B. 14 W C. 9 W

（2）当负载电阻上获得最大输出功率 P_{om} 时，OCL 电路的效率 $\eta \approx$（   ）；

A. 78.5% B. 62.8% C. 小于 50%

（3）若最大输入电压的有效值 $U_{imax}=1$ V，则 R_2 的下限值应取为（   ）。

A. 75 kΩ B. 110 kΩ C. 120 kΩ

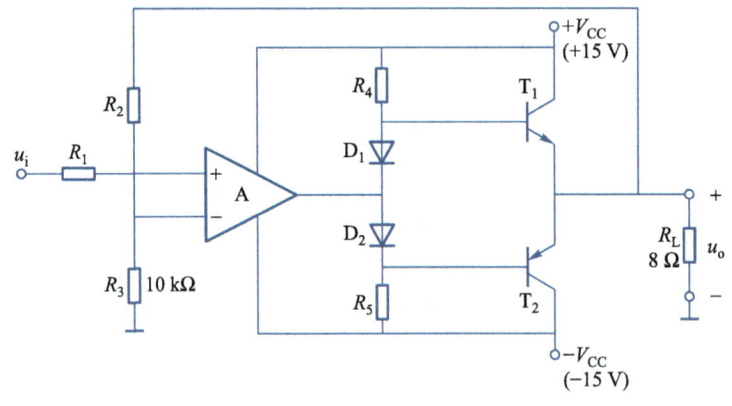

图 P13-8

13.9　MOS 管 OCL 功率放大电路如图 13-2-2 所示，请用 multisim 仿真该电路，观察输出信号与输入信号的关系。MOS 管可采用型号为 IRF540 和 IRF9530 的 NMOS 管和 PMOS 管，电源电压为 ±18 V，输入信号频率为 1 kHz，幅值为 5 V。

第 13 章习题解答

第 14 章　直流电源

电子设备都需要直流电源提供能源,所需的直流电源电压一般为人体安全电压即 32 V 及以下的电压,通常可以由民用电(220 V、50 Hz)或工业用电(380 V、50 Hz)电网的交流电转换成直流电后提供,也可以直接用直流电源或者电池提供。本章主要介绍单相交流电(220 V、50 Hz)转换成直流电源的电路,包括整流、滤波、稳压管稳压、串联型稳压、集成稳压、开关型稳压等电路。

14.1　交流电转换成直流电的原理

若由交流电(例如 220 V、50 Hz)转换成直流电,则首先需要通过变压器将交流电降压至人体安全电压以下,然后再通过整流电路将其变换为单方向的全波或者半波波形,最后再通过电容、电感等元件组成滤波电路,滤除交流成分,得到直流电压,如图 14-1-1 所示。另外,为了在交流电源电压波动或者负载(用电设备)变化时能够保证输出电压稳定,还需要稳压电路。

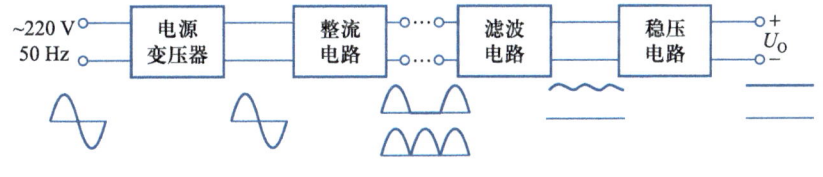

图 14-1-1　交流电转换成直流电框图

14.2　整流电路

整流电路可采用半波或者全波整流电路,半波整流电路采用一个整流二极管即可组成,而全波整流则需要四个二极管组成整流桥,如图 14-2-1 所示。

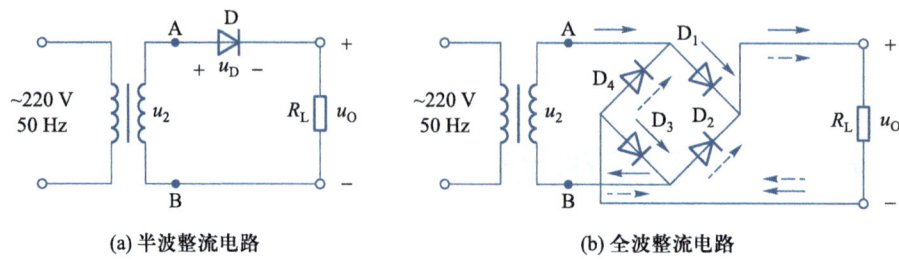

(a) 半波整流电路　　　　　　　　(b) 全波整流电路

图 14-2-1　整流电路

14.2.1　半波整流电路

半波整流电路中,当变压器二次电压 u_2 为正半周时,A 点电位高于 B 点电位,二极管导通,u_O 跟随 u_2 变化,近似得到正半周电压;当 u_2 为负半周时,B 点电位高于 A 点电位,二极管截止,u_O 为 0;因此 u_O 为半波,如图 14-2-2(a)所示。半波整流电路输出电压平均值 $U_{O(AV)} = \frac{1}{2\pi}\int_0^\pi \sqrt{2}U_2 \sin\omega t \, d(\omega t) = \frac{\sqrt{2}U_2}{\pi} \approx 0.45U_2$,负载上的电流平均值 $I_{O(AV)} = \frac{U_{O(AV)}}{R_L} \approx 0.45U_2/R_L$,其中 U_2 为变压器二次电压 u_2 的有效值。

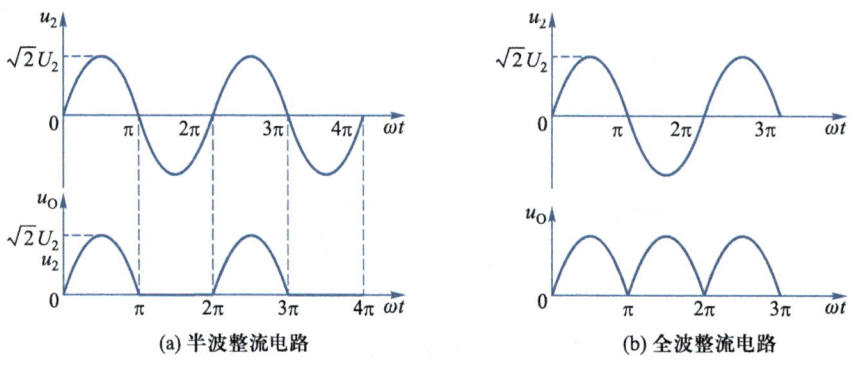

(a) 半波整流电路　　　　　　　　(b) 全波整流电路

图 14-2-2　整流电路输出电压波形

半波整流电路中二极管承受的最大反向电压为 $U_{Rmax} = \sqrt{2}U_2$,平均电流为 $I_{D(AV)} = I_{O(AV)} \approx \frac{0.45U_2}{R_L}$。

因此在选择整流二极管时,其最高反向电压为 $U_R > \sqrt{2}U_2$,正向平均电流为 $I_F > \frac{0.45U_2}{R_L}$;考虑电网电压波动(±10%),则 $U_R > 1.1 \times \sqrt{2}U_2$,正向平均电流为 $I_F > 1.1 \times \frac{0.45U_2}{R_L}$。

14.2.2 全波整流电路

为了提高输出电压平均值,可采用全波整流(桥式整流)电路,如图 14-2-1(b)所示。全波整流电路中,当变压器二次电压 u_2 为正半周时,A 点电位高于 B 点电位,二极管 D_1、D_3 导通,D_2、D_4 截止,u_O 跟随 u_2 变化,近似得到正半周电压;当 u_2 为负半周时,B 点电位高于 A 点电位,二极管 D_2、D_4 导通,D_1、D_3 截止,u_O 变化与 u_2 相反,也近似得到正半周电压;因此 u_O 为全波,如图 14-2-2(b)所示。全波整流电路输出电压平均值 $U_{O(AV)} = \frac{1}{\pi}\int_0^\pi \sqrt{2}\,U_2\sin\omega t\,d(\omega t) = \frac{2\sqrt{2}\,U_2}{\pi} \approx 0.9U_2$,负载上的电流平均值 $I_{O(AV)} \approx 0.9U_2/R_L$。

全波整流电路中二极管承受的最大反向电压为 $U_{Rmax} = \sqrt{2}\,U_2$,与半波整流的相同。

由于全波整流电路中二极管只有半周导通,因此其平均电流为输出电流平均值的一半,即 $I_{D(AV)} = \frac{I_{O(AV)}}{2} \approx \frac{0.45U_2}{R_L}$,与半波整流的相同。

在选择全波整流电路的整流二极管时,其最高反向电压为 $U_R > \sqrt{2}\,U_2$,正向平均电流为 $I_F > \frac{0.45U_2}{R_L}$;考虑电网电压波动($\pm 10\%$),则 $U_R > 1.1 \times \sqrt{2}\,U_2$,正向平均电流为 $I_F > 1.1 \times \frac{0.45U_2}{R_L}$。与半波整流的相同。

利用桥式整流电路实现正、负电源的电路如图 14-2-3 所示,变压器二次侧中间及负载电阻中间接地。无论 u_2 是正半周还是负半周,两个负载电阻中的电流方向均为从上往下,因此 $u_{O1} > 0$,而 $u_{O2} < 0$,分别得到正、负输出电压。

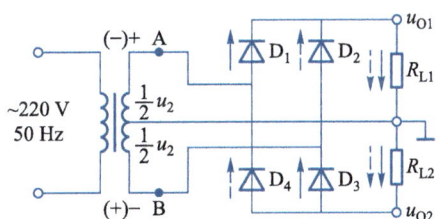

图 14-2-3 利用桥式整流电路实现正、负电源的电路

14.3 滤波和稳压电路

整流电路输出的半波或全波电压中含有直流成分和交流成分,为了得到直流电压,需将交流成分尽量去除,可采用电容或电感组成的低通滤波电路。电容滤波电路如图 14-3-1 所示。

简单的稳压电路可由稳压管及限流电阻组成,如图 14-3-1 所示,其中电容 C 用于滤波,

电阻 R 与稳压管用于稳压。

图 14-3-1 的仿真结果

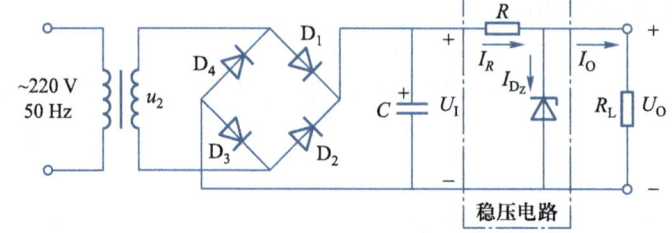

图 14-3-1 滤波和稳压电路

14.3.1 电容滤波电路

电容滤波电路采用了低通滤波电路,当 u_2 为正半周且从 0 开始增大时,D_1、D_3 导通,D_2、D_4 截止,电容充电,电容电压 u_C 幅值增大,当 u_2 达到峰值 $\sqrt{2}U_2$ 时,$u_C = \sqrt{2}U_2$;此后 u_2 开始减小,而此时由于四个二极管均截止,电容开始放电,u_C 减小;此后当 u_2 为负半周且从 0 开始增大到大于 u_C 时,D_2、D_4 导通,电容又开始充电,直至 u_2 达到负半周的峰谷 $-\sqrt{2}U_2$ 时,$u_C = \sqrt{2}U_2$。电容滤波电路的输出波形如图 14-3-2 实线所示,可知当电容充电时有两个二极管导通;而当电容放电时四个二极管均截止。因此二极管导通时间小于半周,导通角 $\theta < \pi$。

如图 14-3-2 所示,u_C 的平均值即为电容滤波电路输出电压的平均值。$R_L C$ 越大,电容放电速度越慢,则 u_C 的平均值越大;然而二极管导通角 θ 却越小,使二极管导通时的冲击电流越大,将影响其使用寿命。因此实际应用中 $R_L C$ 不能太大,否则二极管导通角 θ 会太小;也不能太小,否则 u_C 的平均值会太小。

实际应用中,$R_L C$ 应取值合适,当 $R_L C = (3 \sim 5)\dfrac{T}{2}$ 时,近似计算得到 $U_{C(\mathrm{AV})} \approx 1.2U_2$,其中 T 为 u_2 的周期。

电容滤波电路适用于负载电流小且变化较小的应用。

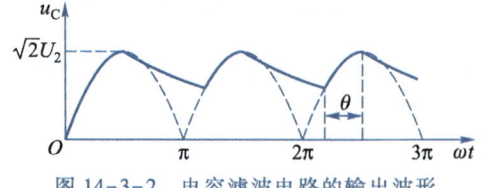

图 14-3-2 电容滤波电路的输出波形

14.3.2 稳压管稳压电路

稳压管稳压电路带负载能力强,输出电压稳定,但是输出电压 U_0 等于稳压管的稳定电

压 U_Z,因此 U_O 不可调节。另外稳压管电流的变化范围也限制了输出电流的变化范围。例如,当 U_I 一定而负载 R_L 变化(例如增大)时,若稳压管工作在稳压状态,则 $U_O = U_Z$,因而 U_R 和 I_R 不变;但输出电流 $I_O = U_O/R_L$ 将发生变化(减小),从而使稳压管的电流 $I_{D_Z} = I_R - I_O$ 发生变化(增大),且 I_O 的变化量 ΔI_O 等于 I_{D_Z} 的变化量 $-\Delta I_{D_Z}$;因此为了保证稳压管正常稳压,要求 $|\Delta I_O| < |\Delta I_{D_Z}|$,从而使 I_O 的变化范围受到限制。因此,如果要求 ΔI_O 较大或者 U_O 可调节的稳压电路,则应采用线性稳压电路。

14.4 线性稳压电路

14.4.1 组成及原理

线性稳压电路由基准电压电路和放大电路等组成,由于放大电路中的放大管工作在线性状态,因此称为线性稳压电路。

一、基本串联型稳压电路

为了扩大稳压管稳压电路输出电流的范围,可采用功率晶体管或功率 MOS 管进行放大。采用晶体管扩大输出电流的稳压电路如图 14-4-1 所示,该电路实际为共集放大电路,U_I 作为电源,稳压管的稳定电压 U_Z 为输入电压,U_O 为输出电压。

由于负载电流 $I_O = I_E = (1+\beta)I_B = (1+\beta)(I_R - I_{D_Z})$,设 $I_R = (U_I - U_Z)/R$ 基本不变,则 $\Delta I_O = -(1+\beta)\Delta I_{D_Z}$,因此 ΔI_O 比 ΔI_{D_Z} 扩大了 $(1+\beta)$ 倍。另外,若忽略发射结电压 U_{BE},则 $U_O = U_Z - U_{BE} \approx U_Z$。

该电路通过负载 R_L 引入了电压负反馈,能稳定输出电压。例如,当输入电压 U_I 增大或负载增大而使 $U_O(U_E)$ 增大时,由于晶体管基极电位 $U_B = U_Z$ 基本不变,因此 U_{BE} 将减小,从而使发射极电流 I_E 减小,进而使 U_O 减小,达到稳定输出电压的目的。由于输出电压的稳定是通过晶体管调节 I_E 实现的,因此晶体管又称为调整管。由于调整管与负载串联连接,因此又称为串联型稳压电路。

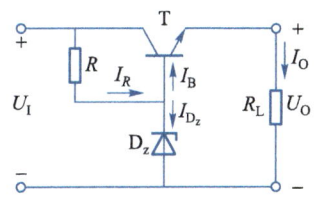

图 14-4-1 串联型稳压电源

二、输出电压可调的串联型稳压电路

基本串联型稳压电路的输出电压 U_O 不可调,约等于稳压管的稳定电压。为了得到可调的 U_O,可在图 14-4-1 所示电路中加入电压放大环节,如图 14-4-2(a)所示。集成运放与调整管组成放大电路,通过电阻 R_1、R_2、R_3 引入负反馈,将稳压管稳定电压 U_Z 放大为输出电压

U_O,并通过调整管扩大输出电流的范围。

由于电路引入了电压负反馈,因此能稳定输出电压,例如,当输入电压 U_I 增大或负载增大而使 U_O 增大时,集成运放反相端电位 U_N 将增大;由于集成运放同相端电位 $U_P = U_Z$ 基本不变,因此集成运放的差模输入电压 $U_P - U_N$ 将减小,从而使其输出电压即晶体管基极电位 U_B 减小,因此发射极电位即 U_O 将减小,达到稳定 U_O 的目的。通过调节 R_2 滑动端可调节 U_O 的大小。

串联型稳压电路的习惯画法如图 14-4-2(b) 所示,稳压管和 R 组成基准电压电路,R_1、R_2、R_3 组成采样电路,集成运放与调整管称为比较放大电路。

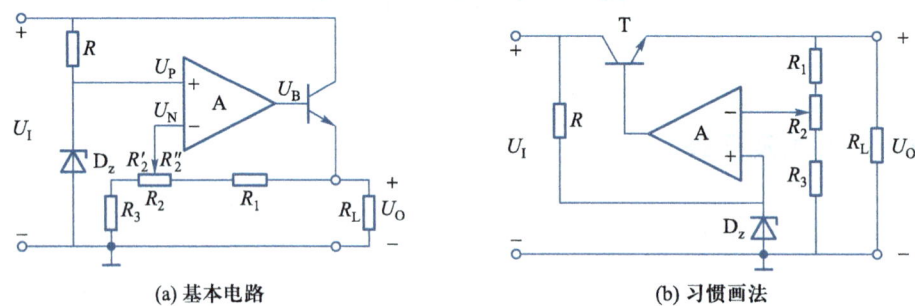

(a) 基本电路 (b) 习惯画法

图 14-4-2 输出电压可调的串联型稳压电路

U_O 表达式为

$$U_O = \frac{R_1 + R_2 + R_3}{R_2' + R_3} U_Z$$

当 R_2 滑动端位于图(a)最右端(或图(b)最上端)时,U_O 最小,此时 $U_{Omin} = \frac{R_1 + R_2 + R_3}{R_2 + R_3} U_Z$;

当 R_2 滑动端位于图(a)最左端(或图(b)最下端)时,U_O 最大,此时 $U_{Omax} = \frac{R_1 + R_2 + R_3}{R_3} U_Z$。

负载上的最大输出电流约等于调整管的最大集电极电流减去电阻 R_1、R_2、R_3 上的电流。

串联型稳压电路由于调整管工作在线性状态且电路引入了负反馈,因此输出电压稳定且波动很小,适合于给对电源精度要求较高的模拟电路供电。但是由于调整管始终工作在线性状态,需要消耗较多的能量,因此电源效率较低。

14.4.2 性能指标

衡量串联型稳压电路性能的指标主要有如下几种。

1. 输入电压范围

串联型稳压电路中,输入电压等于晶体管管压降与输出电压之和,即 $U_I = U_O + U_{CE}$。为了保证晶体管管压降不至于使管子饱和或者集电结被击穿,故 U_I 既不能太大也不能太小,要有一个合适的范围,使用时需要满足该范围,即 $U_O+U_{CES}<U_I<U_O+U_{CEmax}$。另外,$U_I$还需要保证满足 U_O 的输出范围,即要求 $U_{Omax}+U_{CES}<U_I<U_{Omin}+U_{CEmax}$。

2. 输出电压范围

串联型稳压电路输出电压有的是固定值,有的可调且有一个可调范围,还有一些既有固定输出也有可调输出,可根据需要进行选择。

3. 最大输出电流 I_{OM}

串联型稳压电路的最大输出电流约等于调整管的最大集电极电流,使用时注意不要超过该电流值。

4. 电压调整率

电压调整率是指当输入电压变化时输出电压的变化值。通常在输出电流为某恒定值时,改变输入电压,测量输出电压的变化。电压调整率表明了输出电压随输入电压变化的程度。

5. 电流调整率

电流调整率是指当输出电流变化时输出电压的变化值。通常在输入电压为某恒定值时,改变输出电流(或负载),测量输出电压的变化。电流调整率表明了输出电压随输出电流变化的程度。电流调整率有时也用负载调整率代替,即负载变化时输出电压的变化值。

6. 静态电流

静态电流是指输出空载时稳压电路输入端的电流。

7. 静态功耗

静态功耗是指输出空载时稳压电路消耗的功率,通常测量输入端的电压与电流即可计算得出。

8. 输出电压噪声

输出电压噪声是指叠加在输出电压之上的噪声的最大峰-峰值,通常在一定频率范围内测量。输出电压噪声有时又称为纹波电压。

9. 精度或输出稳定度

精度或输出稳定度是指噪声电压、负载或输入电压变化所引起的输出电压变化的相对精度,用百分数表示。

14.4.3 集成线性稳压电路

串联型稳压电路可以做成集成电路,称为集成稳压电路或集成稳压器。常见的集成稳压器有三个引脚(端),即输入端、输出端和公共端(参考端,"地"),因此也称为三端稳压器。需要说明的是,目前也有一些集成稳压器有三个以上的引脚。

一、三端稳压器 W7800

常用的 W7800(或 CW7800、μA7800、LM7800 等)系列三端稳压器符号如图 14-4-3 所

示,其输出电压为固定值,分为 5 V、6 V、9 V、12 V、15 V、18 V、24 V 共七个挡;输出电流有 0.1 A(W78L00)、0.5 A(W78M00)、1.5 A(W7800)共三个挡。三端稳压器型号后面的字母表示电流挡次,最后的两个数字表示输出电压值,例如 W78M05 表示输出电压为 5 V、电流最大值为 0.5 A。直插封装的 LM7805 外形如图 14-4-4 所示,引脚 1、2、3 分别为输入端、公共端和输出端。

W7800 系列三端稳压器的基本应用电路如图 14-4-5 所示,其中输入端电容 C_i 用于消除自激振荡,输出端电容 C_o 用于滤除噪声电压,二极管防止负载开路时电容 C_o 向 W7800 放电,以免损坏 W7800。因为 W7800 内部引入了负反馈,若由于内部晶体管极间电容移相使负反馈变为正反馈,将可能使 W7800 产生自激振荡而无法正常工作,因此采用 C_i 来进行相位补偿,从而消除自激振荡。

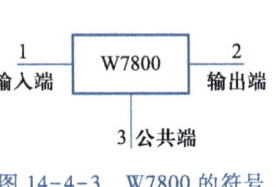
图 14-4-3　W7800 的符号

图 14-4-4　直插封装的 LM7805 外形

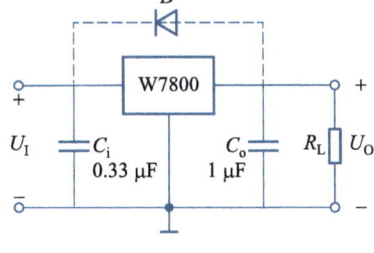
图 14-4-5　W7800 的基本应用电路

集成稳压器也有输出为固定负电压的,例如 W7900(或 CW7900、μA7900、LM7900 等)系列集成稳压器。由 W7800 和 W7900 系列稳压器组成的固定正、负输出稳压电路如图 14-4-6 所示。其中,二极管起保护作用,例如当 W7900 没有接输入电压时,W7800 的输出将通过负载 R_L 和 D_2 接地,使 D_2 导通,W7900 的输出约为 0.7 V,起到保护 W7900 的作用;同理,D_1 起到保护 W7800 的作用。

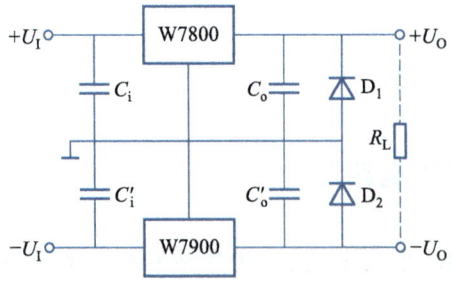
图 14-4-6　固定正、负输出稳压电路

二、可调电压集成稳压器

若希望输出电压可以调节,可采用可调电压集成稳压器。例如输出为可调正电压的有

LM117、LM317、UCC281-ADJ、UCC381-ADJ、5GM2036 系列集成稳压器；输出为可调负电压的有 LM137、LM337、UCC284-ADJ、UCC384-ADJ 系列集成稳压器。

输出电压可调的三端稳压器 LM117 如图 14-4-7 所示，引脚 1 为输入端、2 为输出端、3 为公共端（调整端）。输出端与调整端之间的电压为 $U_R = 1.25\text{ V}$，调整端的电流可忽略不计，R_2 为可调电阻，$U_O = \left(1 + \dfrac{R_2}{R_1}\right) U_R$。通过调节 R_2 可以调节 U_O 大小。

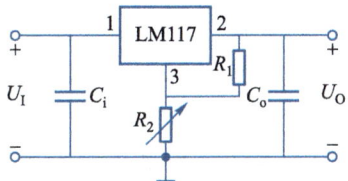

图 14-4-7　输出电压可调的三端稳压器 LM117

输出电压可调的稳压器 UCC281-ADJ 如图 14-4-8 所示，引脚 8 为输入端、1 为输出端、2 为公共端、4 为调整端、5 为控制端。调整端 4 与公共端 2 之间的电压为 $U_R = 1.25\text{ V}$，调整端的电流可忽略不计，$U_O = \left(1 + \dfrac{R_1}{R_2}\right) U_R$。通过调节 R_1 可以调节 U_O 大小。

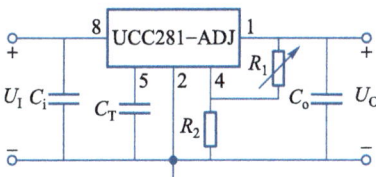

图 14-4-8　输出电压可调的稳压器 UCC281-ADJ

14.5　开关型稳压电路

串联型稳压电路的调整管工作在线性状态，效率较低，一般小于 70%。为了提高电源效率，可以采用开关型稳压电路。开关型稳压电路的调整管工作在开关状态，调整管消耗的功率小，因此电路的效率高，可达 70% 至 95%。另外开关型稳压电路不采用低频的工频变压器，而采用体积小的高频变压器实现电压变换和电网隔离，因而体积小、重量轻。当然，任何电路都有局限性，与串联型稳压电路相比，开关型稳压电路由于调整管工作在开关状态，因此输出电压噪声（纹波电压）通常较大。

14.5.1 电路组成

开关型稳压电路种类很多,本节仅介绍常用的低压集成开关型稳压电路的基本组成。开关型稳压电路的基本组成如图 14-5-1 所示,包括直流到直流电压(DC/DC)的转换电路、电阻采样电路、比较放大电路、脉冲宽度调制 PWM(pulse width modulation)电路。其中 DC/DC 转换电路包括调整管、电感及电容组成的滤波电路。

开关型稳压电路基本工作原理为:转换电路中的调整管在 PWM 波形(如图 14-5-2 所示)的作用下工作在开关状态,通过调整管将 U_I 转换成矩形波,然后通过滤波电路滤除基波和谐波,得到直流电压 U_O。由于 PWM 波形的脉宽确定了调整管的闭合时间,因此也确定了矩形波的占空比,从而确定了滤波后得到的直流电压的大小即矩形波的平均值。为了稳定输出电压,通过电阻进行采样,与参考电压 U_R 比较后进行放大,来控制 PWM 波形的脉宽,从而调节 U_O。例如,当 U_O 增大时,比较放大电路输出电压减小,PWM 波形的脉宽减小,从而使 U_O 减小,起到稳定 U_O 的作用。

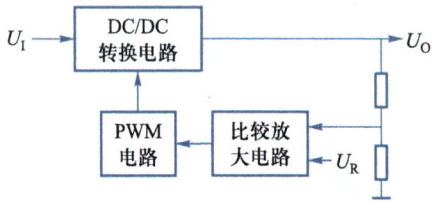

图 14-5-1 开关型稳压电路的基本组成

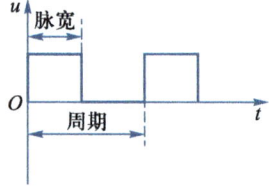

图 14-5-2 PWM 波形

开关型稳压电路有多种形式,本节介绍电感式开关型稳压电路。

电感式开关稳压电路采用了电感储能,有三种电路,即串联型(降压型)、并联型(升压型)、极性反转型。电感式开关稳压电路适合于负载电流要求较大(一到几十安培)、转换效率高、开关频率较低的场合。开关稳压电路的调整管可采用功率晶体管或功率 MOS 管,当输入电压较大时(大于 500 V)可采用绝缘栅双极晶体管 IGBT(insulated gate bipolar transistor)。本节以 MOS 管为例。

14.5.2 串联型开关 DC/DC 转换电路

串联型开关 DC/DC 转换电路如图 14-5-3 所示,输入电压 U_I 是未经稳压的直流电压;MOS 管 M 为调整管,即开关管;u_G 为 PWM 波,控制开关管的工作状态;电感 L 和电容 C 组成滤波电路,D 为续流二极管。

图 14-5-3(a)所示电路中,当 u_G 为高电平时,M 导通,源极电位 $U_S \approx U_I$,二极管截止,电感储能,电容充电,负载上得到正电压,此时 $U_O \approx U_I - U_L$,其中 U_L 为电感电压,如图(b)所示。

当 u_G 为低电平时,M 截止,电感因电流突变而产生感生电动势,使二极管 D 导通,源极电位 $U_S \approx -U_D$,其中 U_D 为二极管导通电压;电容放电,负载上仍得到正电压,如图(c)所示。由上述工作原理可知,通过调整管将直流电压 U_I 转换为交流电压 U_S,然后通过电感、电容滤波后得到直流输出电压 U_O。由于 U_O 的平均值小于 U_I,因此称该电路为降压式开关 DC/DC 转换电路,也称为 BUCK。由于调整管与负载串联,因此又称为串联型开关 DC/DC 转换电路。U_O 输出有一些波动,近似为直流电压。

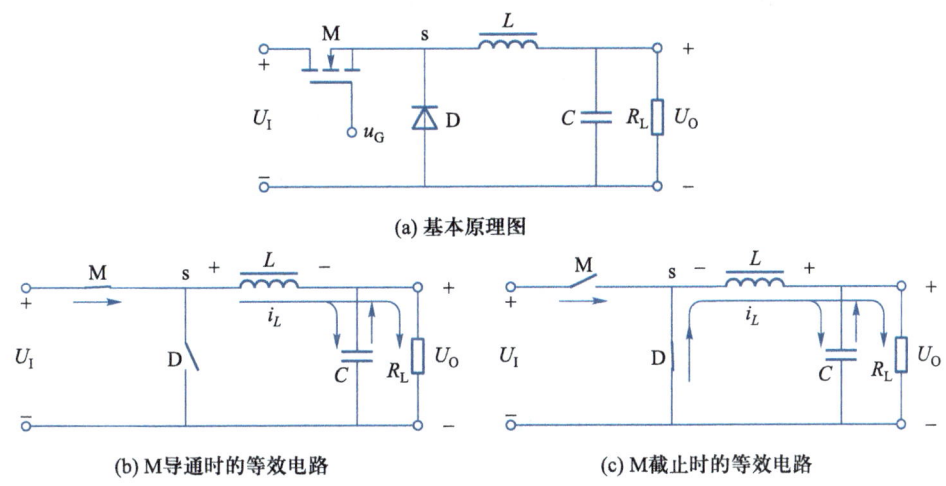

图 14-5-3 串联型开关 DC/DC 转换电路

14.5.3 并联型开关 DC/DC 转换电路

电路如图 14-5-4(a)所示,当 u_G 为高电平时,M 导通,漏极电位 $U_D \approx 0$,二极管截止,此时电感储能,电容向负载放电,负载上得到正电压,如图(b)所示。当 u_G 为低电平时,M 截止,电感因电流突变而产生负的感生电动势,使 MOS 管漏极电位高于 U_I,二极管导通,电容充电,负载上仍得到正电压,此时 $U_O = U_I + U_L - U_D$,如图(c)所示。由于 U_O 的平均值可设计为大于 U_I,因此称该电路为升压型开关 DC/DC 转换电路,也称为 BOOST 电路。由于调整管与负载并联,因此又称为并联型开关 DC/DC 转换电路。

14.5.4 极性反转型开关 DC/DC 转换电路

电路如图 14-5-5(a)所示,当 u_G 为高电平时,M 导通,源极电位 $U_S \approx U_I$,二极管截止,此时电感储能,电容放电,负载上得到负电压,如图(b)所示。当 u_G 为低电平时,M 截止,电感因电流突变而产生负的感生电动势,使二极管导通,电容反向充电,负载上得到负电压 $U_O = -U_L + U_D$。当 U_I 为正电压时,U_O 的平均值为负电压,因此称为极性反转型开关 DC/DC 转换电路。

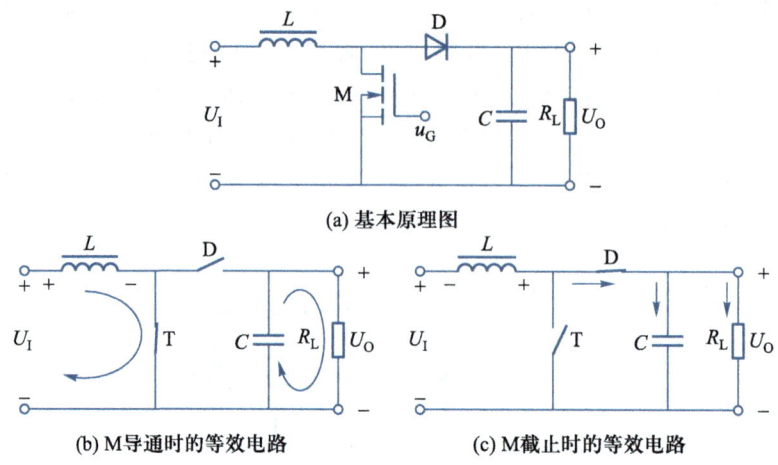

图 14-5-4 并联型开关 DC/DC 转换电路

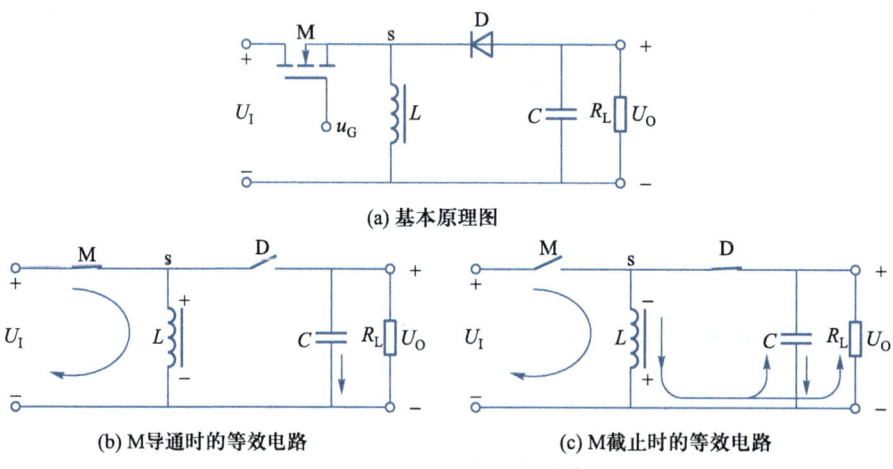

图 14-5-5 极性反转型开关 DC/DC 转换电路

14.5.5 开关稳压电路性能指标

开关稳压电路效率高、体积小、重量轻,但纹波电压较大,输出电压可以低于或者高于输入电压,适合于给要求电源效率高而精度要求不高的电路供电,例如给数字电路和精度要求不高的模拟电路供电。

开关稳压电路的性能指标与线性稳压电路相似,参见本章 14.4.2 小节,另外还包括一些其他参数,例如开关频率(是指开关管或者 PWM 波形的频率),通常开关频率越高,电源效率越高。

第14章 讨论题、思考题、习题

讨论题

串联型稳压电路和开关型稳压电路各有何优缺点？分别在什么情况下用？

思考题

1. 交流电转换成直流电需要哪些电路？
2. 半波和全波整流电路输出电压平均值分别为多少？
3. 直流电源的滤波电路有何作用？可以用第7章的有源滤波电路组成吗？为什么？
4. 串联型稳压电路通过什么方法稳压的？调整管有何作用？如何调节输出电压的大小？

习题

14.1 判断下列说法的正误，在相应的括号内画"√"表示正确，画"×"表示错误。

（1）在变压器二次电压和负载电阻相同的情况下，单向桥式整流电路的输出电压平均值是半波整流电路的2倍。（　　）

（2）当输入电压 U_I 和负载电流 I_L 变化时，稳压电路的输出电压是绝对不变的。（　　）

（3）在稳压管稳压电路中，稳压管的最大稳定电流与稳定电流之差应大于负载电流的变化范围。（　　）

（4）因为串联型稳压电路中引入了深度负反馈，因此也可能产生自激振荡。（　　）

（5）开关型稳压电源中的调整管工作在开关状态。（　　）

（6）开关型稳压电源比线性稳压电源效率低。（　　）

（7）开关稳压电源适于制成输出纹波电压很小的稳压电源。（　　）

14.2 选择正确的答案填空。

（1）整流的目的是_____。

A. 将交流变为直流

B. 将高频变为低频

C. 将正弦波变为方波

（2）在单相桥式整流电路中，若有一只整流管接反，则_____。

A. 输出电压约为 $2U_D$

B. 变为半波直流

C. 整流管将因电流过大而烧坏

(3) 直流稳压电源中滤波电路的目的是 _____。

A. 将交流变为直流

B. 将高频变为低频

C. 将交、直流混合量中的交流成分滤掉

(4) 滤波电路应选用 _____。

A. 高通滤波电路

B. 低通滤波电路

C. 带通滤波电路

14.3 在图 9-2-1(b) 所示单相桥式整流电路中。选择正确的答案填空：

(1) 若二极管 D_1 接反，则 _____。

(2) 若二极管 D_1 短路，则 _____。

(3) 若二极管 D_1 开路，则 _____。

A. 变为半波整流

B. 可能会烧坏变压器和二极管

C. 输出电压有效值不变

14.4 在图 P14-4 所示电路中，已知稳压管的稳定电压 $U_Z = 6$ V，$R_1 = R_2 = R_3 = 1$ kΩ。

(1) 集成运放 A、晶体管 T 和电阻 R_1、R_2、R_3 一起组成何种电路；

(2) 求输出电压 U_O 的可调范围。

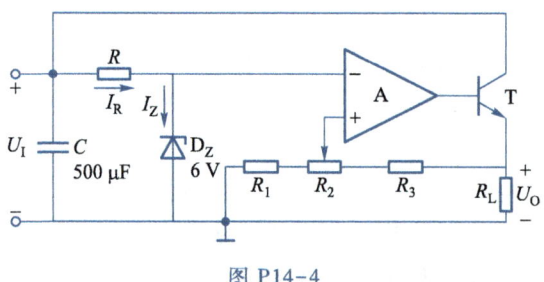

图 P14-4

14.5 串联型稳压电路如图 P9-5 所示，已知稳压管的稳定电压 $U_Z = 6$ V，$R_1 = R_2 = 1$ kΩ。已知晶体管的管压降 $U_{CE} > 3$ V 时才能正常工作，回答下列各题：

(1) 标出集成运放的同相端和反相端；

(2) 为使输出电压 U_O 的最大值达到 24 V，R_3 的值至少应为多少？

(3) U_I 至少应为多少伏？

14.6 如图 P14-6 所示串联型稳压电源，填空：

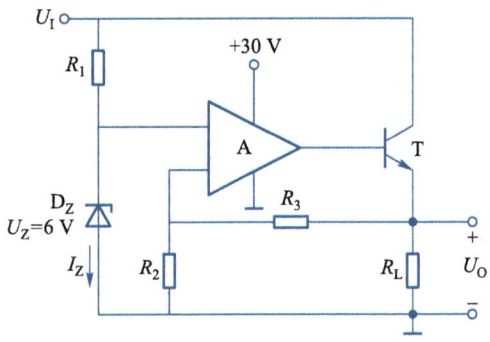

图 P14-5

（1）_____组成调整管部分，_____组成基准电压部分，_____组成采样电路部分，_____为比较放大电路；

（2）输出电压的最小值 U_{Omin} = _____ V，输出电压的最大值 U_{Omax} = _____ V；

（3）晶体管 T 承受的最大管压降 U_{CEmax} = _____ V。

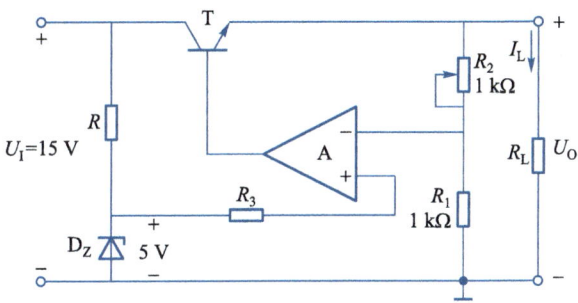

图 P14-6

14.7 在如图 P14-7 所示的直流稳压电源中，已知变压器二次电压有效值 U_2 = 18 V，电网电压波动范围是 ±10%；W78L15 的输出电压为 15 V，最大输出电流为 0.1 A。选择填空：

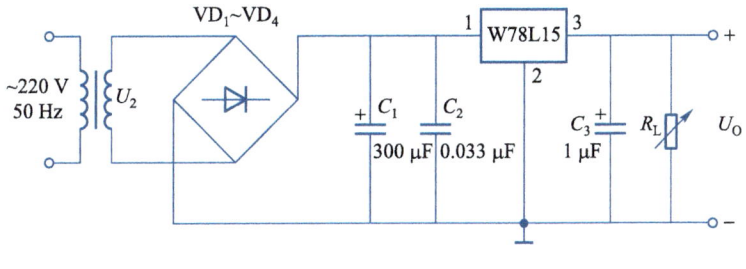

图 P14-7

（1）U_O = _____ V；

A. 15 B. 16.5 C. 18 D. 19.8
E. 21 F. 28

（2）R_L 的最小值为_____Ω。
A. 100 B. 150 C. 200 D. 250

14.8 电路如图 P14-8 所示，稳压管稳压值 $U_Z = 6$ V。针对下列各题选择正确答案填空：

（1）设电路正常工作，当电网电压波动而使 U_2 增大时（负载不变），则 I_R 将_____，I_Z 将_____；当负载电流增大时（电网电压不变），则 I_R 将_____，I_Z 将_____。

A. 增大 B. 减小 C. 基本不变

（2）若负载电阻的变化范围为 200~600 Ω，则稳压管最大稳定电流和与稳定电流之差应大于_____。

A. 10 mA B. 20 mA C. 30 mA

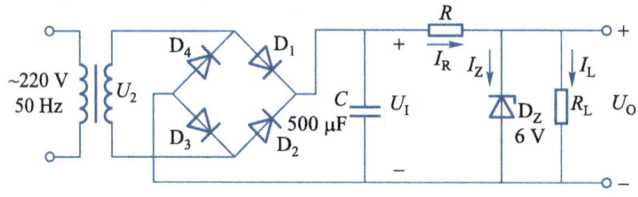

图 P14-8

14.9 在图 P14-8 所示电路中，已知 $U_I = 20$ V，波动范围为 ±10%。限流电阻 $R = 200$ Ω。稳压管的稳定电压 $U_Z = 6$ V，稳定电流 $I_Z = 6$ mA，$I_{ZM} = 50$ mA，动态电阻 $r_Z = 10$ Ω。求负载电阻 R_L 的变化范围。

14.10 图 P14-10 所示电路为串联型稳压电源，选择合适答案填入空内。

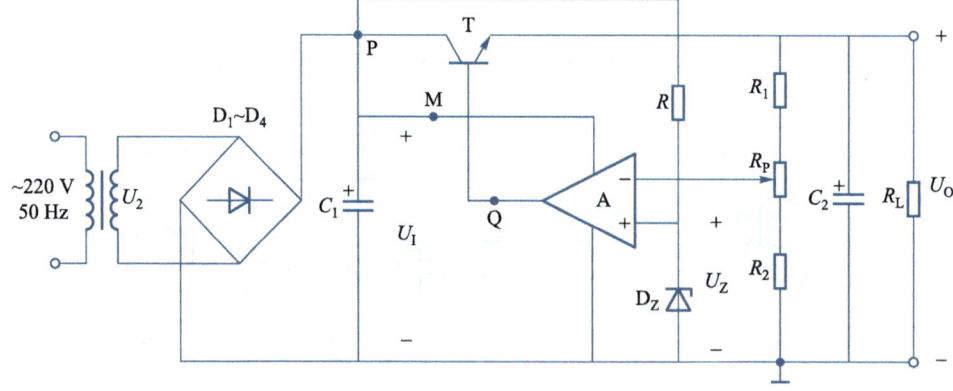

图 P14-10

(1) 用直流表测得 $U_1 \approx 0.9U_2$，这是因为_____。
A. T 集电极开路　　　B. C_1 开路　　　　　C. C_2 开路
(2) 输出电压 U_O 的最小值 $U_{Omin} = U_Z$，这是因为_____。
A. R_1 短路　　　　　B. R_W 短路　　　　　C. R_2 短路
(3) 输出电压很高，且不可调，这是因为_____。
A. C_1 开路　　　　　B. C_2 开路　　　　　C. P、Q 两点短路
(4) 输出电压 $U_O = 0$ 且不可调，这是因为_____。
A. D_Z 接反　　　　　B. M 点断开　　　　　C. T 的 c、e 短路
(5) 输出电压 U_O 的交流分量很大，这是因为_____。
A. R 开路　　　　　　B. D_Z 接反　　　　　C. C_1 开路

14.11 如图 P9-11 所示串联型稳压电源，A 为理想运放，选择合适的答案填入空内：
(1) 输出电压的最小值 $U_{Omin} = $ _____。
A. 0 V　　　　　　　B. 15 V　　　　　　　C. 30 V
(2) 输出电压的最大值 $U_{Omax} = $ _____。
A. 10 V　　　　　　　B. 15 V　　　　　　　C. 30 V
(3) 考虑到输出端因某种原因被短路，三极管 c、e 之间耐压值应大于_____。
A. 65 V　　　　　　　B. 40 V　　　　　　　C. 25 V
(4) 当稳压管被短路时，$U_O = $ _____。
A. 40 V　　　　　　　B. 10 V　　　　　　　C. 0 V

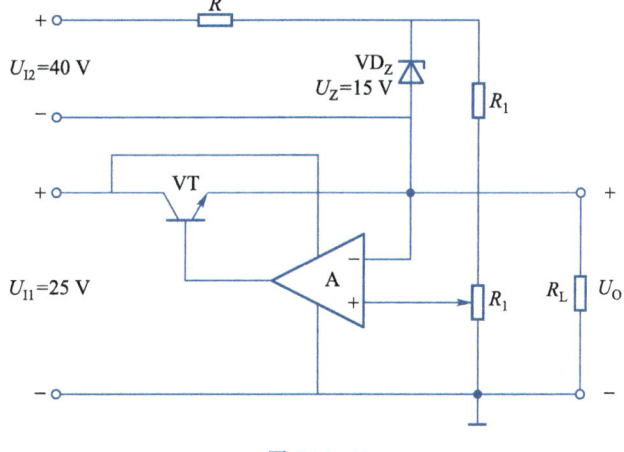

图 P14-11

14.12 输出电压可调的稳压器 LM117 如图 P9-12 所示，输出端 2 与调整端 3 之间的电压为 $U_R = 1.25$ V，调整端的电流可忽略不计。
(1) 若 $R_1 = 200\ \Omega$，可调电阻 $R_2 = 2\ \text{k}\Omega$，求解 U_O 的调节范围；
(2) 若要求输出电流大于 5 mA，求解 R_1 的最大值。

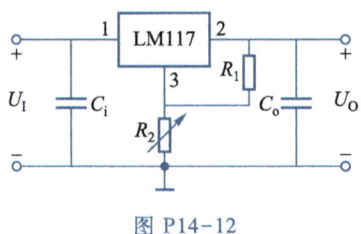

图 P14-12

14.13 输出电压可调的稳压器 UCC281-ADJ 如图 P14-13 所示,调整端 4 与公共端 2 之间的电压为 $U_R=1.25$ V,调整端的电流可忽略不计。已知 $R_1=960$ Ω, $R_2=240$ Ω;输入端和输出端之间的电压允许范围为 0.1~9 V。试求解:

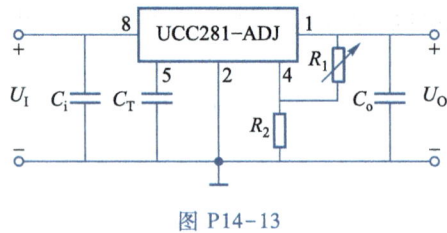

图 P14-13

(1)输出电压的调节范围;
(2)输入电压允许的范围。

14.14 试用 Multisim 仿真图 14-4-5 电路的输出电压,其中 W7800 型号为 LM7812CT,输入电压为 18 V,负载为 1 kΩ。

第 14 章习题解答

参考文献

[1] 秦曾煌,姜三勇. 电工学:上册[M]. 7版. 北京:高等教育出版社,2009.

[2] 于歆杰,朱桂萍,陆文娟. 电路原理[M]. 北京:高等教育出版社,2007.

[3] 邱关源,罗先觉. 电路[M]. 5版. 北京:高等教育出版社,2006.

[4] 钟锡华,陈熙谋,陈秉乾,等. 大学物理通用教程:电磁学[M]. 2版. 北京:高等教育出版社,2012.

[5] 童诗白,华成英,叶朝辉. 模拟电子技术基础[M]. 6版. 北京:高等教育出版社,2023.

[6] 华成英,叶朝辉. 模拟电子技术基本教程[M]. 北京:高等教育出版社,2020.

[7] 叶朝辉. 模拟电子技术理论与实践[M]. 北京:清华大学出版社,2016.

[8] 康华光,张林. 电子技术基础:模拟部分[M]. 7版. 北京:高等教育出版社,2021.

[9] Sedra A S, Smith K C. Microelectronic Circuits [M]. 7th ed. Oxford: Oxford University Press, 2015.

中英文对照表

微分和积分基本知识

知识图谱

本知识图谱分为电子系统知识图谱、章节间知识图谱、章节知识图谱。

一、电子系统知识图谱

现代电子系统通常以微处理器或片上系统 SoC 为核心组成,包括模拟电路、数字电路、信号转换电路(ADC、DAC、V-F 转换电路)。模拟电路用于产生或者处理模拟信号,数字电路用于产生或者处理数字信号,信号转换电路用于实现模拟信号和数字信号之间的转换。

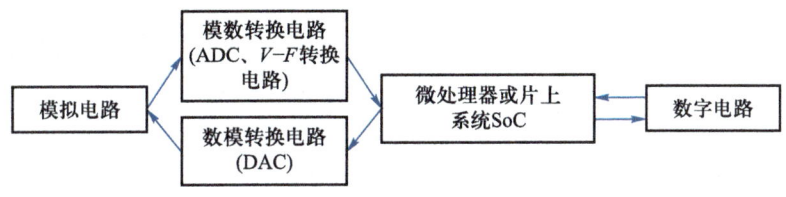

二、章节间知识图谱

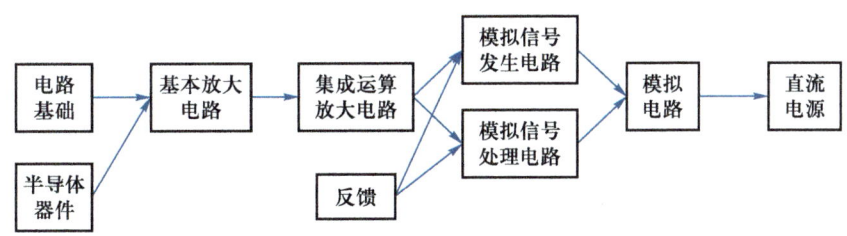

三、章节知识图谱

1. 第 1 章 概述 知识图谱

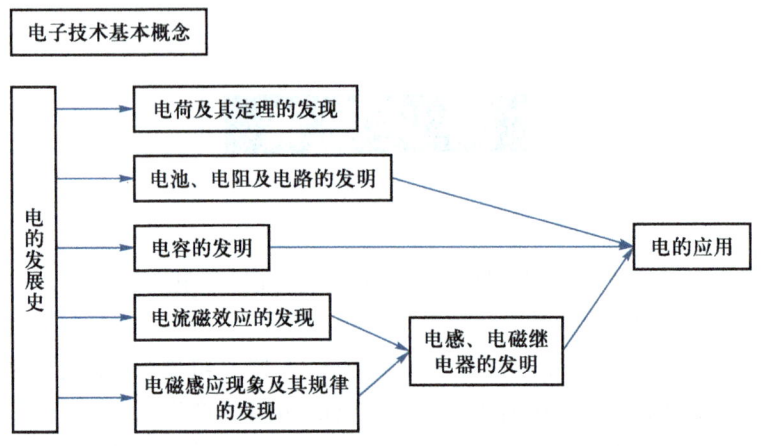

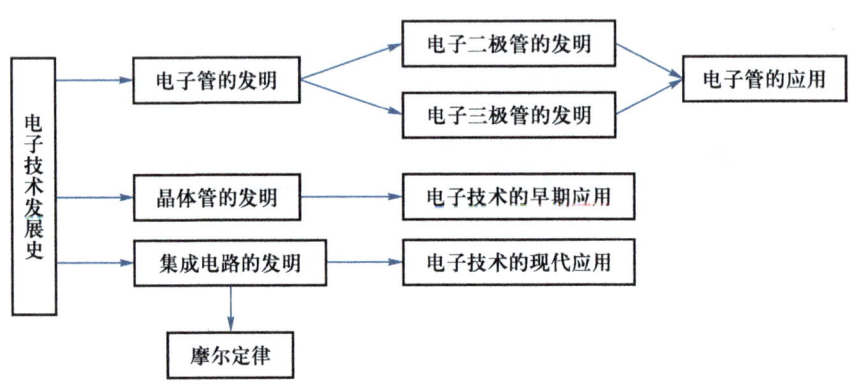

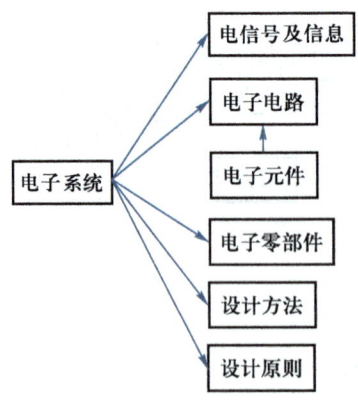

2. 第 2 章　电路基本概念与基本定律　知识图谱

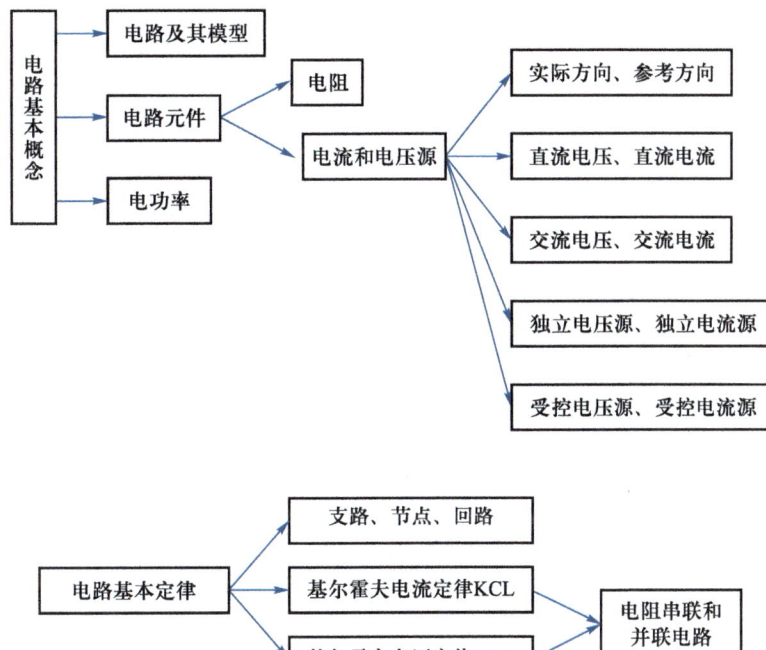

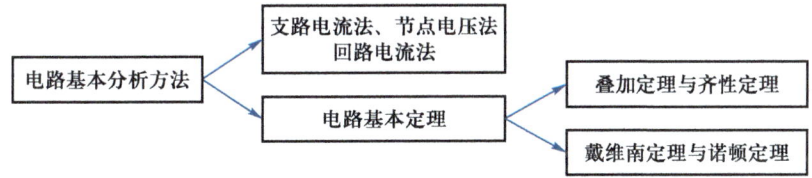

3. 第 3 章　电路基本分析方法　知识图谱

4. 第 4 章　动态电路分析　知识图谱

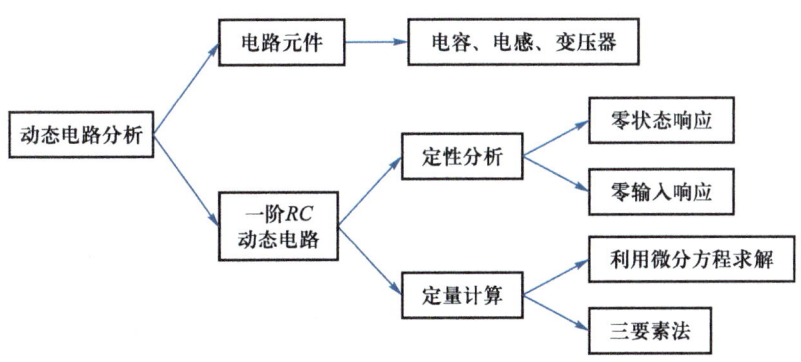

5. 第 5 章　正弦稳态电路分析　知识图谱

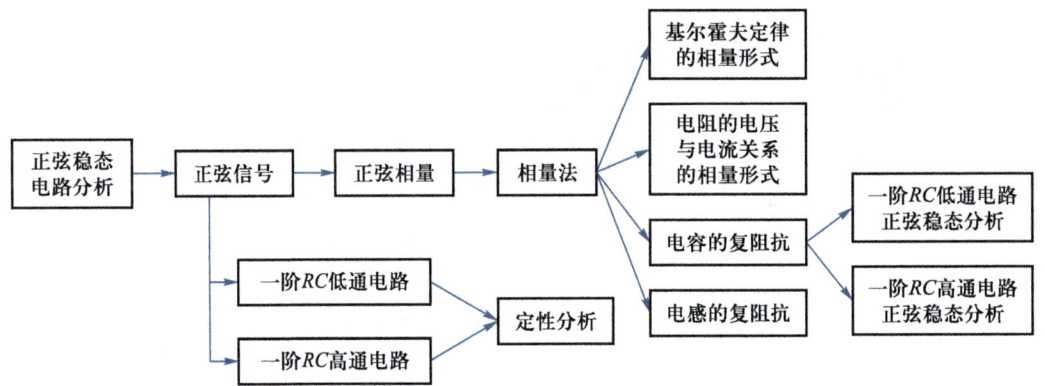

6. 第 6 章　半导体器件基础　知识图谱

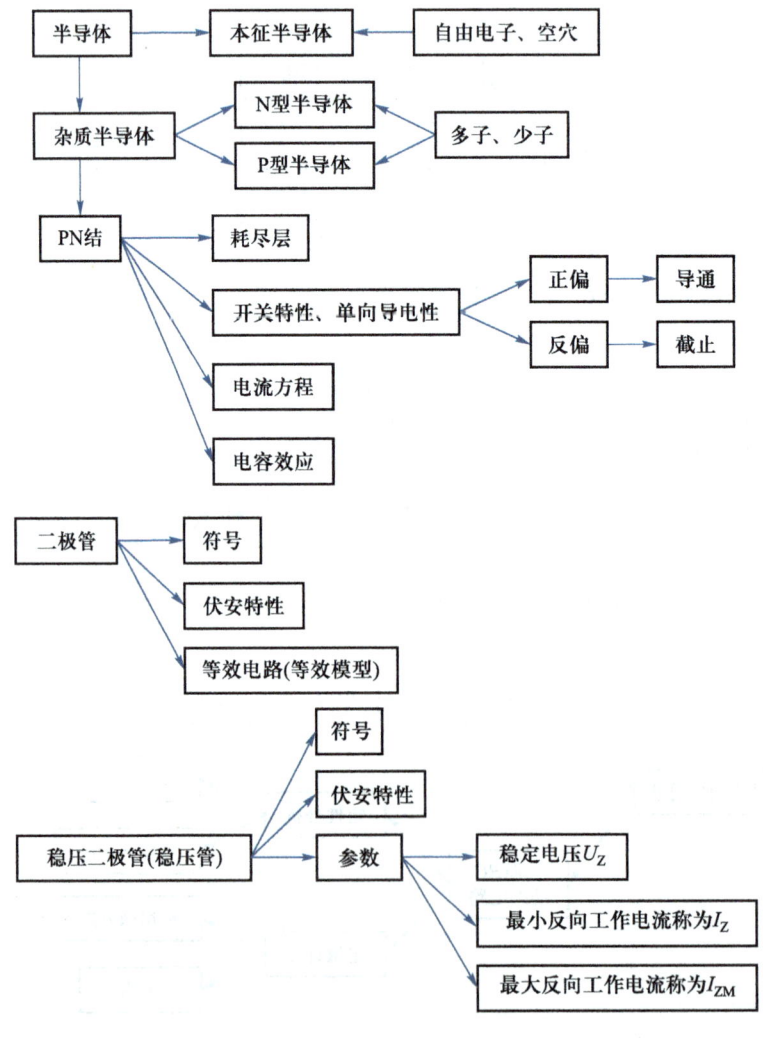

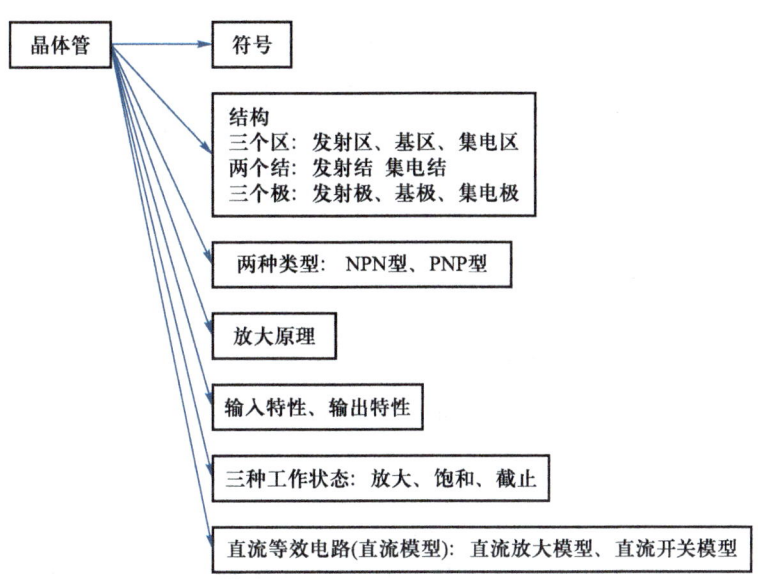

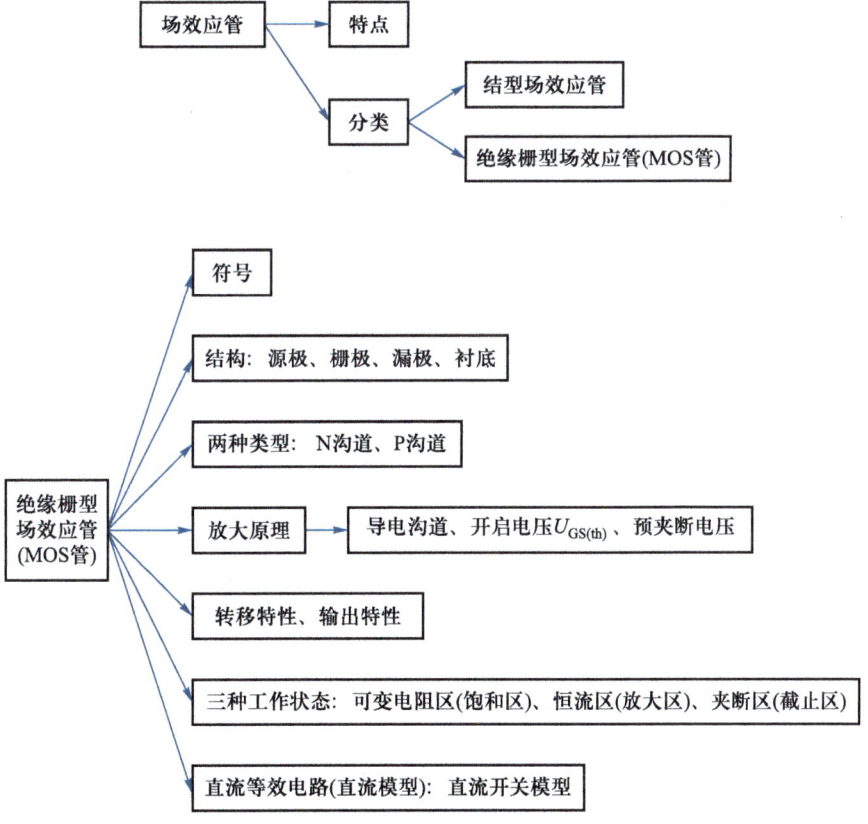

7. 第7章 放大电路基础 知识图谱

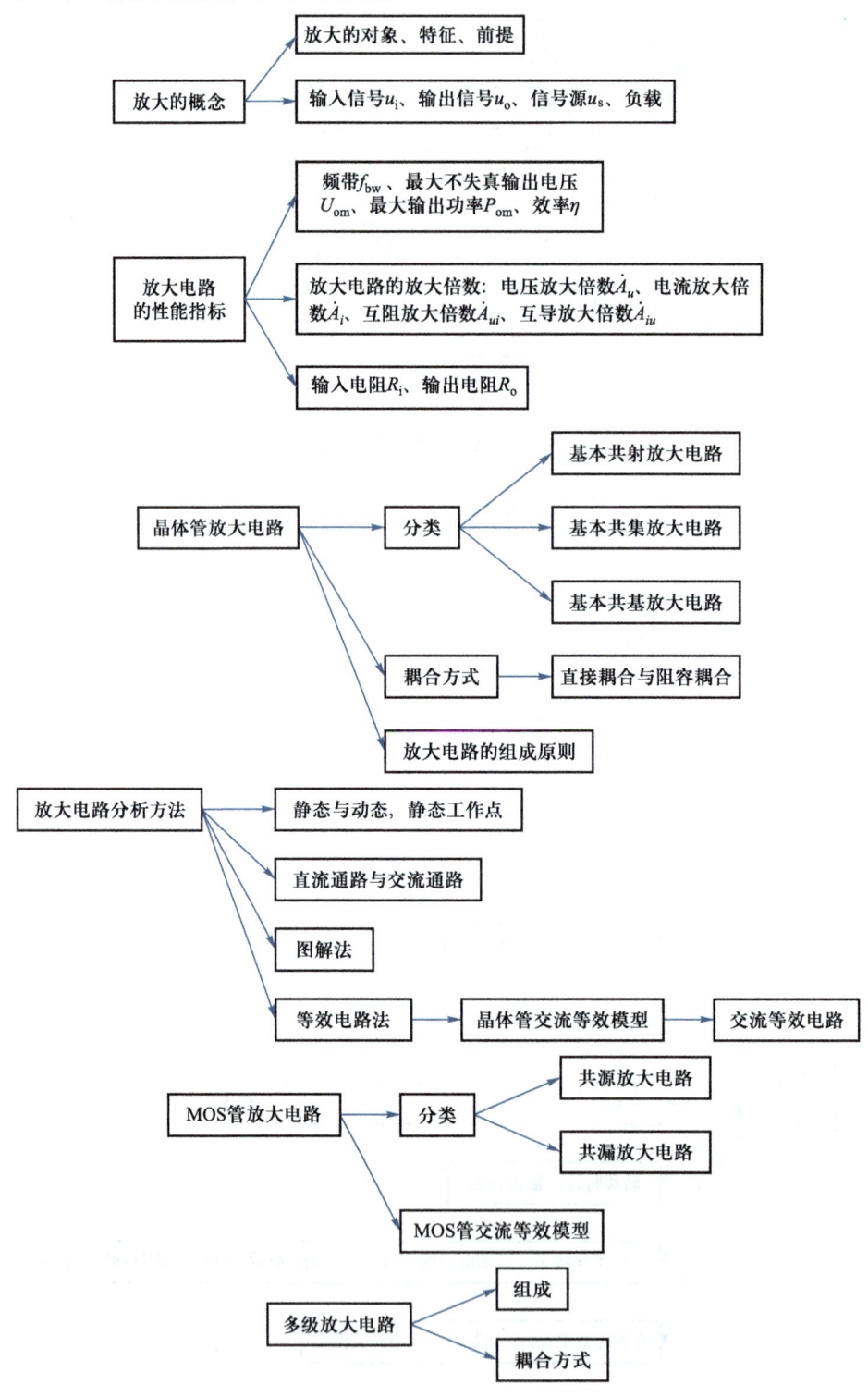

8. 第 8 章 频率响应 知识图谱

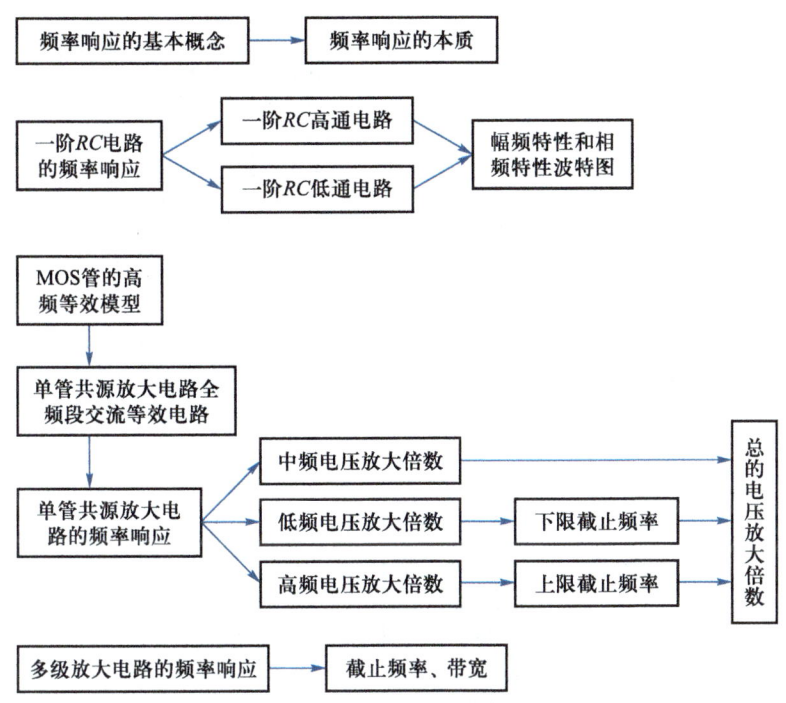

9. 第 9 章 集成运算放大电路 知识图谱

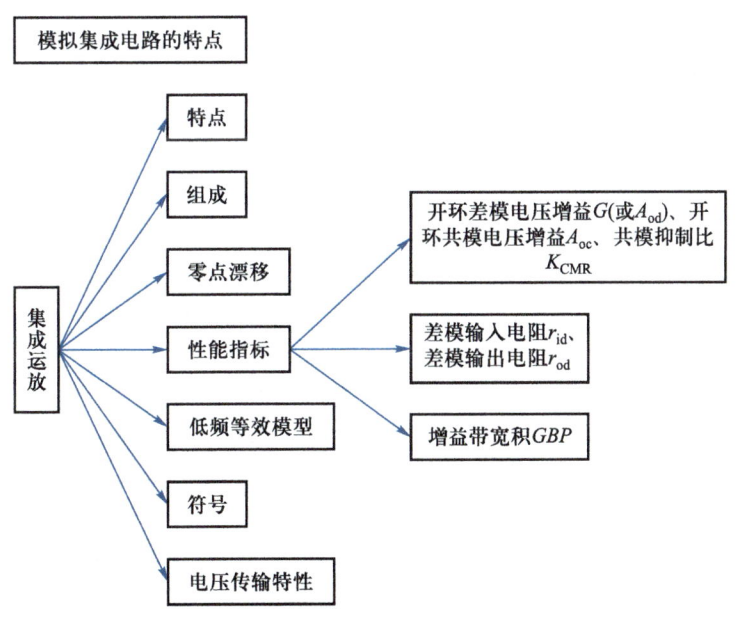

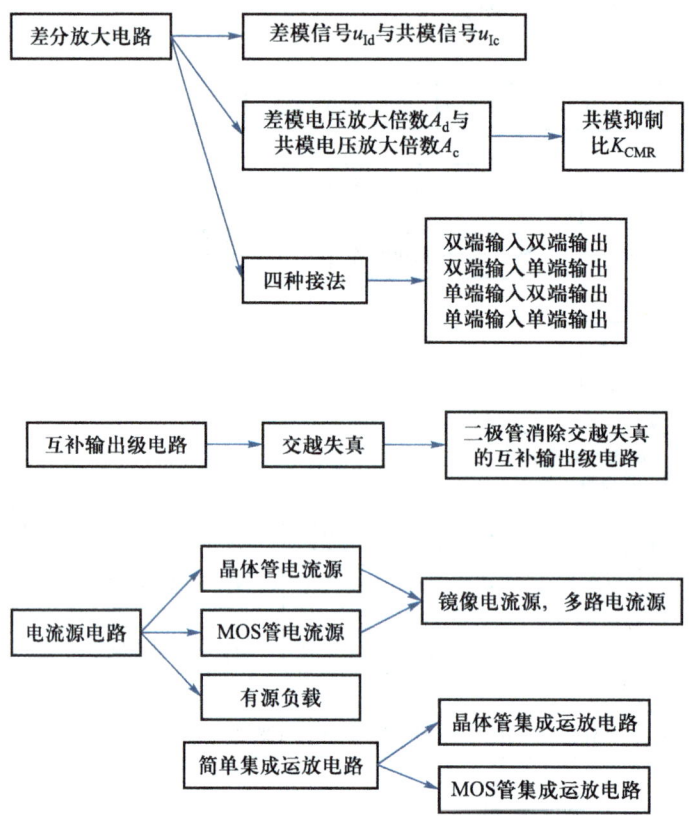

10. 第 10 章　反馈基本知识　知识图谱

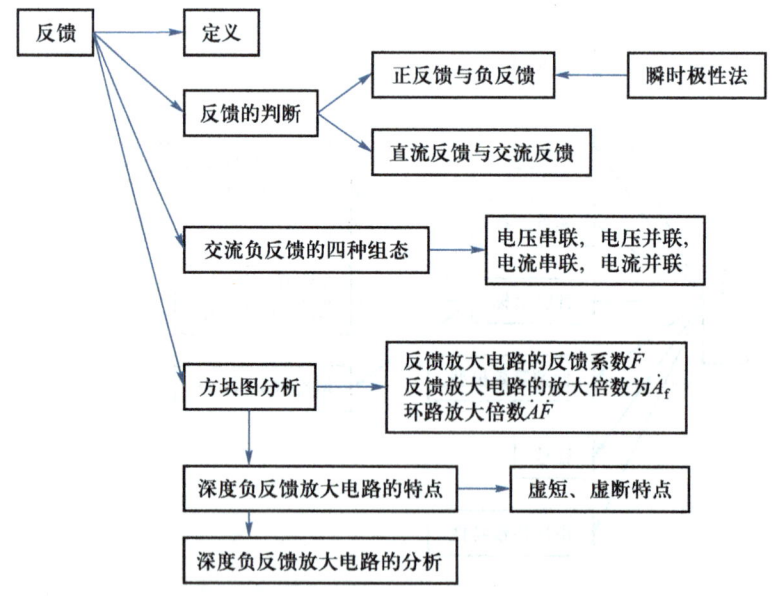

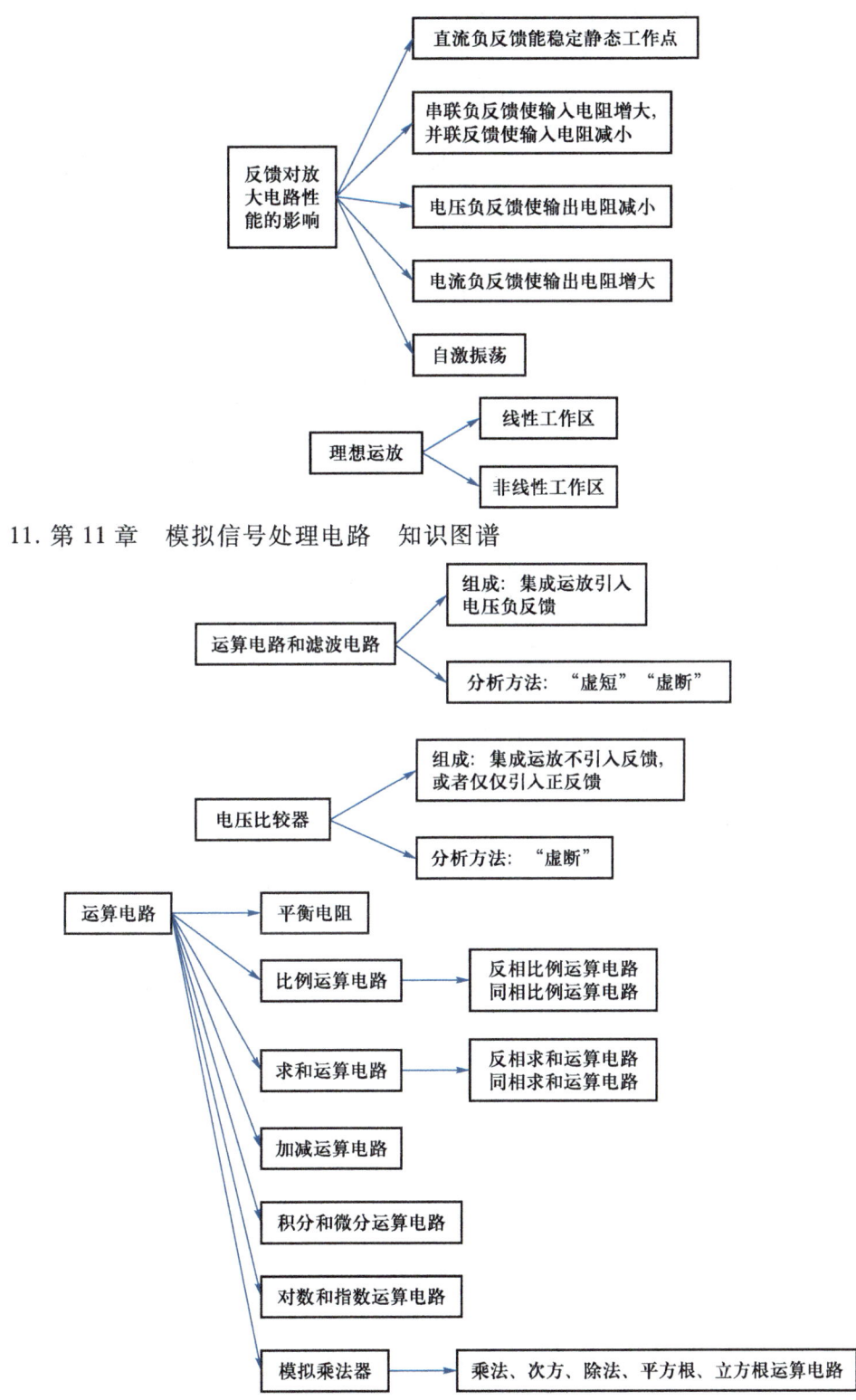

11. 第 11 章 模拟信号处理电路 知识图谱

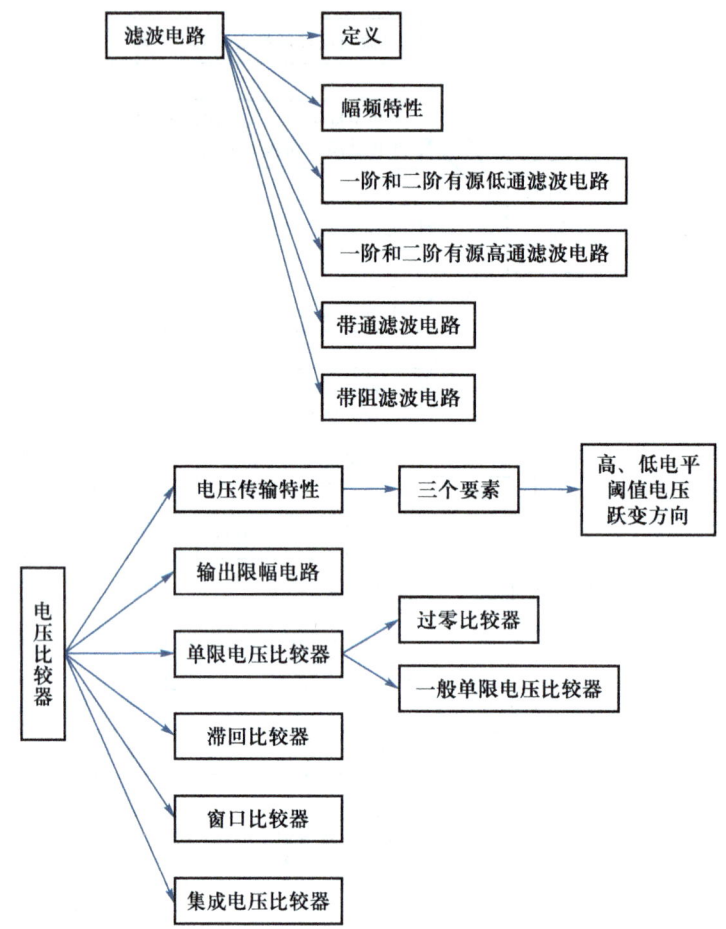

12. 第 12 章 模拟信号发生和转换电路 知识图谱

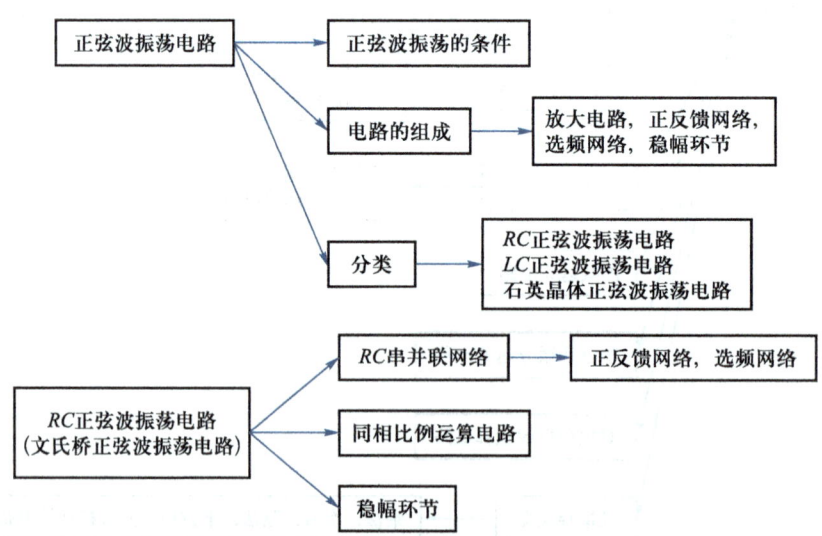

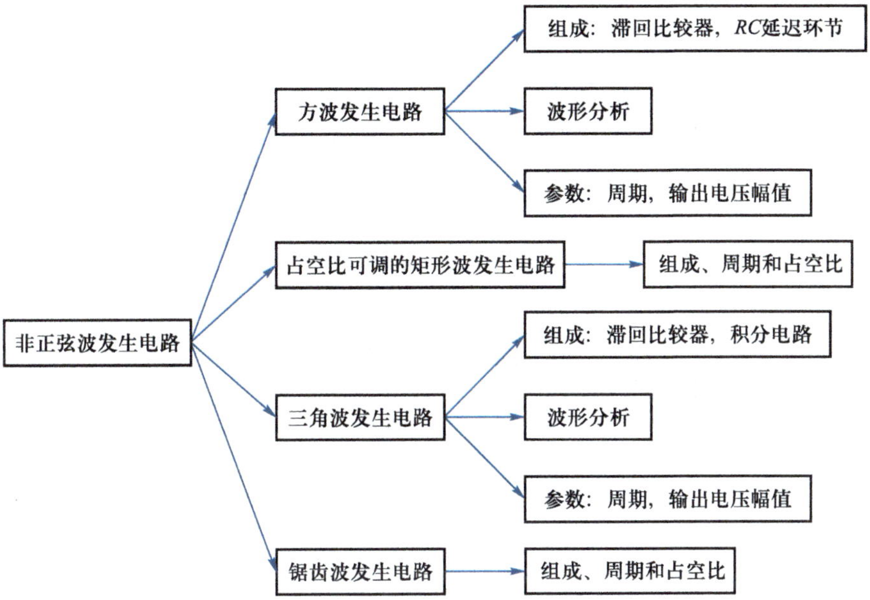

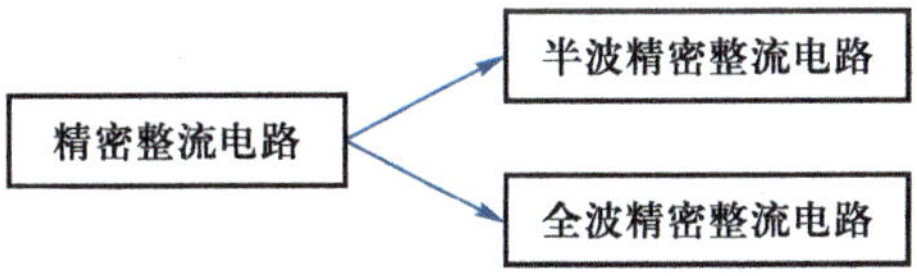

非正弦波发生电路
方波发生电路
组成：滞回比较器，RC延迟环节
波形分析
参数：周期，输出电压幅值
占空比可调的矩形波发生电路
组成、周期和占空比
三角波发生电路
组成：滞回比较器，积分电路
波形分析
参数：周期，输出电压幅值
锯齿波发生电路
组成、周期和占空比

精密整流电路
半波精密整流电路
全波精密整流电路

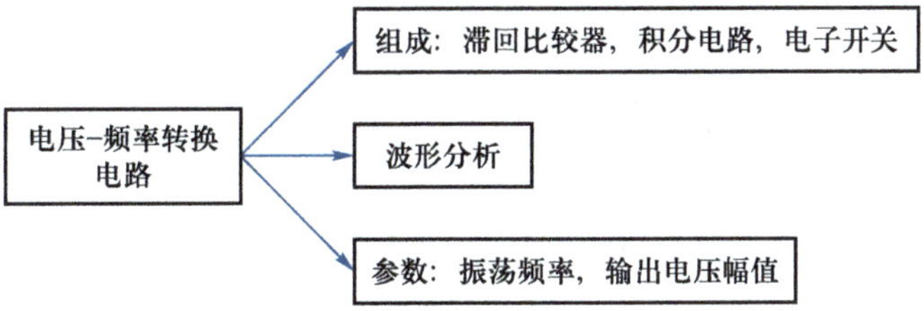

电压-频率转换电路
组成：滞回比较器，积分电路，电子开关
波形分析
参数：振荡频率，输出电压幅值

13. 第 13 章　功率放大电路　知识图谱

功率放大电路
定义
性能指标
最大输出功率Pom
转换效率η
要求
带负载能力强
Pom尽可能大
η尽可能高
三种工作方式
甲类方式
乙类方式
甲乙类方式

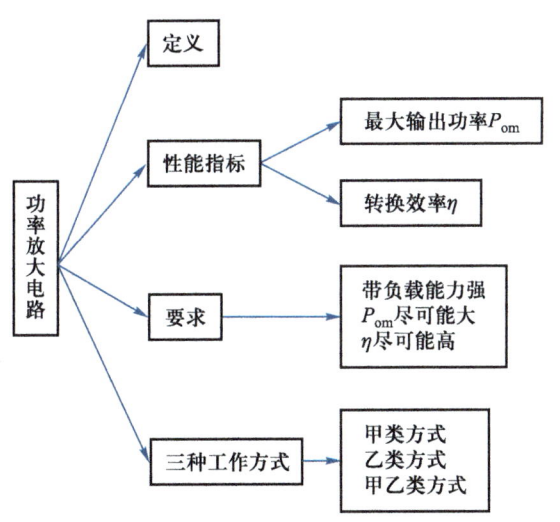

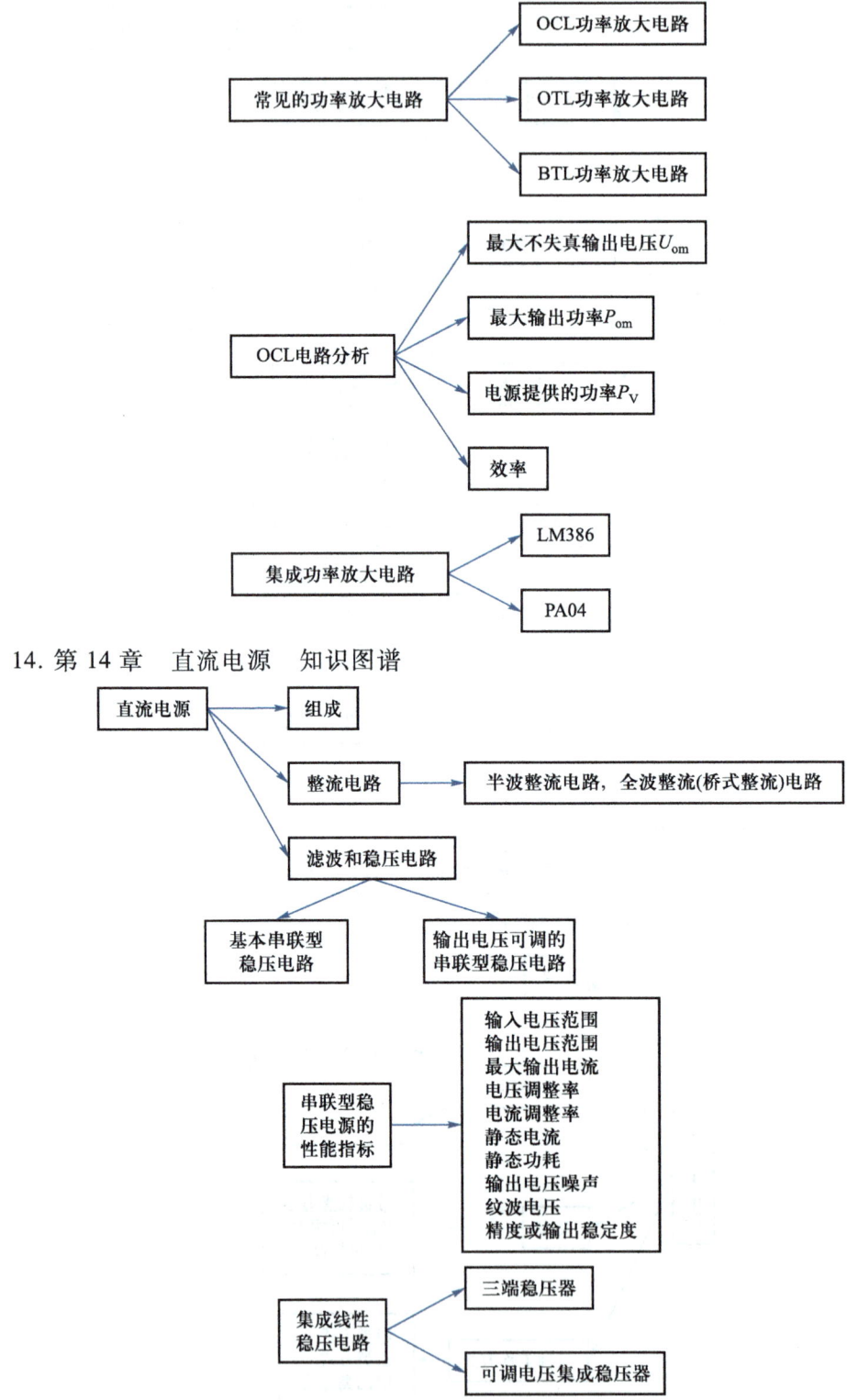

14. 第 14 章　直流电源　知识图谱

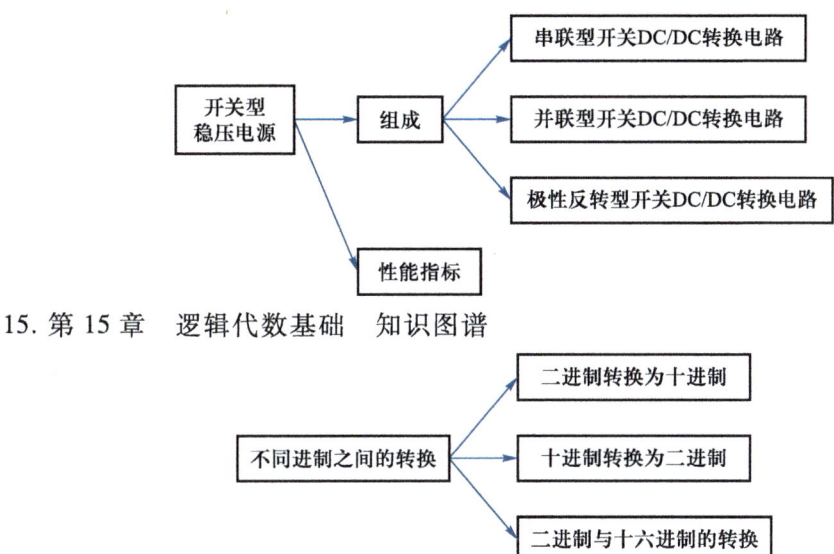

15. 第 15 章 逻辑代数基础 知识图谱

郑重声明

高等教育出版社依法对本书享有专有出版权。任何未经许可的复制、销售行为均违反《中华人民共和国著作权法》，其行为人将承担相应的民事责任和行政责任；构成犯罪的，将被依法追究刑事责任。为了维护市场秩序，保护读者的合法权益，避免读者误用盗版书造成不良后果，我社将配合行政执法部门和司法机关对违法犯罪的单位和个人进行严厉打击。社会各界人士如发现上述侵权行为，希望及时举报，我社将奖励举报有功人员。

反盗版举报电话　（010）58581999　58582371
反盗版举报邮箱　dd@hep.com.cn
通信地址　北京市西城区德外大街4号
　　　　　高等教育出版社知识产权与法律事务部
邮政编码　100120

读者意见反馈

为收集对教材的意见建议，进一步完善教材编写并做好服务工作，读者可将对本教材的意见建议通过如下渠道反馈至我社。

咨询电话　400-810-0598
反馈邮箱　gjdzfwb@pub.hep.cn
通信地址　北京市朝阳区惠新东街4号富盛大厦1座
　　　　　高等教育出版社总编辑办公室
邮政编码　100029

防伪查询说明

用户购书后刮开封底防伪涂层，使用手机微信等软件扫描二维码，会跳转至防伪查询网页，获得所购图书详细信息。

防伪客服电话　（010）58582300